中国科学院科学出版基金资助出版

装备测试性工程系列丛书

装备测试性试验与评价技术

邱 静 刘冠军 张 勇 吕克洪等 著

科 学 出 版 社

北 京

内 容 简 介

测试性是装备便于测试和诊断的重要设计特性，开展测试性试验与评价技术研究具有重要的学术价值和工程指导意义。本书针对测试性试验与评价问题进行了系统论述。主要内容包括：经典测试性试验方案、测试性试验方案优化设计、测试性试验实施与故障注入、测试性指标评估方法、测试性增长试验技术、测试性虚拟试验技术等。

本书可作为高等院校相关专业研究生和高年级本科生的参考书，也可供装备测试性、维修性及测试诊断等领域的科研人员与工程技术人员参考。

图书在版编目(CIP)数据

装备测试性试验与评价技术/邱静等著. —北京：科学出版社，2017.10
(装备测试性工程系列丛书)
ISBN 978-7-03-054885-6

Ⅰ. ①装… Ⅱ. ①邱… Ⅲ. ①武器装备-测试 Ⅳ. ①TJ06

中国版本图书馆CIP数据核字(2017)第254529号

责任编辑：裴 育 纪四稳 / 责任校对：桂伟利
责任印制：吴兆东 / 封面设计：蓝 正

科学出版社 出版
北京东黄城根北街16号
邮政编码：100717
http://www.sciencep.com
北京虎彩文化传播有限公司 印刷
科学出版社发行 各地新华书店经销
*
2017年10月第 一 版 开本：720×1000 1/16
2022年 1 月第三次印刷 印张：23 1/4
字数：450 000

定价：168.00元

(如有印装质量问题，我社负责调换)

《装备测试性工程系列丛书》序

现代装备功能与性能越来越先进，技术与结构越来越复杂，对装备测试、诊断与维修保障的挑战越来越严峻。传统的以外部测试为主的测试模式已无法从根本上解决复杂装备的测试问题。要实现准确、快速、全面的测试，就必须按照并行工程与集成科学的思想，在装备论证、设计与研制开始时就综合考虑测试与诊断问题。测试性工程作为装备"五性"工程的主要内容之一，正是应对这种变革与思想，旨在实现装备测试与诊断能力的"优生"和"优育"的总体优化，是从根本上提高装备测试与诊断水平的技术途径，也是当前国内外装备保障领域研究与应用的热点之一。

测试性概念和技术自20世纪末进入我国，在我国装备管理、研制部门和科研工作者的高度重视与共同努力下，取得了长足发展。部分新型装备明确提出了测试性要求，开展了测试性工程实践，积累了一定的测试性工程经验。

从总体上来看，我国装备测试性工程还处于以经验、规则为主导的阶段，严格按照有关国军标规范、系统科学地开展测试性论证、设计、分析与验证的案例还较少。从技术发展看，装备测试性工程已经从经验设计阶段发展到基于模型的科学设计阶段。相关部门也正组织编撰新标准，替代现行的GJB 2547—95《装备测试性大纲》，旨在以基于模型的测试性分析与设计理论为指导，系统科学地开展装备测试性工程。

国防科学技术大学装备综合保障技术重点实验室在学科学术带头人温熙森教授、邱静教授的带领下，自"九五"以来一直致力于测试性领域的学术研究与工程应用，在智能机内测试、机内测试降虚警、测试性建模与分析、测试性设计、测试性验证与评估等方面取得了丰硕的研究与应用成果。《装备测试性工程系列丛书》正是对其最新研究成果的全面总结和体现。该丛书以测试性新标准为指导，结合典型案例，系统而全面地阐述了测试性工程的技术流程、测试性建模分析理论、测试性设计方法、测试性验证与评估技术等，并重点针对该领域存在的国际性难题——机内测试虚警问题，阐述了机电系统机内测试降虚警技术。

该丛书体系完整、结构清晰、理论深入、技术全面、方法规范、案例翔实，融系统性、理论性、创新性和指导性于一体。我相信该丛书必将为测试性领域的管理与技术工作者提供非常好的参考和指导，对推动我国装备测试性工程发展也将起到积极的促进作用。

徐滨士

中国工程院院士

2011 年 12 月于北京

前　　言

测试是装备使用和保障的信息源。装备的快速发展、实战化的使用要求和保障模式的变革，对装备测试诊断提出了更高的要求和更大的挑战。在研究和工程实践中发现：高新技术装备结构密集性和技术复杂性相对于现役装备显著增加，故障机理和表现更为复杂，状态信息的获取途径严重受限，传统的在使用后附加外部测试系统的模式无法从根本上解决这些复杂装备所面临的测试问题，测试模式的变革势在必行。

测试性，又称可测性，是指装备能及时准确地确定其状态（可工作、不可工作或性能降低），并隔离其内部故障的一种设计特性。装备测试性工程正是一种测试模式的变革。它按照并行工程的思想，在装备论证阶段就统筹考虑其测试诊断问题，通过与装备性能并行设计，使之具有良好的自测试和整体综合测试能力，实现装备测试能力的"优生"和测试的总体优化，从而快速、全面和准确地感知装备技术状态，实现装备快速智能检测、诊断与维修保障。良好的测试性设计对于提高装备的维修保障水平和战备完好性、降低全寿命周期费用等具有重要意义。

近年来，测试性作为装备的一个重要特性越来越受到重视，订购方对飞机、导弹、雷达等新型装备提出了明确的测试性指标要求。随着装备测试性工程的推进，如何发现测试性设计不足、指导测试性改进，如何判断装备的测试性指标是否达到合同规定的要求，如何给出订购方和承制方都认可的合理评价，成为装备面临的现实问题，也正是开展测试性试验与评价工作的意义所在。

20 世纪 80 年代以来，测试性试验与评价技术在国内外取得了一些成果和应用，也发布了测试性试验与评价方面的部分规范和工作指南，一定程度上指导了测试性试验与评价工作。但总览技术应用与实践，如何在减少测试性试验风险、成本、周期的同时科学准确地评估测试性水平，实现"快、准、好、省"的测试性试验与评价，仍是需要深入研究的问题。因此，作者在吸收国内外测试性试验与评价技术研究成果的基础上，结合多年来科研、教学和装备型号研制工程经验撰写此书，以全面阐述测试性试验与评价技术内涵、研究现状、工作流程、技术内容及关键技术。书中在总结、阐述测试性试验与评价主要内容、基本流程、经典试验与评价技术的基础上，重点阐述测试性试验方案优化设计技术、等效故障注入方法、测试性指标综合评估方法、测试性增长试验技术、测试性虚拟试验技术等。

本书在撰写过程中得到了学科带头人温熙森教授的悉心指导。各章作者分别为：第 1 章邱静、刘冠军、张勇，第 2 章张勇、赵志傲，第 3 章张勇、赵志傲，第 4 章邱静、刘冠军、李天梅、王超，第 5 章刘冠军、张勇、李天梅、杨鹏，第 6 章邱静、李天梅、王超，第 7 章吕克洪、赵晨旭，第 8 章张勇、杨鹏、赵晨旭。博士生刘瑛、李华康、季明江、王刚、沈亲沐、谢皓宇、吴超、李乾以及硕士生王贵山、何其彧、林辰龙、方中正、程先哲等参加了全书内容的整理与校对以及部分内容的编撰工作。

本书涉及的相关技术研究与应用得到了军队主管部门、原总装备部通用测试技术专业组和中国航天科技集团公司第一研究院、中国电子科技集团公司第十四研究所、中国航空工业集团公司第一飞机设计研究院、中国航空研究院 611 所等单位的大力支持，在此深表谢意。空军装备部韩峰岩高工、空军工程大学肖明清教授、湖南大学周志雄教授以及国防科学技术大学胡茑庆教授对本书进行了审阅，并提出了宝贵意见，在此深表感谢。本书的出版得到了科学出版社的大力支持和中国科学院科学出版基金的资助，在此表示衷心的感谢。书中参考和引用了许多国内外有关学者的论文和著作，在此向各位学者表示感谢。

测试性是一门与装备应用结合非常紧密的学科，许多问题尚待进一步研究和探索，特别是将测试性先进理论和技术系统深入地贯彻落实到装备型号研制工程中的路还很长，需要装备管理、论证、设计、研制、试验、使用人员的共同努力。由于作者水平有限，书中难免存在疏漏或不足之处，恳请读者批评指正。

作　者

2016 年 10 月于湖南长沙国防科学技术大学

目　　录

第1章 绪 论

1.1 测试性试验与评价内涵

1.1.1 测试性试验与评价概念及意义

测试性是指装备能及时准确地确定其状态(可工作、不可工作或性能下降),并有效隔离其内部故障的一种设计特性[1,2]。良好的测试性设计对于提高装备的维修保障水平和战备完好性、降低全寿命周期费用等具有重要意义[3,4]。

近年来,测试性作为装备的一个重要特性越来越受到重视,订购方对飞机、导弹、雷达等新型装备提出了明确的测试性指标要求。随着装备测试性工程的推进,如何发现测试性设计不足、指导测试性改进,如何判断装备的测试性指标是否达到合同规定的要求,如何给出订购方和承制方都认可的合理评价,成为装备面临的现实问题,也正是开展测试性试验与评价工作的意义所在[5,6]。

广义上,检验或评价产品测试性水平的工作都可以纳入测试性试验与评价的范畴。GJB 3385—98《测试与诊断术语》描述的测试性验证是测试性试验与评价中的关键工作之一,其定义为:为检验研制产品满足合同规定的测试性要求而进行的工作[7]。测试性试验与评价的目的有:①识别装备的测试性设计缺陷,采取有效的措施予以纠正,实现测试性的持续改进和增长;②承制方对装备的故障检测率、故障隔离率等测试性水平进行摸底,判断装备当前测试性水平与合同规定的设计要求之间的差距;③订购方评估、确认装备的测试性设计水平是否符合规定的测试性定量和定性要求,为装备定型、鉴定或验收提供依据;④评估、确认装备在实际使用中的测试性水平,为测试性熟化、改进测试性水平提供指导。测试性试验与评价工作直接影响装备的研制质量和进度,是保证和检验装备测试性水平的重要环节。

1.1.2 装备全寿命周期测试性试验与评价工作内容

国内外相关标准和文献对测试性试验与评价的内容划分描述不一。按全寿命周期内工作时机和目的,测试性试验与评估内容可分为研制阶段的测试性核查、定型与验收阶段的测试性验证以及实际使用阶段的测试性使用评价。

装备全寿命周期内测试性试验与评价工作流程如图1.1所示。

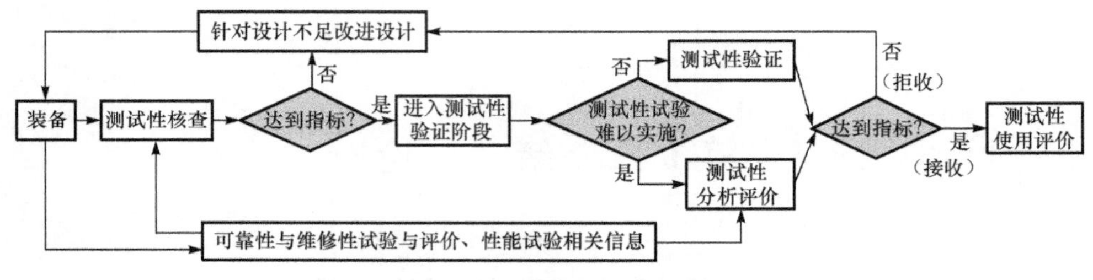

图 1.1　全寿命周期内测试性试验与评价工作流程

1）测试性核查

测试性核查是承制方为实现装备的测试性要求，贯穿于整个设计研制过程的试验与评价工作。测试性核查的主要目的是对各种研制试验过程中的故障检测、隔离结果及虚警情况进行分析和评价，发现测试性设计缺陷并采取改进措施，使装备测试性得到持续改进。

测试性核查主要包括测试性分析与预计、固有测试性核查、测试性研制试验等[8,9]。测试性分析与预计一般是在方案阶段进行测试性建模与分析，估计装备可达到的测试性水平，为选择设计方案或转入新的研制阶段提供依据，目前可采用的测试性建模与分析工具包括 TEAMS、eXpress、TADES 等[4,10-12]。固有测试性核查有助于识别固有测试性设计的缺陷，确保固有测试性设计的有效性。测试性研制试验一般是在产品样机研制出后，为确认产品的测试性设计特性和暴露产品的测试性设计缺陷，由承制方或指定的试验机构，在产品的半实物模型/样机/试验件上开展的故障注入/模拟试验与分析过程。测试性摸底试验是指为在定型阶段的装备测试性验证前做到“心中有数”，全面检查产品测试性设计效果的一种测试性研制试验。测试性分析与预计、测试性研制试验等是测试性增长的重要过程[13,14]。

2）测试性验证

测试性验证是指由订购方指定的试验机构在实验室或实际使用环境下，按抽样设计的试验方案，对装备实物样机注入一定数量的故障，用测试性设计规定的方法进行故障检测与隔离，评估装备的测试性水平，判断是否达到规定的测试性定量要求。测试性验证一般在定型阶段进行。“测试性验证”术语来源于 GJB 3385—98《测试与诊断术语》和 GJB 2547—95《装备测试性大纲》[7,15]。在 GJB 2547A—2012《装备测试性工作通用要求》中，将“测试性验证”改称为“测试性验证试验”，但工作内容基本没变[2]。考虑到测试性验证的工作内容既包括试验又包括评价，“测试性验证试验”术语不便于涵盖所有验证工作，本书在此沿用 GJB 3385—98《测试与诊断术语》和 GJB 2547—95《装备测试性大纲》中的术语，还是称为“测试性验证”，而将测试性验证中开展的试验称为“测试性验证试验”。

测试性验证包括为装备设计定型提供依据而进行的测试性鉴定和为验收批量

装备的测试性水平而进行的测试性验收。对于难以实施测试性验证的产品，可收集产品与测试性有关的设计资料、试验数据、运行数据等，通过工程分析、虚拟样机建模分析等途径进行综合分析，评价装备是否满足规定的测试性要求，即以综合分析评定代替测试性验证来确定是否符合规定的测试性要求，为装备设计定型提供依据。这种手段在GJB 2547A—2012《装备测试性工作通用要求》中称为"测试性分析评价"。近年来，基于虚拟样机的测试性虚拟试验得到了一定程度的研究与发展，可作为测试性分析评价的一种有效手段[16-19]。

测试性验证是订购方主导、承制方参与，一般委托第三方评价机构进行的测试性试验与评价活动，主要服务于装备的设计定型，验证结果是装备设计定型的重要依据。其规程与质量体系要求严格，技术与实施过程规范，是装备测试性试验与评价中的关键工作，也是具有技术代表性的测试性试验与评价工作。

3）测试性使用评价

测试性使用评价是指在实际使用条件下，为评价装备的实际测试性水平而进行的工作。其主要目的是评价装备在实际使用条件下达到的测试性水平，确定是否满足规定的测试性要求，发现装备的测试性缺陷，为外部测试设备的改进、装备改型和新装备研制等提供支持信息。装备部署后，通过收集装备在实际使用中的测试性数据，获得足够的数据量后，用选定的统计分析方法（如区间估计、点估计等）确认装备的测试性水平，评价其是否满足规定的要求。此阶段不再采取故障注入试验，而是让装备自然发生故障并实施故障检测/隔离，所收集到的测试性数据是最可信的，评估结果也最接近真实值，但需要很长的时间。

4）各项测试性试验与评价工作对比与联系

从试验阶段、试验目的、试验方式、试验场所、实施者等方面进行对比，各项测试性试验与评价工作对比情况见表1.1。

表1.1　各项测试性试验与评价工作对比

类型	试验阶段	试验目的	试验方式及内容	受试品	试验场所	优缺点	实施者
测试性核查	研制阶段	暴露测试性设计缺陷、改进测试性、测试性增长、测试性摸底	测试性分析与预计、固有测试性核查	设计方案、图纸	实验室	代价小，准确性低	承制方或委托第三方评价机构
			测试性研制试验：以故障注入为基本手段的试验	实物样机	实验室	准确性高，代价大	
测试性验证	定型、验收阶段	确定装备的测试性指标是否满足合同规定的要求	测试性验证试验：以故障注入为基本手段的试验为主，必要时辅以测试性分析评价	实物样机为主，虚拟样机为辅	实验室为主	订购方采信的主要方式，代价大，准确性高	订购方主导，委托第三方评价机构
测试性使用评价	使用阶段	确定装备的测试性水平是否满足规定的使用要求	收集装备在使用中的测试性数据，评价装备测试性水平	实物装备	使用现场	准确性高，数据收集时间长	使用单位或第三方评价机构

上述工作既有区别，又相互联系。测试性核查主要是在装备研制阶段通过试验和分析等方式检查测试性设计工作的有效性，纠正设计缺陷，实现测试性增长，逐步达到测试性的各项要求，为确保测试性验证顺利通过奠定基础。测试性核查信息可为测试性验证提供支持；测试性验证的结果可以为检验测试性核查工作的正确性提供依据和参考。测试性核查报告中的各种有关数据还是测试性验证阶段测试性分析评价所收集数据的重要组成部分，测试性核查和测试性验证的最终目的是确保投入使用的装备测试性满足要求。测试性使用评价结果可用于检验测试性核查和测试性验证工作的正确性，也可用于指导使用期间测试性改进。

测试性验证是要求规范、具有技术代表性的测试性试验与评价工作，对试验方案的确定、试验实施与故障注入方式、指标评估方法都有规范、严格的规定。测试性核查中的测试性研制试验方案制定比较灵活，既可以采用规范、确定的试验方案，也可根据设计要求、测试性工作计划和具体评价项目需求等确定，故障注入方式与验证中的故障注入试验基本相同。测试性使用评价中主要是收集装备使用阶段发生的故障及测试信息进行评价。测试性核查、测试性验证、测试性使用评价三者的指标评估方法都是基于概率统计理论，但其数据来源不同。

可以看出，上述工作在技术上存在一定的共性。其中，在实物装备上注入故障为基本手段进行的测试性试验与评价是现阶段典型的试验与评价方式，主要包括研制阶段的测试性研制试验与评价、定型验收阶段的测试性验证等。如何准确、高效地进行该方面的工作综合反映了测试性试验与评价中的共性关键技术问题，如试验方案的科学合理设计、故障注入、指标评估等。该方面技术的研究，对于装备测试性研制试验与评价、测试性增长、测试性摸底、测试性验证及测试性使用评价都具有重要意义。本书即主要围绕其基本过程与关键技术进行阐述，测试性试验与评价中的其他内容如固有测试性核查等，可参考 GJB 2547A—2012《装备测试性工作通用要求》[2]，基于模型的测试性分析与预计技术可参考本套《装备测试性工程系列丛书》之二——《装备测试性建模与设计技术》等[4]。

1.2　基于故障注入的测试性试验与评价流程及关键技术

1.2.1　基本流程

在实物装备上注入故障为基本手段进行的测试性试验与评价基本流程如图 1.2 所示，主要包括试验组织建立、产品技术状态确认、产品故障模式及影响分析确认、测试性试验大纲制定与评审、试验方案设计与试验前检查、测试性试验实施、测试性试验报告编写与评审等环节。其中，试验组织建立、产品技术状态确认是进行测试性试验的前提，产品故障模式及影响分析确认是测试性试验与评价的主要输入，而测试性试验方案设计、测试性试验实施是测试性试验与评价的关键技术环节。

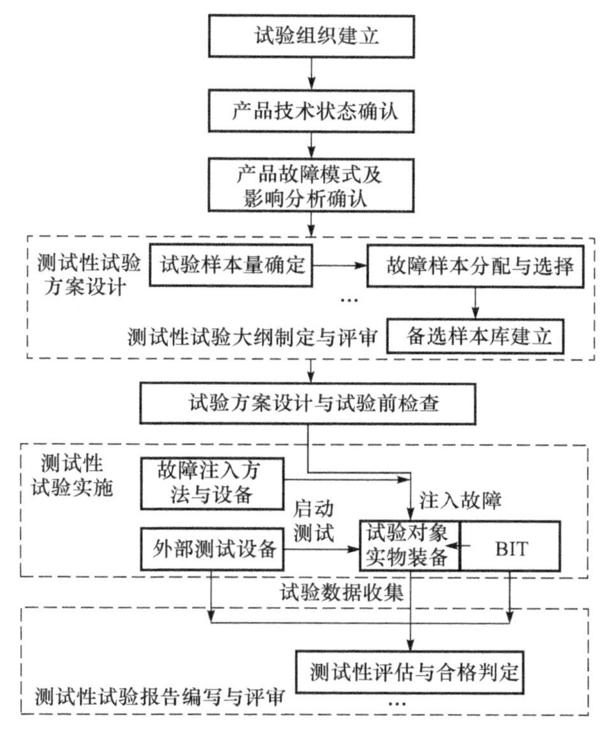

图1.2　实物装备注入故障为基本手段的测试性试验与评价流程

1.2.2　关键技术

1）测试性试验方案设计

测试性试验方案又称抽样方案，承制方和订购方在考虑测试性指标要求、双方试验风险、试验成本等多种因素的基础上，基于统计理论等计算或选择测试性试验方案，主要包括：注入多少故障，注入哪些故障。测试性试验方案用于指导测试性试验的实施和测试性水平的评价，其关键之处在于要选择出与装备故障实际发生规律尽量一致、样本量尽量较少、满足统计评估准确性要求的故障样本集，其合理性直接影响测试性试验的可行性、试验代价、测试性评估结论的准确性等[20-24]。因此，测试性试验方案设计是测试性试验与评估的关键技术之一。

2）测试性试验实施

测试性试验实施的基本过程为：①根据试验方案确定待注入的故障样本，采用合适的故障注入方法与设备，向受试装备注入故障；②装备开机，启动装备测试性设计所配置的机内测试、外部测试设备等对所注入的故障进行故障检测与隔离；③记录检测与隔离结果。该过程中，由于故障注入可能给装备带来破坏，而且有些位置不允许进行注入，故障注入问题成为测试性试验实施中的瓶颈，故障注入技术是需要研究的关键技术之一[20,25,26]。

3）测试性评估

测试性评估是分析测试性试验数据，判定装备的测试性水平是否达到规定的要求，发现测试性设计问题，给出测试性改进建议。测试性评估可以得出装备的测试性指标点估计值或区间估计值，并可以此为依据给出是否接收的判定参考。如果试验方案不够合理，或者需要注入的故障难以注入，会因试验数据不充分影响评估准确性。如何提高测试性评估准确性和可信性是需要解决的关键问题之一。

1.3　测试性试验与评价现状

1.3.1　测试性试验与评价标准方面

美军标 MIL-STD-471A[27] 及其 1978 年颁布的通告 2 *Demonstration and Evaluation of Equipments/System Built-in Test/External Test/Fault Isolation/Testability Attributes and Requirements*[28]是最早以军用标准形式规定了实际装备测试性试验细则。类似的规范性文件还包括美国 AD-A081128 报告 *BIT/External Test Figures of Merit and Demonstration Techniques*[29]、MIL-STD-2165 *Military Standard Testability Program for Electronic Systems and Equipments*[1]等。英国颁布的 Def Std 00-43(Part 2)/Issue 1 *Reliability and Maintainability Assurance Activity Part 2:Maintainability Demonstrations*[30]更是要求测试性试验完全按照 MIL-STD-471A 的方法执行。2012 年，我国在国军标 GJB 2547—95《装备测试性大纲》的基础上，修订并颁布了 GJB 2547A—2012《装备测试性工作通用要求》[2]，简要阐述了测试性试验的目的、要求等，是开展测试性试验的牵头性标准，对测试性试验给出了规范性指导。

1.3.2　测试性试验与评价关键技术方面

测试性分析与预计等技术现状在其他文献中已有较多总结，这里针对基于故障注入的测试性试验与评价的关键技术进行总结与分析。

1. 测试性试验方案设计技术

测试性验证中的试验方案主要包括确定故障样本量、故障模式抽取、接收/拒收判定等，如图 1.3 所示。

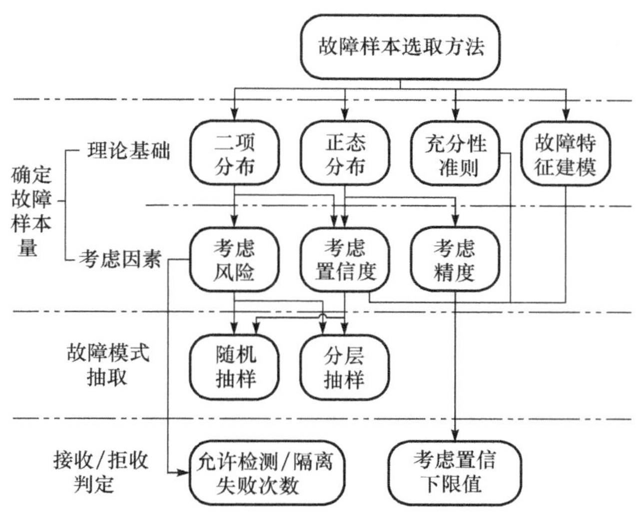

图 1.3 试验方案设计基本流程及方法分类

GJB 2547A—2012 规定承制方应根据有关标准和资料(如 GJB 2072—94 的附录 C 等)确定测试性试验方案，并经订购方同意，也可以使用由订购方提供的并经承制方认可的其他试验方案。测试性验证试验采用统计试验的方法，常见的确定故障样本量的统计检验模型有二项分布模型和正态分布模型。在相同的检验模型下，确定故障样本量一般有两种原则：一是考虑试验费用、承制方风险和订购方风险确定故障样本量；二是考虑装备测试性指标评估的精度或置信度确定故障样本量。

1）基于二项分布的试验方案设计方法

基于二项分布的故障样本选取方法是将故障检测/隔离试验看作成败型试验，利用二项分布抽样特性函数，考虑 FDR/FIR 的指标要求值、FDR/FIR 最低可接收值、承制方风险和订购方风险，确定故障样本量和允许的检测/隔离失败次数，即抽样方案。若只考虑订购方风险，确定的抽样方案称为极限质量(limit quality，LQ)抽样方案。同理，也可只考虑承制方风险制定抽样方案。基于这一思想进行试验方案设计的文献有：GJBz 20455—97《地面无线电引信对抗设备试验场试验方法》[31]、GJB 1298—91《通用雷达、指挥仪维修性评审与试验方法》[32]、GB 5080.5—85《设备可靠性试验 成功率的验证试验方案》[33]等。AD-A081128 报告 *BIT/External Test Figures of Merit and Demonstration Techniques*[29]也是基于二项分布假设，考虑 FDR/FIR 的指标要求值、FDR/FIR 最低可接收值、承制方风险和订购方风险，利用二项分布与正态分布的近似关系，确定抽样方案。在试验结束后以故障检测/隔离失败次数作为接收/拒收判据。还有一种基于二项分布确定故障样本量的方法是考虑 FDR/FIR 的最低可接收值和相应估计值的置信度，利用二项分布抽样特性函数，求得达到 FDR/FIR 的最低置信下限值需要的故障样本量，对于 FDR/FIR 要求高的装备，允许的故障检测/隔离失败次数为 0，基于此可以求得最少故障样本量。

2）基于正态分布的试验方案设计方法

基于正态分布的故障样本选取方法是一种统计评估方法，考虑的因素为 FDR/FIR 估计的精度或置信度，理论基础是伯努利大数定律和中心极限定理，即当故障样本量足够大时，二项分布可以用正态分布来近似，且 FDR/FIR 估计值的偏差近似服从正态分布。MIL-STD-471A *Maintainbility Verification/Demonstration/Evaluation* 及其 1978 年颁布的通告 2 *Demonstration and Evaluation of Equipments/System Built-in Test/External Test/Fault Isolation/Testability Attributes and Requirements*[27,28]是最早以军用标准形式规定的较完整的用于指导实际装备测试性验证试验故障样本选取的方法。该方法是以简单的正态分布区间估计公式为基础计算 FDR/FIR 估计值的上限值和下限值及接收/拒收判据。试验后采用正态分布置信限公式进行 FDR/FIR 的接收/拒收判断。1995 年，MIL-STD-471A 改版为 MIL-HDBK-471 *Maintainbility Verification/Demonstration/Evaluation*，但对上述内容未作进一步的修订。GJB 1135.3—91《地空导弹武器系统维修性评审、试验与评定》[34]给出了基于正态分布假设的地空导弹武器系统 BIT 和外部检测设备的 FDR/FIR 验证的故障样本量确定方法。该方法以简单的正态分布分位点估计和 FDR/FIR 估计值的允许偏差为基础计算故障样本量及接收/拒收判据。在确定故障样本量后，不需要进行故障样本量分配，直接从被测单元(unit under test，UUT）故障模式集中随机抽取故障模式构成故障样本集。GJB 1770.3—93《对空情报雷达维修性　维修性的试验与评定》[35]给出了基于正态分布假设的对空情报雷达 BIT 的 FDR/FIR 验证的抽样方案确定方法。该标准依然采用 GJB 1135.3—91 方法计算故障样本量，但将 GJB 1135.3—91 方法中的分位点值修正为一定的置信水平值。研究表明，以正态分布为基础的方法是近似方法，误差比较大，特别是对于 FDR/FIR 的指标大于 0.9 的情况。

此外，国内外还研究了其他测试性试验方案设计方法，如基于充分性度量准则的故障样本确定方法[9]、基于故障特征模型的故障样本确定方法等，这些方法在测试性研制试验等方面也具有一定的应用价值。

在确定了故障样本量的基础上，需要从 UUT 故障模式集中抽取规定数量的故障模式构成故障样本集。一种方法是根据 UUT 各组成单元的故障率（基于可靠性预计结果）大小进行故障样本量的分配，确定每个组成单元要注入的故障模式数量，并从组成单元的故障模式集中随机抽出规定数量的故障模式，即分层抽样的方法[36]。另一种方法是直接从 UUT 故障模式集中随机抽取故障模式构成故障样本集,即随机抽样的方法[36]。

接收/拒收判据和故障样本量确定基于同一理论:一种是基于二项分布确定的抽样方案进行接收/拒收判定,另一种是根据试验评估结果给出 FDR/FIR 的置信下限值,并与规定的最低可接收值进行比较,给出接收/拒收判定结论。

表 1.2 给出了目前常用的三种试验方案及其特点与适用条件[2,9],其中 α 为承制方风险,β 为订购方风险。

表 1.2 常用测试性试验方案

试验方案	主要特点	适用条件
最低可接收值试验方案(基于二项分布和检验充分性)	合格判据合理、准确;考虑产品组成特点;可查数据表,方法简单;可给出参数估计值	适用于验证指标的最低值;不适用于有 β 要求的情况
考虑双方风险的试验方案(基于二项分布)	合格判据合理、准确;可查数据表,相对简单;未给出参数估计值;未考虑产品组成特点	要求首先确定鉴别比和 α、β 的量值;不适用于有置信度要求的情况
GJB 2072—94 的试验方案(基于正态分布的试验方案)	比 MIL-STD-471A 通告 2 方法有改进;可计算出下限值近似值;准确度较低;未考虑产品组成特点	适用于验证指标的最低值;不适用于有 α、β 要求的情况

当对装备的测试性指标要求较高,承制方、订购方最大风险承受能力低,或者要求的评估结论置信度、精度较高时,按已有方法确定的故障样本量通常很大。往往存在一些危害性极大且不允许注入的故障和不能有效注入的故障,导致故障样本结构不合理等问题[20,23,37,38]。

针对故障样本量大、故障样本结构不合理等问题,需对试验方案开展优化设计技术研究,合理减少故障样本量、优化抽样方案、优化故障样本结构。

2. 故障注入技术

故障注入的实施是测试性试验中的一项关键环节,能否安全有效地注入故障样本决定着试验的成败。故障注入可由硬件、软件或软硬件共同实现。下面简要介绍国外总结的常见故障注入实现方法。

1) 模拟故障注入

模拟故障注入方法是指在系统的仿真模型中插入故障注入单元来实现故障注入[39,40]。这种方法通常应用于设计周期的前期阶段,即系统物理样机建立之前。模拟故障注入工具一般采用 VHDL 生成,也有的工具在现有模拟模型基础上加入故障注入功能构成。模拟故障注入方法虽然具有费用低廉、不需要任何特殊的硬件、对注入的故障可以精确地监控、注入故障模式多等优点,但其缺点也很明显,如在没有有效的仿真器的情况下开发工作量大,建立详细精准的仿真模型一般非常困难导致仿真模型置信度低，不能捕获系统的真实行为，也不能说明真实系统的执行错误。考虑到基于模拟的故障注入方法的上述优缺点，在装备研制初期，在没有物理样机时，可以采用该方法作为开展测试性试验的有效手段。模拟实现的故障注入工具的典型代表有德国 Erlangen-Nürnberg 大学开发的 VERIFY[41]、瑞典 Chalmers 技术大学开发的 MEFISTO-C[42]、美国 Illinois 大学开发的 FOCUS 等[43,44]。

2）硬件故障注入

硬件故障注入主要是通过宿主机控制注入故障的类型及注入故障的时间，使用硬件设备进行故障注入，并收集系统在注入故障后的响应及测试结果。引入的错误类似于芯片内部失效引起的错误以及由环境干扰引起的错误。该方法注入的故障更接近于系统运行现场中可能发生的真实硬件故障，注入故障位置、范围广，故障传播性好。随着故障注入应用范围的不断扩大和评测的目标系统结构复杂性的不断提高，硬件故障注入方法的局限性逐渐暴露出来[45]。例如，硬件故障注入需直接将硬件插入到目标系统中，容易对硬件造成损坏，且价格昂贵，可控性差，被测对象硬件结构的复杂性使得故障注入后的测试变得困难。因此，硬件故障注入大多应用在设计阶段，产品完成后的验收阶段不可能再开箱分解测试，导致许多硬件故障注入无法进行，且硬件故障注入无法评测软件故障情况。国外针对电子系统的知名硬件注入系统主要有瑞典 Chalmers 技术大学开发的 FIST[46]、法国 LASS-CNRS 大学开发的管脚级故障注入工具 Messaline[47]、奥地利 Vienna 技术大学开发的 MARS[45] 等。

3）软件故障注入

软件故障注入[48]提供了廉价和易于控制的故障注入方法。软件故障注入无需额外的硬件设备，可以在程序指令能够访问到的硬件或软件上选择故障注入的位置。许多软件故障注入可以用来模拟硬件故障，故障可能出现在 CPU、内存、总线或网络上，这些故障会导致软件执行错误，如执行不正确的指令或访问不正确的数据。软件故障注入主要通过修改内存或寄存器的值来实现。但由于系统及软件本身的复杂性和多样性，在实现上有很多不同方法，如基于调试器的故障注入方法、基于驱动的故障注入方法、基于特定目标系统的故障注入方法及基于多处理器的故障注入方法[49]。软件故障注入方法的优势之一就是完成故障注入相对经济，因为它不需要特定的硬件或仿真器，相对于硬件故障注入，它可以注入指定的故障，并可以多次重复注入。但是，软件故障注入通常是通过修改目标程序语句，需要在目标程序中插入特定程序代码，属于侵入性故障注入，尤其对强实时嵌入式系统和内存资源紧张的系统，软件故障注入方式甚至会严重地影响系统的性能。虽然软件注入可以注入许多硬件不能注入的故障，如寄存器崩溃故障，但通过软件完成的故障注入只能限制在和软件有关的部分，如软件注入不能使 CPU 在系统总线上注入一个奇偶错误。研究表明，随机选择的可更换单元级别的故障，如车间可更换单元（shop replace united，SRU）连线/接口故障、外场可更换单元（line replace unit，LRU）连线/接口故障中，有 2/3 的故障是不可以通过软件故障注入完成的[41,50,51]。软件故障注入工具的典型代表有美国 Carnegie Mellon 大学开发的 FIAT[52]，Illinois 大学开发的 Ftape[53]、FINE[54] 和 DEFINE[55]，Michigan 大学开发的DOCTOR[56]，Texas 大学开发的 FERRARI；葡萄牙 Coimbra 大学开发的 Xeption[57]；德国 Dortmund 大学开发的 EFA[58] 等。

4）混合模式故障注入[59]

将软件注入与仿真方法相结合是近年来故障注入方法一个新的研究方向。德国 Erlangen-Nürnberg 大学计算机学院的 Jens Güthoff 等提出了将软件故障注入与仿真方法相结合的故障注入方法——混合模式故障注入（mixed-mode fault injection）方法。该方法通过仿真控制的方法解决软件故障注入无法定位的系统故障，它通过硬件设备——仿真器实现仿真控制，兼有软件故障注入和仿真控制的优点。Hybrid 方法[60]就是在软件注入中结合了硬件触发。Güthofff 和 Sieh 结合软件故障注入方法和仿真方法，通过对运行在实时系统上的目标程序采取检查点方式，仿真底层暂态故障的影响[45]。Kanawati 等[61]使用硬件和软件结合完成故障注入，在某一航天系统中，使用 FERRARI 触发一个硬件监视器，当系统从软件故障注入返回用户模式时，硬件监视器触发 pin-level 硬件故障触发器，将故障注入系统中，该研究指出了同时使用硬件和软件故障注入在验证研究中的重要性，因为许多故障只能使用一种方法进行注入。

国内在故障注入的研究方面，GJB 4260—2001《侦查雷达测试性通用要求》[36]提供了四种故障模拟方法：①用有故障的元器件、SRU、LRU 代替一个正常的元器件、SRU 和 LRU；②接入附加的或拆除某些元器件、SRU；③故意造成某些失调；④用计算机进行模拟。此外，北京航空航天大学对常用的几种故障注入方法进行了归纳分析[62]，如表 1.3 所示。

表 1.3　故障注入方法优缺点分析

故障注入方法名称	优点	缺点
开关式故障注入方法	研制开发方便、简单，通用性强，可注入故障模式具有典型性	无法注入实时性要求高的故障
系统总线故障注入方法	可解决板间高速实时故障注入的问题	通用性不高，可注入故障模式有限
外总线故障注入方法	覆盖故障模式种类多，能够解决测试性试验中近 40%的故障注入问题	开发研制难度较高
基于可控插座的故障注入方法	覆盖故障模式种类多，研制开发相对简单，通用性强	无法注入实时性要求高的故障

续表

故障注入方法名称	优点	缺点
基于后驱动的故障注入方法	注入过程简单、方便，注入可达性好	注入故障种类少，受产品具体情况限制
基于电压求和的故障注入方法	注入过程简单、方便，注入可达性好	注入故障种类少，受产品具体情况限制
基于仿真器的故障注入方法	可解决板上高速实时故障注入的问题	开发研制难度高
边界扫描注入技术	注入过程简单、方便，注入可达性好	注入故障种类少，受产品具体情况限制，尤其是目前工程型号中大多数产品并不具备边界扫描电路，应用范围小
软件注入技术	硬件开销少，注入过程简单、方便，可注入故障类型较多	无法覆盖软件无法触及的故障

综上所述，虽然目前有很多种故障注入方法，但是限制故障注入方法有效性的因素也很多，其中主要因素有两个。一是故障注入位置的可访问性，故障样本的注入位置的可访问性直接决定了该故障的可注入性。在实际中，不少装备内部器件高度集成、封装严密，导致一些故障样本没有可以供故障注入器(实现故障模拟的软件或硬件)访问的位置，致使故障无法注入，影响测试性验证与评估结果的可信性[63]。二是故障的危害性和破坏性，武器装备中一些故障一旦发生会直接造成重大人员伤亡或设备损坏，一些故障发生后由于传递性或关联性，也会间接地造成危害，这些故障在试验中是不允许注入的，而且这些故障所在单元或从试验系统中拆除，或尽量做好保护措施。针对这些问题，需开展新的故障注入技术研究。

3. 指标评估技术

测试性指标评估一方面是对指标参数进行点估计或区间估计，基本过程是收集测试性验证中通过试验得到的数据，利用有限的故障检测/隔离试验数据，采用参数估计方法计算得出故障检测率、故障隔离率等测试性指标参数的估计值；另一方面是根据合格判据对测试性水平进行判决，给出验证合格或不合格的判定结论。

测试性指标评估时具体采用的方法往往根据试验方案选择[2,20,36]。若采取基于正态分布的试验方案，参照维修性试验中的指标评估技术，GJB 2072—94 的附录 C 给出了根据试验数据计算故障检测率和故障隔离率点估计值 $\hat{P}$ 的方法，然后依据 $\hat{P}$ 的大小给出测试性指标参数的区间估计，即当 $0.1<\hat{P}<0.9$ 时，用基于正态分布的公式计算规定置信度下故障检测率、故障隔离率的置信上限值 P_U 和下限值 P_L；当 $\hat{P}\leqslant 0.1$ 或 $\hat{P}\geqslant 0.9$ 时，用基于 χ^2 分布的公式计算规定置信度下故障检测率、故障隔离率的置信上限值 P_U 和下限值 P_L。

对于指标值越高系统测试性水平越高的情况(如故障检测率、故障隔离率)，通过比较置信下限和指标最低可接收值 P_S 的大小来判定测试性水平是否达到规定要求，若 $P_L \geqslant P_S$，判定为接收，测试性水平达到规定要求，验证通过；否则，判定为拒收，测试性水平未达到规定要求，验证不能通过。此指标评估方法是一种近似的计算方法，P_L 的估计值存在较大的误差，适用于内场故障注入试验，且有置信度要求的指标验证，不适用于规定双方风险要求的指标验证。

采取最低可接收值试验方案与采取估计参数值试验方案时的指标评估方法类似，优缺点也相似。不同的只是在合格判定时，通过比较检测/隔离失败次数 F 和合格判定数 c 的大小关系来判定，若 $F<c$，则判定为接收；否则为拒收。

采取基于二项分布、考虑双方风险的验证方案时，只能依据试验数据和二项分布公式，给出定性的接收或拒收的验证结论，即 $F \leqslant c$，则判定为接收，否则为拒收，不能给出指标的估计值。此方法以二项分布理论为基础，判据更合理、准确，适用于实验室的故障注入试验，且有双方风险要求的指标验证，但不适用于有置信度要求的指标估计。

目前的测试性指标评估方法主要是基于经典统计理论，在仅有少量故障注入试验样本数据且样本结构不合理等情况下，难以给出科学、准确、合理的结论。针对样本少且结构不合理情况下的指标评估问题以及优化试验方案后的指标评估问题，充分利用多种先验信息，研究测试性指标综合评估技术。

1.3.3 测试性使用评价方面

对于低层次产品(LRU 或 SRU)，可以采用试验验证的方法进行测试，而对于高层次产品(装备整机或全系统)，由于整机故障注入后无法有效控制故障的蔓延，最好在投入使用后进行使用评价。此外，一些测试性参数根本无法进行试验验证，如虚警率，只能靠收集外场使用数据来进行验证。

测试性使用评价主要面向使用阶段，其实施方式是收集产品在使用和维修中的测试性信息和使用者的意见，进行综合分析。测试性使用评价的目的是在实际使用条件下确认产品测试性水平，评价其是否满足使用要求。当发现存在测试性缺陷或不能满足使用要求时，提出测试性改进的要求和建议，以便于组织实施改进措施，提高装备测试性水平。同时，测试性使用评价可为装备的使用、检测和维修提供管理信息，为装备改型和研制新装备时确定测试性要求提供依据等。

测试性使用评价在装备部署后的实际使用环境中进行，适用于装备的各系统和设备。测试性使用评价技术是装备使用期间装备管理的重要内容，必须与装备其他管理工作相协调，统一管理。即装备部署后，装备订购方应有计划地安排并组织使用过程中的测试性信息(故障检测、隔离、虚警等数据)的收集，通过统计分析来评价装备在实际使用中的测试性水平，并按需要实施测试性改进工作，以不断提高装备的测试性水平。同时，可以结合使用期间维修性评价、使用可靠性评估、保障性评估等一起进行。因此，测试性使用评价工作主要由装备订购方完成，当然也可以要求装备承制方代表参加。

装备的测试性使用评价主要包括测试性信息和数据收集、测试性指标评估两个方面。其中，使用期间测试性信息和数据的收集是测试性评价、装备改型中测试性改进的基础和前提。测试性信息和数据来源包括试用阶段和使用中实际发生故障的检测和隔离结果、虚警次数、维修测试中的检测与隔离结果以及不能复现(CND)和重测合格(RTOK)的次数等。在获得足够的数据后，用选定的统计分析方法(一般是采用经典统计方法)评估出产品的故障检测率、隔离率和虚警率等参数的量值。要得到准确的验证结果，必须制订完备的数据收集计划，而且一般需要较多产品投入使用或者要持续较长的使用时间，直到获得足够量的样本，以得出可信的评价结论。使用期间的测试性指标评估方法在技术流程上则与装备试验验证的指标评估方法相同，具有通用性，其发展现状此处不再详述。

目前，国外已经开展了装备测试性使用评价工作，例如，美军机载 APG-65 雷达的使用评价共动用了 21 架飞机，飞行 2194.9h[8]。由于目前我国系统性开展测试性工程的装备多数还处于研制和定型阶段，尚未进入服役和使用阶段，所以开展测试性使用评价较少。

1.4　本书内容安排及所提供的技术支持

本书分 8 章对测试性试验与评价技术相关内容进行论述，各章节内容和组织结构安排如下(图 1.4)。

第 1 章，绪论。阐述装备测试性试验与评价的内涵及分类，给出基于故障注入的测试性试验与评价流程，分析其关键技术，并对相关技术研究现状进行分析与综述。

第 2 章，测试性试验的数理统计基础。介绍测试性参数定义、测试性试验与评估相关的数理统计基础，主要包括概率统计基本理论、抽样理论、估计与检验、Bayes 统计理论基础等内容，为后续章节内容提供参考。

第 3 章，经典测试性试验方案。首先介绍考虑双方风险、考虑最低可接收值和基于截尾序贯法等基于二项分布的样本量确定方法以及基于正态近似的样本量确定方法。然后给出样本量分配和故障模式抽取方法。最后阐述基于专家数据的故障率估计方法和基于 Bootstrap 方法的故障率极大似然估计方法。

第 4 章，测试性试验方案优化设计。阐述多源先验信息分析及处理方法，用于求解测试性指标先验分布参数。分析考虑双方风险存在的问题，提出基于 Bayes 后验风险准则的测试性试验方案设计方法，给出该方法下试验方案的求解过程。结合 SPRT 方法与 Bayes 统计理论两者的优点，提出基于 SPOT 方法的测试性试验方案设计方法，给出 SPOT 方法的判决值计算方法、判决准则和判决阈值的确定方法。

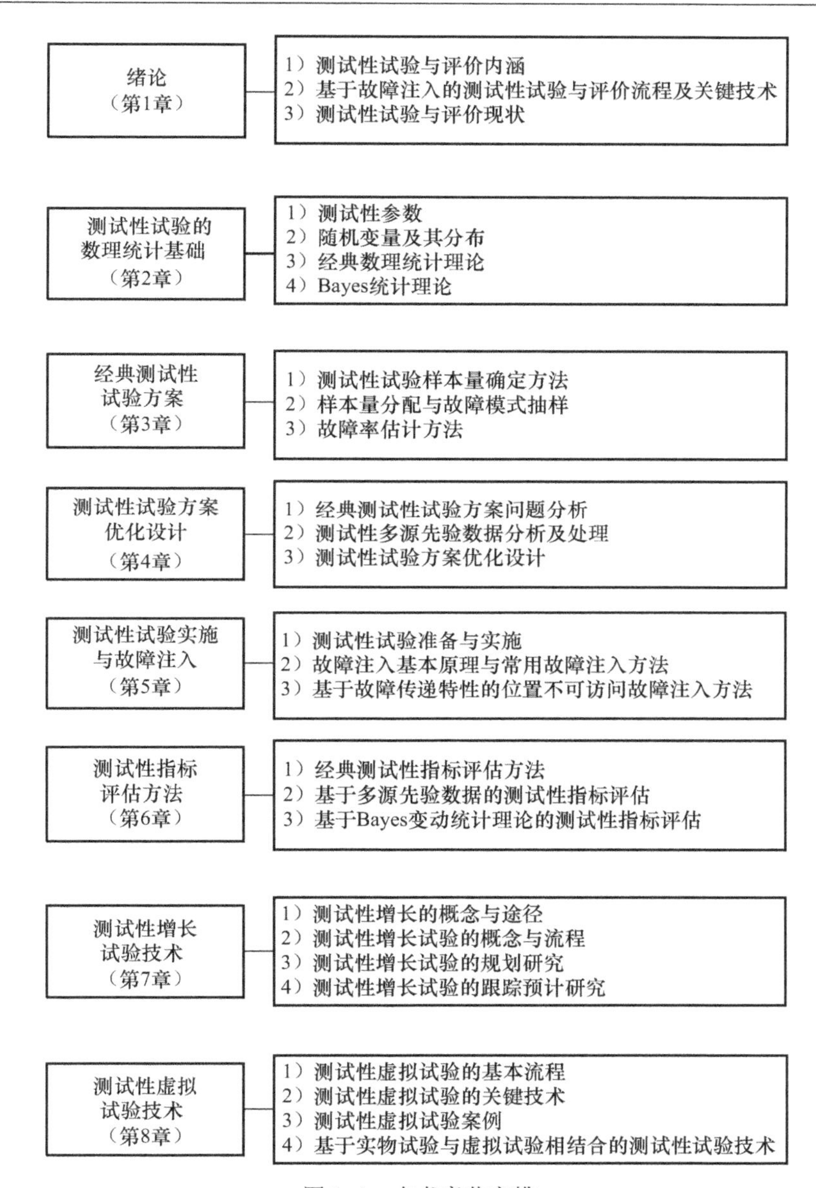

图 1.4 本书章节安排

第 5 章，测试性试验实施与故障注入。首先综合国内外测试性工程相关标准文献中有关测试性试验的规范性指导，以及近年来国内开展测试性试验工作的工程实践经验，细致梳理测试性试验准备与实施工作。然后对国内外应用比较广泛的故障注入方法和典型故障注入系统进行总结，研究和构建典型的硬件故障注入系统。最后针对位置不可访问故障无法直接注入这一典型问题，以故障传递特性为基础，研究复杂装备基于故障模型的位置不可访问故障有效注入方法，确保所选故障模式都能被有效注入。

第 6 章，测试性指标评估方法。首先介绍经典测试性指标评估方法，并对评估精度进行分析。然后针对小样本实物试验数据下的测试性指标评估问题，详细研究以 Bayes 统计理论为基础的测试性指标评估方法。针对具有单阶段、多来源特征的先验数据，提出基于多源先验数据的评估方法，并讨论先验分布及其参数确定、先验数据相容性检验及可信度计算，以及多源信息融合问题。针对多阶段、多来源特征的先验数据，提出基于 Bayes 变动统计理论的测试性指标评估模型和方法，并对模型的稳健性进行分析。

第 7 章，测试性增长试验技术。首先分析测试性增长的基本概念、基本原理，指出装备全寿命周期各阶段实施测试性增长的优缺点，并着重分析测试性增长试验的基本概念和技术流程。然后对测试性增长试验规划、跟踪及预计问题开展详细研究。对于采用及时纠正策略的增长试验，建立系统故障模式数、故障注入试验数量，以及设计师改进能力三方面的相互关系模型，并以效费比、增长目标为约束，研究试验方案优化方法。对于采用延缓纠正策略的测试性增长试验，提出采用延缓纠正策略时的试验资源优化配置模型，并利用拉格朗日松弛和局部搜索方法解决资源的优化配置。针对试验过程中故障模式可能发生变化的情况，提出考虑非理想纠正的测试性水平变化规律模型和基于 Markov 链的增长跟踪预计模型，针对及时纠正策略提出考虑试验规划信息的指标评估方法；针对延缓纠正策略提出考虑多源信息综合评估的技术框架。最后提出混合粒子群和遗传算法的模型参数估计方法，用于模型参数估计和绘制测试性增长跟踪预计曲线。

第 8 章，测试性虚拟试验技术。针对测试性虚拟试验对测试性模型提出的新要求，提出一种功能-故障-行为-测试-环境一体化模型及其循序渐进构建策略和方法，为解决 FFBTEM 确认中的可信度评估问题，提出基于 AHP-FSE 的 FFBTEM 可信度综合评估方法。为使测试性虚拟试验中的故障样本尽量逼近实际故障发生样本，全面考虑装备实际服役、维修及环境，针对三种典型情况提出基于故障统计模型的故障样本模拟生成技术。另外，综合小子样理论和虚拟试验的技术优势，采取虚实结合的总体技术思路，设计基于小子样理论和虚拟试验相结合的测试性综合验证与评估总体方案，重点阐述其中的测试性虚拟试验方案的技术思路和基本流程。

本书各章节内容涵盖装备全寿命周期测试性试验与评价技术工作，对装备全寿命周期测试性试验与评价工作的技术支持如图 1.5 所示。

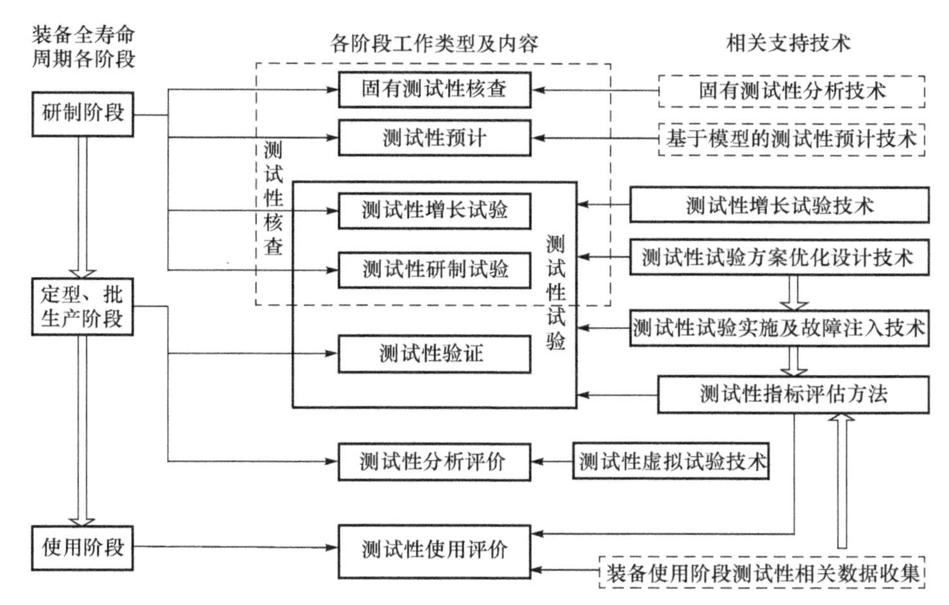

图 1.5 装备全寿命周期测试性试验与评价工作相关支持技术

参考文献

[1] US Department of Defense. MIL-STD-2165. Military Standard Testability Program for Electronic Systems and Equipments[S]. Washington:US Department of Defense,1985.

[2] 中国人民解放军总装备部. GJB 2547A—2012. 装备测试性工作通用要求[S]. 北京:总装备部军标出版发行部,2012.

[3] US Department of Defense. MIL-STD-1309D. Military Standard Definitions of Terms for Testing,Measurement and Diagnostics[S]. Washington:US Department of Defense,1992.

[4] 邱静,刘冠军,杨鹏,等. 装备测试性建模与设计技术[M]. 北京:科学出版社,2012.

[5] 江妙富. 装备可靠性维修性保障性要求总体方案技术研究[D]. 北京:北京航空航天大学,2004.

[6] 邹国晨,赵澄谋,邱衡. 武器装备采办管理[M]. 北京:国防工业出版社,2003.

[7] 中国人民解放军总装备部. GJB 3385—98. 测试与诊断术语[S]. 北京:总装备部军标出版发行部,1998.

[8] 石君友. 测试性设计分析与验证[M]. 北京:国防工业出版社,2011.

[9] 田仲,石君友. 系统测试性设计分析与验证[M]. 北京:北京航空航天大学出版社,2003.

[10] Pattipati K R,Raghavan V,Shakeri M. TEAMS:Testability engineering and maintenance system[C]. Proceeding of the American Control Conference,1994:1989-1995.

[11] 杨鹏. 基于相关性模型的诊断策略优化设计技术[D]. 长沙:国防科学技术大学,2008.

[12] 陈希祥. 装备测试性方案优化设计技术研究[D]. 长沙:国防科学技术大学,2011.

[13] 赵晨旭. 测试性增长试验理论与方法研究[D]. 长沙:国防科学技术大学,2016.

[14] Zhao C X, Pattipati K, Liu G J. A Markov chain-based testability growth model with a cost-benefit function[J]. IEEE Transactions on Systems, Man, and Cybernetics: Systems, 2016,46(4):524-534.

[15] 国防科学技术工业委员会. GJB 2547—95. 装备测试性大纲[S]. 北京:国防科学技术工业委员会,1995.

[16] 刘瑛. 测试性虚实一体化试验技术研究及其应用[D]. 长沙:国防科学技术大学,2014.

[17] 张勇. 装备测试性虚拟验证试验关键技术研究[D]. 长沙:国防科学技术大学,2012.

[18] 赵晨旭. 测试性虚拟验证技术及其在直升机航向姿态系统中的应用研究[D]. 长沙:国防科学技术大学,2011.

[19] Zhang Y, Qiu J, Liu G J. A fault sample simulation approach for virtual testability demonstration test[J]. Chinese Journal of Aeronautics, 2012, 25(4):598-604.

[20] 李天梅. 装备测试性验证试验优化设计与综合评估方法研究[D]. 长沙:国防科学技术大学,2010.

[21] 王超. 虚实结合的测试性试验与综合评估技术[D]. 长沙:国防科学技术大学,2014.

[22] Wang C, Qiu J, Liu G J. Testability evaluation using prior information of multiple sources [J]. Chinese Journal of Aeronautics, 2014, 27(4):867-874.

[23] 李天梅,邱静,刘冠军. 基于故障率的测试性验证试验故障样本分配方案[J]. 航空学报 2009,30(9):1661-1665.

[24] 李天梅,邱静,刘冠军. 基于故障扩散强度的故障样本选取方法[J]. 兵工学报,2008,28(7):829-833.

[25] 李华康. 测试性试验中等效故障注入技术及其应用[D]. 长沙:国防科学技术大学,2015.

[26] 李天梅,邱静,刘冠军. 测试性模拟故障注入试验中的故障模型研究[J]. 中国机械工程,2009,20(16):1923-1927.

[27] US Department of Defense. MIL-STD-471A. Maintainbility Verification/Demonstration/Evaluation[S]. Washington: US Department of Defense, 1973.

[28] US Department of Defense. MIL-STD-471A Interim Notice 2. Demonstration and Evaluation of Equipments/System Built-in Test/External Test/Fault Isolation/Testability Attributes and Requirements[S]. Washington: US Department of Defense, 1978.

[29] Pliska T F, Jew F L, Angus J E. BIT/External Test Figures of Merit and Demonstration Techniques[R]. New York: Rome Air Development Center, Griffiss AFB, 1979.

[30] UK Ministry of Defence. Def Std 00-43(Part 2)/Issue 1. Reliability and Maintainability Assurance Activity Part 2: Maintainability Demonstrations[S]. Glasgow: Defence Procurement Agency, 1995.

[31] 中国人民解放军总参谋部. GJBz 20455—97. 地面无线电引信对抗设备试验场试验方法[S]. 北京:中国人民解放军总参谋部,1998.

[32] 国防科学技术工业委员会. GJB 1298—91. 通用雷达、指挥仪维修性评审与试验方法[S].

北京:国防科学技术工业委员会,1991.
[33] 国家标准局. GB 5080. 5—85. 设备可靠性试验 成功率的验证试验方案[S]. 北京:国家标准局,1985.
[34] 中国人民解放军总后勤部. GJB 1135. 3—91. 地空导弹武器系统维修性评审、试验与评定[S]. 北京:中国人民解放军总后勤部,1991.
[35] 国防科学技术工业委员会. GJB 1770. 3—93. 对空情报雷达维修性 维修性的试验与评定[S]. 北京:国防科学技术工业委员会,1993.
[36] 中国人民解放军总装备部. GJB 4260—2001. 侦查雷达测试性工作通用要求[S]. 北京:总装备部军标出版发行部,2001.
[37] Shakeri M. Advances in system fault modeling and diagnosis[D]. Connecticut:University of Connecticut,1996.
[38] 石君友,康锐,田仲. 测试性试验中样本集的功能覆盖充分性研究[J]. 电子测量与仪器学报,2006,20(3):23-27.
[39] 王胜文. 基于软件的故障注入方法研究[D]. 哈尔滨:哈尔滨工业大学,2005.
[40] Stott D T, Ries G L, Hsuer M C. Dependability analysis of a high-speed network using software-implemented fault injection and simulated fault injection[J]. IEEE Transactions on Computers,1998,47(1):108-119.
[41] Sieh V, Tschache O, Balbach F. VERIFY: Evaluation of reliability using VHDL-models with embedded fault descriptions[C]. Proceedings of the 27th International Symposium on Fault-Tolerant Computing,1997:32-36.
[42] Laprie J C. Dependable computing and fault tolerance:Concepts and terminology[C]. Proceedings of the 25th International Symposium on Fault-Tolerant Computing,1995:2-11.
[43] 赵建扬,李小珉,何洋. 测试性验证评估故障注入研究现状[C]. 全国测试与故障诊断技术研讨会,2011:35-39.
[44] Hsueh M C, Tsai T K, Iyer R K. Fault injection techniques and tools[J]. Computer,1997,30(4):75-82.
[45] 孙峻朝,王建莹,杨孝宗. 管脚级故障模型的分析与生成技术的研究[J]. 计算机学报,1999,22(8):845-851.
[46] Gunneflo U, Karlsson J, Torin J. Evaluation of error detection schemes using fault injection by heavyion radiation[C]. Proceeding of the 19th Intenational Symposium on Fault-Tolerant Computing,1989:340-347.
[47] Arlat J, Crouze Y, Fabre J C. Fault injection for dependability validation of fault-tolerant computer systems[C]. Proceeding of the 19th Intenational Symposium on Fault-Tolerant Computing,1989:348-355.
[48] Clark J A, Pradhan D K. Fault injection: A method for validating computer system dependability[J]. IEEE Computer,1995,28(6):47-56.
[49] 黄永飞,彭欣洁. 常用电路的故障注入方法[J]. 航空兵器,2007,(2):59-61.
[50] 石君友,李郑,刘骝. 自动控制故障注入设备的设计与实现[J]. 航空学报,2007,28(3):

556-560.
[51] Czeck E W. On the prediction of fault behavior based on workload[D]. Pittsburgh:Camegie Mellon University,1991.
[52] Segall Z, Vrsalovic D, Siewiorek D, et al. FIAT—Fault injection based automated testing environment[C]. Proceedings of the 18th International Symposium on Fault-Tolerant Computing,1988:102-107.
[53] Tsai T K,Iyer R K,Jewitt D. An approach towards benchmarking of fault-tolerant commercial systems[C]. Proceedings of the 26th International Symposium on Fault-Tolerant Computing,1996:314-323.
[54] Kao W,Iyer R K,Tang D. FINE:A fault injection and monitoring environment for tracing the Unix system behavior under faults[J]. IEEE Transactions on Software Engineering, 1993,19(11):1105-1118.
[55] Kao W,Iyer R K. DEFINE:A distributed fault injection and monitoring environment[C]. Proceedings of Workshop Fault-Tolerant Parallel and Distributed Systems,1994:511-518.
[56] Han S, Harold A. DOCTOR:An integrated software fault injection environment for distributed real-time system[C]. IEEE International Computer Performance and Dependability Symposium,1995:204-213.
[57] Asenek V. SEU induced errors observed in microprocessor systems[J]. IEEE Transactions on Nuclear Science,1998,45(6):2876-2883.
[58] Echtle K,Leu M. The EFA fault injector for fault-tolerant distributed system testing[C]. IEEE Workshop on Fault-Tolerant Parallel and Distributed Systems,1992:28-35.
[59] Guthoff J,Sieh V. Combining software-implemented and simulation-based injection into a single fault injection method[C]. Proceedings of the 25th International Symposium on Fault-Tolerant Computing,1995:196-206.
[60] Young L,Lyer R K,Goswami K. Hybrid monitor assisted fault injection environment[C]. Proceedings of the 3rd IFIP International Working Conference of Dependable Computers for Critical Applications,1993:163-174.
[61] Kanawati C A,Kanawati N A,Abraham J A. FERRARI:A tool for the validation of system dependability properties[C]. Proceedings of the 22th International Symposium on Fault-Tolerant Computing,1992:336-344.
[62] 徐萍. 测试性试验方法与试验平台研究[D]. 北京:北京航空航天大学,2006.
[63] Aeronautical Radio Inc. ARINC No. 604-1. Guidance for Design and Use of Built in Test Equipment[S]. Annapolis:Aeronautical Radio Inc. ,1998.

第2章 测试性试验的数理统计基础

2.1 概 述

统计学是应用数学的一个分支，主要包括收集待考察总体的部分数据，利用概率论建立数学模型，对总体进行量化的分析、总结，进而推断、预测总体参数及其变化趋势，为相关决策提供依据和参考。

统计学在不同的时期出现了不同的学派，古典统计学时期有国势学派和政治算术学派，近代统计学时期有数理统计学派和社会统计学派，现代统计学时期有经典数理统计学派和 Bayes 统计学派。

经典数理统计认为概率的概念就是频率的概念，坚持概率的频率性客观解释。概率是客观存在且不以人的意志为转移，这种观点符合人们对概率的一般认识，因而经典数理统计学派也称为频率学派。该学派认为总体的特征参数是客观存在的，是一个未知的常数，需要用样本数据对其进行估计和检验。基于以上两条基本原则，经典数理统计使用的信息包括两种：总体信息和样本信息。这两种信息是客观的，并认为主观信息不符合科学客观原则，不可使用。

长期以来，经典的试验分析与评估方法主要是以较大样本为前提的，但在工程实际中，小子样问题是普遍存在的。有些限于条件（如地震预报，历史上只留下少数记录）；有些取样成本及代价太大（如导弹现场试验、地质勘探等）；有些很难找到样本（如不常见疾病的患者样本）。在这种情况下，经典的统计方法受到严重的挑战。

Bayes 统计理论起源于托马斯·贝叶斯（Thomas Bayes）的论文“An essay towards solving a problem in the doctrine of chances”（有关机遇理论问题的求解），拉普拉斯在他的《概率论》教科书第一版中首次将 Bayes 思想以 Bayes 定理的现代形式展示给世人，而且还用它来解决天体力学、医学统计甚至法学问题。

Bayes 统计中的计算公式较为复杂，在计算机和数值计算出现以前，往往得不到较精确的解。另外，经典统计学派对其持怀疑态度，导致 Bayes 统计的思想和理论一直饱受争议，处于劣势。后来，Wald 提出的统计决策理论中 Bayes 解被认为是一种最优决策函数，Bayes 方法逐渐受到重视。在 Jeffreys、Savage、Robbins、Raiffa、Box、Lindley、Berger 等 Bayes 统计理论学者的努力下，Bayes 方法在观点、方法和理论等方面得到了不断完善，如无信息先验分布、共轭先验分布、多阶段先验分布、经验 Bayes 方法，这些都为 Bayes 统计理论的发展和应用创造了极为有利的条件。我国的数理统计专家成平、陈希孺教授在《参数估计》一书中指出：可能是统计学界都能同意的，即 Bayes 学派确实已成长为统计中一个很有影响和很有力量的学派，其势头看来仍在增长[1]。

对于小子样条件下的 Bayes 统计，Bayes 统计理论的基本思想是：Bayes 方法不是少用信息，而是把小子样条件下的统计推断问题向先验信息方面转移一部分，即通过获取和综合运用先验信息来弥补样本信息的不足。正是因为 Bayes 先验方法可以利用样本信息之外的先验信息，Bayes 先验方法成为研究小子样问题的一种有效途径。可以说，绝大部分小子样试验与评价方法的研究都是基于 Bayes 统计理论而进行的，研究小子样试验与评价方法就是研究如何有效地应用和合理地改进 Bayes 统计理论，如何科学合理地利用先验信息，并将其用概率分布函数表达，这是应用 Bayes 方法的关键问题。

近年来，设计、试验和使用部门为了适应小子样试验的需要，常常采用“打打看看，看看打打”的试验方案，因此序贯评估方法也备受重视。在实现这种试验方案的过程中，常常有这种情况，即在每次试验之后，作出有关问题的分析，经过某些改进后，再进行下一次试验。这样，在各次试验之间，待评估的指标参数可能是变化的、不断增长的，每次试验后所获得的样本并不属于同一总体，即使总体的分布形式为已知，但分布参数却是动态变化的。因此，不同总体下的统计分析问题也是小子样试验分析与评估中值得重视和研究的问题。武器装备试验分析与评估往往需要耗费大量的人力和物力，没有哪个国家能够毫无节制地进行大量的实物试验。工程实际需求下，武器装备的小子样试验分析与评估方法也得到了长足发展。本书将在后续章节介绍 Bayes 统计理论在测试性试验与评价方面取得的研究成果。

本章首先介绍测试性工程常用的测试性参数，然后介绍数理统计中的相关概念，如随机变量、分布、总体、样本等，并简要介绍 Bayes 统计理论，为阐述测试性试验方案和测试性指标评估奠定理论准备。

2.2 测试性参数

由测试性的定义可知，“准确”、“及时”地检测和隔离故障是测试性设计的两个关键特征和要求，“准确”主要体现在具有较高的故障检测率和故障隔离率，以及较小的虚警率；“及时”主要体现在故障检测和隔离时间要短。根据我国对测试性参数的习惯定义，目前常用的测试性参数主要包括：故障检测率、故障覆盖率、故障隔离率、虚警率、平均故障检测时间、平均故障隔离时间、BIT/ETE（机内测试/外部测试设备）的可靠性维修性参数等[2,3]。

2.2.1　故障检测率

故障检测率(fault detection rate,FDR)是指在规定条件下,用规定的方法正确检测的故障数与故障总数之比,用百分数表示。

(1) 统计模型。根据定义,可以构建故障检测率的统计模型:

$$\mathrm{FDR}=\frac{N_{\mathrm{D}}}{N_{\mathrm{T}}}\times 100\% \tag{2.1}$$

式中,N_{T} 为故障总数或在工作时间 T 内发生的故障数;N_{D} 为在工作时间 T 内正确检测到的故障数。该模型主要用于验证和使用数据统计。

(2) 预计模型。假设故障率为常数,可以将式(2.1)通过等价变换得到故障检测率的预计模型:

$$\mathrm{FDR}=\frac{\lambda_{\mathrm{D}}}{\lambda}=\frac{\sum\lambda_{\mathrm{D}i}}{\sum\lambda_i}\times 100\% \tag{2.2}$$

式中,λ_{D} 为被检测出的故障模式的总故障率;λ 为所有故障模式的总故障率;$\lambda_{\mathrm{D}i}$ 为第 i 个被检测出的故障模式的故障率;λ_i 为第 i 个故障模式的故障率。该模型主要用于设计阶段的测试性分析和预计。

故障检测率强调对故障的检测能力,与故障覆盖率不同的是,它考虑了故障发生过程及故障检测过程中的不确定因素,故障检测率越高,出现故障漏检的情况就越少,系统运行就越安全可靠。在指导测试性设计和评价测试性水平时,故障检测率是最重要的测试性指标之一。

由故障检测率可以派生出以下参数:

(1) 潜伏故障检测率。潜伏故障是指确定存在而尚未显现的故障,暂时对装备任务、功能没有影响,但在一段时间内将会演化为功能故障。潜伏故障检测率(latent fault detection rate,LFDR)可定义为检测中发现潜伏故障的能力,是发现的潜伏故障数与总的潜伏故障数之比。潜伏故障具有劣化过程,在不同的劣化阶段进行检测的结果不同。假设系统劣化过程分为 k 个阶段,前 n 个状态属于正常工作状态,后 $k-n$ 个阶段属于潜伏故障状态,第 k 个状态为潜伏故障变为显现故障,此时将造成严重后果。在第 i 阶段($i\in[k-n,k)$)能够发现潜伏故障的概率为 p_i,则潜伏故障检测率可定义为

$$\mathrm{LFDR}=\frac{\sum_{i=k-n}^{k-1}s_i\times p_i}{\sum_{i=k-n}^{k-1}s_i} \tag{2.3}$$

式中,s_i 为系统处于潜伏故障阶段 i 的概率。

(2) 关键故障检测率。关键故障是指使系统处于危及任务完成、危及人员安

全或资源的使用状态的故障,关键故障检测率(critical fault detection rate,CFDR)是指用规定的方法正确检测的关键故障数与关键故障总数之比,用百分数表示。其统计模型为

$$\mathrm{CFDR}=\frac{N_{\mathrm{CD}}}{N_{\mathrm{CT}}}\times 100\% \tag{2.4}$$

式中,N_{CT}为在工作时间 T 内发生的关键故障总数;N_{CD}为在工作时间 T 内正确检测到的关键故障数。

另外,其预计模型为

$$\mathrm{CFDR}=\frac{\sum\lambda_{\mathrm{CD}i}}{\sum\lambda_{\mathrm{C}i}}\times 100\% \tag{2.5}$$

式中,$\lambda_{\mathrm{CD}i}$为第 i 个被检测出的关键故障模式的故障率;$\lambda_{\mathrm{C}i}$为第 i 个关键故障模式的故障率。

故障检测率定义中,所有严酷度等级的故障模式一视同仁,因此有可能出现以下情况:严酷度等级低的故障模式发生频率高,且能被测试设备检测到,严酷度等级高的故障模式故障发生频率低,却不能被检测,则有可能出现故障检测率高但关键故障模式却检测不到的问题。

若特别关心测试设备对关键故障模式的检测能力,可以增加关键故障模式检测率和覆盖率等指标来约束,也可单独对关心的关键故障模式的检测方式等进行约束。关键故障模式检测率可能会要求到很高甚至100%。

2.2.2 故障覆盖率

故障覆盖率(fault coverage rate,FCR)是指测试设备和手段能够覆盖到的故障模式种类数与故障模式种类总数之比,用百分数表示:

$$\mathrm{FCR}=\frac{N_{\mathrm{C}}}{N_0}\times 100\% \tag{2.6}$$

式中,N_{C} 为测试设备和手段能够覆盖到的故障模式种类数;N_0 为故障模式种类总数。

故障覆盖率越高,表示更多种类的故障模式能被测试观测到,若测试是准确可靠的,则可正确检测到的故障模式种类数越多。故障覆盖率强调测试对故障模式的可覆盖性,即测试对故障的可观测性,是测试性设计阶段的常用指标之一。根据实际需要,也可以规定关键故障覆盖率等指标。

2.2.3 故障隔离率

故障隔离率(fault isolation rate,FIR)是指在规定条件下,用规定的方法将检测到的故障正确隔离到不大于规定模糊度的故障数与检测到的故障数之比,用百

分数表示。故障隔离率影响装备的可用性、维修性和保障性，是测试性验证试验中需要重点考虑的测试性指标。

1）统计模型

根据定义，可以构建故障隔离率的统计模型：

$$\mathrm{FIR}=\frac{N_L}{N_\mathrm{D}}\times 100\% \tag{2.7}$$

式中，N_L 为在规定条件下用规定方法正确隔离到不大于 L 个可更换单元的故障数；N_D 为正确检测到故障数。

2）预计模型

对某些故障率为常数的系统（如电子系统），可以将式（2.7）通过等价变换得到故障隔离率的预计模型：

$$\mathrm{FIR}=\frac{\lambda_L}{\lambda_\mathrm{D}}=\frac{\sum\lambda_{Li}}{\sum\lambda_{\mathrm{D}i}}\times 100\% \tag{2.8}$$

式中，λ_D 为被检测出的故障模式的总故障率；λ_L 为可隔离到小于等于 L 个可更换单元的故障模式的故障率之和；L 为隔离组内的可更换单元数，即模糊度；$\lambda_{\mathrm{D}i}$ 为第 i 个被检测出的故障模式的故障率；λ_{Li} 为可隔离到小于等于 L 个可更换单元的故障中第 i 个故障模式的故障率。

2.2.4　虚警率

虚警是指当 BIT 或其他监控电路指示被测单元有故障，而实际该单元不存在故障。虚警率（false alarm rate，FAR）是指在规定的时间内发生的虚警数与同一时间内的故障指示总数之比，用百分数表示。

根据定义，可以构建虚警率的统计模型：

$$\mathrm{FAR}=\frac{N_\mathrm{FA}}{N}=\frac{N_\mathrm{FA}}{N_\mathrm{F}+N_\mathrm{FA}}\times 100\% \tag{2.9}$$

式中，N_FA 为虚警次数；N_F 为真实故障指示次数；N 为指示（报警）总次数。

虚警率是反映测试系统测试能力可信性、有效性的关键指标之一，它反映了故障被错检、误检的比例，而 FDR 反映故障被正确检测的比例，FAR 是对 FDR 的一个有益补充。FAR 与 FDR 一起，构成描述测试系统的故障检测能力的指标体系。

虚警率高将影响装备系统的可用度，造成无效的检修以及增加备件供应，严重时可影响使用和维修人员对测试系统的信任，进而造成装备系统战备完好性差、使用保障费用高，甚至酿成严重后果等问题。如何有效地减少虚警，是很多学者还在深入研究的难题。由虚警率可以派生出以下参数。

1）平均虚警间隔时间

平均虚警间隔时间（mean time between false alarm，MTBFA）是指在规定的

时间内虚警发生的平均间隔时间。其统计模型为

$$\mathrm{MTBFA}=\frac{T}{N_{\mathrm{FA}}} \tag{2.10}$$

式中，T 为规定的时间历程；N_{FA}为虚警次数。

2) 不能复现率

不能复现率是指在规定的时间内，在基层级由 BIT 或其他监控电路指示而维修中不能证实（复现）的故障数与故障总数之比，用百分数表示。

3) 误拆率

误拆率（fraction of false pull，FFP）是指在规定的时间内，在基层级由 BIT/ETE 故障隔离过程造成的从系统中拆下无故障的可更换单元与隔离过程中拆下的可更换单元总数之比，用百分数表示。其统计模型为

$$\mathrm{FFP}=\frac{N_{\mathrm{FP}}}{N_{\mathrm{FP}}+N_{\mathrm{CP}}} \tag{2.11}$$

式中，N_{FP}为故障隔离过程中拆下无故障的可更换单元数；N_{CP}为故障隔离过程中拆下有故障的可更换单元数。

4) 重测合格率

重测合格率是指在规定的时间内，中继级维修发现故障而拆卸的可更换单元在基地级重新检测时合格的单元数与被测单元总数之比，用百分数表示。

2.2.5 平均故障检测时间

故障检测时间是指从开始故障检测到给出故障指示所经历的时间，一般用平均故障检测时间衡量。平均故障检测时间（mean fault detection time，MFDT）是指从开始故障检测到给出故障指示所经历时间的平均值，或测试设备完成故障检测过程所需的平均时间。

1) 统计模型

根据定义，可以构建平均故障检测时间的统计模型：

$$\mathrm{MFDT}=\frac{\sum t_{\mathrm{D}i}}{N_{\mathrm{D}}} \tag{2.12}$$

式中，$t_{\mathrm{D}i}$为检测并指示第 i 个可检测故障所需的时间；N_{D} 为检测到的故障数。

2) 预计模型

对于已知测试序列以及每步测试时间的系统或设备，其平均故障检测时间可通过式(2.13)预计：

$$\mathrm{MFDT}=\frac{\sum_{i=1}^{S} t_i\times\lambda_{\mathrm{D}i}}{\lambda_{\mathrm{D}}} \tag{2.13}$$

式中，t_i 为测试序列中第 i 步测试的运行时间；S 为测试序列的步骤数；λ_{Di} 为第 i 步测试检测出的故障模式故障率之和；λ_D 为测试序列可检测的故障模式的总故障率。

2.2.6　平均故障隔离时间

故障隔离时间是指从检测出故障到完成故障隔离所经历的时间，一般用平均故障隔离时间衡量。平均故障隔离时间(mean fault isolation time，MFIT)是指从检测出故障到完成故障隔离所经历时间的平均值，或测试设备完成故障隔离过程所需的平均时间。

1）统计模型

根据定义，可以构建平均故障检测时间的统计模型：

$$\mathrm{MFIT}=\frac{\sum t_{\mathrm{I}i}}{N_{\mathrm{I}}} \tag{2.14}$$

式中，$t_{\mathrm{I}i}$ 为测试设备隔离第 i 个故障所需时间；N_{I} 为隔离的故障数。

2）预计模型

对于已知故障隔离策略以及每步测试时间的系统或设备，其平均故障隔离时间可通过式(2.15)预计：

$$\mathrm{MFIT}=\frac{\sum\left(\lambda_{\mathrm{I}i}\times\sum_{j=1}^{S_i}t_j^i\right)}{\lambda_{\mathrm{I}}} \tag{2.15}$$

式中，$\lambda_{\mathrm{I}i}$ 为第 i 个可隔离故障的故障率；t_j^i 为隔离第 i 个故障的测试序列中第 j 步测试的运行时间；S_i 为隔离第 i 个故障的测试序列的步骤数；λ_{I} 为可隔离故障模式的总故障率。

2.2.7　BIT/ETE 的可靠性维修性参数

BIT 可靠性一般用 BIT 平均故障间隔时间($\mathrm{MTBF_B}$)来衡量，即在规定的条件下，BIT 电路在给定的时间区间内完成预定功能的能力。其数学模型为

$$\mathrm{MTBF_B}=(\lambda_{\mathrm{B}})^{-1} \tag{2.16}$$

式中，λ_{B} 为 BIT 硬件的总故障率。一般要求 BIT 故障率比被测系统或设备低一个数量级。

ETE 的可靠性与 BIT 类似。BIT 的维修性一般用 BIT 的平均修复时间($\mathrm{MTTR_B}$)来衡量，即修复 BIT 电路中故障所需的平均时间。

上述测试性参数在表征装备系统测试性水平上是比较全面的，但不一定是充分必要的参数集合，可根据实际需求适当裁剪。目前，在工程中最为关心的测试性参数为故障检测率(FDR)、故障隔离率(FIR)和虚警率(FAR)。其中，虚警率很难

通过试验的方法得以验证，这是因为虚警原因十分复杂，受环境影响较大，而且虚警发生情况多样(包括Ⅰ类、Ⅱ类虚警等)，导致在试验中难以真实地模拟虚警，所以在产品鉴定或验收阶段验证虚警率指标是非常困难的。目前比较一致的看法是，在使用现场通过收集使用数据对虚警率进行评估是一种可行的办法，其中关键是要对每次报警和故障指示作出准确的判断。MIL-STD-471A 中介绍了另一种验证方法，将虚警率定义为系统每工作 24h 的虚警次数平均值，再进行统计计算。另外，也有采用验证降虚警技术有效性的方式进行验证。该方式模拟虚警的产生，然后采用降虚警方法看能否识别出虚警，通过统计计算出虚警的识别与降低情况。故障检测率、故障隔离率可以通过故障注入试验的方式得以验证。因此，在后面的阐述中，本书重点针对故障检测率、故障隔离率两个测试性参数的验证、评估理论进行分析和探讨。

2.2.8 测试性指标观测值的随机性

考虑一个在时间段$[0,t]$内的故障发生过程，并用随机过程予以描述和分析。以 $N(t)$表示$[0,t]$时间区间内某对象发生故障的总数，$N(t)$是离散型随机变量，描述随着 t 的变化，在时间区间$[0,t]$内故障发生总数的变化过程。以 t_i 表示第 i 个故障发生的时刻，s_i 表示第 $i-1$ 个到第 i 个故障之间的间隔时间，依次发生的 n 次故障组成的序列记为$\{f_1,f_2,\cdots,f_i,\cdots,f_n\}$[4]。

将故障看成“质点流”，在某一时间区段内到达的质点数 $N(t)$逐渐递增。$N(t)$、t_i 和 s_i 的关系如图 2.1 所示。

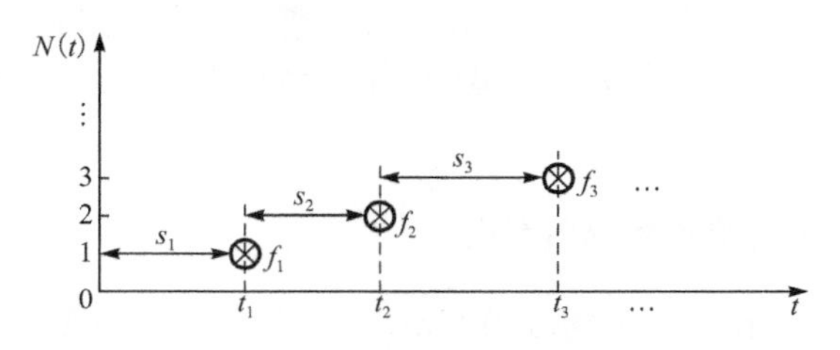

图 2.1　故障发生计数过程

$N(t)$还具有如下性质：①$N(t)\geqslant 0$；②$N(t)$是整数；③$N(t)$单调非减；④当 $s<t$ 时，$N(t)-N(s)$等于区间$[s,t]$内发生的故障数。根据计数过程的定义，故障发生过程$\{N(t),t\geqslant 0\}$是一个计数过程。

在不相交叠的时间区间内故障发生数是独立增量(independent increment)。对于 $t_1<t_2<t_3<t_4$，则$[t_1,t_2]$和$[t_3,t_4]$为两个不相交叠的时间区间，在$[t_1,t_2]$内故障发生数为 $N(t_2)-N(t_1)$，在$[t_3,t_4]$内故障发生数为 $N(t_4)-N(t_3)$，$N(t_2)-N(t_1)$与 $N(t_4)-N(t_3)$相互统计独立。因此，$\{N(t),t\geqslant 0\}$为独立增量过程。根据泊松过程的定义，故障发生过程还是泊松过程。

故障的检测和隔离分为在线、事后、定期、预防等类型，检测和隔离的时机并不固定，也带有一定的随机性。故障发生、检测及隔离过程示意图如图 2.2 所示，其中图 2.2(a)是故障发生过程的示意图，图 2.2(b)是故障检测过程的示意图，图 2.2(c)是故障隔离过程的示意图。

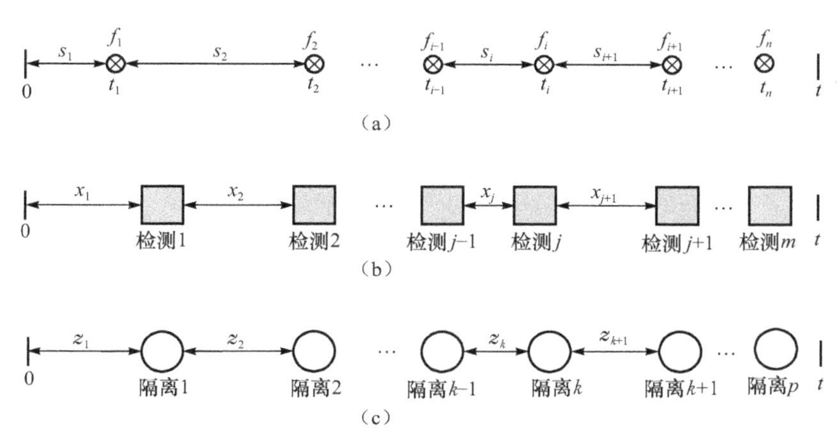

图 2.2　故障发生、检测及隔离过程示意图

在一定时间段内发生的故障种类和次数是随机的，它与可靠性水平、环境、维修条件等有关；故障检测/隔离数也是不确定的、随机的，它与测试性设计方案和故障发生情况等有关；正确检测/隔离到故障数也是不确定的、随机的，它与装备的故障发生情况和故障检测/隔离能力有关；从而导致装备的测试性指标观测值是随机变量。

故障检测率指标的观测值计算模型为

$$r_{\mathrm{FD}}(t)=\frac{N_{\mathrm{D}}(t)}{N(t)}\times 100\% \tag{2.17}$$

式中，$N_{\mathrm{D}}(t)$表示在$[0,t]$时间段内用规定的方法正确检测到的故障数；$N(t)$表示在$[0,t]$时间段内发生的故障总数，$N_{\mathrm{D}}(t)$一般小于或等于 $N(t)$。$\{N_{\mathrm{D}}(t),t\geqslant 0\}$是随机过程，$\{N(t),t\geqslant 0\}$也是随机过程，$r_{\mathrm{FD}}(t)$随时间变化。即使规定了 t 的阈值，单个装备的故障检测率也是一个随机变量。同样，故障隔离率的观测值也是随时间变化的。

从测试性指标的定义可以看出，测试性指标与装备工作环境、可靠性水平、实际故障发生情况、测试性水平、故障检测/隔离能力等相关。

2.2.9　测试性预计的局限性

测试性预计一般是先建立故障-测试相关性模型和矩阵，然后基于相关性矩阵推理计算得到可检测故障模式和可隔离故障模式，最后在预计公式中代入故障率值计算测试性指标。

例如，故障检测率的预计公式定义为

$$\hat{r}_{FD}=\frac{\lambda_D}{\lambda}=\frac{\sum\lambda_{Di}}{\sum\lambda_i}\times 100\% \tag{2.18}$$

式中，λ_D 为可被检测的故障模式的总故障率；λ 为所有故障模式的总故障率；λ_{Di} 为第 i 个可被检测的故障模式的故障率；λ_i 为第 i 个故障模式的故障率。

下面论述式(2.18)与故障检测率的定义式(2.17)的关系，以及该计算公式的来历，并为基于模型的故障样本模拟生成做理论铺垫。

设 $N(t)$ 为从初始时刻到时间 t 内发生的故障总数，是一个随机变量，不妨令

$$W(t)=E[N(t)] \tag{2.19}$$

$W(t)$ 为时间间隔 $(0,t]$ 内故障数的期望值。

当 t 足够大时（一般为产品使用寿命），故障间隔时间的平均长度 μ 近似为

$$\mu=\frac{t}{W(t)} \tag{2.20}$$

记平均故障间隔时间（MTBF）为 t_M，则有 $\mu=t_M$。

在时间间隔 $(0,t]$ 内的平均故障数可近似为

$$E[N(t)]=W(t)\approx\frac{t}{\mu}=\frac{t}{t_M} \tag{2.21}$$

故障检测率的定义式为

$$r_{FD}=\frac{N_D}{N}\times 100\% \tag{2.22}$$

在测试性预计中，不考虑测试的不确定性，假设测试是完全确定、可靠的，即故障可被覆盖等价于故障能被正确检测，测试与故障的关系是完全确定的，根据该假设，式(2.22)变为

$$\hat{r}_{FD}=\frac{N_C}{N}\times 100\% \tag{2.23}$$

式中，N_C 为测试能覆盖到的故障数。

假设规定的时间段为 $(0,t]$，则在 $(0,t]$ 内故障数 N 为各故障模式发生数之和，即

$$N=\sum_{i=1}^{n}N_i \tag{2.24}$$

式中，N_i 为第 i 种故障模式发生总数，n 为故障模式种类数。

假设故障率为常数，所有的故障模式都有可能发生，组件故障可修复，每个故障都是完美维修（即修复如新）且是故障后才修（即事后维修），从发生故障到维修

的时间以及实际维修时间都忽略不计，才有

$$N=\sum_{i=1}^{n}N_i=\sum_{i=1}^{n}W_i(t)\approx\sum_{i=1}^{n}\frac{t}{\mu_i}=\sum_{i=1}^{n}\frac{t}{t_{\mathrm{M}i}} \tag{2.25}$$

式中，$\mu_i=t_{\mathrm{M}i}$ 为第 i 种故障模式的平均发生间隔时间。同样，有

$$N_{\mathrm{C}}=\sum_{i=1}^{n_{\mathrm{C}}}N_i=\sum_{i=1}^{n_{\mathrm{C}}}W_i(t)\approx\sum_{i=1}^{n_{\mathrm{C}}}\frac{t}{\mu_i}=\sum_{i=1}^{n_{\mathrm{C}}}\frac{t}{t_{\mathrm{M}i}} \tag{2.26}$$

式中，n_{C} 为测试可覆盖到的故障模式种类数。

由于假设故障率都为常数，则各零件/元件的寿命分布都为指数分布，则有[5]

$$t_{\mathrm{M}i}=\frac{1}{\lambda_i} \tag{2.27}$$

代入式(2.23)，可得

$$\hat{r}_{\mathrm{FD}}=\frac{N_{\mathrm{C}}}{N}\times100\%=\frac{\sum_{i=1}^{n_{\mathrm{C}}}\frac{t}{t_{\mathrm{M}i}}}{\sum_{i=1}^{n}\frac{t}{t_{\mathrm{M}i}}}\times100\%=\frac{\sum_{i=1}^{n_{\mathrm{C}}}t\lambda_i}{\sum_{i=1}^{n}t\lambda_i}\times100\%=\frac{\sum_{i=1}^{n_{\mathrm{C}}}\lambda_i}{\sum_{i=1}^{n}\lambda_i}\times100\% \tag{2.28}$$

式(2.28)为故障检测率的预计公式。若考虑不可修复组件，产品发生故障后立即换成新组件，相当于完美维修(修复如新)，系统恢复正常工作，对于组件，将上面的 MTBF 换成 MTTF(平均故障前时间)，推导过程和结果一样。另外，故障隔离率的预计公式也可以按上述方法推理得出，在此不再赘述。

综上所述，故障检测率计算式和故障检测率预计公式两者等价的假设条件较多，包括故障率常值假设、故障-测试关联关系确定性假设、完美维修假设、事后维修假设、维修时间忽略不计假设等。在这些假设情况下，相邻两次故障时间间隔服从指数分布，根据齐次泊松过程的定义和性质，该故障发生过程为齐次泊松过程，测试性预计公式的理论基础和依据是随机过程中的齐次泊松过程。

由于采用了较多假设，测试性预计只是一种理想值，很多实际情况没有考虑。例如，实际测试存在不确定性，测试并不是每次都能正确检测到故障；装备中各组件的寿命分布多种多样，包括指数分布、正态分布、对数正态分布、韦布尔分布、Gamma 分布等，故障率都为常值，过于理想化；各组件的维修模式、维修效果也多种多样，不可能都是事后维修和完美维修等。

因此，测试性预计只能初步给出理想条件下装备的测试性指标，测试性预计不能代替测试性评估。在此需要指出，有些文献把基于相关性模型和故障率数据计算得到的测试性指标作为装备的测试性指标最终评价结果，这是不正确的，只能称之为测试性预计结果，而不是测试性指标真实值。只有长时间统计大量的故障检测和隔离数据后才能得到接近真值的测试性指标估计值。

由于测试性试验与评价过程中考虑的实际因素较多，并真实地实施故障注入、

检测和隔离，所以它比测试性预计能更加客观、准确地反映装备的测试性水平，有助于装备测试性水平的“优生”，确保鉴定定型、生产交付后的装备是满足要求的和易于维护的好装备。

2.3 随机变量及其分布

2.3.1 基本事件与样本空间

通常把观察某种现象和进行各种科学试验统称试验，凡具有下列特性的试验称为随机试验（简称试验）[6]：

（1）试验可以在相同的条件下重复进行；

（2）试验前能知道所有可能出现的试验结果，并且结果不止一个；

（3）每次试验只能出现可能结果的一个，但在试验前不能预知哪一个结果会出现，试验中每一个可能出现的结果称为基本事件。

以故障检测为例，若将装备的故障检测过程定义为试验过程，对于每一次故障检测试验，其结果只能是{成功，失败}中的一个，而且这个试验结果是随机出现的，即试验结果无法提前预知。所以，装备中故障检测过程可认为是一随机试验。针对故障检测这一随机事件，其基本事件包括故障检测成功事件和故障检测失败事件，分别用 A 和 $\overline{A}$ 表示。

2.3.2 大数定律与中心极限定理

事件发生的频率具有稳定性，即随着试验次数的增加，事件发生的频率逐渐稳定于某个常数。也就是说，无论个别随机现象的结果以及个别特征如何，大量随机现象的平均结果实际上与各个别随机现象的特征无关，并且几乎不再是随机的。这些事实可由概率论作出理论上的解释和结论，概率论中用来阐明大量随机现象平均结果稳定性的一系列定理统称为大数定律，它是一种表现必然性和偶然性之间的辩证联系的规律。由于大数定律的作用，大量的随机因素的总和作用必然导致某种不依赖于个别随机事件的结果。

极限定理是许多统计学方法的理论基础，它们给出了大样本的近似特性。由于极限特性的变化比精确分析简单，宜于实际使用，运用极限定理可简化分析过程。

1. 几个重要概念

1）独立同分布随机变量序列[6,7]

定义 2.1 对任意 $n>1$，若 $X_1, X_2, \cdots, X_n$ 相互独立，则称随机变量序列 $\{X_n\}$ 相互独立；若所有的 X_i 有共同的分布，则称 $\{X_n\}$ 独立同分布，简记为 $\{X_n\}$i. i. d. 。

定义 2.2　任意 $\varepsilon>0$，若存在随机变量 Y，有 $\lim\limits_{n\to+\infty} P(|Y_n-Y|\leqslant\varepsilon)=1$，则称 $\{Y_n\}$ 依概率收敛于 Y，记为 $Y_n\xrightarrow{P}Y$。

定义 2.3　在定义 2.1 和定义 2.2 的条件下，若有 $\lim\limits_{n\to+\infty} Y_n=Y$，则称 $\{Y_n\}$ 处处收敛于 Y。

定义 2.4　在定义 2.1 和定义 2.2 的条件下，若有 $P(\lim\limits_{n\to+\infty} Y_n=Y)=1$，则称 $\{Y_n\}$ 几乎处处(或依概率)收敛于 Y，记为 $Y_n\xrightarrow{\text{a. e.}}Y$。

2) 切比雪夫不等式

对于随机变量 X，若有 $E(X)=\mu$，$D(X)=\sigma^2$，任给 $\varepsilon>0$，总有

$$P(|X-\mu|<\varepsilon)\geqslant 1-\frac{\sigma^2}{2} \tag{2.29}$$

2. 大数定律

定理 2.1(辛钦大数定律[6])　设 $\{X_n\}$ i. i. d.，存在 $\mu=E(X_n)$，$\sigma^2=D(X_n)$，任给 $\varepsilon>0$，总有 $\lim\limits_{n\to+\infty} P(|\overline{X}_n-\mu|\geqslant\varepsilon)=0$，此时称 $\overline{X}_n$ 依概率收敛于 μ，记为 $\overline{X}_n\xrightarrow{P}\mu$，其中 $\overline{X}_n=\frac{1}{n}\sum\limits_{i=1}^{n}X_i$。

推论 2.1(伯努利大数定律)　设 n_A 是 n 重伯努利试验中事件 A 发生的次数，$P=P(A)$，则 $\frac{n_A}{n}\xrightarrow{P}P$。

推论 2.2(柯氏强大数定律)　设 $\{X_n\}$ i. i. d.，存在 $\mu=E(X_n)$，则 $P(\lim\limits_{n\to+\infty}\overline{X}_n=\mu)=1$，此时，称 $\overline{X}_n$ 依概率 1 收敛于 μ，记作 $\overline{X}\xrightarrow{\text{a. e.}}\mu$。

定理 2.2(切比雪夫大数定律)　设 $\{X_n\}$ 两两不相关，方差一致有界(即存在常数 C，使 $D(X_n)\leqslant C$，$n=1,2,\cdots$)，则 $E(\overline{X}_n)\xrightarrow{P}0$。

推论 2.3(泊松大数定律)　在伯努利试验中，若事件 A 在第 i 次试验中发生的概率为 p_i，令 $\overline{p}_n=\frac{1}{n}\sum\limits_{i=1}^{n}p_i$，则 $\frac{n_A}{n}-\overline{p}_n\xrightarrow{P}0$。

3. 中心极限定理

大数定律从理论上说明了 $\overline{X}_n$ 依概率收敛于 μ，但并没有说明 $\overline{X}_n$ 接近于 μ 的状态，而中心极限定理则进一步给出了 $\overline{X}_n$ 渐进分布的更精确的表述。

定理 2.3(莱维-林德伯格极限定理)　设 $\{X_n\}$ 独立同分布，$E(X_k)=\mu$，$D(X_k)=\sigma^2(k=1,2,\cdots)$；令 $Y_n=\frac{\overline{X}_n-\mu}{\sigma/\sqrt{n}}$，则其分布函数为 $F_n(x)$；则 $F_n(x)\longrightarrow\Phi(x)$，此时

称 Y_n 依概率收敛于 ξ，记为 $Y_n \xrightarrow{L} \xi$。其中，ξ 为标准正态分布的随机变量，即 $\xi \sim N(0,1)$；$\Phi(x)$ 为标准正态分布的分布函数。

定理 2.4(棣莫弗-拉普拉斯极限定理) 在 n 重伯努利试验中，$\dfrac{n_A - np}{\sqrt{npq}} \xrightarrow{L} \xi$，其中 n_A 为事件 A 发生的次数，$\xi \sim N(0,1)$[6]。

2.3.3 随机变量

设随机试验 E，其样本空间为 Ω，若对每一个 $\omega \in \Omega$，有一个实数 $X(\omega)$ 与它对应，则称 $X(\omega)$ 为随机变量，简记为 X。通常用大写英文字母 X、Y、Z 或希腊字母 ξ、η、ζ 等表示随机变量。

随机变量根据其取值的形式不同，通常分为两类：若随机变量的所有可能取值是有限多个或是可列无限多个，则称这种随机变量为离散型随机变量；否则，称为非离散型随机变量。连续型随机变量是非离散型随机变量的一种。

设离散型随机变量 X 的所有可能取值为 $x_1, x_2, \cdots, x_k, \cdots$，$X$ 取各个可能值的概率分别为

$$P\{X = x_k\} = p_k, \quad k = 1,2,\cdots \tag{2.30}$$

则称式(2.30)为离散型随机变量的概率分布或分布律。

对于随机变量 X，若存在非负可积函数 $f(x)(-\infty < x < +\infty)$，使得对任意 $a, b(a < b)$ 都有

$$P\{a < X < b\} = \int_a^b f(x)\mathrm{d}x \tag{2.31}$$

则称 X 为连续型随机变量，称 $f(x)$ 为 X 的概率密度函数，简称概率密度。

如 2.3.1 节所述，每发生一次故障检测过程，其可能的结果必然属于基本事件集 $\{A, \overline{A}\}$。定义随机变量 X 表示故障检测基本事件集。若 $X=1$，则表示基本事件 A 发生(即装备故障检测成功)；若 $X=0$，则表示基本事件 $\overline{A}$ 发生(即装备故障检测失败)。定义随机变量 N 表示 n 次故障检测试验中事件 A 出现的次数。

2.3.4 测试性试验中常用的分布

1. 正态分布

若随机变量 X 的概率密度函数为

$$f(x) = \frac{1}{\sqrt{2\pi}\sigma} \mathrm{e}^{-\frac{(x-\mu)^2}{2\sigma^2}} \tag{2.32}$$

其中 μ 和 $\sigma(\sigma > 0)$ 为常数，则称 X 服从参数为 μ、σ^2 的正态分布，记为 $X \sim N(\mu, \sigma^2)$。特殊地，当 $\mu=0$、$\sigma=1$ 时称 X 服从标准正态分布，记为 $X \sim N(0,1)$。

标准正态分布的概率密度函数和分布函数通常用 $\varphi(x)$ 和 $\Phi(x)$ 表示。

2. 0-1 分布

若随机变量 X 的取值是{0,1}，且其分布规律为

$$P(X=k)=q^k(1-q)^{1-k},\quad k=0,1;0<q<1 \tag{2.33}$$

则称随机变量 X 服从参数为 q 的 0-1 分布或两点分布。对于每次试验结果都只有两种情况的随机试验通常可用两点分布描述。

如 2.3.3 节所述，用随机变量 X 表示故障检测试验中的基本事件，且假定 $P(A)=q$ 存在。其中，$P(A)=q$ 表示故障检测试验中故障检测成功的概率，则有 $P(\overline{A})=1-q$。从概率的角度看，概率值 q 就是试验对象的故障检测率。

3. 二项分布

若随机变量 X 可能的取值为 $0,1,2,\cdots,n$ 且它的分布规律为

$$P(X=k)=C_n^k q^k(1-q)^{n-k},\quad k=0,1,2,\cdots,n;0<q<1 \tag{2.34}$$

则称 X 服从参数为 n,q 的二项分布，记为 $X\sim B(n,q)$。

在 n 重伯努利试验中，以 X 表示事件 A 发生的次数，则 X 是一随机变量，它可能的取值是 $0,1,2,\cdots,n$，则有二项分布概率计算式 $P(X=k)=C_n^k q^k(1-q)^{n-k}$（其中 k 的取值是 $0,1,2,\cdots,n$），即 $X\sim B(n,q)$。因此，二项分布常用来描述可重复进行的独立试验的随机现象。

如 2.3.3 节中的描述，随机变量 N 表示基本事件 A（故障检测成功事件）出现的次数。若假定在 n 次故障注入试验中，故障检测是独立可重复的，故障检测是一个伯努利试验过程。随机变量 N 的概率分布可用如下二项分布描述：

$$P(N=k)=C_n^k q^k(1-q)^{n-k},\quad k=0,1,2,\cdots,n \tag{2.35}$$

式中，n 表示故障注入次数，k 表示基本事件 A 发生的次数。

考虑在 n 次故障检测中事件 $\overline{A}$（故障检测失败事件）出现次数记为 F。记概率 $P\{N\leqslant F\}$ 表示 n 次试验中失败次数小于等于 F 的概率：

$$P\{N\leqslant F\}=\sum_{i=0}^{F}C_n^i q^{n-i}(1-q)^i \tag{2.36}$$

式中，$q=1-P(\overline{A})=1-p$。

4. Beta 分布

Beta 分布作为二项分布的共轭先验分布在 Bayes 统计理论中占有重要地位，定义随机变量 $q(0<q<1)$ 服从 Beta 分布，则其概率密度函数形式为

$$f(q;a,b)=\frac{q^{a-1}(1-q)^{b-1}}{\int_0^1 u^{a-1}(1-u)^{b-1}\mathrm{d}u}=\frac{\Gamma(a+b)}{\Gamma(a)\Gamma(b)}q^{a-1}(1-q)^{b-1}=\frac{1}{B(a,b)}q^{a-1}(1-q)^{b-1} \tag{2.37}$$

式中，a 和 b 是 Beta 分布的参数，且满足 $a>0, b>0$。在工程实践中参数 a 和 b 分别称为伪成功数和伪失败数。以 Bayes 统计理论为基础的测试性试验方案制定方法中，通常以 Beta 分布作为先验分布，即通常假定装备的故障检测率/故障隔离率值 q 服从 Beta 分布，具体内容将在第 4 章进行阐述[8]。

2.4 经典数理统计理论

经典数理统计就是应用概率论的基本定理和理论，根据试验或观测所获得的数据，对所研究的随机现象的规律作出合理的估计和推断，简称数理统计。简单地说，经典数理统计就是用数值来量化经验和规律的方法。它的基本任务是：有效地收集、整理和分析观测数据，并对所研究的问题作出推断和预测，为决策提供依据和建议[7,9]。

如图 2.3 所示，经典数理统计主要包括两方面的内容：

(1) 试验设计。研究如何合理地收集数据，包括确定样本容量、选择抽样方式、收集试验信息等。试验设计主要包括确定样本容量大小、选取抽样方式等，有些文献也将两者称为样本选取。样本容量大小的确定直接套用经典统计公式或查统计表，选取抽样方式时遵循一些原则，目的是使样本具有代表性。

(2) 统计推断。根据从总体中随机抽取的一个样本对总体进行分析和推断，即由样本来推断总体，或者由部分推断总体，这是数理统计理论的核心内容。它的基本内容包括两大类问题，一类是参数估计，分为点估计和区间估计，点估计方法有矩估计法、最小二乘法和极大似然法等。区间估计方法包括单侧上限置信区间估计法、单侧下限置信区间估计法、双侧置信区间估计法。另一类是假设检验，是用来判断样本与样本及样本与总体的差异程度，其基本思想是先对总体的某些特征量作出假设，然后利用样本的信息，通过统计推断的方法对假设进行判断，作出能否拒绝假设的决策。

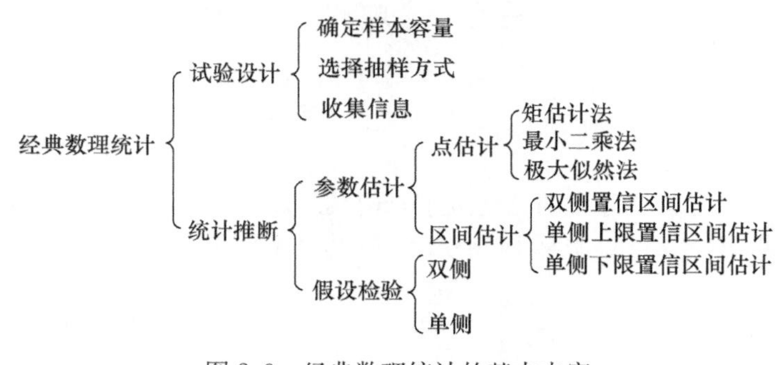

图 2.3 经典数理统计的基本内容

2.4.1 抽样理论基本概念

1. 总体和样本

总体是指研究对象的全体,它由研究对象中所有性质相同的个体组成,组成总体的各个个体称为总体单元或单位。总体中包含个体的数量称为总体的容量,容量有限的总体称为有限总体,容量无限的总体称为无限总体。通常总体的某个或某几个数量指标需要研究,确切地说,总体是把研究对象数量的全体作为总体,即总体的数量指标所有可能取值的全体。

从统计理论上讲,当获得总体分布时,就获得了其所有的统计特性。一般来说,总体的分布是未知的,有时即使知道总体的分布类型(如正态分布、泊松分布等),但并不知道分布中所含参数(如 μ、σ、λ)。为了获取总体分布形式或分布参数,最理想的是对总体中所有样本进行观察,即进行全面调查,但通常这是不允许的:其一是如果总体样本量太大,全面检查成本过高;其二是有些检验具有破坏性;其三是在无限总体的情况下,全面检查也是无法实现的。实际上经常采用的做法是从总体中按均等机会的原则抽取若干个总体单元进行观察,然后根据所得数据推断总体性质。这种按照机会均等原则从总体中选取一部分总体单元进行观察和试验的过程称为随机抽样,简称抽样。如果抽取了 n 个总体单元,n 个单元的指标为 $\{X_1,X_2,\cdots,X_n\}$,则称这 n 个单元指标 $\{X_1,X_2,\cdots,X_n\}$ 为总体 X 的子样,n 称为这个样本的容量。一次抽样后,得到样本 $\{X_1,X_2,\cdots,X_n\}$ 的观测值 $\{x_1,x_2,\cdots,x_n\}$,称为样本观测值或样本值。设样本 $\{X_1,X_2,\cdots,X_n\}$ 是从总体 X 中抽取的容量为 n 的样本,若 $X_1,X_2,\cdots,X_n$ 相互独立,并和总体有相同的分布,则称样本 $\{X_1,X_2,\cdots,X_n\}$ 是来自总体 X 的简单随机样本。若总体 X 服从分布 $F(x)$,则样本 $\{X_1,X_2,\cdots,X_n\}$ 的联合分布函数为

$$F(x_1,x_2,\cdots,x_n)=\prod_{i=1}^{n}F(x_i) \tag{2.38}$$

2. 统计量

设样本 $\{X_1,X_2,\cdots,X_n\}$ 是从总体 X 中抽取的容量为 n 的样本,$g(X_1,X_2,\cdots,X_n)$ 是样本的函数,若函数 g 中不含任何未知参数,则称 $g(X_1,X_2,\cdots,X_n)$ 是该样本的统计量。若 $\{x_1,x_2,\cdots,x_n\}$ 是样本 $\{X_1,X_2,\cdots,X_n\}$ 的观测值,则称 $g(x_1,x_2,\cdots,x_n)$ 是统计量 $g(X_1,X_2,\cdots,X_n)$ 的观测值。统计量的分布称为抽样分布。

3. 常用统计量

设 $\{X_1,X_2,\cdots,X_n\}$ 是来自总体 X 的样本,常用的统计量如下。

1）样本均值

样本的算术平均值称为样本均值 $\overline{X}$：

$$\overline{X}=\frac{1}{n}\sum_{i=1}^{n}X_i \tag{2.39}$$

2）样本方差

$$S^2=\frac{1}{n-1}\sum_{i=1}^{n}(X_i-\overline{X})^2 \tag{2.40}$$

3）样本比例

对于样本$\{X_1,X_2,\cdots,X_n\}$，当其中的 X_i 具有某个特征时，$X_i=1$，否则 $X_i=0$。样本比例 q 为

$$q=\frac{\sum_{i=1}^{n}X_i}{n} \tag{2.41}$$

测试性参数中，故障检测率和故障隔离率就可看成比例估计，此时单次故障检测的特征就是是否能够正确地检测/隔离。

4. 抽样分布

在统计推断中，经常会根据具体问题，利用来自总体的样本构造合适的统计量，并使其服从或渐进地服从已知的确定分布，统计学中称统计量的分布为抽样分布。讨论抽样分布的途径有两个：一是精确地求出抽样分布，并称相应的推断为小样本推断；二是使样本量趋于无穷，并求出样本分布的极限分布，然后，在样本量充分大时，可利用极限分布作为抽样分布的近似分布，再进行统计推断，因此相应的统计推断为大样本统计推断。

统计推断时，用样本去推断总体的特性是必然之路，因此获取样本的过程是完成统计推断的先决条件，抽样方法就是研究从总体中获取样本的方法。

在具体开展测试性试验时，必须首先给出测试性试验方案，包括注入哪些故障模式，各故障模式的注入试验开展次数等问题，这些问题本质上是抽样问题。不同的抽样策略对测试性试验与评价的结果往往会产生重要影响。

2.4.2 统计推断

统计推断的基本内容包括参数估计和假设检验。测试性评估结论通常包括两种：①评估装备测试性参数的具体量值；②衡量测试性水平是否满足规定的要求。评估装备测试性参数的具体量值时，无论采用何种方法计算测试性参数，其本质是参数估计问题。衡量装备测试性水平是否满足规定的要求需要用到假设检验理论。

1. 参数估计

对于总体分布 $F(x;\theta_1,\cdots,\theta_m)$，其中 $\theta_1,\theta_2,\cdots,\theta_m$ 是未知参数，如何利用样本观测值 $x_1,x_2,\cdots,x_n$ 提供的信息，对未知参数 $\theta_1,\theta_2,\cdots,\theta_m$ 作出估计，如何确定估计量的"最佳"准则，这些问题称为参数估计问题。

在实际问题中，事先并不知道随机变量的总体分布，而要对其数字特性作出估计。因为随机变量的数字特性与其概率分布中的参数有一定关系，所以对数字特性的估计问题也称为参数估计问题。

参数估计主要包括点估计和区间估计两种[7]。

1）点估计

点估计问题的一般提法：设总体 X 的总体分布函数为 $F(x;\theta_1,\cdots,\theta_m)$，其中 $\theta_1,\theta_2,\cdots,\theta_m$ 是未知参数，根据样本 $X_1,X_2,\cdots,X_n$ 构造 m 个统计量 $\hat{\theta}_k(X_1,X_2,\cdots,X_n)(k=1,2,\cdots,m)$ 来估计 θ_k，称 $\hat{\theta}(X_1,X_2,\cdots,X_n)$ 为参数 θ_k 的估计量。对于样本的观测值 $x_1,x_2,\cdots,x_n$，估计量 $\hat{\theta}_k(X_1,X_2,\cdots,X_n)$ 的值 $\hat{\theta}_k(x_1,x_2,\cdots,x_n)$ 称为 θ_k 的估计值。需要指明的是：估计量是样本的函数，是随机变量；对于不同的样本观测值，参数估计值通常也是不相同的。

求参数的点估计，常用的有两种方法：矩估计法和最大似然法。

(1) 矩估计法。用样本矩来估计与之对应的总体矩，用样本矩的连续函数来估计总体矩的相应连续函数的估计方法称为矩估计法。矩估计法采用替换原理，替换原理是指用样本矩及其函数去替换相应的总体矩及其函数，例如，用样本均值估计总体均值、用样本方差估计总体方差、用样本中位数估计总体中位数等。

(2) 最大似然法。最大似然法也称为极大似然法，是一种通过使似然函数取极大值来求总体参数估计值的方法。其中，所获得的估计总体参数的表达式称为最大似然估计量，由该估计量获得的总体参数的估计值称为总体参数的最大似然估计值。

对于离散型随机变量，似然函数是多个独立事件的概率函数的乘积，该乘积是概率函数值。对于连续型随机变量，似然函数是每个独立随机观测值的概率密度函数的乘积。

最大似然法包括两个步骤：首先建立包括参数估计量的似然函数，然后根据样本数据求出似然函数达极值时的参数估计值。

最大似然估计的一般思路为：设总体 X 的分布密度形式 $f(x;\theta)$ 为已知，θ 为未知参数(若 X 是离散型，则 $f(x;\theta)$ 表示 $P\{X=x\}$)。$X_1,X_2,\cdots,X_n$ 是来自总体 X 的样本，其联合密度为 $\prod_{i=1}^{n} f(x_i;\theta)$ (若 X 是离散型，则表示概率 $\prod_{i=1}^{n} P\{X_i=x_i\}$)。

可以看出，对于样本的观测值 $x_1,x_2,\cdots,x_n$，$\prod_{i=1}^{n} f(x_i;\theta)$ 是 θ 的函数，记为 $L(\theta)$，即

$$L(\theta)=L(x_1,x_2,\cdots,x_n;\theta)=\prod_{i=1}^{n} f(x_i;\theta) \tag{2.42}$$

称 $L(\theta)$为似然函数。当 θ 已知时，似然函数 $L(\theta)$描述了样本取得具体观测值 x_1，$x_2,\cdots,x_n$ 的可能性，而"最可能出现"的样本值 $x'_1,x'_2,\cdots,x'_n$应该是使似然函数 $L(\theta)$达到最大的样本值。同样，当一个样本的观测值 $x_1,x_2,\cdots,x_n$ 已知时，它可能来自什么样的总体(即总体的参数 θ 等于什么值的可能性最大)，也应该是使似然函数 $L(\theta)$达到最大的 θ 值。使似然函数 $L(\theta)$达到最大的 θ 值，称为 θ 的最大似然估计值，称为 $\hat{\theta}$。

对于样本的不同观测值 $x_1,x_2,\cdots,x_n$，一般来说，$\hat{\theta}$ 是不同的，即 $\hat{\theta}$ 常与观测值 $x_1,x_2,\cdots,x_n$ 有关，于是，又记参数 θ 的最大似然估计值为 $\hat{\theta}=\hat{\theta}(x_1,x_2,\cdots,x_n)$。与其相对应的统计量 $\hat{\theta}=\hat{\theta}(X_1,X_2,\cdots,X_n)$是样本 $X_1,X_2,\cdots,X_n$ 的函数，称 $\hat{\theta}(X_1,X_2,\cdots,X_n)$为参数 θ 的最大似然估计量。

求最大似然估计值问题，就是求似然函数 $L(\theta)$的最大值问题。在 $L(\theta)$关于 θ 可微时，要使 $L(\theta)$取得最大值，θ 必须满足方程：

$$\frac{\mathrm{d}L(\theta)}{\mathrm{d}\theta}=0 \tag{2.43}$$

解此方程便可求出 θ 的最大似然估计值 $\hat{\theta}$。

因为 $L(\theta)$与 $\ln L(\theta)$在同一 θ 值处取到极值，所以还可以通过方程

$$\frac{\mathrm{d}\ln L(\theta)}{\mathrm{d}\theta}=0 \tag{2.44}$$

求 $\hat{\theta}$ 的值，并且较使用式(2.43)更为方便。式(2.44)中称 $\ln L(\theta)$为对数似然函数，式(2.44)称为对数似然方程。

当总体 X 的分布中含有多个未知参数 $\theta_1,\theta_2,\cdots,\theta_k$ 时，似然函数为

$$L(\theta_1,\theta_2,\cdots,\theta_k)=\prod_{i=1}^{n} f(x_i;\theta_1,\cdots,\theta_k) \tag{2.45}$$

此时 θ_j 的最大似然估计值 $\hat{\theta}_j=\hat{\theta}_j(x_1,x_2,\cdots,x_n)(j=1,2,\cdots,k)$一般可由方程组

$$\frac{\partial L(\theta_1,\theta_2,\cdots,\theta_k)}{\partial\theta_j}=0,\quad j=1,2,\cdots,k \tag{2.46}$$

或者方程组

$$\frac{\partial\ln L(\theta_1,\theta_2,\cdots,\theta_k)}{\partial\theta_j}=0,\quad j=1,2,\cdots,k \tag{2.47}$$

求得。$\ln L(\theta_1,\theta_2,\cdots,\theta_k)$也称为对数似然函数，称式(2.47)为对数似然方程组。

点估计中，若只对总体的某个未知参数 θ 的值进行统计推断，那么点估计是一种很有用的形式，即只要得到样本观测值 $(x_1,x_2,\cdots,x_n)$，点估计值 $\hat{\theta}(x_1,x_2,\cdots,x_n)$ 就能明确地给出 θ 的估计值。但是 $\hat{\theta}(x_1,x_2,\cdots,x_n)$ 仅仅是 θ 的一个近似值，它并没有反映出这个近似值的可信程度，而区间估计正好弥补了点估计的这个缺陷。

2）区间估计

在实际中有时还需要估计未知参数在何种范围内，并希望知道这个范围包含（覆盖）参数真值的可靠程度。将这样的范围以区间的形式给出，该区间包含参数真值的可靠程度用概率语言来描述，这样形式的估计称为区间估计。

设总体 X 含有未知参数 θ，$\theta_1=\theta_1(X_1,X_2,\cdots,X_n)$ 和 $\theta_2=\theta_2(X_1,X_2,\cdots,X_n)$ 是由样本 $X_1,X_2,\cdots,X_n$ 确定的两个统计量，且恒有 $\theta_1<\theta_2$。若

$$P\{\theta_1(X_1,X_2,\cdots,X_n)<\theta<\theta_2(X_1,X_2,\cdots,X_n)\}=1-\alpha \tag{2.48}$$

即随机区间 (θ_1,θ_2) 包含 θ 的概率为 $1-\alpha(0<\alpha<1)$ 是预先给定的数，则称 (θ_1,θ_2) 是 θ 的置信度（或置信水平）为 $1-\alpha$ 的置信区间，有时称 (θ_1,θ_2) 是 θ 的 $1-\alpha$ 置信区间，称 θ_1 为置信下限，θ_2 为置信上限。

置信区间的端点 θ_1 和 θ_2 是不依赖未知参数 θ 的随机变量，置信区间 (θ_1,θ_2) 是随机区间。由式(2.48)可知，区间 (θ_1,θ_2) 包含（覆盖）θ 的概率为 $1-\alpha$，而它不包含 θ 的概率为 α。置信度 $1-\alpha$ 表明随机区间 (θ_1,θ_2) 包含 θ 的可靠程度，$1-\alpha$ 越大，(θ_1,θ_2) 作为置信区间就越可靠。而区间的长度 $\theta_2-\theta_1$ 反映了区间估计的精确度，长度越短，区间估计的精度就越高。

对于样本的一组观测值 $x_1,x_2,\cdots,x_n$，置信上下限 $\theta_2(x_1,x_2,\cdots,x_n)$ 和 $\theta_1(x_1,x_2,\cdots,x_n)$ 都是确定的值。区间 (θ_1,θ_2) 是确定的区间，区间 (θ_1,θ_2) 包含 θ 的真值，或者不包含 θ 的真值，其结论也是确定的。

式(2.48)的物理意义在于：若反复抽样多次（每次的样本容量都相等），每次得到的样本观测值确定一个区间 (θ_1,θ_2)，在这些确定的区间中包含 θ 的真值约占 $1-\alpha$，不包含 θ 真值的占 α。可见，α 越小，随机区间 (θ_1,θ_2) 包含 θ 真值的概率就越大。但一般来说，α 越小，区间 (θ_1,θ_2) 的长度将会越长，估计就越不准确，使得置信区间的应用价值下降。反之，要提高估计的精度，就要求区间的长度缩短，区间的长度越短，置信度 $1-\alpha$ 越小，(θ_1,θ_2) 作为 θ 的估计就越不可靠。所以，区间估计的一般提法是：在给定的较大置信度 $1-\alpha$ 下，确定未知参数 θ 的置信区间 (θ_1,θ_2)，并尽量选取其中长度最小者作为 θ 的置信区间。

2. 假设检验

假设检验又称显著性检验，是用来判断样本与样本及样本与总体的差异程度。其基本思想是先对总体的某些特征量进行假设，然后利用样本的信息，通过统计推

断的方法对假设进行判断，作出拒绝或者接受假设的判断。

假设检验的基本步骤如下：

(1) 提出原假设和备择假设。对于每个假设检验问题，一般可以同时提出两个相反的假设：原假设和备择假设。原假设又称零假设，是正待检验的假设，记为 H_0，如“产品故障检测率不小于 80%，满足合同指标要求”；备择假设是和原假设相对立的假设，记为 H_1。检验结果为拒绝原假设或不能拒绝原假设。需要说明的是，检验结果“拒绝原假设”表示小概率事件已经发生，原假设很不可信，以较大的把握推翻原假设；检验结果“不能拒绝原假设”是指没有理由拒绝原假设，有很大把握认为原假设是正确的。

原假设和备择假设不是随意提出的，应根据所检验问题的具体背景而定。常常是用“不能轻易被否定的命题”作为原假设，而把没有足够把握就不能轻易肯定的命题作为备择假设。

(2) 选择合适的统计量，并计算出统计量的具体取值。不同的假设检验问题需要选择不同的检验统计量，一般是对总体的均值、比例和方差进行假设检验等。

(3) 根据给定的显著性水平，计算或查询相应的统计分布表得到临界值，并进行统计决策。当检验统计量被确定后，可以根据其分布状况以及给定的显著性水平 α 的值计算或查询相应的统计分布表得到临界值，即接受区域和拒绝区域的分界点，然后按照判决规则进行决策。

以上就是假设检验的基本思想和基本步骤，可以看出，假设检验就是对原假设提出的命题作出判断，这种判断一般用“原假设正确”或“原假设错误”来表述。但是由于假设检验根据有限的样本信息来推断总体特征，样本的随机性可能致使判断出错，也就是说，判断有犯错误的可能性。错误有两种类型，分为第一类错误和第二类错误。

第一类错误：当原假设 H_0 为真时，样本的随机性使样本统计量落入了拒绝域，所作的判断是拒绝原假设。这时所犯的错误称为第一类错误，又称弃真错误，通常记为 α，即 P(拒绝 $H_0 \mid H_0$ 为真)$=\alpha$。通常认为，“一次抽样小概率事件发生了”是不合理的，从而作出了拒绝原假设的结论。但事实上，小概率事件只是发生概率非常小，并非绝对不发生。犯第一类错误的概率实质上就是显著性水平 α，通常也把第一类错误称为 α 错误。

第二类错误：当原假设 H_0 为假时，样本的随机性使样本统计量落入接受域，所作的判断是接受原假设。这时所犯的错误称为第二类错误，又称取伪错误。犯第二类错误的概率又称取伪概率，用 β 表示，即 P(接受 $H_0 \mid H_0$ 为假)$=\beta$，通常也把第二类错误称为 β 错误。

归纳起来，假设检验中决策结果存在四种情形：

(1) 原假设是真实的，判断结论是不拒绝原假设，这是一种正确的判断；

(2) 原假设是不真实的,判断结论是拒绝原假设,这也是一种正确的判断;

(3) 原假设是真实的,判断结论是拒绝原假设,这是一种产生“弃真错误”的判断;

(4) 原假设是不真实的,判断结论是不拒绝原假设,这是一种产生“取伪错误”的判断。

以上四种判断如表 2.1 所示。

表 2.1　假设检验中的四种决策

判断结论 \ 原假设	H_0 为真	H_0 不为真
不拒绝 H_0	正确决策(概率为 $1-\alpha$)	第二类(取伪)错误(概率为 β)
拒绝 H_0	第一类(弃真)错误(概率为 α)	正确决策(概率为 $1-\beta$)

无论是第一类错误还是第二类错误,都是检验结论失真的表现,应尽可能地加以避免。但对于一定的样本容量 n,不能同时做到犯这两类错误的概率都很小。如果减小 α 错误,就会增大犯 β 错误的机会;若减小 β 错误,也会增大犯 α 错误的机会。这就像在区间估计中,如果想增大估计的可信程度,就会使区间变宽而精度降低;如果想提高精度,就要求估计区间变得很窄,而这样,估计的可信程度就会大打折扣。当然,使 α 和 β 同时变小的方法也有,就是增大样本容量。但由于试验成本、周期等条件的限制,样本容量不可能过大。因此,在假设检验中,就有一个对两类错误进行控制的问题。

假设检验的主要特点:

(1) 假设检验采用的逻辑推理方法是反证法。为了检验某假设,先假定它正确,然后根据抽样理论和样本信息,观察由此假设导致的结果是否合理。如果不合理,则说明原假设是不正确的,从而得出拒绝原假设的结论;如果合理,则得出不能拒绝原假设的结论。

(2) 判断结果合理与否是基于小概率原理。小概率原理,即在一次抽样中,小概率事件极少或很难发生。如果在原假设下发生了小概率事件,则认为原假设是不合理的;反之,小概率事件没有发生,则认为原假设是合理的。一般以某个显著性水平 $\alpha(0<\alpha<1)$ 作为小概率的界限,α 的取值与实际问题的性质有关。

(3) 假设检验是带有概率性质的反证法,并非严格的确定性逻辑证明。一般的反证法是逻辑上的反证法,由结果的矛盾来证明原假设是错误的,这种结论没有不确定性,非真即假。假设检验基于样本信息来推断总体特征,这种推断在一定概率置信度下进行,由小概率事件不该发生而实际发生这一不合理结果出发,拒绝 H_0,这种反证法带有概率的性质,不合理的结果具有随机性,可能出现假设正确而拒绝假设的错误,称为“概率反证法”,而非严格的确定性的逻辑证明。

2.4.3 测试性试验中的抽样检验理论

1. 抽样检验

抽样检验是从一批产品中随机抽取一部分产品进行检验，根据对部分产品（样本）的检验结果数据对一批产品作出是否合格的判断。实际中，由于试验经费、时间限制而且大部分试验是具有破坏性的，一批产品全部检验不可行，因此抽样检验应用广泛。

抽样检验可分为计数抽样检验和计量抽样检验。计数抽样检验与计量抽样检验的根本区别在于：前者以样本中所含不合格品（或缺陷）个数为依据；后者以样本中各单位产品的特征值为依据。

测试性指标体系中，故障检测率、故障隔离率、虚警率的抽样检验都是计数抽样检验，而平均故障检测时间、平均故障隔离时间的抽样检验是计量抽样检验。本书重点针对故障检测率、故障隔离率统计推断方法进行研究，因此下面只针对计数抽样检验进行介绍。

抽样检验包括三个步骤[10]。

(1) 抽样：需要研究的是如何抽和抽多少的问题。

(2) 检验：应在统计抽样检验理论的指导下，采用具有一定测量能力的设备和正确的方法进行检验。

(3) 推断：根据对样本的检验结果来推断总体（批）的质量水平。

抽样检验过程如图 2.4 所示，其中 N 表示批量，n 表示样本容量，r 表示不合格品数，c 表示合格判定数。

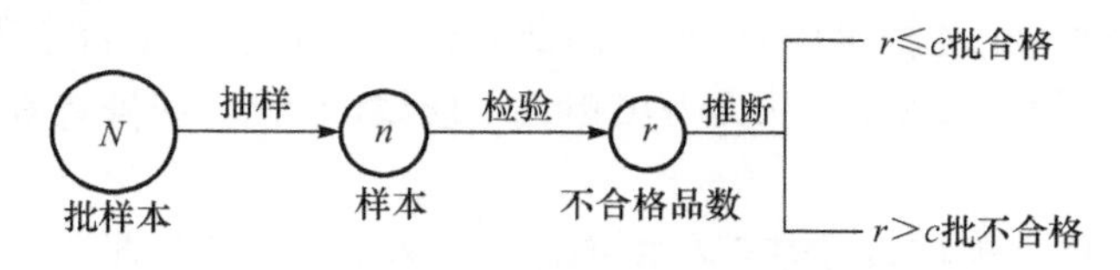

图 2.4 抽样检验示意图

计数抽样检验在判定一批产品是否合格时，只用到样本中不合格数目或缺陷数，而不关心样本中产品的特征测定值。

1) 抽样检验方案

规定样本大小和有关接收规则的一个具体方案，称为抽样检验方案，或简称为抽样方案。计数抽样检验按抽取样本的次数可分为一次抽样检验、二次抽样检验和多次抽样检验。

2) 抽样特性曲线

当用一个确定的抽样方案对产品进行检验时，被接收的概率 $L(q)$ 是随其合格

率 q(测试性试验中可理解为故障检测率等)变化而变化的,它们之间的关系可以用一条曲线表示,这条曲线称为抽样特性(operating characteristic,OC)曲线。即接收概率是 q 的函数,记为 $L(q)$。合格率 q 不仅是一个未知数,而且是一个不确定的数值,而是随机变量。有一个确定的抽样检验方案,就有一个确定的 OC 曲线与之相对应。一次抽样检验方案(N,n,c)中,只有在随机抽取的样本中不合格数 $r\leqslant Ac$ 时,才能接收,若以 $P(r)$表示样本 n 中恰好有 r 个不合格的概率,则接收概率 $L(q)$的基本公式为

$$L(q)=\sum_{r=0}^{c}P(r) \tag{2.49}$$

式中,$P(r)$的精确计算公式为

$$P(r)=\frac{C_{N(1-q)}^{r}C_{Nq}^{n-r}}{C_N^n} \tag{2.50}$$

当 $\frac{n}{N}<(1-q)$时,可用二项分布近似计算式(2.50)中的超几何分布计算式。

$$P(r)=C_n^r q^{n-r}(1-q)^r \tag{2.51}$$

将式(2.51)代入式(2.49)可得

$$L(q)=\sum_{r=0}^{c}C_n^r q^{n-r}(1-q)^r \tag{2.52}$$

对式(2.52)分别求 $L(q)$对 n 差分可得

$$\begin{aligned}\Delta^n(L(q))&=L(q;n+1,c)-L(q;n,c)=\sum_{r=0}^{c}C_{n+1}^r(1-q)^r q^{n+1-r}-\sum_{r=0}^{c}C_n^r(1-q)^r q^{n-r}\\&=\sum_{r=0}^{c}(1-q)^r q^{n-r}(C_{n+1}^r q-C_n^r)+q^{n+1}-q^n=-C_n^c(1-q)^{c+1}q^{n-c}\leqslant 0\end{aligned} \tag{2.53}$$

对式(2.52)分别求 $L(q)$对 c 的差分可得

$$\begin{aligned}\Delta^c(L(q))&=L(q;n,c+1)-L(q;n,c)=\sum_{r=0}^{c+1}C_n^r(1-q)^r q^{n-r}-\sum_{r=0}^{c}C_n^r(1-q)^r q^{n-r}\\&=C_n^{c+1}(1-q)^{c+1}q^{n-c-1}\geqslant 0\end{aligned} \tag{2.54}$$

通过式(2.53)和式(2.54)的分析发现,$L(q)$是关于 n 的单调递减函数,是关于 c 的单调递增函数。

2. 简单随机抽样

前面描述了抽样检验过程样本容量确定的过程,本节将介绍样本的具体获取方法——简单随机抽样。

随机抽样可分为简单随机抽样(simple random sampling,SRS)、分层抽样、整群抽样、多阶抽样和系统抽样[11]。其中简单随机抽样是其他随机抽样方法的基础,它要求抽取的样本满足如下要求:

(1) 代表性,即要求每一个体都有同等机会被选入样本,这意味着每一样本与总体有相同的分布,这样的样本便具有代表性。

(2) 独立性,即要求样本中每一样本的取值不受其他样本取值的影响,这意味着样本之间相互独立。

从一个单元数为 N 的总体中逐个抽取单元并且无放回,每次都在所有尚未进入样本的单元中等概率地抽取,直到 n 个单元抽完。这样抽取的样本称为简单随机样本。由于全样本方法和逐个无放回抽取是等价的,也可以一次性从总体中抽取 n 个单元,这也是简单随机样本。

测试性试验是人为模拟故障的发生,再观察发生的每一次故障的检测/隔离情况。为了便于描述,对系统内的故障进行如下描述。

系统内存在故障模式集 $F=\{F_1,F_2,\cdots,F_m\}$,即系统内有 m 种独立、全面的故障模式。独立是指故障模式 F_i 发生与否与集合 F 内的其他故障模式无关,且假定每个故障模式 F_i 发生的故障次数占系统故障总次数的比重 λ_{F_i} 恒定。全面是指故障模式集 F 能够覆盖系统所有可能的故障状态。

根据以上分析,测试性试验中的抽样问题可类比为“口袋摸球”的问题。假定口袋内有 N(足够大的一个正整数)个球,且口袋中的球分别有 m 种($F_1\sim F_m$)颜色,第 F_i 种的球数目占总球数的比重为 λ_{F_i}。此时,假定抽取故障模式的样本量 n 已知,测试性试验中的样本抽取就是采用简单随机抽样的方式依次从含有 N 个球的口袋中抽取 n 个球,某种特定颜色的球代表某个故障模式。

3. 测试性试验中的抽样检验模型

上述内容是通用的计数抽样检验理论。以故障检测率的验证试验为例,该检验模型可用图 2.5 表示。

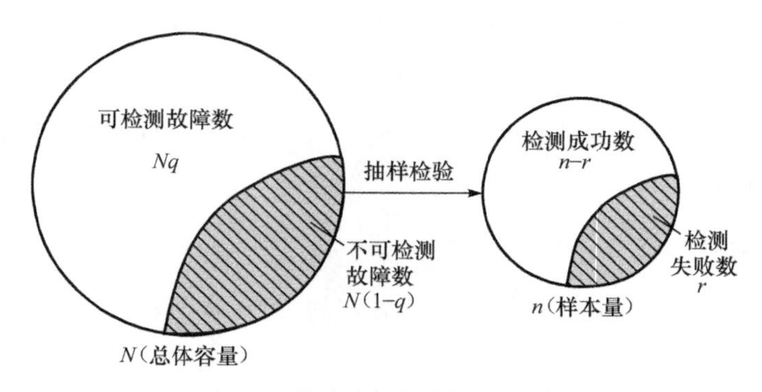

图 2.5 故障检测率抽样检验模型

总体为发生 N 次故障检测结果构成的集合,该集合中检测成功的故障数为

Nq,不可检测的故障数为 $N(1-q)$,其中 q 为总体的故障检测率。经过抽样过程后,获得样本容量为 $n(n \ll N)$的样本,其中检测成功的故障数为 $n-r$,检测失败的故障数为 r。

应当注意的是,使用上述基于计数抽样检验模型描述测试性试验有其特殊性:

(1) 测试性试验中总体容量不明确,即在测试性试验实施时无法获取故障检测/隔离所构成的全集。因此,可以假定总体容量 N 足够大,相比于样本容量 n 满足关系 $n \ll N$。

(2) 如前面假定故障检测/隔离事件成功的概率 $P(A)=q$ 为一定值,在使用抽样检验理论时,同样假定系统的故障检测率存在一个确定的值。虽然该值未知,但可以通过样本对该值进行统计推断。

第 3 章将详细讨论基于抽样检验理论的测试性试验样本量确定方法,其中的考虑双方风险的样本量确定方法、考虑最低可接收值的样本量确定方法、基于截尾序贯法的样本量确定方法都是基于本节的理论和假设。

2.4.4　经典数理统计方法的优缺点

1. 优点

1) 操作简便

由于经典数理统计理论已经非常成熟,在很多领域得到广泛应用和验证,并形成了许多标准,试验规程也早已成熟。因此,在执行新的统计试验任务时,只需参照成熟方法和标准进行试验方案设计和统计推断即可,比较简单易行。

2) 各方易于接受

经典数理统计理论的思想和方法较直观,试验与统计涉及很多单位,如研制单位、定型单位、承试单位、订购单位等,需要统一的标准和模型。经典数理统计理论与方法比较客观、尊重事实,易于理解和接受,因此依据此理论所设计的试验方案和统计推断出的结果等都易于为各方理解和接受。这也是很多试验与统计标准都采用经典数理统计理论的原因。

2. 缺点

1) 试验所需样本数量大

经典数理统计理论以大量试验得到的样本信息为基础,对概率的理解为频率稳定性,该理论认为先验信息是主观信息,这些信息不可控、不客观、不够严谨,因而予以摒弃。为了得到置信度和精度较高的统计结论,经典统计方法不得不扩大试验样本量,采用大子样检验法,导致试验成本和代价上升。

2）没有有效利用先验信息

历史数据、专家经验等都是非常宝贵的信息，通过对这些信息的研究和分析可以获得有价值的结论，指导试验方案的设计，修正评估结论，但无法利用经典数理统计理论，造成先验信息浪费。

3）假设检验带有主观倾向性

在假设检验中，经典数理统计理论在作原假设和备择假设时带有一定的倾向性，主观上倾向于原假设，不轻易拒绝原假设，对原假设起保护作用，常常把那些保守的、较可信的结论取为原假设，在这一点上就用到了主观先验信息，这与经典统计理论宣称的只用客观样本信息相矛盾。

2.5　Bayes 统计理论

2.5.1　Bayes 统计使用的三类信息

1. 总体信息

总体信息即总体分布或总体所属分布族给出的信息，例如，“总体是正态分布”这一句话就给人们提供了很多信息：它的密度函数是一条钟形曲线；它的 n 阶矩都存在；还有很多成熟的点估计、区间估计和假设检验的方法可供使用。

总体信息是非常重要的信息，为了获取此信息往往耗资巨大。美国军方为了获得某种新的电子元器件的寿命分布，常常购买成千上万个此种元器件做大量的寿命试验，获得大量数据之后才能确认其寿命分布。我国为确认某国产轴承寿命服从两参数韦布尔分布，前后也花了五年时间才确定下来。

2. 样本信息

样本信息即从总体中抽取的样本所给出的信息。这是最“新鲜”、客观的信息，并且越多越好。人们希望通过对样本的加工和处理来对总体的某些特征作出较为精确的统计推断，可以说没有样本就没有统计学，基于上述两种信息进行的统计推断被划分为经典统计学，它的基本观点是把试验所获得的数据看成来自具有一定概率分布的总体，所研究的对象是这个总体而不是局限于数据本身。

3. 先验信息

先验信息即在抽样之前有关统计问题的一些信息，一般来说，先验信息主要来源于历史资料、仿真数据和经验知识等。历史资料包括单元及分系统历史试验信息、研制阶段实验室试验数据、相似系统信息等。仿真数据包括理论分析结果、物理仿真、半实物仿真、数学仿真等数据，仿真信息能否作为先验信息用于评估，关键取决于模型的可信性。经验知识包括专家经验知识和工程试验经验，利用专家知识和工程经验知识可以对待评估对象的统计参数作出合理的预计，这类先验知识非常宝贵。

2.5.2 Bayes 定理

在实际问题中，除了需要求事件 B 的概率 $P(B)$，有时还需要求在事件 A 已经发生的前提下事件 B 发生的概率，这就是条件概率，记为 $P(B|A)$。

一般情形下，如果 $P(A)>0$，在规定事件 A 发生的条件下事件 B 发生的条件概率为[12,13]

$$P(B \mid A)=\frac{P(AB)}{P(A)} \tag{2.55}$$

设 θ 为分布参数、x 为试验中得到的子样，则可得分布参数的后验密度 $\pi(\theta|x)$ 为

$$\pi(\theta \mid x)=\frac{f(X \mid \theta)\pi(\theta)}{\int_{\Theta} f(X \mid \theta)\pi(\theta)\mathrm{d}\theta} \tag{2.56}$$

式中，Θ 为参数空间，$f(X|\theta)$ 为 θ 给定时 x 的分布密度，$\pi(\theta)$ 为 θ 的先验分布密度。Bayes 方法是将先验信息和现场信息进行融合，作出对分布参数 θ 的统计推断。

2.5.3 先验分布

如前所述，假定 θ 为分布参数，Bayes 方法认为 θ 为随机变量。先验信息以先验分布的形式表示，记先验分布的概率密度为 $\pi(\theta)$，先验分布 $\pi(\theta)$ 是反映人们在抽样前对参数 θ 的认识[10]。因此，如何获得先验分布成为 Bayes 统计理论的核心内容，获得先验分布的方法主要有以下几种。

1. 最大熵方法

最大熵方法适用于有部分先验信息可用但先验分布的形式未知的情况[11,12]。首先给出熵的概念。

对离散型参数空间 Θ，π 为 Θ 上的一个概率密度，记

$$\varepsilon_n(\pi)=-\sum_{i\in\Theta}\pi(\theta_i)\ln\pi(\theta_i) \tag{2.57}$$

则称 $\varepsilon_n(\pi)$ 为 π 的熵。对于 $\pi(\theta_i)=0$ 的情况，令 $\pi(\theta_i)\ln\pi(\theta_i)=0$。

如果关于 $\pi(\theta_i)$ 具有其他部分信息，如已知：

$$E^{\pi}[f_k(\theta)]=\sum_i\pi(\theta_i)f_k(\theta_i)=\mu_k,\quad k=1,2,\cdots,m \tag{2.58}$$

式中，$f_k(\cdot)$ 为已知函数。上述已知信息可以作为 $\pi(\theta_i)$ 的一种约束，那么在此约束下，令熵取最大值，此时的 $\pi(\theta_i)$ 可以作为 θ_i 的先验密度。这就是最大熵先验密

度的确定方法。此时的 $\pi(\theta_i)$（记作 $\bar{\pi}(\theta_i)$）可以表示为

$$\bar{\pi}(\theta_i)=\exp\left(\sum_{k=1}^{m}\lambda_k f_k(\theta_i)\right)\Big/\sum_i \exp\left(\sum_{k=1}^{m}\lambda_k f_k(\theta_i)\right) \tag{2.59}$$

式中，λ_k 为常量，由式(2.59)确定。

对于 Θ 为连续参数空间，利用最大熵方法较为复杂。这里只讨论一种特殊情况，即存在不变无信息先验分布的情况。令 π_0 表示这种分布，如果 Θ 为连续参数集，π 为 Θ 上的一个概率密度，记

$$\varepsilon_n(\pi)=-E^{\pi}\left(\ln\frac{\pi(\theta)}{\pi_0(\theta)}\right)=-\int_{\Theta}\pi(\theta)\ln\frac{\pi(\theta)}{\pi_0(\theta)}\mathrm{d}\theta \tag{2.60}$$

则称 $\varepsilon_n(\pi)$ 为 π 的熵。

若部分先验信息由下面公式给出：

$$E^{\pi}[f_k(\theta)]=\int_{\Theta}f_k(\theta)\pi(\theta)\mathrm{d}\theta=\mu_k,\quad k=1,2,\cdots,m \tag{2.61}$$

则在上述约束下，最大熵先验分布可以表示为

$$\bar{\pi}(\theta_i)=\frac{\pi_0(\theta)\exp\left(\sum_{k=1}^{m}\lambda_k f_k(\theta)\right)}{\int_{\Theta}\pi_0(\theta)\exp\left(\sum_{k=1}^{m}\lambda_k f_k(\theta)\right)\mathrm{d}\theta} \tag{2.62}$$

2. *共轭方法确定先验分布*[13]

如果 θ 的先验分布和后验分布具有形式不变性，即 $\pi(\theta)$ 和 $\pi(\theta|x)$ 具有同一分布形式，则称它们是共轭的。如果 F 为 θ 的一个分布族，任取 $\pi\in F$ 作为先验分布，如果对于任意观测值 X，后验分布密度 $\pi(\theta|X)$ 仍属于 F，则称 F 为关于 $f(X|\theta)$ 的共轭分布族。这里 $f(X|\theta)$ 为 X 所属总体的分布参数密度。

设 $X_1,\cdots,X_n$ 为独立同分布样本，且 $t=T(X_1,\cdots,X_n)=T(X)$ 为 θ 的充分统计量。已知 $t=T(X)$ 为 θ 的充分统计量的充要条件是 $f(X|\theta)$ 可以分解为

$$f(X|\theta)=g(T(X)|\theta)\cdot h(X) \tag{2.63}$$

式中，$h(X)$ 为非负函数且与 θ 无关。特殊地，$g(T(X|\theta))$ 可以为 T 的密度函数。

常用充分统计量去构造共轭分布。

定理 2.5 设总体的分布密度为 $f(X|\theta)$，$(X_1,X_2,\cdots,X_n)$ 为独立同分布样本，$t=T(X_1,X_2,\cdots,X_n)$ 为 θ 的充分统计量，于是由 Fisher 因子分解定理可得

$$\prod_{i=1}^{n}f(X_i|\theta)=g_n(t|\theta)h(X_1,X_2,\cdots,X_n) \tag{2.64}$$

式中，$h(X_1,X_2,\cdots,X_n)$ 与 θ 无关。假定存在函数 $p(\theta)$，满足：

(1) $P(\theta)\geqslant 0,\theta\in\Theta$；

(2) $0<\int_{\Theta}g_n(t|\theta)p(\theta)\mathrm{d}\theta<\infty$。

则

$$F=\left\{\frac{g_n(t|\theta)p(\theta)}{\int_{\Theta}g_n(t|\theta)p(\theta)\mathrm{d}\theta},\quad \forall t,n=1,2,\cdots\right\} \tag{2.65}$$

对于 $f(X|\theta)$，为 θ 的共轭分布族。

设有正态总体 $N(\mu,\sigma^2)$，μ 为已知，σ 为未知分布参数，$(X_1,X_2,\cdots,X_n)$ 为独立同分布样本。应用上述定理可以确定 σ 的共轭分布族。

注意到 $\prod_{i=1}^{n}f(X_i\mid\sigma)=(2\pi)^{-\frac{n}{2}}\sigma^{-n}\mathrm{e}^{-\frac{1}{2\sigma^2}\sum_{i=1}^{n}(X_i-\mu)^2}$，由于 $t=\sum_{i=1}^{n}(X_i-\mu)^2$ 是 σ 的充分统计量，于是

$$g_n(t\mid\sigma)=\sigma^{-n}\mathrm{e}^{-\frac{t}{2\sigma^2}} \tag{2.66}$$

取 $p(\sigma)=1/\sigma$，则有

$$0<\int_0^{\infty}\sigma^{-(n+1)}\mathrm{e}^{-\frac{t}{2\sigma^2}}\mathrm{d}t<\infty,\quad n=1,2,\cdots \tag{2.67}$$

于是由定理2.5可知：

$$F=\left\{\frac{\sigma^{-(n+1)}\mathrm{e}^{-\frac{t}{2\sigma^2}}}{\int_0^{\infty}\sigma^{-(n+1)}\mathrm{e}^{-\frac{t}{2\sigma^2}}\mathrm{d}\sigma},\quad t>0,n=1,2,\cdots\right\} \tag{2.68}$$

为 σ 的关于正态总体 $N(\mu,\sigma^2)$ 的共轭分布族。它为逆Gamma分布族：

$$F=\left\{g\left(\sigma^2,\frac{t}{2},\frac{n-1}{2}\right),\quad t>0,n\geqslant 1\right\} \tag{2.69}$$

表2.2给出了常见分布类型及其对应的共轭先验分布。

表2.2　常见分布类型及其对应的共轭先验分布

总体分布	参数	共轭先验分布
正态分布(方差已知)	均值	正态分布
正态分布(均值已知)	方差	逆Gamma分布
二项分布	成功概率	Beta分布
泊松分布	均值	Gamma分布
指数分布	均值的倒数	Gamma分布

3. 自助方法和随机加权法[14]

自助(Bootstrap)方法是20世纪70年代美国斯坦福大学B. Efron教授在总结前人研究成果的基础上提出的一种新的统计分析方法。这种方法的特点是直接利用样本数据，借助计算机强大的计算能力进行统计推断。利用这种方法可以不用对总体的分布进行假定。

设 $X_1,X_2,\cdots,X_n$ 为独立同分布样本，X_i 的分布函数为 $F(X)$，$\theta=\theta(F)$ 为总体分

布中的未知参数，F_n 为抽样分布函数，$\hat{\theta}=\hat{\theta}(F_n)$ 为 θ 的估计。记 $T_n=\hat{\theta}(F_n)-\theta(F)$，表示估计误差。

记 $X^*=(X_1^*,\cdots,X_n^*)$ 为从 F_n 中抽取获得的再生样本，F_n^* 是由 X^* 所获得的抽样分布。记

$$R_n^*=\hat{\theta}(F_n^*)-\hat{\theta}(F_n) \tag{2.70}$$

称 R_n^* 为 T_n 的自助统计量，利用 R_n^* 的分布（在给定的 F_n 下）去模仿 T_n 的分布。

下面介绍随机加权法，它将自助统计量 R_n^* 中的 $\hat{\theta}(F_n^*)$ 换为

$$\hat{\theta}_v=\theta\left(\sum_{i=1}^{n}V_i f_i(X)\right) \tag{2.71}$$

式中，$f_i(X)$ 是 X 的某个 Borel 函数，$(V_i,\cdots,V_n)$ 为具有 Dirichlet 分布 $D(1,1,\cdots,1)$ 的随机向量。

记 $D_n=\hat{\theta}_v-\hat{\theta}(F_n)$，称为随机加权统计量。以 D_n 的分布来模仿 T_n 的分布，这就是随机加权法。

2.5.4 后验分布

在 Bayes 学派中，关于参数 θ 的任何统计推断必须依据未知参数 θ 的后验分布来进行。这是由于按照 Bayes 学派的看法，在获得样本后，后验分布反映了对参数 θ 的全部了解。

设 $X=(X_1,\cdots,X_n)$ 为独立同分布样本，未知分布参数的先验分布密度函数为 $\pi(\theta)$，当获得 X 之后，θ 的后验密度函数 $\pi(\theta|X)$ 由 Bayes 公式得到：

$$\pi(\theta\mid x)=\frac{f(X\mid\theta)\pi(\theta)}{\int_{\Theta}f(X\mid\theta)\pi(\theta)\mathrm{d}\theta} \tag{2.72}$$

后验分布的获得方式如下[15]。

1）直接计算后验分布

按照式(2.72)计算后验分布。

2）应用充分统计量计算后验密度

前面在共轭分布中已经给出了充分统计量的概念。如果 $t=T(X)$ 为 θ 的充分统计量，$g(t|\theta)$ 为 T 的密度函数，则

$$\pi(\theta\mid X)=\frac{f(X\mid\theta)\pi(\theta)}{\int_{\Theta}f(X\mid\theta)\pi(\theta)\mathrm{d}\theta}=\frac{g(t\mid\theta)h(X)\pi(\theta)}{h(X)\int_{\Theta}g(t\mid\theta)\pi(\theta)\mathrm{d}\theta}=\frac{g(t\mid\theta)\pi(\theta)}{\int_{\Theta}g(t\mid\theta)\pi(\theta)\mathrm{d}\theta}=\pi(\theta\mid t) \tag{2.73}$$

由样本 X 提供给 θ 的信息，与 θ 的充分统计量 $t=T(X)$ 提供的信息是相同的。在计算 $\pi(\theta|X)$ 时，X 可以用 $t=T(X)$ 来代替。

2.5.5 Bayes 统计推断

1. Bayes 参数估计

Bayes 统计理论下的参数估计比基于经典统计理论的参数估计要简单得多。在获得后验分布 $\pi(\theta|X)$后,待估计参数 θ 的点估计、区间估计计算方式如下。

1) Bayes 点估计

在 Bayes 决策问题中用来表示未知参数 θ 的点估计的决策函数 $\delta(x)$称为 Bayes 估计,记为 $\delta^{\pi}(x)$,其中 π 表示所使用的先验分布,在常用的损失函数下,Bayes 估计有如下几个结论。

(1) 在给定先验分布 $\pi(\theta)$和平方损失函数 $L(\theta,\delta)=(\delta-\theta)^2$ 下,θ 的 Bayes 估计 $\delta^{\pi}(x)$为后验分布 $\pi(\theta|X)$的均值,即

$$\delta^{\pi}(x)=E(\theta|x) \tag{2.74}$$

例如,对于后验分布为 $\pi(\theta|X)$、Beta 分布为 $\mathrm{Beta}(\theta|a,b)$时,在平方损失函数下,则 $\delta^{\pi}(x)=a/(a+b)$。

(2) 在给定先验分布 $\pi(\theta)$和绝对损失函数 $L(\theta,\delta)=|\delta-\theta|$下,$\theta$ 的 Bayes 估计 $\delta^{\pi}(x)$为后验分布 $\pi(\theta|X)$的中位数。

(3) 在给定先验分布 $\pi(\theta)$和 0-1 损失函数时,θ 的 Bayes 估计 $\delta^{\pi}(x)$是使后验概率密度函数 $\pi(\theta|X)$达到最大值的估计。

(4) 在给定先验分布 $\pi(\theta)$和加权平方损失函数 $L(\theta,\delta)=\lambda(\theta)(\delta-\theta)^2$ 下,θ 的 Bayes 估计 $\delta^{\pi}(x)$为

$$\delta^{\pi}(x)=\frac{E(\lambda(\theta)\theta|x)}{E(\lambda(\theta)|x)} \tag{2.75}$$

2) Bayes 区间估计

已知参数 θ 的后验分布为 $\pi(\theta|X)$,对给定的置信概率 $1-\alpha$,如果存在区域 D,满足下列条件:

(1) $P(\theta\in D\mid X)=\int_D \pi(\theta\mid X)\mathrm{d}\theta=1-\alpha$ 。

(2) 任给 $\theta_1\in D,\theta_2\notin D$,总有不等式 $\pi(\theta_1\mid X)\geqslant\pi(\theta_2\mid X)$(即 D 内的点相应的后验密度的值不比 D 外的小),称 D 为参数 θ 的最大后验区域估计,相应的置信概率为 $1-\alpha$。如果 D 是一个区间,则称 D 为参数 θ 的最大后验区间估计。

从定义可以看出,D 集中了后验分布密度取值尽可能大的点,因此 D 是在同一置信概率下范围最小的区域。

Bayes 区间估计的意义是参数 θ 的真值落在区间 D 内的概率为 $1-\alpha$。

2. Bayes 假设检验

Bayes 假设检验的基本步骤如下:

(1) 后验分布 $\pi(\theta|X)$ 确定后，在样本 X 给定的条件下，计算假设条件 H_i 成立的后验概率，即 $P_i=P(H_i|X)$。

(2) 比较 P_i 的大小，选择后验概率 P_i 最大的那个假设，若有两个以上后验概率最大值同时出现，则表示不宜作判断，需要进一步收集信息再作判断。

可见，Bayes 假设检验过程很简单，不需要显著性水平，不需要计算拒绝域，而且能对多个假设同时检验。

2.5.6 Bayes 统计理论的优缺点

1. 优点

(1) 统计实践中急需解决小样本问题，Bayes 统计理论解决小样本问题有其理论优势。

(2) Bayes 统计在操作上比较简单，这是因为其简单固定的模式：先验分布＋样本→后验分布，不像经典统计理论中往往会碰到难以处理的抽样分布问题。Bayes 统计理论符合人们认识事物的通常程序，即在原来认识(先验分布)的基础上，加上新的信息(样本)，从而修正对事物的认识，它体现在后验分布中[16]。

2. 缺点

(1) Bayes 统计理论的基础和难点是确定先验分布，但 Bayes 统计理论未能给出很好的处理方法，容易让使用者产生先验数据的"误用"和"滥用"的担忧。

(2) 经典统计理论已被诸多标准接受、使用广泛。相反，Bayes 统计理论实际工程应用较少，如何让使用者信服 Bayes 统计方法也是其应用方面的不足。

2.6 本 章 小 结

本章主要介绍了测试性参数定义、测试性试验与评价相关的数理统计基础，主要包括概率统计基本理论、抽样理论、估计与检验、Bayes 统计理论基础等内容，为后续章节内容阅读提供参考。

参 考 文 献

[1] 成平，陈希孺，陈桂景. 参数估计[M]. 上海：上海科技出版社，1985.

[2] 中国人民解放军总装备部. GJB 3385—98. 测试与诊断术语[S]. 北京：总装备部军标出版发行部，1998.

[3] 国防科学技术工业委员会. GJB 2547—95. 装备测试性大纲[S]. 北京：国防科学技术工业委员会，1995.

[4]　张勇. 装备测试性虚拟验证试验关键技术研究[D]. 长沙：国防科学技术大学，2012.
[5]　陆廷孝，郑鹏洲，何国伟，等. 可靠性设计与分析[M]. 北京：国防工业出版社，1997.
[6]　苏淳. 概率论[M]. 北京：科学出版社，2010.
[7]　罗汉，彭国强. 概率论与数理统计[M]. 北京：科学出版社，2007.
[8]　王超. 虚实结合的测试性试验与综合评估技术[D]. 长沙：国防科学技术大学，2014.
[9]　李子强. 概率论与数理统计教程[M]. 北京：科学出版社，2008.
[10]　科克伦 W G. 抽样技术[M]. 张尧庭，吴辉，译. 北京：中国统计出版社，1995.
[11]　杜子芳. 抽样技术及其应用[M]. 北京：清华大学出版社，2005.
[12]　张金槐. Bayes 试验分析技术[M]. 长沙：国防科技大学出版社，2010.
[13]　张金槐，刘琦，冯静. Bayes 试验分析方法[M]. 长沙：国防科技大学出版社，2007.
[14]　Berger J O. 统计决策论及 Bayes 分析[M]. 贾乃光，译. 北京：中国统计出版社，1998.
[15]　张金槐. Bayes 方法[M]. 长沙：国防科技大学出版社，1989.
[16]　陈希孺. 数理统计学简史[M]. 长沙：湖南教育出版社，2002.

第3章　经典测试性试验方案

3.1　概　　述

测试性试验方案制定包括故障样本量确定、故障样本量分配、故障模式抽取。经典样本量确定方法主要以正态分布和二项分布模型为理论基础[1]。基于正态分布的故障样本量确定方法的理论基础为伯努利大数定律和中心极限定理，美军标MIL-STD-471A[2]的通告2[3]中最早给出了适用于产品测试性验证的方法，规定测试性验证中的样本量参考维修性验证方法，以正态分布为基础给出了产品FDR/FIR检验的接收/拒收判据；美军标MIL-STD-2165[4]中规定了工作任务项目301为“测试性验证”，测试性指标按照MIL-STD-471A通告2中的方法和准则进行验证；国内，GJB 2072—94《维修性试验与评定》[5]、GJB 1135.3—91《地空导弹武器系统维修性评审、试验与评定》[6]和GJB 1770.3—93《对空情报雷达维修性　维修性的试验与评定》[7]中给出了基于正态分布的样本量确定方法。在基于二项分布的故障样本量确定方法中，将测试性试验看成成败型试验，故障样本量的确定过程就是在承制方要求值、订购方要求值、承制方风险和订购方风险的约束下寻求试验次数和最大允许失败次数的组合。基于二项分布的故障样本量确定的相关文献有AD-A081128 *BIT/External Test Figures of Merit and Demonstration Techniques*[8]、GJBz 20045—91《雷达监控分系统性能测试方法　BIT故障发现率、故障隔离率、虚警率》[9]、GJB 1298—91《通用雷达、指挥仪维修性评审与试验方法》[10]、GB 5080.5—85《设备可靠性试验　成功率的验证试验方案》[11]等。此外，田仲[12,13]和周玉芬[14,15]等也对基于二项分布的样本量确定方法进行了分析研究。在样本量分配和故障模式抽取环节，相关的国内外标准包括MIL-STD-471A[2]、MIL-STD-2165[4]和GJB 2072—94[5]，其中规定了对于由定数抽样方法确定的故障样本量，要按照基于故障率的比例分层样本量分配方法将故障样本量逐层级分配到各可更换单元，然后在可更换单元内，按照故障模式的相对发生频数开展随机抽样，得到故障模式样本集。对于序贯测试性试验方案，在每个故障模式的选取过程中，按照故障模式的相对发生频数进行抽样来选取故障模式。GJB 1298—91[10]和GJB 368A—94《装备维修性通用大纲》[16]中也涵盖了测试性试验故障模式选取方法。在GJB 1135.3—91[6]中，对于故障模式的选取，规定的是以故障模式集为抽样母体，从中随机抽取故障模式；在GJB 1770.3—93[7]中，同样规定的是采用基于故障率的分层抽样方法，在分配过程中只考虑故障率因素，而不考虑单元个数和工作时间系数。

本章首先介绍经典测试性试验方案制定中常用的样本量确定方法，并将国内外相关标准中采用的测试性试验样本量确定方法进行分析。在得到测试性试验样本量后，接下来的工作是完成样本量分配，本章介绍按比例分层分配方法和按比例简单随机抽样方法。为了得到较为准确的故障率估计值，提高验证结论置信度，本章还阐述基于专家数据和基于Bootstrap方法的故障率估计方法。

3.2 测试性试验样本量确定方法

3.2.1 基于二项分布的样本量确定方法

1. 测试性试验抽样检验风险分析

基于抽样检验理论的测试性试验样本量是在考虑承制方和订购方承受风险的基础上确定的[17]。由于抽样必然带来误差，对于测试性试验的双方（承制方和订购方），接受或拒绝试验结论均存在一定的风险。如2.4.3节所述，二项分布可用来描述故障检测率/故障隔离率抽样检验中失败次数的概率特性[12,15]。以故障检测率为例，其抽样检验特性曲线为

$$L(q)=\sum_{d=0}^{c}C_n^d q^{n-d}(1-q)^d \tag{3.1}$$

式中，$L(q)$是指假定装备故障检测率真实值为q时，进行n次故障注入试验后，故障检测失败次数F小于等于c的概率，即$L(q)=P(F\leqslant c)$。

通常，订购方和承制方会对产品的故障检测率进行约定。例如，订购方要求装备故障检测率不能低于一个极限质量水平q_1（通常称为最低可接收值），当产品实际的故障检测率q小于极限质量水平q_1时，产品会被拒收。承制方为了使产品的故障检测率真实值满足$q\geqslant q_1$，要规定产品故障检测率的设计要求值q_0。考虑抽样检验的随机性，承制方不能将产品的设计要求值q_0定为最低可接收值（即$q_0=q_1$），通常要满足$q_0>q_1$才能使装备以较大概率被接收。

考虑故障检测率的一次检验过程(n,c)（试验方案），其中n为试验次数，c($c\leqslant n$)为故障检测允许的最大失败次数。此时，若产品的故障检测率真实值q小于等于其最低可接收值q_1，则产品应当被订购方拒收。然而，由于抽样的随机性，实际的失败次数F小于等于c（产品被接收）的概率为

$$P_1=P(F\leqslant c)=\sum_{d=0}^{c}C_n^d q_1^{n-d}(1-q_1)^d \tag{3.2}$$

概率值P_1称为订购方风险（取概率），记为β。

类似地，假定装备故障检测率真实值大于设计要求值时($q \geqslant q_0$)，产品应当被订购方接收。然而，由于抽样的随机性，实际出现的故障检测失败次数 $F>c$(产品被拒收)的概率为

$$P_0 = P(F > c) = \sum_{d=c+1}^{n} C_n^d q_0^{n-d}(1-q_0)^d = 1 - \sum_{d=0}^{c} C_n^d q_0^{n-d}(1-q_0)^d \quad (3.3)$$

概率值 P_0 称为承制方风险(弃真概率)，记为 α。

图 3.1 描述了试验方案$(n,c)=(25,4)$的抽样特性曲线。其中，α 表示在试验过程(25,4)下承制方承担的风险($q_0=0.85$)，β 表示在试验过程(25,4)下订购方承担的风险($q_1=0.8$)。很明显，在此试验方案(25,4)下，订购方和承制方风险都较大，因此可以选择一组合理的(n,c)使 α 和 β 都在规定的范围内。通常，α 和 β 的取值一般为 0.05、0.1 或 0.2，两者可以取相同值，也可取不同值，工程实践中两者通常取相同值(风险均等原则)。

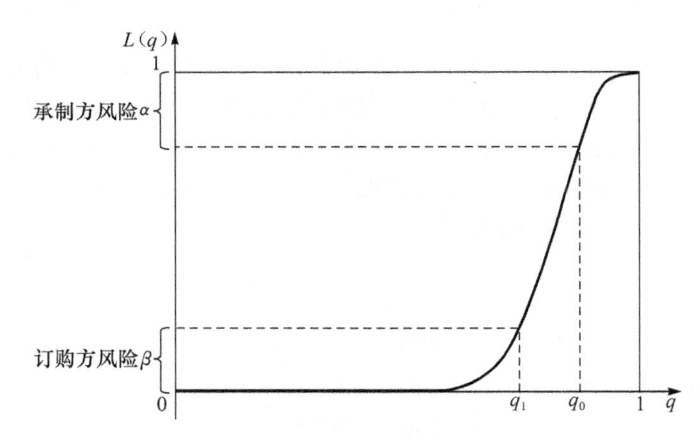

图 3.1　试验方案$(n,c)=(25,4)$的抽样特性曲线

由于抽样特性函数 $L(q)$是关于 n 的增函数，关于 c 的减函数，可以得到如下规律：

(1) 承制方希望 n 越小，同时 c 越大，若试验通过，这样承制方承受的实际风险越小。

(2) 订购方希望 n 越大，同时 c 越小，若试验通过，这样订购方承受的实际使用风险越小。

(3) 在相同的风险承受能力下，随着 q_1 和 q_0 要求的提高，需要的故障样本量 n 越大。

(4) 在相同的指标要求下，随着承制方、订购方风险承受能力的下降，需要的故障样本量 n 越大。

2. 考虑双方风险的样本量确定方法

考虑双方风险的样本量确定方法是基于前面所述的抽样检验理论来确定测试性试验所需的样本量。在给定承制方风险 α、订购方风险 β、设计要求值 q_0 和最低可接收值 q_1 后，选定一组试验方案 (n,c)，该方案同时满足双方风险约束的要求。采用该方法的确定测试性试验样本量的计算公式如下[18]：

$$\begin{cases} 1-\sum_{d=0}^{c} C_n^d q_0^{n-d}(1-q_0)^d \leqslant \alpha \\ \sum_{d=0}^{c} C_n^d q_1^{n-d}(1-q_1)^d \leqslant \beta \end{cases} \tag{3.4}$$

式中，c 为合格判定数，n 为样本量。定义鉴别比 $D=(1-q_1)/(1-q_0)$。

合格判据：当注入 n 个故障样本检测（或隔离）失败次数 F 小于或等于 c 时，判定为合格；否则为不合格。

需要说明的是，测试性试验中所需的试验方案 (n,c) 是满足式(3.4)要求的众多试验方案中 n 最小的一组（当 n 足够大时，满足式(3.4)要求的试验方案有无穷多组），即此组试验方案 (n,c) 中承制方风险和订购方风险最接近于 α 和 β。

另外，前面要求设计要求值 q_0 和最低可接收值 q_1 满足关系 $q_0>q_1$。若假设 $q_0=q_1$，样本量 n 为确定值且合格判定数 c 变化时，承制方风险 α 和订购方风险 β 变化曲线如图3.2所示。此时，承制方风险 α 和订购方风险 β 两条曲线交点永远处于0.5，所以无法满足式(3.4)的要求（通常要求承制方风险 α 和订购方风险 α 均小于0.3）。一般地，当 q_0 和 q_1 越接近时，所需的样本量 n 越大，前文所述的鉴别比 D 就是描述 q_0 和 q_1 之间差异的量。

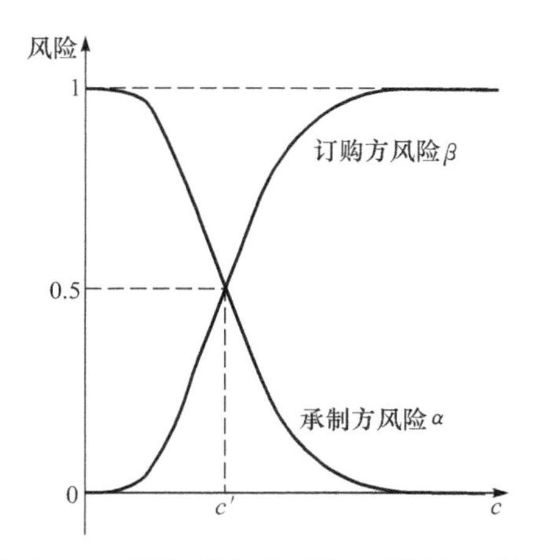

图3.2　承制方风险和订购方风险变化曲线

图 3.2 是按承制方与订购方同等风险的情况下($\alpha=\beta$)根据式(3.4)计算得到的曲线。在得到计算样本量所需参数 α、β、q_0、q_1 后，可通过查表 3.1 得到用于注入的试验样本量和合格判定数。对于未列入表中的情况，通过编程计算式(3.4)即可获得试验样本量和合格判定数。GB 5080.5—85《设备可靠性试验成功率的验证试验方案》[11]中介绍了本节所描述的考虑双方风险的样本量确定方法。

表 3.1 考虑双方风险的试验方案数据表

q_0	D	$\alpha=\beta=0.05$		$\alpha=\beta=0.1$		$\alpha=\beta=0.2$		$\alpha=\beta=0.3$	
		n	c	n	c	n	c	n	c
1.00	1.5	10647	65	6581	40	2857	17	1081	6
	1.75	5168	34	3218	21	1429	9	544	3
	2	3137	22	1893	13	906	6	361	2
	3	1044	9	617	5	285	2	162	1
0.99	1.5	5320	65	3215	39	1428	17	540	6
	1.75	2581	34	1607	21	714	9	272	3
	2	1566	22	945	13	453	6	180	2
	3	521	9	307	5	142	2	81	1
0.98	1.5	2620	64	1605	39	713	17	270	6
	1.75	1288	34	770	20	356	9	136	3
	2	781	22	471	13	226	6	90	2
	3	259	9	153	5	71	2	40	1
0.97	1.5	1720	63	1044	38	450	16	180	6
	1.75	835	33	512	20	237	9	90	3
	2	519	22	313	13	150	6	60	2
	3	158	8	101	5	47	2	27	1
0.96	1.5	1288	63	782	38	337	16	135	6
	1.75	625	33	383	20	161	8	68	3
	2	374	21	234	13	98	5	45	2
	3	117	8	76	5	35	2	20	1
0.95	1.5	1014	62	610	37	269	16	108	6
	1.75	486	32	306	20	129	8	54	3
	2	298	21	187	13	78	5	36	2
	3	93	8	60	5	28	2	16	1
0.94	1.5	832	61	508	37	224	16	90	6
	1.75	404	32	244	19	107	8	45	3
	2	248	21	155	13	65	5	30	2
	3	77	8	50	5	23	2	13	1

续表

q_0	D	$\alpha=\beta=0.05$		$\alpha=\beta=0.1$		$\alpha=\beta=0.2$		$\alpha=\beta=0.3$	
		n	c	n	c	n	c	n	c
0.93	1.5	702	60	424	36	192	16	77	6
	1.75	336	31	208	19	92	8	38	3
	2	203	20	125	12	55	5	25	2
	3	66	8	42	5	20	2	11	1
0.92	1.5	613	60	371	36	168	16	67	6
	1.75	294	31	182	19	80	8	34	3
	2	177	20	109	12	48	5	22	2
	3	57	8	37	5	17	2	10	1
0.91	1.5	536	59	329	36	149	16	59	6
	1.75	253	30	154	18	71	8	30	3
	2	157	20	96	12	43	5	20	2
	3	51	8	33	5	15	2	9	1
0.90	1.5	474	58	288	35	134	16	53	6
	1.75	227	30	138	18	64	8	27	3
	2	135	19	86	12	39	5	18	2
	3	41	7	25	4	14	2	8	1
0.85	1.5	294	54	181	33	79	14	35	6
	1.75	141	28	87	17	42	8	18	3
	2	85	18	53	11	21	4	12	2
	3	26	7	16	4	9	2	5	1
0.80	1.5	204	50	127	31	55	13	26	6
	1.75	98	26	61	16	28	7	13	3
	2	60	17	36	10	19	5	9	2
	3	17	6	9	3	4	1	4	1

适用范围:考虑双方风险的样本量确定方法是一种定数试验方案的样本量计算方法。定数试验方案的计算得到的试验样本量是一个确定的值。因此,定数试验方案的优势在于对试验中人员、经费规划较为有利。从样本量确定的输入来看,该方法适用于订购方与承制方对测试性指标(如故障检测率)都约定了测试性指标的最低可接收值及设计要求值的情况。考虑双方风险的样本量确定方法时承制方与订购方必须对测试性试验中各方承担的风险进行约定。

3. 考虑最低可接收值的样本量确定方法

前文所述考虑双方风险的样本量确定方法是通过约束承制方和订购方双方风险确定样本量的。考虑最低可接收值的样本量确定方法只对订购方风险进行约束,即给定测试性指标的最低可接收值 q_1 和订购方风险 β 后,试验样本量由式(3.5)确定[7]：

$$\sum_{d=0}^{c} C_n^d q_1^{n-d}(1-q_1)^d \leqslant \beta \tag{3.5}$$

式中，c 为合格判定数，n 为样本量。手工求解式(3.5)过程较为麻烦，可以通过查表3.2确定测试性试验方案。表3.2中订购方风险 $\beta=0.2$，第一行为允许失败次数，第一列为测试性指标最低可接收值，试验样本量由式(3.5)计算得到。

表 3.2 最低可接收值试验方案数据表

q_1 \ c	0	1	2	3	4	5	6	7	8	9	10	11	12	13	14	15
0.60	4	7	10	13	16	19	22	24	27	30	33	35	38	41	44	46
0.61	4	7	10	13	16	19	22	25	28	31	34	36	39	42	45	47
0.62	4	7	11	14	17	20	23	26	29	32	34	37	40	43	46	49
0.63	4	8	11	14	17	20	23	26	29	32	35	38	41	44	47	50
0.64	4	8	11	14	18	21	24	27	30	33	36	39	43	46	49	52
0.65	4	8	12	15	18	22	25	28	31	34	38	41	44	47	50	53
0.66	4	8	12	15	19	22	26	29	32	35	39	42	45	48	52	55
0.67	5	9	12	16	19	23	26	30	33	37	40	43	47	50	53	56
0.68	5	9	13	16	20	24	27	31	34	38	41	45	48	52	55	58
0.69	5	9	13	17	21	24	28	32	35	39	43	46	50	53	57	60
0.70	5	9	14	18	21	25	29	33	37	40	44	48	51	55	59	62
0.71	5	10	14	18	22	26	30	34	38	42	46	49	53	57	61	65
0.72	5	10	15	19	23	27	31	35	39	43	47	51	55	59	63	67
0.73	6	11	15	20	24	28	32	37	41	45	49	53	57	61	65	69
0.74	6	11	16	20	25	29	34	38	42	47	51	55	60	64	68	72
0.75	6	11	16	21	26	31	35	40	44	49	53	58	62	66	71	75
0.76	6	12	17	22	27	32	37	41	46	51	55	60	65	69	74	78
0.77	7	12	18	23	28	33	38	43	48	53	58	63	68	72	77	82
0.78	7	13	19	24	30	35	40	45	50	56	61	66	71	76	81	86
0.79	7	14	20	25	31	37	42	48	53	58	64	69	74	79	85	90
0.80	8	14	21	27	33	39	44	50	56	61	67	72	78	83	89	94
0.81	8	15	22	28	34	41	47	53	59	65	70	76	82	88	94	100
0.82	9	16	23	30	36	43	49	56	62	68	74	81	87	93	99	105
0.83	9	17	24	32	39	46	52	59	66	72	79	85	92	98	105	111
0.84	10	18	26	34	41	48	56	63	70	77	84	91	98	105	112	119
0.85	10	19	28	36	44	52	59	67	75	82	90	97	104	112	119	127
0.86	11	21	30	39	47	55	64	72	80	88	96	104	112	120	128	136
0.87	12	23	32	42	51	60	69	78	86	95	104	112	121	129	138	146
0.88	13	24	35	45	55	65	75	84	94	103	112	122	131	140	149	159
0.89	14	27	38	49	60	71	81	92	102	113	123	133	143	153	163	173
0.90	16	29	42	54	66	78	90	101	113	124	135	146	157	169	180	191
0.91	18	33	47	60	74	87	100	113	125	138	150	163	175	187	200	212
0.92	20	37	53	68	83	98	112	127	141	155	169	183	197	211	225	239
0.93	23	42	60	78	95	112	129	145	161	178	194	210	226	242	257	273

续表

q_1 \ c	0	1	2	3	4	5	6	7	8	9	10	11	12	13	14	15
0.94	27	49	71	91	111	131	150	169	188	207	226	245	263	282	300	319
0.95	32	59	85	110	134	157	180	204	226	249	272	294	316	339	361	383
0.96	40	74	106	137	167	197	226	255	283	312	340	368	396	424	452	479
0.97	53	99	142	183	223	263	301	340	378	416	454	491	528	566	603	639
0.98	80	149	213	275	335	394	453	511	568	625	681	737	793	849	905	960
0.99	161	299	427	551	671	790	906	1022	1137	1251	1364	1476	1588	1700	1811	1922

合格判据：注入 n 个故障样本检测（或隔离）失败次数 F 小于或等于 c 时，判定为合格；否则为不合格。

需要说明的是，由于试验方案只受式（3.5）的约束，所以将得到无穷多组试验方案（n,c）。由于这无穷多组试验只满足式（3.5），此时承制方风险是没有考虑的，所以承制方风险可能会处在较高的水平。

适用范围：最低可接收值的样本量确定方法也是一种定数试验方案的样本量计算方法。从样本量确定的输入来看，该方法适用于订购方与承制方对测试性指标（如故障检测率）只约定了最低可接收值的情况。使用考虑最低可接收值的样本量确定方法时必须对测试性试验中订购方的风险进行约定。在使用中需注意的是，由于考虑最低可接收值的样本量确定方法可计算得到试验方案有无穷多组（n_i，r_i），具体选用其中哪一组可由订购方与承制方商定。

4. 基于截尾序贯法的样本量确定方法

基于截尾序贯法的样本量确定方法也是以二项分布为基础的，GB 5080.5—85《设备可靠性试验　成功率的验证试验方案》给出了序贯试验方案数据表，如表 3.3 所示[19]。基于截尾序贯法的样本量确定需要的参数包括承制方风险 α、订购方风险 β、设计要求值 q_0 和最低可接收值 q_1。查阅截尾序贯试验数据表 3.3 时，q_0、α、β 参数对应上述的各参数，成功率鉴别比 $D=(1-q_1)/(1-q_0)$。

表 3.3　截尾序贯试验数据表

q_0	D	s	$\alpha=\beta=0.05$			$\alpha=\beta=0.10$			$\alpha=\beta=0.20$		
			h	n_t	r_t	h	n_t	r_t	h	n_t	r_t
0.9995	1.50	0.00062	7.2574	207850	122	5.4157	125370	73	3.4169	50249	29
	1.75	0.00067	5.2580	97383	60	3.9237	58035	36	2.4756	22665	14
	2.00	0.00072	4.2449	57176	38	3.1676	33121	22	1.9986	13361	9
	3.00	0.00091	2.6777	17223	14	1.9982	9873	8	1.2607	3434	3
0.9990	1.50	0.00123	7.2529	102220	121	5.4123	61291	72	3.4148	26125	29
	1.75	0.00134	5.2545	47677	60	3.9210	29040	36	2.4739	11334	14
	2.00	0.00144	4.2418	28536	38	3.1654	16563	22	1.9971	6930	9
	3.00	0.00182	2.6753	8609	14	1.9964	4932	8	1.2596	1718	3

续表

q_0	D	s	$\alpha=\beta=0.05$			$\alpha=\beta=0.10$			$\alpha=\beta=0.20$		
			h	n_t	r_t	h	n_t	r_t	h	n_t	r_t
0.995	1.50	0.00617	7.2171	20038	119	5.3856	12037	71	3.3979	5025	29
	1.75	0.00670	5.2263	9269	59	3.9000	5561	35	2.4606	2269	14
	2.00	0.00722	4.2173	5458	37	3.1471	3296	22	1.9856	1384	9
	3.00	0.00911	2.6557	1540	13	1.9818	971	8	1.2504	342	3
0.990	1.50	0.01233	7.1723	9803	117	5.3522	5912	70	3.3769	2508	29
	1.75	0.01341	5.1910	4530	58	3.8737	2765	35	2.4440	1129	14
	2.00	0.01444	4.1866	2634	36	3.1242	1638	22	1.9711	691	9
	3.00	0.01824	2.6313	767	13	1.9635	482	8	1.2388	173	3
0.980	1.50	0.02467	7.0827	4173	113	5.2853	2856	68	3.3347	1196	28
	1.75	0.02682	5.1204	2169	56	3.821	1329	34	2.4108	560	14
	2.00	0.02889	4.1252	1263	35	3.0784	767	21	1.9422	340	9
	3.00	0.03655	2.5822	374	13	1.9269	234	8	1.2157	83	3
0.970	1.50	0.03701	6.9931	3015	109	5.2184	1833	66	3.2925	760	27
	1.75	0.04025	5.0498	1389	54	3.7683	827	32	2.3775	371	14
	2.00	0.04336	4.0637	817	34	3.0325	481	20	1.9133	193	8
	3.00	0.05498	2.5329	228	12	1.8901	152	8	1.1925	57	3
0.960	1.50	0.04936	6.9034	2220	107	5.1515	1356	65	3.2503	571	27
	1.75	0.05369	4.9791	1017	53	3.7155	619	32	2.3442	255	13
	2.00	0.05785	4.0022	589	33	2.9865	361	20	1.8843	146	8
	3.00	0.07339	2.4835	170	12	1.8532	99	7	1.1693	43	3
0.950	1.50	0.06171	6.8137	1721	105	5.0846	1047	63	3.2080	436	26
	1.75	0.06714	4.9085	781	51	3.6627	476	31	2.3109	201	13
	2.00	0.07236	3.9406	455	32	2.9406	286	20	1.8553	116	8
	3.00	0.09193	2.4337	133	12	1.8161	79	7	1.1459	32	3
0.940	1.50	0.07407	6.7240	1419	103	5.0176	857	62	3.1658	363	26
	1.75	0.08060	4.8375	636	50	3.6099	383	30	2.2776	167	13
	2.00	0.08699	3.8788	366	31	2.8945	238	20	1.8262	94	8
	3.00	0.11057	2.3838	103	11	1.7789	62	7	1.1223	26	3
0.930	1.50	0.08643	6.6342	1177	100	4.9506	722	61	3.1235	299	25
	1.75	0.09407	4.7666	533	49	3.5570	327	30	2.2442	143	13
	2.00	0.10144	3.8170	303	30	2.8484	192	19	1.7971	82	8
	3.00	0.12930	2.3336	86	11	1.7414	54	7	1.0987	23	3
0.920	1.50	0.09880	6.5444	1008	98	4.8836	609	59	3.0812	249	24
	1.75	0.10755	4.6956	455	48	3.5040	276	30	2.2108	115	12
	2.00	0.11602	3.7551	264	30	2.8022	158	18	1.7680	70	8
	3.00	0.14814	2.2831	74	11	1.7037	46	7	1.0749	19	3

续表

q_0	D	s	$\alpha=\beta=0.05$			$\alpha=\beta=0.10$			$\alpha=\beta=0.20$		
			h	n_t	r_t	h	n_t	r_t	h	n_t	r_t
0.910	1.50	0.11117	6.4546	881	96	4.8166	509	57	3.0389	220	24
	1.75	0.12106	4.6246	395	47	3.4510	236	29	2.1774	102	12
	2.00	0.13062	3.6931	234	30	2.7559	132	17	1.7388	63	8
	3.00	0.16709	2.2323	64	11	1.6658	39	6	1.0510	17	3
0.900	1.50	0.12355	6.3647	772	94	4.7495	461	56	2.9966	190	23
	1.75	0.13456	4.5535	343	46	3.3980	212	28	2.1439	92	12
	2.00	0.14524	3.6309	204	28	2.7095	119	17	1.7095	49	7
	3.00	0.18617	2.1812	54	10	1.6277	32	6	1.0269	15	3
0.850	1.50	0.18555	5.9144	457	84	4.4135	278	51	2.7846	114	21
	1.75	0.20236	4.1968	204	41	3.1318	119	24	1.9759	55	11
	2.00	0.21882	3.3184	115	25	2.4763	69	15	1.5624	31	7
	3.00	0.28379	1.9195	31	9	1.4324	19	6	0.9038	9	3
0.800	1.50	0.24774	5.4628	304	75	4.0765	187	46	2.5720	77	19
	1.75	0.27063	3.8376	137	37	2.8637	81	22	1.6068	36	10
	2.00	0.2933	3.0020	78	23	2.2402	44	13	1.4134	20	6
	3.00	0.38685	1.6433	17	7	1.2263	12	5	0.7737	5	2

表3.3中没有给出试验样本量，需进一步计算。用式(3.6)和式(3.7)计算得到试验图中纵坐标截距 h、试验图接收和拒收斜率 s(此种计算只适应于 $\alpha=\beta$ 的情形)，截尾值(截尾试验数 n_t 和截尾失败数 r_t)可以从表3.3所示数值中用内插法得到，但超过表中所给出的 q_0、D、α、β 范围的数值不能用外推法。

$$s=\frac{\ln\left(\frac{q_0}{q_1}\right)}{\ln\left(\frac{q_0}{q_1}\right)-\ln\left(\frac{1-q_0}{1-q_1}\right)} \tag{3.6}$$

$$h=\frac{\ln\left(\frac{1-\beta}{\alpha}\right)}{\ln\left(\frac{q_0}{q_1}\right)-\ln\left(\frac{1-q_0}{1-q_1}\right)} \tag{3.7}$$

根据选定的 q_0、D、α 和 β 可查得相关参数，包括截尾序贯试验方案所需的试验图纵坐标截距 h、试验图接收和拒收斜率 s、截尾试验数 n_t 和截尾失败数 r_t。其中，截尾试验数为最大的样本量，截尾失败数为最大的合格判定数。根据这四个参数可作出截尾序贯试验方案试验图，如图3.3所示。图中，横坐标为试验次数 n_s，纵坐标为累计失败次数 r。

截尾序贯试验方案中不需要进行样本量的分配，直接进入故障模式抽取(依据3.3节的方法进行)。

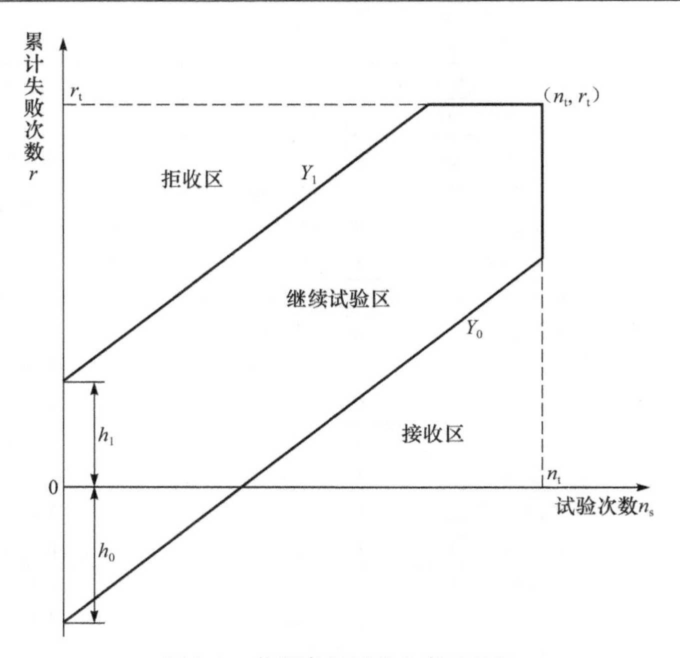

图 3.3 截尾序贯试验方案试验图

基于截尾序贯法的测试性试验判决标准如下。

(1) 当试验次数未达到规定截尾数 n_t 时,判决标准为:

当 $r \leqslant sn_s + h_0$ 时,判定接收;当 $r \geqslant sn_s + h_1$ 时,判定拒收;当 $sn_s + h_0 < r < sn_s + h_1$ 时,不作出判决,继续试验。

(2) 当试验次数达到规定的截尾数 n_t 时,根据截尾判决准则作出判定。截尾准则为:当 $n_s = n_t$ 时,若 $r < r_t$,判定接收;若 $r > r_t$,判定拒收。

综上所述,基于截尾序贯法的测试性试验方案制定过程如下:

(1) 根据参数 q_0、q_1、α、β 绘制出试验图;

(2) 将各次试验后的累积结果标注在试验图上,连成折线,根据试验判决标准作出"接收"或"拒收"的判断。

该方法的优点与缺点如下。

(1) 优点:①作出判断所要求的平均失效数较少;②作出判断所要求的平均累积试验数较少。

(2) 缺点:①失效数和继而产生的受试产品费用变动幅度不确定;②最大的累积试验数和失效数可能会超过等效的定数试验方案。

3.2.2 基于正态近似的样本量确定方法

3.2.1 节阐述的方法均是考虑风险和指标等约束,利用假设检验理论确定试验样本量。本节从参数估计角度出发，阐述基于正态近似的试验样本量确定方法。

1. 理论基础

假定共进行 n 次故障检测试验，其中成功 m 次，则故障检测率 q 的估计值为 $\hat{q}=\frac{m}{n}$。由于 $\hat{q}$ 的均值 $E(\hat{q})$ 和方差 $D(\hat{q})$ 分别为 $E(\hat{q})=q$ 和 $D(\hat{q})=\frac{q(1-q)}{n}$，当试验次数 n 足够大时，根据棣莫弗-拉普拉斯中心极限定理可知：

$$\frac{\hat{q}-q}{\sqrt{q(1-q)/n}} \sim N(0,1) \tag{3.8}$$

式(3.8)表明，若随机变量 X 服从参数(n,q)的二项分布(即 $X\sim B(n,q)$)，则随机变量 X 的参数 q 的估计值 $\hat{q}$ 在 n 足够大时服从标准正态分布。因此，当限定参数 q 与其估计值 $\hat{q}$ 之间的距离 δ(δ 表征估计值对真值的准确度)和置信度为 $1-\alpha$ 时，可以对参数 n 的值加以限制。

1) 双侧控制[8]

双侧控制是指对参数 q 的估计值 $\hat{q}$ 之差应满足 $-\delta\leqslant q-\hat{q}\leqslant\delta$：

$$P(|q-\hat{q}|\leqslant\delta)=1-\alpha \tag{3.9}$$

在分母中同时除以 $\sqrt{q(1-q)/n}$，变形为

$$P\left(\left|\frac{\hat{q}-q}{\sqrt{q(1-q)/n}}\right|\leqslant\frac{\delta}{\sqrt{q(1-q)/n}}\right)=1-\alpha \tag{3.10}$$

由式(3.8)可知，n 足够大时有

$$P\left(\left|\frac{\hat{q}-q}{\sqrt{q(1-q)/n}}\right|\leqslant u_{1-\alpha/2}\right)=1-\alpha \tag{3.11}$$

式中，$u_{1-\alpha/2}$ 为标准正态分布下的 $1-\alpha/2$ 分位点，可查附录 A 中表 A.1 得到。

根据式(3.10)和式(3.11)有

$$\frac{\delta}{\sqrt{q(1-q)/n}}=u_{1-\alpha/2} \tag{3.12}$$

解式(3.12)得

$$n=\frac{q(1-q)}{\delta^2}u_{1-\alpha/2}^2 \tag{3.13}$$

因为 q 未知，当用式(3.13)估算 n 值时可用如下原则进行：

(1) 当对 q 值一无所知或 q 值接近于 1/2 时，取 $q=1/2$，$n=\frac{u_{1-\alpha/2}^2}{4\delta^2}$。

(2) 当认为 $q \leqslant q_0 < 1/2$ 时，取 $q = q_0$，$n = \frac{q_0(1-q_0)}{\delta^2}u^2_{1-\alpha/2}$，其中 q_0 称为最大合理假设值。

(3) 当认为 $q \geqslant q_1 > 1/2$ 时，取 $q = q_1$，$n = \frac{q_1(1-q_1)}{\delta^2}u^2_{1-\alpha/2}$，其中 q_1 称为最小合理假设值。

2）单侧控制

当 $\hat{q} > q$ 时，要求 $P(\hat{q}-q \leqslant \delta) = 1-\alpha$，即

$$P\left(\frac{\hat{q}-q}{\sqrt{q(1-q)/n}} \leqslant \frac{\delta}{\sqrt{q(1-q/n)}}\right) = 1-\alpha \tag{3.14}$$

当 $\hat{q} < q$ 时，要求 $P(\hat{q}-q \geqslant -\delta) = 1-\alpha$，即

$$P\left(\frac{\hat{q}-q}{\sqrt{q(1-q)/n}} \geqslant -\frac{\delta}{\sqrt{q(1-q)/n}}\right) = 1-\alpha \tag{3.15}$$

对于上述两种情形，与式(3.13)推导类似，在单侧控制下可对参数 n 的值进行控制：

$$n = \frac{q(1-q)}{\delta^2}u^2_{1-\alpha} \tag{3.16}$$

式中，$u_{1-\alpha}$为标准正态分布下的 $1-\alpha$ 分位点，可查附录 A 中表 A.1 得到。

同样，使用式(3.16)进行计算时 q 值未知，实践中可用双侧控制所列出的 3 条原则对 q 进行控制继而计算 n 值。

2. 相关标准

基于参数估计理论进行测试性试验样本确定的方法在国内外诸多标准中采用，如美军标 MIL-STD-471A 及其通告 2 的方法[2]、GJB 1135.3—91 地空导弹武器系统 BIT 和外部检测设备的 FDR 和 FIR 验证的试验方案[6]、GJB 1770.3—93 对空情报雷达 BIT 的 FDR 和 FIR 验证的试验方案[7]。

需要指出的是，根据 MIL-STD-471A 通告 2，在采用定数试验方案时，测试性试验与评价的故障样本选取方法是完全基于维修性试验的。在故障样本量确定方面，采用维修性试验中的维修任务数量对应的模拟故障数量作为样本量。MIL-STD-471A 通告 2 中给出了判定 FDR/FIR 合格的标准如下：

$$q \geqslant q_1 - 1.28\sqrt{\frac{q(1-q)}{n}} \tag{3.17}$$

式中，q 为 FDR/FIR 的点估计值，q_1 为规定值，n 为试验样本量。当 FDR/FIR 的点估计值 q 满足式(3.17)时接收，否则拒收。MIL-STD-471A 通告 2 采用了此判

决准则。

GJB 1135.3—91 给出了基于正态分布假设的地空导弹武器系统 BIT 和外部检测设备的 FDR 和 FIR 验证的试验方案[6]。首先，根据式(3.18)计算出故障样本量：

$$n=\frac{(Z_{1-\alpha/2})^2 P_S(1-P_S)}{\delta^2} \tag{3.18}$$

式中，n 为故障样本量；$Z_{1-\alpha/2}$ 为标准正态分布的第 $100(1-\alpha/2)$ 百分位；P_S 为指标值(技术条件规定值或合同值)；δ 为允许的偏差值。

在确定故障样本量后，不需要进行故障样本量分配，直接从故障模式集中随机抽取故障模式。试验后的判决规则是当式(3.19)成立时接收，否则拒收：

$$P \geqslant P_S - 1.28\sqrt{\frac{P(1-P)}{n}} \tag{3.19}$$

式中，P 为 FDR 或者 FIR 试验点估计值；P_S 为指标值(技术条件规定值或合同值)。

GJB 1770.3—93 给出了基于正态分布假设的对空情报雷达 BIT 的 FDR 和 FIR 验证的试验方案[7]，它在 GJB 1135.3—91 方法的基础上进行了改进。该标准依然采用 GJB 1135.3—91 计算样本量，但修正了公式中部分参数的取值：$\alpha=1-C$(C 为置信度)。该标准对测试性试验的最小样本量进行了限制(样本量不得低于 30)，当计算出的样本量小于 30 时，取样本量等于 30。在确定故障样本量后，采用按故障率的分配方法将故障样本量分配到分系统，并逐级分配到可更换单元，然后随机抽取故障模式进行试验。试验后的判决准则是当式(3.20)成立时接收，否则拒收：

$$P_S \leqslant P + Z_C\sqrt{\frac{P(1-P)}{n}} \tag{3.20}$$

式中，P 为试验样本统计值；P_S 为 FDR 或 FIR 指标值；Z_C 为置信度调整系数。

3.3　样本量分配与故障模式抽样

确定测试性试验方案时，除了需要确定故障样本数、合格判据，还应将样本合理地分配给产品各组成部分并抽取故障模式，尽可能地模拟实际使用时发生故障的分布情况。故障样本的分配和抽样以试验产品的复杂性和可靠性为基础。

采用固定样本试验时，可采用按比例的简单随机抽样方法或按比例分层抽样方法进行样本分配。如果采用可变样本量的序贯试验方法，则无需进行样本量分配，此时可采用按比例的简单随机抽样方法。

3.3.1　按比例的简单随机抽样方法

假定进行测试性试验产品的故障模式集为$\{F_1,F_2,\cdots,F_m\}$，各故障模式的故障率组成集合$\{\lambda_{F_1},\lambda_{F_2},\cdots,\lambda_{F_m}\}$。根据前文的试验样本量确定方法得到产品测试性试验所需样本量n。初始条件下，各故障模式分配所得样本量记为$\{N_{F_1}=0,N_{F_2}=0,\cdots,N_{F_m}=0\}$。按比例的简单随机抽样方法流程如图 3.4 所示。

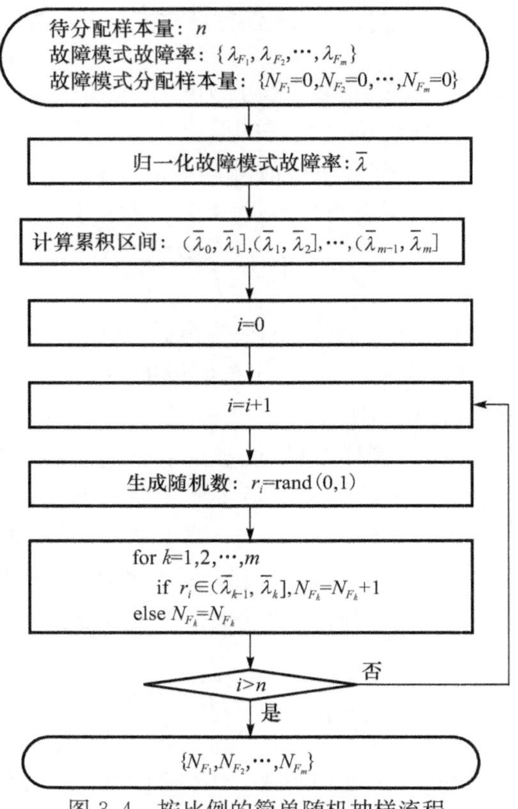

图 3.4　按比例的简单随机抽样流程

按比例的简单随机抽样方法步骤如下：

(1) 将故障模式集$\{F_1,F_2,\cdots,F_m\}$对应的故障率集合$\lambda=\{\lambda_{F_1},\lambda_{F_2},\cdots,\lambda_{F_m}\}$中的元素归一化(即$\lambda$中的每一个元素均除以数值$\sum_{i=1}^{m}\lambda_{F_i}$)，记归一化后的故障率集合$\bar{\lambda}=\{\bar{\lambda}_{F_1},\bar{\lambda}_{F_2},\cdots,\bar{\lambda}_{F_m}\}$，其中$0<\bar{\lambda}_{F_i}<1(i=1,2,\cdots,m)$且$\sum_{i=1}^{m}\bar{\lambda}_{F_i}=1$。

(2) 计算得到m个累积区间，其中第$k(k=1,2,\cdots,m)$个累积区间为$(\bar{\lambda}_{k-1},\bar{\lambda}_k]=\left(\sum_{i=1}^{k-1}\bar{\lambda}_{F_i},\sum_{i=1}^{k}\bar{\lambda}_{F_i}\right]$，特殊地$\bar{\lambda}_0=0$。

(3) 生成一个在$[0,1]$内的服从均匀分布的随机数r_i。

(4) 循环判断r_i所在的累积区间，记该区间为$(\bar{\lambda}_{k-1},\bar{\lambda}_k](k=1,2,\cdots,m)$。

(5) 故障模式 F_k 的分配样本量 $N_{F_k}=N_{F_k}+1$。

(6) 重复步骤(3)～(5)。当样本量 n 全部分配到各个故障模式，即 $\sum_{i=1}^{m} N_{F_i}=n$ 时，结束流程。

上述整个流程针对的是样本量为确定值时(考虑双方风险的样本量确定方法和最低可接收值样本确定方法)，直接将样本量 n 分配到各个故障模式的过程。对于样本量为可变值时(基于截尾序贯法的样本量确定方法)，只存在每一次故障注入试验中抽取哪个故障模式的问题，因此只需进行上述流程中的步骤(1)～(5)，每次随机抽取一个故障模式进行试验。

需要说明的是，计算机编程实现上述抽样流程时，步骤(3)中需要计算机产生随机数，如 MATLAB 语言中的函数 rand()。由于计算机产生的随机数实际上是伪随机数，不是真正的随机数，此时会对测试性试验产生一定的影响。但是，现有的计算机产生的随机数都经过了严格的检验，伪随机数导致的抽样误差通常可以忽略。

3.3.2　按比例分层分配方法

按比例分层分配方法针对的是试验对象具有多个组成层次、每个层次内包含多个组成单元的情况。

按比例分层分配方法步骤如下：

(1) 计算试验对象的 m 个组成单元的故障相对发生频率 $\{C_{p1}, C_{p2}, \cdots, C_{pm}\}$，其中第 i 个组成单元的故障相对发生频率 C_{pi} 为[2,5]

$$C_{pi}=\frac{\lambda_i T_i}{\sum_{i=1}^{m} \lambda_i T_i} \tag{3.21}$$

式中，λ_i 为第 i 个单元的故障率；T_i 为第 i 个单元的工作时间系数，为该单元工作时间与全程工作时间之比。

(2) 采用 3.3.1 节所述的按比例的简单随机抽样方法将样本量 n 分配到 m 个组成单元中，此时仅将图 3.4 所示流程中的输入替换为故障相对发生频率 $\{C_{p1}, C_{p2}, \cdots, C_{pm}\}$ 即可。

(3) 若当前分配层次为产品的最低层次或达到规定的层次，则将组成单元分配的样本量再分配到该组成单元的故障模式集中，分配方法采用 3.3.1 节所述的按比例的简单随机抽样方法。

(4) 完成产品各个层级的组成单元的样本分配及故障模式抽取，结束流程。

3.4　故障率估计方法

样本量分配和故障模式抽样以装备故障模式故障率为基础。故障率是一批装备(可以为系统级、LRU 级、SRU 级或者元器件级)所具有的一个特征,由于产品工作环境、结构参数的变化,即使是同一批产品,故障率也是不同的,所以同样工厂生产的同样装备的故障率是随机变量,随机变量的估计必然会引入估计误差。故障率数据一般都是通过可靠性预计得到的,在故障率数据难以得到或得到的故障率数据与真值相差很大时,会导致基于故障率和装备复杂性的分层故障样本量分配结果不合理,使故障样本集对 UUT 故障模式集的代表性差,增大随机抽样误差。

因此,如何得到较为准确的故障率估计值是减小随机抽样误差、提高验证结论置信度的重要问题。

3.4.1 基于专家数据的故障率估计方法

1. 基本假设

设有 M 个装备,从时刻 0 开始工作,到时刻 t 时装备的失效数为 $Q(t)$,而到时刻 $t+\Delta t$ 时装备的失效数为 $Q(t+\Delta t)$,即在 $[t,t+\Delta t]$ 时间区间内有 $\Delta Q(t)=Q(t+\Delta t)-Q(t)$ 个装备失效,当 M 足够大而 Δt 足够小时,装备在时间区间 $[t,t+\Delta t]$ 内的故障率为

$$\lambda(t)=\frac{Q(t+\Delta t)-Q(t)}{[M-Q(t)]\Delta t}=\frac{\Delta Q(t)}{\Delta t}\cdot\frac{1}{M-Q(t)} \tag{3.22}$$

由式(3.22)可以看出,故障率是一批装备所具有的特征,它是随机变量,因此要估计故障率的大小,首先需要确定故障率所服从分布的类型。对于复杂装备开展故障率分析,一般认为满足如下假设[20,21]:

(1) 大型装备含有机械和机电产品等,一般假设其寿命服从韦布尔分布,故障率 $\lambda(t)$ 上升缓慢,然而相对于较长的使用期,故障率可看为常数,寿命近似服从指数分布。

(2) 从宏观上讲,无论装备由多少个不同寿命分布的可更换单元构成,只要其中没有特别占决定地位的一个或两个不可靠单元,且一旦出现故障就予以修复,则系统运行较长时间后,系统故障率可看为常数,寿命近似服从指数分布。

2. 基于专家数据的故障率估计方法

对于寿命服从指数分布的装备,故障率所服从的分布通常取其共轭分布 Gamma 分布,Gamma 分布有两个参数 a 和 b,当 $1<a<2$ 时,Gamma 分布可以很好地拟合故障率分布,因而将其作为故障率 λ 的分布函数。Gamma 分布的概率密度函数为

$$g(\lambda;a,b)=\frac{b^a\lambda^{a-1}}{\Gamma(a)}\exp(-b\lambda),\quad \lambda>0 \tag{3.23}$$

式中，$\Gamma(a)=\int_0^{+\infty} t^{a-1}\mathrm{e}^{-t}\mathrm{d}t$，$\lambda>0$，$a>0$，$b>0$，$a$，$b$ 为 Gamma 分布超参数，需要通过先验信息来确定。

在没有可靠性相关试验数据可以利用的情况下，故障率先验信息往往由装备可靠性设计分析专家处获得，专家对故障率的规律性认识可以准确判断故障率的等级，尽管理论上故障率的取值范围为$[0,+\infty)$，但对于一个具体的装备，其故障率主要集中在某个很小的区域内，例如，当装备的故障率为五级时，其取值主要集中在$[10^{-6},10^{-5}]$这一区间内。采用 Gamma 分布拟合故障率分布，则需要确定 Gamma 分布超参数取值。Gamma 分布超参数的确定方法有很多种，这里采用通过 Gamma 分布不同分位数的方法求解。首先根据研制阶段装备试运行数据，并结合装备研制可靠性专家经验可知故障率的量级，以及故障率取极限值时对应的置信度值，可以由研制阶段故障率先验信息得到故障率分别取值为 LL 和 UL 时对应的置信度 p_1 和 p_2，由方程组(3.24)解出：

$$\begin{cases}\displaystyle\int_0^{\mathrm{LL}} \frac{b^a\lambda^{a-1}}{\Gamma(a)}\exp(-b\lambda)\mathrm{d}\lambda = p_1 \\ \displaystyle\int_0^{\mathrm{UL}} \frac{b^a\lambda^{a-1}}{\Gamma(a)}\exp(-b\lambda)\mathrm{d}\lambda = p_2\end{cases} \tag{3.24}$$

在故障率为 k 级的装备中，可取 LL 和 UL 为该级故障率的最小值和最大值，即取 $\mathrm{LL}=10^{-(k+1)}$，$\mathrm{UL}=10^{-k}$，对应的置信度 p_1、p_2 则可根据装备的历史试验数据由有关专家根据装备设计、生产条件、质量控制情况确定。图 3.5 中给出了在不同故障率等级及相应置信度下求得的 Gamma 分布的概率密度函数曲线。

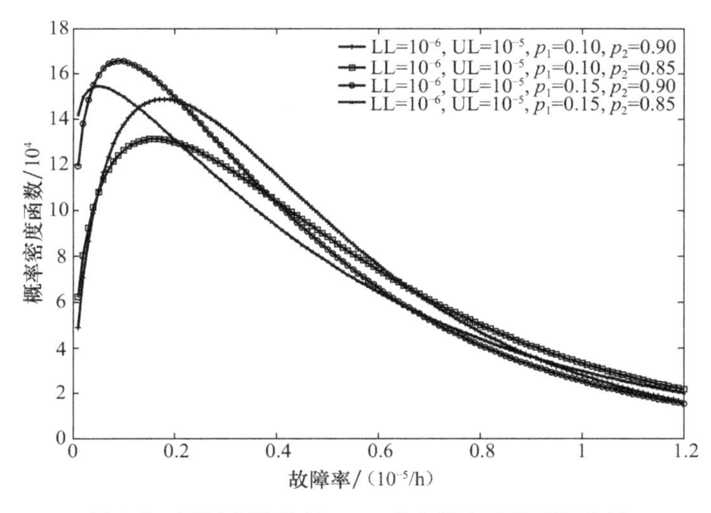

图 3.5 不同参数的 Gamma 分布概率密度函数曲线

求解 Gamma 分布均值就可作为故障样本量分配用故障率的点估计值，即

$$\bar{\lambda}=\frac{a}{b} \tag{3.25}$$

也可取 Gamma 分布的置信度为 ϑ 置信下限值 $\lambda_{L,\vartheta}$ 作为故障样本量分配用故障率的置信下限估计值，即

$$\int_0^{\lambda_{L,\vartheta}} \frac{b^a \lambda^{a-1}}{\Gamma(a)} \exp(-b\lambda)\mathrm{d}\lambda = 1-\vartheta \tag{3.26}$$

专家经验知识带有一定的主观性，以此为基础进行故障率估计尽管会给验证结论带来一定的风险，但专家经验知识是在装备研制过程中通过大量可靠性相关数据提炼和总结出来的，是对装备故障率的规律性认识。因此，在没有充分可靠性试验数据的前提下，利用专家经验知识估计故障率值是一种可行的方法，能有效减小随机抽样误差。

3.4.2　基于 Bootstrap 方法的故障率极大似然估计及分析

故障率存在一个真值，基于可靠性验证试验得到的故障率只是真值的一个实现值，这个实现值比较接近故障率真值。在装备研制阶段，测试性设计和可靠性相关试验研究是同步进行的，在进行故障样本量分配时，如果还没有较完整的可靠性验证试验数据可以利用，如何解决这一问题？我们知道，一般新研制的装备数量非常少，但对于组成装备的可更换单元的数量相对较多，在装备的研制阶段，一般会对组成装备的可更换单元进行可靠性相关试验，因此在可更换单元可靠性相关试验数据基础上，引入 Bootstrap 方法求解组成装备的可更换单元故障率的极大似然置信下限估计，再利用系统可靠性结构函数就能求得相应级别可更换单元的故障率估计值。需要说明的是，在测试性设计中被测单元一共分为四级，分别为：系统级、LRU 级、SRU 级和元器件级。故障样本量分配是将高级别可更换单元的故障模式数量逐层向低级别可更换单元分配，一般地，依次为系统级分配到 LRU 级，LRU 级分配到 SRU 级，SRU 级分配到元器件级，具体视需要分配到的最低级别而定。

1. Bootstrap 方法估计故障率极大似然置信下限值

假设可更换单元开展的是定时截尾试验，投入试验的可更换单元数量为 n，试验截尾时间为 τ，在截尾时间内失效个数为 r，失效时间分别为 $t_1,t_2,\cdots,t_r$，在 3.4.1 节的假设条件下，$T=(t_1,t_2,\cdots,t_n)$ 服从指数分布：

$$f(t)=\frac{1}{\theta}\mathrm{e}^{-(t/\theta)} \tag{3.27}$$

式中，θ 为总体参数。

Bootstrap 方法估计故障率极大似然置信下限值的基本思路如下[20,21]。

(1) 用极大似然法求得基于样本 $T=(t_1,t_2,\cdots,t_n)$ 的分布参数 θ 的极大似然估计值 $\hat{\theta}$：

$$\hat{\theta}=\frac{\sum_{i=1}^{r}t_i+(n-r)\tau}{r} \tag{3.28}$$

(2) 从新的总体 $F(x,\hat{\theta})=1-\mathrm{e}^{-(t/\hat{\theta})}$ 中，用蒙特卡罗舍取抽样方法随机产生一个与样本 $T=(t_1,t_2,\cdots,t_n)$ 相同的伪样本 $Y=(y_1,y_2,\cdots,y_m)$，m 不一定等于 n，但一般常取 $m=n$。取 l 个伪样本 $Y=(y_1,y_2,\cdots,y_m)$ 中的前 r_l 个次序统计量 $y_{(1)}\leqslant y_{(2)}\leqslant\cdots\leqslant y_{(r_l)}$，该样本称为 Bootstrap 样本。

(3) 基于 $y_{(1)}\leqslant y_{(2)}\leqslant\cdots\leqslant y_{(r_l)}$ 求出参数 θ 的伪极大似然估计值 $\hat{\theta}^*$，称为参数 θ 的 Bootstrap 估计，此时：

$$F(x,\hat{\theta}^*)=1-\mathrm{e}^{-(t/\hat{\theta}^*)} \tag{3.29}$$

$$\hat{\theta}^*=\frac{\sum_{i=1}^{r_l}y_{(i)}+(m-l)y_{(r_l)}}{r_l} \tag{3.30}$$

(4) 重复步骤(2)和(3)S 次（S 应适当取较大值，一般取 $S\geqslant 1000$），得到 $\hat{\theta}_1^*$，$\hat{\theta}_2^*,\cdots,\hat{\theta}_S^*$ 即为更换单元可靠度的估计值，由于故障率和可靠度呈倒数关系，然后将 $\frac{1}{\hat{\theta}_1^*},\frac{1}{\hat{\theta}_2^*},\cdots,\frac{1}{\hat{\theta}_S^*}$ 由小到大排列，对于置信度 ϑ，求出上述 S 个数的 $1-\vartheta$ 分位点作为故障率的 Bootstrap 极大似然置信下限值。

2. Bootstrap 方法估计故障率极大似然置信下限值修正

Bootstrap 方法是利用计算机的模拟计算代替理论分析，其理论基础是大样本理论中经验分布函数的收敛定理。然而，在实际中获得的试验数据的数量较小，因此参数的极大似然估计并不是无偏估计，用 Bootstrap 方法抽样所得的随机样本进行统计推断，必然导致结果偏离原先待估计的数值，因此需要对参数的极大似然估计进行修正。

首先利用定时截尾试验数据得到故障率的极大似然估计值 $\hat{\theta}$，然后采用 Bootstrap 方法得到故障率的极大似然估计下限值 $\hat{\theta}^*$，并重复该步骤若干次，如 k 次，得到 $\hat{\theta}_1^*,\hat{\theta}_2^*,\cdots,\hat{\theta}_k^*$，用 $\frac{1}{k}\sum_{i=1}^{k}\hat{\theta}_i^*$ 作为 $E(\hat{\theta}^*)$ 的近似，可以求得修正后的极大似然估计值为

$$\hat{\theta}=2\hat{\theta}^{*}-\frac{1}{k}\sum_{i=1}^{k}\hat{\theta}_{i}^{*} \tag{3.31}$$

$$\hat{\theta}=\frac{(\hat{\theta}^{*})^{2}}{\frac{1}{k}\sum_{i=1}^{k}\hat{\theta}_{i}^{*}} \tag{3.32}$$

式(3.31)和式(3.32)求得的 $\hat{\theta}$ 估计值分别称为Ⅰ型、Ⅱ型 Bootstrap 修正极大似然估计值。

3. Bootstrap 方法估计故障率极大似然置信下限值的效能分析

为说明 Bootstrap 方法求得的故障率近似置信下限值的好坏，选择置信下限的真值覆盖率和均方误差作为评估标准。覆盖率即 Bootstrap 仿真得到的系统故障率置信下限值小于系统故障率真值的比率，覆盖率可以近似地看成真实的置信水平，真值覆盖率越高，说明 Bootstrap 方法的计算效能越好，反之越差。置信下限的均方误差反映置信下限值相对于故障率真值的离散程度，均方误差越小，说明 Bootstrap 方法的计算效能越好，反之越差。

为评价由上面得到的近似置信下限的精度，按以下步骤进行模拟计算：

(1) 取可更换单元可靠度真值为 R^{*}，故障率真值为 λ^{*}，则有 $R^{*}=\frac{1}{\lambda^{*}}$。用舍取抽样方法从指数寿命分布中模拟产生 W 组大小、性质与试验数据相同的伪随机样本。

(2) 对于步骤(1)中的样本，按上述方法求得可更换单元故障率的置信度为 ϑ 置信下限值。

(3) 重复步骤(1)和(2)100 次，取所得置信下限的平均值作为最终的可更换单元的故障率置信下限值 $\lambda_{L,\vartheta}$。

(4) 分别将所求 100 个可更换单元故障率的 Bootstrap 近似置信下限值与故障率真值相比较，并定义两个量 a_1、a_2，初值置为 0。若 $\lambda_{L,\vartheta}\geqslant\lambda^{*}$，则 a_1 计数加 1；若 $\lambda_{L,\vartheta}<\lambda^{*}$，则 a_2 计数加 1。

计算真值覆盖率 γ 为

$$\gamma=\frac{a_1}{a_1+a_2} \tag{3.33}$$

Bootstrap 近似置信下限的方差为

$$\mathrm{Var}=\frac{1}{100}\sum_{i=1}^{100}(\lambda_{L,\vartheta}^{(i)}-\lambda^{*})^{2} \tag{3.34}$$

3.5 本章小结

本章首先介绍了考虑双方风险、考虑最低可接收值和基于截尾序贯法等基于二项分布的样本量确定方法及基于正态近似的样本量确定方法；然后给出了样本量分配和故障模式抽取方法；最后阐述了基于专家数据的故障率估计方法和基于Bootstrap方法的故障率极大似然估计方法。

参考文献

[1] 李天梅. 装备测试性验证试验优化设计与综合评估方法研究[D]. 长沙：国防科学技术大学，2010.

[2] US Department of Defense. MIL-STD-471A. Maintainbility Verification/Demonstration/Evaluation[S]. Washington：US Department of Defense，1973.

[3] US Department of Defense. MIL-STD-471A Interim Notice 2. Demonstration and Evaluation of Equipment/System Built-in Test/External Test/Fault Isolation/Testability Attribution and Requirements[S]. Washington：US Department of Defense，1978.

[4] US Department of Defense. MIL-STD-2165. Military Standard Testability Program for Electronic Systems and Equipment[S]. Washington：US Department of Defense，1985.

[5] 国防科学技术工业委员会. GJB 2072—94. 维修性试验与评定[S]. 北京：国防科学技术工业委员会，1994.

[6] 中国人民解放军总后勤部. GJB 1135. 3—91. 地空导弹武器系统维修性评审、试验与评定[S]. 北京：中国人民解放军总后勤部，1991.

[7] 国防科学技术工业委员会. GJB 1770. 3—93. 对空情报雷达维修性 维修性的试验与评定[S]. 北京：国防科学技术工业委员会，1993.

[8] Pliska T F，Jew F L，Angus J E. BIT/External Test Figures of Merit and Demonstration Techniques[R]. New York：Rome Air Development Center，Griffiss AFB，1979.

[9] 国防科学技术工业委员会. GJBz 20045—91. 雷达监控分系统性能测试方法 BIT 故障发现率、故障隔离率、虚警率[S]. 北京：国防科学技术工业委员会，1991.

[10] 国防科学技术工业委员会. GJB 1298—91. 通用雷达、指挥仪维修性评审与试验方法[S]. 北京：国防科学技术工业委员会，1991.

[11] 国家标准局. GB 5080. 5—85. 设备可靠性试验 成功率的验证试验方案[S]. 北京：国家标准局，1985.

[12] 田仲. 测试性验证方法研究[J]. 航空学报，1995，16(S1)：65-70.

[13] 田仲，石君友. 现有测试性验证方法分析与建议[J]. 质量与可靠性，2006，(2)：47-51.

[14] 田松，周玉芬，高锡俊. 测试性验证中正态分布法改进[J]. 电子测量技术，1999，(3)：13-15.

[15] 周玉芬,徐松涛,高锡俊,等.测试性验证的理论和方法研究[J].电子产品可靠性与环境试验,1998,(2):10-15.

[16] 国防科学技术工业委员会.GJB 368A—94.装备维修性通用大纲[S].北京:国防科学技术工业委员会,1994.

[17] 徐忠伟,周玉芬,高锡俊.测试性验证中抽样方案的精确算法[J].空军工程大学学报(自然科学版),2000,(1):76-78.

[18] 石君友.测试性设计分析与验证[M].北京:国防工业出版社,2011.

[19] 田仲,石君友.系统测试性设计分析与验证[M].北京:北京航空航天大学出版社,2003.

[20] Perter J B,David A F. Some asymptotic theory of the bootstrap[J]. The Annals of Statistics,1981,96:1197-1217.

[21] 屈斐,王树宗.基于 Bootstrap 仿真的鱼雷可靠性置信下限[J].鱼雷技术,2006,14(4):32-35.

第 4 章　测试性试验方案优化设计

4.1 概　　述

在经典测试性试验方案中，当承制方和订购方对测试性指标要求值高，双方风险要求值低时，所需要的故障样本量较大。在装备测试性试验中，受试验费用、试验周期和部件物理封装等限制，注入大量故障存在困难。此外，由于新研发装备的结构复杂、造价昂贵，大量注入故障有可能会损坏装备样机，增加试验费用，影响装备研发进程。如何在不影响试验结论置信度的前提下优化试验方案样本量是工程界一直努力探讨的问题，也是测试性试验方案优化设计的核心问题。

早在 1984 年，美国陆军部长助理就曾经明确指出：破坏性试验必须运用序贯分析方法或 Bayes 方法确定系统的可靠性；最佳试验数的确定必须考虑试验耗费[1]。美国的“响尾蛇”空空导弹，通过运用半实物仿真技术，使试验鉴定的发射数目由 129 发减少为 35 发。“天空闪光”导弹(麻雀 AIM-7F 的改型)由于具有很强的技术继承性，作战鉴定只用了 6 发。俄罗斯的“白杨-M”导弹的工程研制只用了不到 5 年，由于运用了全寿命周期的信息，特别是仿真信息，定型试验仅用了 6 发。该型导弹的定型依赖的信息主要包括：成熟的技术应用、研制阶段大量的地面试验和检测数据、良好的设计继承性、白杨导弹大量的作战试验信息以及少量“白杨-M”导弹的定型试验信息。装备系统的试验鉴定并非单纯地依赖少量的定型试验信息，而是依赖装备系统全寿命周期的多源先验数据，这是国外装备试验鉴定或定型的一大特点。

我国国防科技领域关于装备试验分析和评估的研究可以追溯到 20 世纪 60 年代初期。当时，钱学森教授提出应重视试验学的研究，其实际背景是解决试验结果分析、鉴定和定型中的理论方法问题[2]。60 年代，相关人员对再入飞行器的技战术指标进行了重点研究，由于不能开展大量试验，所以采用了 Bayes 方法。随着对 Bayes 方法理论研究的深入和国防科技的飞速发展，特别是计算技术的发展，人们逐渐认识到充分运用各种先验数据，包括历史试验数据、不同环境下的试验数据，将有可能使现场标准试验条件下的试验次数减少，而 Bayes 方法的思路恰好迎合了这种想法。中国科学院原系统科学研究所对小子样试验与分析技术进行了多年的研究，并将研究成果应用于航天技术领域，取得了显著的成效；中国航天工业集团公司各分院、国防科学技术大学、北京航空航天大学等，均开展了小子样试验理论的研究和应用,取得了良好的效益。

开展测试性验证试验之前,在产品的研制过程中,已经产生了多种可供利用的先验数据,如通过建立产品的测试性虚拟样机得到的测试性虚拟试验数据、通过测试性模型得到的测试性预计信息、部件级测试性试验数据和专家信息等,利用这些先验数据,结合 Bayes 统计理论和序贯试验理论,可以在保证试验结果置信度的前提下,有效减少试验样本量,优化试验样本,缩短试验周期,降低试验费用。

本章首先对经典试验方案存在的问题进行分析;然后针对不同的测试性先验数据,有针对性地对先验数据进行分析和处理,得到相应的测试性成败型折合数据、测试性指标的先验分布等;最后利用 Bayes 统计理论对经典的考虑双方风险的单次抽样方法和序贯概率比检验(sequential probability ratio test,SPRT)方法进行改进,阐述基于比例因子、基于 Bayes 后验风险准则和基于序贯验后加权检验(sequential posterior odds test,SPOT)的试验方案。

4.2 经典测试性试验方案问题分析

考虑双方风险的样本量确定方法对确定故障样本量起到了重要的指导作用,但在实际应用时也存在着很多不足,下面以一个案例对其进行简要说明。

例 4.1 按式(3.1)确定的标准抽样方案实际指导装备测试性试验方案设计。表 4.1 给出了不同指标要求值和风险承受能力时,标准抽样方案和减小故障样本量的抽样方案下承制方、订购方承受的实际风险。

表 4.1 不同抽样方案下承制方、订购方承受的实际风险值

测试性指标要求值与承制方、订购方风险承受能力	标准抽样方案				减小故障样本量的抽样方案			
	抽样方案		实际风险		抽样方案		实际风险	
	n	c	α	β	n	c	α	β
$q_0=0.98, q_1=0.96, \alpha=\beta=10\%$	471	13	9.48%	9.99%	200	8	2.02%	59.26%
$q_0=0.95, q_1=0.90, \alpha=\beta=10\%$	187	13	7.84%	9.81%	100	8	6.31%	32.90%
$q_0=0.92, q_1=0.84, \alpha=\beta=10\%$	109	12	9.58%	9.42%	65	7	14.65%	16.32%
$q_0=0.90, q_1=0.85, \alpha=\beta=20\%$	134	16	18.36%	19.37%	90	10	28.75%	18.98%
$q_0=0.85, q_1=0.70, \alpha=\beta=20\%$	21	4	19.75%	19.84%	15	3	17.73%	29.69%

从表 4.1 可以看出,若 $q_0=0.98, q_1=0.96, \alpha=\beta=10\%$,则至少需要注入 471 次故障,并且至多有 13 次检测/隔离失败,才能认为装备的 FDR/FIR 通过验证试验。若减小故障样本量后设计的抽样方案为$(n,c)=(200,8)$,则订购方承受的实际最大风险为$\beta=59.26\%$,远远高于其风险承受能力,订购方不能接受。若 $q_0=0.90, q_1=0.85, \alpha=\beta=20\%$,按式(3.1)确定的标准抽样方案为(134,16)。若减小

故障样本量后设计的抽样方案为$(n,c)=(90,10)$，承制方承受的最大实际风险为$\beta=28.75\%$，承制方难以接受。

因此，受试验费用的限制，基于二项分布确定的标准抽样方案中需要注入的故障样本量太大，导致试验无法开展，然而若按减小故障样本量后确定的抽样方案开展试验，承制方或订购方承受的实际风险往往会超过其风险承受能力，使得承制方或订购方不能接受。

对于 SPRT 方法，同样以$q_0=0.98$，$q_1=0.96$，$\alpha=\beta=10\%$为例，在试验过程需要通过截尾作出判定结论时，通过查表 3.3 可以得到实际的试验样本量为 767，甚至超过了考虑双方风险计算得到的样本量。

通常，承制方根据订购方提出的测试性指标要求，考虑研制经费的约束条件，开展测试性设计和相应的研制阶段测试性增长试验研究。从目前的工程应用情况看，以现有的经典方法开展测试性试验所需的故障样本量太大，订购方难以承受。而若以较小的故障样本开展测试性试验与评价，又难以保证验证结论的可靠性，增大承制方或订购方的风险。最终导致针对大型复杂装备的测试性试验与评价无法开展，并且承制方和订购方对测试性试验开展的时机认识不统一，不能在恰当的时机开展经济有效的试验。此外，基于 SPRT 方法的测试性试验方案试验样本量的不稳定性，使得实际试验次数在某些情况下会超过单次抽样试验方案的样本量。

4.3 测试性多源先验数据分析及处理

复杂装备在进行测试性试验之前已开展了大量的测试性实物试验，并且有可能开展部分测试性虚拟试验。这些数据虽然来源不同，但是试验对象所处试验阶段相同，系统组成相同，试验目的都是对装备测试性水平进行摸底，于是本书将这些数据统称为测试性摸底先验数据。从装备研制周期来看，装备的测试性设计必然经历指标增长过程，这些数据来源于装备研制的不同阶段，测试性指标存在增长序化关系，于是本书将其称为测试性增长先验数据。如果在确定抽样方案时考虑这些信息，势必减少故障样本量，或在故障样本量保持不变的情况下，降低承制方、订购方风险。因此，本节首先对研制阶段的各类试验信息进行分析，在此基础上，研究不同先验数据折合为等效成败型数据的方法。

4.3.1 测试性摸底先验数据分析及处理

测试性实物试验信息通常包括系统级和非系统级成败型数据，而由于建模能力的限制，虚拟试验数据往往是非系统级的。对于系统级数据，本书认为在制定试验方案时无需处理，可以直接使用。因此，如若没有特别说明，下文中测试性摸底试验数据均为非系统级数据，该类数据具有如下特点[1]：

(1) 构成系统的 LRU 中,LRU 开展的试验类型包括测试性实物试验、测试性虚拟试验和虚拟-实物混合试验;

(2) 对于可以继续分层的开展混合试验的 LRU,其 SRU 级单元的试验方式包括实物试验和虚拟试验;

(3) 对于各层级内的单元,无论开展的是实物试验、虚拟试验还是虚拟-实物混合试验,都在结构上互补构成其上一级单元,直至构成整个系统;

(4) 由于受建模工具和测试性虚拟模型的限制,虚拟试验数据不能完全可信。

因此,将非系统级测试性摸底试验数据转化为测试性试验等效数据的折合方法应满足如下条件:

(1) 能保持各个单元试验数据的独立性;

(2) 能融合虚拟先验数据的可信度因素;

(3) 能适合多层级结构系统的先验试验数据折合。

为保持数据形式的统一性,定义虚拟试验数据格式为(n,f,r),其中n为进行的试验次数,f为在n次成败型试验中的失败次数,r为试验数据的可信度。对于测试性虚拟试验数据,r满足$0<r<1$;对于测试性实物试验数据,$r=1$。

信息论来源于通信领域,Shannon 于 1948 年利用概率测度和数理统计的方法对通信领域的基本问题进行了讨论,为现代信息论奠定了基础。随着信息论的发展,信息论已经应用到了热力学、生物学、神经学科和控制学科等领域[3-5]。

按照信息论理论,对于一个离散型信息源,设其可能发出的信号为$\{a_1,a_2,\cdots,a_p\}$,对应的概率分别为$\{P(a_1),P(a_2),\cdots,P(a_p)\}$,用随机变量$X$表示信息源,则信息源对应的数学模型为离散型的概率空间为

$$\begin{bmatrix} X \\ P(x) \end{bmatrix}=\begin{bmatrix} a_1 & a_2 & \cdots & a_p \\ P(a_1) & P(a_2) & \cdots & P(a_p) \end{bmatrix} \tag{4.1}$$

当以 2 为底时,事件a_i对应的自信息量为

$$I(a_i)=-\log_2 P(a_i) \tag{4.2}$$

自信息是指信息源中的某一个消息所含的信息。消息不同,对应的信息量也不同。$I(a_i)$为一个随机变量,不能作为整个信息源的信息测度。从宏观的观点来研究整个信息源的信息量,定义自信息的数学期望为信息源的平均自信息量,表达式为

$$H(X)=E(I(a_i))=E[-\log_2 P(a_i)]=-\sum_{i=1}^{p}P(a_i)\log_2 P(a_i) \tag{4.3}$$

平均信息量的表达式与物理学中热力学熵的表达式相似。热力学熵是用于描述物理系统杂乱程度的度量。在概念上,平均信息量与热力学中熵的意义相似,描述的都是信息源在统计意义上的不确定性,因此也可以将平均信息量称为信息熵。

对于离散型信息源，熵函数具有以下性质[6]：

(1) 非负性。信息源中所有信息的概率满足 $0 \leqslant P(a_i) \leqslant 1, i=1,2,\cdots,p$，当对数的底大于 1 时，$H(X) \geqslant 0$。

(2) 确定性。当信息源中有任一信息概率满足 $P(a_i)=1$ 时，其余分量中 $P(a_i)=0$，因此信息源的信息熵一定为 0。

在成败型试验中，每次试验的结果为成功或失败。对某一单元，在成败型试验中，认为其包含的所有子单元的试验结果是独立同分布的。设该单元由 M 个相互独立的成败型子单元组成，则按照信息熵理论，每个子单元对应一个信息源。设第 $i(i=1,2,\cdots,M)$ 个子单元的试验次数为 n_i，失败次数为 f_i，第 i 个子单元在每次试验中出现成功信息的概率为 p_i，出现失败信息的概率为 $1-p_i$，以 1 代表成功事件，0 代表失败事件，则第 i 个子单元对应的概率空间为

$$\begin{bmatrix} X \\ P(x) \end{bmatrix} = \begin{bmatrix} 1 & 0 \\ p_i & 1-p_i \end{bmatrix} \tag{4.4}$$

由信息熵理论可知，第 i 个子单元在一次试验中提供的平均信息量为

$$H_i = -[p_i \ln p_i + (1-p_i)\ln(1-p_i)] \tag{4.5}$$

则第 i 个子单元在 n_i 次试验中的总信息量为 $n_i H_i$，而组成系统的 M 个相互独立的成败型子单元所提供的总信息量为

$$I = \sum_{i=1}^{M} n_i H_i = -\sum_{i=1}^{M} n_i [p_i \ln p_i + (1-p_i)\ln(1-p_i)] \tag{4.6}$$

设等效折合后的单元试验次数为 n，失败次数为 f，单元在试验中出现成功消息的概率为 p，出现失败消息的概率为 $1-p$，则该单元在 n 次试验中的等效信息量为

$$I_1 = -n[P\ln P + (1-P)\ln(1-P)] \tag{4.7}$$

根据信息量等效原则可知，等效折合前各子单元试验数据所提供的总信息量和等效折合后单元数据的总信息量相等，即 $I=I_1$。对数据折合前后的成功概率取对应的极大似然值，即对于每个子单元，取 $p_i=\hat{p}_i=(n_i-f_i)/n_i$，对于装备单元，取 $P=\hat{P}=(n-f)/n$，则可得由各子单元成败型试验数据向单元级成败型试验数据折合的公式为

$$\begin{cases} n = \dfrac{\sum\limits_{i=1}^{M} (s_i \ln s_i + f_i \ln f_i - n_i \ln n_i)}{P\ln P + (1-P)\ln(1-P)} \\ f = n(1-P),\ s = nP \end{cases} \tag{4.8}$$

在式(4.8)的基础上，引入试验数据的可信度，则虚拟试验数据折合公式可化为

$$\begin{cases} n = \dfrac{\sum\limits_{i=1}^{M} r_i (s_i \ln s_i + f_i \ln f_i - n_i \ln n_i)}{P\ln P + (1-P)\ln(1-P)} \\ f = n(1-P),\ s = nP \end{cases} \tag{4.9}$$

在实际应用中，式(4.7)和式(4.8)中的 P 可根据产品的测试性结构模型，利用子单元的试验信息来具体确定。在可靠性中，可以根据模型的结构类型如串联、并联、$k/N(G)$ 等选择不同的方法求取 P。在本书中，不考虑各子单元的耦合关系对单元级指标的影响，而利用基于子单元试验数据可信度的加权方法，由子单元的测试性指标加权得到单元的测试性指标。

根据各子单元试验数据的可信度，可以得到第 i 个子单元在测试性指标加权融合的权重为

$$\omega_i = \frac{r_i}{\sum_{i=1}^{N} r_i} \tag{4.10}$$

由各子单元的虚拟试验数据得到测试性指标的最大似然值 $\hat{p}_i$，结合对应的权值，可得单元的测试性指标为

$$P = \sum_{i=1}^{N} \omega_i \hat{p}_i \tag{4.11}$$

将 P 代入式(4.9)，可以得到折合后的试验次数和失败次数组合 (n, f)，折合后数据对应的可信度为 1。

如果当前单元还未达到系统的最高级别，则按照相同的折合方法将当前层级单元的试验数据折合到上一层级，依此类推，直至折合得到系统级试验成功数与失败数组合 (N, F)。在获得折合的系统级试验数据 (N, F) 后，根据经验 Bayes 方法，可得测试性指标的先验分布为[7]：

$$\pi(p) = \frac{\Gamma(N)}{\Gamma(N-F)\Gamma(F)} p^{N-F-1}(1-p)^{F-1} \tag{4.12}$$

4.3.2 测试性增长试验信息分析及处理

假设装备进行了 m 个阶段的测试性增长试验，在第 i 次增长试验中，装备 FDR/FIR 真值为 q_i，注入的故障样本数为 n_i，故障检测/隔离失败的次数为 f_i。为简便起见，将第 i 阶段的测试性增长试验的结果简记为 (n_i, f_i, q_i)，$i=1,2,\cdots,m$。由于测试性增长过程的存在，各阶段的 FDR/FIR 满足如下序化关系：

$$0 < q_1 < q_2 < \cdots < q_m < 1 \tag{4.13}$$

测试性增长过程的存在还使得每一试验阶段的 FDR/FIR 分布参数不固定，属于“异总体”情况。为解决多阶段“异总体”增长试验数据的等效分析，可以引入折合因子方法。折合因子的思想在可靠性工程领域被广泛应用于不同阶段之间、不同环境之间进行信息传递或等效处理。目前，具有一定工程实用性的具体做法是：先利用 F 分布的分位点来估计确定折合因子，再用折合因子将前一阶段的试验结果折算成当前试验阶段的试验前结果，得到扩增后的试验结果(故障检测/隔离数

据量增加)，最后得到多阶段增长试验数据等效后的成败型数据(n_0，f_0)。

1. 基于 F 分布分位点求取折合因子值

定义相邻两阶段间折合因子 ζ_k 等于两阶段中检测/隔离失败概率之比，即

$$\zeta_k=\frac{p_k}{p_{k+1}}=\frac{1-q_k}{1-q_{k+1}} \tag{4.14}$$

式中，$k=1,2,\cdots,m-1$，$1>q_{k+1}\geqslant q_k>0$，$\zeta_k\geqslant 1$。

ζ_k 的点估计为

$$\overline{\zeta_k}=\frac{1-\overline{q_k}}{1-\overline{q_{k+1}}} \tag{4.15}$$

若每个阶段内注入故障较多，则可以直接选用$\overline{\zeta_k}$(点估计值)进行信息折合。但当每个阶段注入的故障较少时，$\overline{\zeta_k}$点估计精度低。因此，引入 ζ_k 的置信度为 ϑ 的置信下限值 $\zeta_k(L,\vartheta)$进行信息折合，目的是不至于太冒进。一般情况下，置信度 ϑ 在区间[0.5，0.7]内选取。

当对装备的 FDR/FIR 要求很高时，注意到成败型定数抽样的特点，并假定各阶段的测试性增长试验是相互独立的，于是有

$$\frac{\zeta_k n_k(f_{k+1}+1)}{n_{k+1}f_k}\sim F(2f_{k+1}+2,2f_k) \tag{4.16}$$

利用置信水平为 $1-\vartheta$ 的 F 分布分位点，可以得到 ζ_k 的置信度为 ϑ 的置信下限估计值：

$$\zeta_k(L,\vartheta)=\frac{n_{k+1}f_k}{n_k(f_{k+1}+1)}F^{-1}(2f_{k+1}+2,2f_k;1-\vartheta) \tag{4.17}$$

这样将第 k 阶段的试验信息(n_k，f_k)折合为第 $k+1$ 阶段的信息就是($n_k\zeta_k(L,\vartheta)$，f_k)。而 $\zeta_k(L,\vartheta)\geqslant 1$，故障数由 n_k 变为 $n_k\zeta_k(L,\vartheta)$时，增大了故障注入试验次数，但故障检测/隔离失败数仍为 f_k，说明第 $k+1$ 个阶段的 FDR/FIR 比第 k 个阶段有所增长。下面通过算例说明折合因子在增长试验数据等效分析中的应用。

例 4.2　设某稳定跟踪平台在研制阶段进行了三个阶段的测试性增长试验。每个阶段试验结束后，对系统测试性设计上的缺陷进行有效改进。得到如下三组成败型试验数据(n_1，f_1)=(10，10)，(n_2，f_2)=(38，9)，(n_3，f_3)=(15，0)。试求解一定置信水平下的折合因子估计值与折合后的成败型数据。

解　取折合因子计算置信度为 $\vartheta=0.7$，利用已有数据，由式(4.17)计算得到 $\zeta_1=2.9959$，$\zeta_2=1.5090$，利用求得的折合因子置信下限值得到三个阶段测试性增长试验的最终等效成败型数据为(n_0，f_0)=(118，19)。

由此可见，通过引入折合因子，考虑研制阶段增长试验之间的 FDR/FIR 的序化关系模型(4.13)，可扩大用于评估 FDR/FIR 水平的试验数据量。表 4.2 给出了

在不同置信度下，按基于 F 分布分位点方法求得的折合因子置信下限估计值及折合后的等效成败型数据。

表 4.2 不同置信度下的折合因子值及折合后等效成败型数据

置信度 ϑ	$\zeta_1(L,\vartheta)$	$(\hat{n}_2,\hat{f}_2)$	$\zeta_2(L,\vartheta)$	$(\hat{n}_3,\hat{f}_3)$
0.70	2.9959	(68,19)	1.5090	(118,19)
0.65	3.1912	(70,19)	1.8261	(143,19)
0.60	3.3880	(72,19)	2.1700	(171,19)
0.55	3.5898	(74,19)	2.5455	(203,19)
0.50	3.8000	(76,19)	2.9587	(240,19)

分析表 4.2 中的数据可以看出，在相同的多阶段测试性增长试验数据下，置信度对最后等效成败型数据结果的影响较大，造成后续的基于等效成败型试验数据的 FDR/FIR 抽样特性函数的求取会引入不确定性因素。

2. 基于第二类极大似然(maximum likelihood，ML-Ⅱ)法求取折合因子值

为尽量克服不同的置信度对评估结果的影响，也可以采用 ML-Ⅱ法来估计折合因子，实现将前一阶段的试验信息折合到下一阶段，最后得到等效成败型数据。

设第 k 阶段的成败型试验数据为(n_k, f_k)，第 $k+1$ 阶段的成败型试验信息为(n_{k+1}, f_{k+1})。引入折合因子 ζ_k，对于定数故障注入试验，将第 k 阶段的成败型试验数据折算成第 $k+1$ 阶段的成败型试验数据为$(\zeta_k n_k, f_k)$，$\zeta_k \geqslant 1$，则第 $k+1$ 阶段的先验分布为

$$\pi_{k+1}(q_{k+1}) = \frac{1}{B(\zeta_k n_k - f_k, f_k + 1)} q_{k+1}{}^{(\zeta_k n_k - f_k - 1)} (1 - q_{k+1})^{f_k} \tag{4.18}$$

第 $k+1$ 阶段试验(n_{k+1}, f_{k+1})可看成其边缘分布所产生的子样，当第 $k+1$ 阶段的先验分布取式(4.18)时，边缘分布的密度为

$$\begin{aligned} m(n_{k+1}, f_{k+1}) &= \int_0^{q_k} \pi_{k+1}(q_{k+1}) q_{k+1}{}^{(n_{k+1} - f_{k+1})} (1 - q_{k+1})^{(f_{k+1})} \mathrm{d}q_{k+1} \\ &\propto \int_0^{q_k} q_{k+1}{}^{(\zeta_k n_k - f_k - 1 + n_{k+1} - f_{k+1})} (1 - q_{k+1})^{(f_k + f_{k+1})} \mathrm{d}q_{k+1} \end{aligned} \tag{4.19}$$

通过多项式积分计算，得到式(4.19)的解析表达式为

$$\begin{aligned} m(n_{k+1}, f_{k+1}) = &\sum_{l=1}^{A_k - 1} \frac{-A_k^l}{\prod_{j=0}^{l} A_k + B_k + 1 - l} q_k{}^{(A_k - l)} (1 - q_k)^{(B_k + 1)} \\ &+ \frac{1}{\prod_{j=0}^{A_k} (A_k + B_k + 1 - j)} \left[\frac{(1 - q_k)^{(B_k + 1)} - 1}{B_k + 1} \right] \end{aligned} \tag{4.20}$$

式中，$A_k=\zeta_k n_k-f_k+n_{k+1}-f_{k+1}-1$，$B_k=f_k+f_{k+1}$，$q_k$ 由前 k 阶段试验结果估计出来，最直接的有

$$q_k=1-\frac{f_{k-1}+f_k}{\hat{\zeta}_{k-1}n_{k-1}+n_k} \tag{4.21}$$

用ML-Ⅱ方法可通过式(4.22)求解折合因子的估计值：

$$\frac{\partial m}{\partial A_k}\cdot\frac{\partial A_k}{\partial \zeta_k}=\frac{\partial m}{\partial A_k}\cdot n_k=0 \tag{4.22}$$

使用迭代计算，可以得到满足式(4.22)的 $\hat{\zeta}_k$。

在求解得到 $\hat{\zeta}_k$ 的基础上，将第 k 阶段试验数据折合为第 $k+1$ 阶段的试验数据为$(\hat{\zeta}_k n_k, f_k)$。与前述类似，得到第 $k+1$ 阶段后的等效成败型试验数据为$(\hat{\zeta}_k n_k+n_{k+1}, f_k+f_{k+1})$。依此原理进行计算，直到求得 $\hat{\zeta}_{m-1}$。

与利用 F 分布分位点的折合方法相比，这种修正的折合方法排除了因置信度选择导致的不确定性问题，是一种比较准确的数学方法。但是这种计算方法引入了计算复杂度问题，当求得的 A_k 值较大时，需要较长的运算时间，大大增加了计算复杂度。

4.4 测试性试验方案优化设计

测试性试验方案设计主要环节包括样本量确定和样本量分配，试验方案优化的重点环节是样本量优化确定，即科学合理地减少试验所需的样本量。利用本节介绍的基于比例因子的试验方案和基于Bayes后验风险准则的试验方案得到的样本量是确定的数(定数试验方案)，当完成样本量确定后，样本量分配方法可采用3.3节所述的两种方法。基于SPOT方法的试验方案和基于截尾SPOT方法的试验方案是两种序贯试验方案制定方法，序贯试验方案中不需要进行样本量分配，可直接进行故障模式抽取。

如4.2节所述，经典测试性试验方案未能利用装备的测试性先验数据，使得利用经典方法得到的故障样本量较大。为减少试验所需样本量，本节在4.3节多源先验数据处理的基础上，分别介绍基于比例因子和基于Bayes后验风险准则的试验方案。

4.4.1 基于比例因子的试验方案

利用研制阶段等效试验数据(n_0, f_0)，可以求得FDR/FIR的置信概率分布函数 $F_0(q)$和置信概率密度函数 $f_0(q)$，即[8]

$$F_0(q;n_0-f_0,f_0+1)=\frac{1}{B(n_0-f_0,f_0+1)}\int_0^q x^{n_0-f_0-1}(1-x)^{f_0}\mathrm{d}x \quad (4.23)$$

$$f_0(q;n_0-f_0,f_0+1)=\frac{1}{B(n_0-f_0,f_0+1)}q^{n_0-f_0-1}(1-q)^{f_0} \quad (4.24)$$

设研制阶段结束后装备的 FDR/FIR 真值为 Q'，装备需达到的 FDR/FIR 真值为 Q''，求得的抽样方案为 (n,c)，则 FDR/FIR 置信概率密度函数 $f_1(q)$ 为

$$f_1(q;n-c,c+1)=\frac{1}{B(n-c,c+1)}q^{n-c-1}(1-q)^c \quad (4.25)$$

装备研制阶段结束后的 FDR/FIR 水平与需达到的 FDR/FIR 水平是存在差异的。为反映这种差异，引入比例因子 δ，使得 $Q'^{\delta}=Q''$。δ 的物理意义是反映装备研制阶段结束后的 FDR/FIR 水平与需要达到的 FDR/FIR 水平的差异。若 $\delta=1$，则认为两者的 FDR/FIR 水平一致；若 $\delta<1$，则认为装备需要达到的 FDR/FIR 水平高于研制阶段结束后的 FDR/FIR 水平；若 $\delta>1$，则认为装备需要达到的 FDR/FIR 水平低于研制阶段结束后的 FDR/FIR 水平。因为 $0<Q'<1$，$0<Q''<1$，所以从数学的角度来看，一定存在唯一的 δ，满足 $Q'^{\delta}=Q''$，其中 $0<\delta<\infty$。

设 $q'\sim f_0(q)$，则 $q'^{\delta}\sim f_0^{(\delta)}(q)$，由 Beta 分布函数的性质得

$$f_0^{(\delta)}(q)\approx\frac{1}{B(n_0-f_0,f_0+1)}(q^{1/\delta})^{n_0-f_0-1}(1-q^{1/\delta})^{f_0}\left(\frac{1}{\delta}q^{1/\delta-1}\right) \quad (4.26)$$

已知 $q_0\sim f_1(q)$，并且存在 δ 使 $q'^{\delta}=q_0$，所以可以认为两者服从同一分布，用 $f_0^{(\delta)}(q)$ 逼近 $f_1(q)$，从而求得 δ。求 δ 的方法如下：

$$\min_{\delta}\int_0^1|f_1(q)-f_0^{(\delta)}(q)|\mathrm{d}q \quad (4.27)$$

式(4.27)一个关于 δ 的表达式，使式(4.27)最小的 δ 即所要求的，记求得的 δ 为 $\hat{\delta}$，则 $q_0^{\hat{\delta}}$ 为研制阶段先验数据中反映当前装备需达到的 FDR/FIR 水平的信息，然后可求得 $f_0^{(\hat{\delta})}(q)$。

最后，包含先验数据的抽样特性概率密度函数 $f_{01}(q;N,C)$ 为

$$f_{01}(q;N,C)=\frac{f_0^{(\hat{\delta})}(q)q^{N-C}(1-q)^C}{W}=\frac{f_0^{(\hat{\delta})}(q)q^{N-C}(1-q)^C}{\int_0^1 f_0^{(\hat{\delta})}(q)q^{N-C}(1-q)^C\mathrm{d}q} \quad (4.28)$$

式中，$W=\int_0^1 f_0^{(\hat{\delta})}(q)q^{N-C}(1-q)^C\mathrm{d}q$ 是一个正则化常数，它使式(4.28)成为一个概率密度函数。

考虑承制方风险为 FDR/FIR 达到设计要求值(q_0)时被拒收的概率记为 α，订购方风险为 FDR/FIR 达到最低可接收值(q_1)时被接收概率记为 β。在已有标准抽样方案确定方法的基础上，用式(4.28)求得包含先验数据的连续抽样特性概率密度函数代替基于二项分布确定标准抽样方案中的离散抽样特性概率密度函数，将

离散概率密度函数中的求和运算改为连续概率密度函数中的积分运算，并综合考虑 q_0、q_1、α 和 β，本书提出利用研制阶段先验数据的确定抽样方案(N_n, C_c)新方法，计算公式如式(4.29)和式(4.30)所示：

$$\frac{\int_0^{q_1} f_0^{(\hat{\delta})}(q) q^{N_n - C_c}(1-q)^{C_c} \mathrm{d}q}{\int_0^1 f_0^{(\hat{\delta})}(q) q^{N_n - C_c}(1-q)^{C_c} \mathrm{d}q} \leqslant \beta \tag{4.29}$$

$$1 - \frac{\int_0^{q_0} f_0^{(\hat{\delta})}(q) q^{N_n - C_c}(1-q)^{C_c} \mathrm{d}q}{\int_0^1 f_0^{(\hat{\delta})}(q) q^{N_n - C_c}(1-q)^{C_c} \mathrm{d}q} \leqslant \alpha \tag{4.30}$$

式(4.29)和式(4.30)是一个联立不等式组，可能存在无穷多组解。为了使验证试验费用最少，一般采用 N_n 最小的解。首先对于确定的较小的 C_c，可以找到满足式(4.29)的最小 N_n 值，将此 N_n、C_c 代入式(4.30)，若式(4.30)成立，则 N_n、C_c 即是上述不等式组的解；若式(4.30)不成立，则依次增大 C_c 的取值，再寻找满足式(4.29)的最小 N_n 值，并判断式(4.30)是否成立，从而确定上述联立不等式组的解。

4.4.2　基于 Bayes 后验风险准则的试验方案

设试验方案为(n,c)，已知单次抽样方法的统计特征函数可表示为

$$L(p) = \sum_{y=0}^{c} C_n^y p^{n-y}(1-p)^y \tag{4.31}$$

在单次抽样方案中，承制方风险(producer's risk，PR)和订购方风险(consumer's risk，CR)与对应风险约束间的关系满足：

$$\mathrm{PR} = P(\text{拒收} \mid p_0) = P(y > c \mid p_0) = 1 - \sum_{y=0}^{c} C_n^y p_0^{n-y}(1-p_0)^y \leqslant \alpha \tag{4.32}$$

$$\mathrm{CR} = P(\text{接收} \mid p_1) = P(y \leqslant c \mid p_1) = \sum_{y=0}^{c} C_n^y p_1^{n-y}(1-p_1)^y \leqslant \beta \tag{4.33}$$

由式(4.32)和式(4.33)可以看出，在传统的风险约束下，试验判决准则保证的是当测试性水平满足设计要求的产品会以较高概率通过试验(即被拒收的概率不大于 α)，而测试性水平不满足设计要求的产品会以较高的概率无法通过试验(即接收的概率不大于 β)。

已知测试性参数的先验分布为 $\pi(p)$，如果试验未能通过，则后验承制方风险(posterior producer's risk，PPR)即此种情况下 $p \geqslant p_0$ 的概率，或者表示为 $P(p \geqslant p_0 \mid \text{拒收})$。可以看出，PPR 实际上是当失败次数大于 c 时 $p \geqslant p_0$ 的概率[7,9]。根据 Bayes 统计理论，后验承制方风险 PPR 满足如下不等式：

$$\begin{aligned}\text{PPR}&=P(p\geqslant p_0\mid \text{拒收})=\int_{p_0}^{1}P(p\mid y>c)\mathrm{d}p\\&=\int_{p_0}^{1}\frac{P(y>c\mid p)\pi(p)}{\int_0^1 P(y>c\mid p)\pi(p)\mathrm{d}p}\mathrm{d}p\\&=\frac{\int_{p_0}^{1}(1-L(p))\pi(p)\mathrm{d}p}{\int_0^1(1-L(p))\pi(p)\mathrm{d}p}\\&=\frac{\int_{p_0}^{1}\left[1-\sum_{y=0}^{c}C_n^y(1-p)^y p^{n-y}\right]\pi(p)\mathrm{d}p}{1-\int_0^1\left[\sum_{y=0}^{c}C_n^y(1-p)^y p^{n-y}\right]\pi(p)\mathrm{d}p}\leqslant\alpha\end{aligned}\tag{4.34}$$

如果试验通过，则后验订购方风险(posterior consumer's risk，PCR)即此种情况下 $p\leqslant p_1$ 的概率，可表示为 $P(p\leqslant p_1|\text{接收})$。可以看出，PCR 实际上是当失败次数不大于 c 时 $p\leqslant p_1$ 的概率。根据 Bayes 统计理论，后验订购方风险 PCR 满足如下不等式：

$$\begin{aligned}\text{PCR}&=P(p\leqslant p_1\mid \text{接收})=\int_0^{p_1}P(p\mid y\leqslant c)\mathrm{d}p\\&=\int_0^{p_1}\frac{P(y\leqslant c\mid p)\pi(p)}{\int_0^1 P(y\leqslant c\mid p)\pi(p)\mathrm{d}p}\mathrm{d}p\\&=\frac{\int_0^{p_1}L(p)\pi(p)\mathrm{d}p}{\int_0^1 L(p)\pi(p)\mathrm{d}p}\\&=\frac{\int_0^{p_1}\left[\sum_{y=0}^{c}C_n^y(1-\pi)^y p^{n-y}\right]\pi(p)\mathrm{d}p}{\int_0^1\left[\sum_{y=0}^{c}C_n^y(1-\pi)^y p^{n-y}\right]\pi(p)\mathrm{d}p}\leqslant\beta\end{aligned}\tag{4.35}$$

从式(4.34)和式(4.35)可以看出，与传统的双方风险表达的含义不同，Bayes 后验风险准则从另一种角度对风险进行了描述。Bayes 后验风险准则所表达的是：当产品测试性水平通过试验时，可以保证测试性水平低于 p_1 的概率不超过 β，这实际上正是订购方最为关心的问题；而承制方最关心的是测试性水平未能通过试验时，测试性水平高于 p_0 的概率不会超过 α，即式(4.34)中所表示的后验概率。基于 Bayes 后验风险准则的双方风险反映的是装备测试性试验中承制方和订购方承受的后验风险，这也是双方最为关心的问题。因此，Bayes 后验风险准则更明确地反映了装备的测试性水平和试验双方的关注点。

Bayes 后验风险准则下的试验方案$(n,c)$$(0\leqslant c<n)$可以通过求解如下不等式组得到：

$$\begin{cases}\text{PPR} \leqslant \alpha \\ \text{PCR} \leqslant \beta\end{cases} \tag{4.36}$$

在随试验样本量 n 与最大允许失败次数 c 变化的规律上，PPR 和 PCR 具有相反的数值特征，即当 n 固定时，随着 c 的增加，PPR 减小，而 PCR 增加；反之亦然。因此，Bayes 后验风险准则下试验方案的求解可以按照图 4.1 中给出的步骤进行：

(1) 确定测试性指标的先验分布参数和试验方案约束参数。

(2) 对试验样本量 n 和最大允许失败次数 c 进行初始化，设定 $n=1, c=0$。

(3) 计算当前的后验承制方风险 PPR：

(3.1) 若满足 PPR$\leqslant\alpha$，则计算当前的后验订购方风险 PCR，若满足 PCR$\leqslant\beta$，则当前方案满足要求，求解过程结束；如果 PCR$>\beta$，则 $n=n+1, c=0$，转入步骤(3)。

(3.2) 若 PPR$>\alpha$，如果 $c<n-1$，则 $c=c+1$，转入步骤(3)；如果 $c=n$，则 $n=n+1, c=0$，转入步骤(3)。

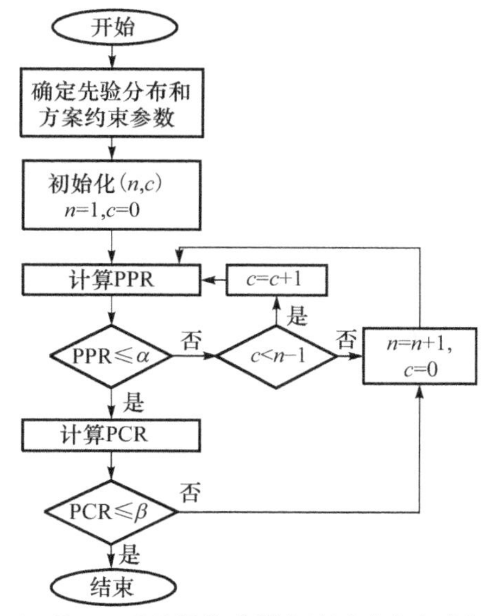

图 4.1　Bayes 后验风险准则方法试验方案求解流程

下面以某型飞行控制系统为例，对 Bayes 后验准则方法进行验证。飞行控制系统包括 6 个 LRU 模块：电缆网络、总线网络、弹上计算机、惯性测量组合、舵等效器和综合控制器。以系统的 FDR 为试验对象，承制方和订购方确定的 FDR 的指标和风险为：承制方要求值 $p_0=0.95$，订购方要求值 $p_1=0.90$，承制方风险 $\alpha=0.1$，订购方风险 $\beta=0.1$。根据单次抽样方法，该组双方要求值和双方风险下的测试性方案为(187,13)。

在飞行控制系统开展系统级 FDR 验证试验前，每个 LRU 都开展了相应的摸底试验，既包括实物试验，也包括部分 LRU 的虚拟试验，虚拟试验和实物试验产生的数据都可以作为 Bayes 后验风险准则方法的先验数据。

例 4.3 首先以各 LRU 的测试性实物试验数据作为 Bayes 方法的先验数据，使用信息熵方法将 LRU 级的试验数据折合为系统级数据，得到 FDR 的先验分布并进行试验方案的制定。各 LRU 的故障检测试验数据如表 4.3 所示。

表 4.3 飞行控制系统 LRU 实物试验数据表

LRU	故障注入次数	失败次数	数据可信度
电缆网络	5	0	1
总线网络	3	1	1
弹上计算机	9	1	1
惯性测量组合	14	2	1
舵等效器	8	1	1
综合控制器	4	0	1

将各 LRU 试验数据代入式(4.9)，由信息熵方法得到折合后的飞行控制系统的 FDR 指标为 0.8813，折合后的系统级试验数据为$(N,F)=(37.8878,4.4979)$，FDR 的先验分布为

$$\pi(p)=\frac{\Gamma(37.8878)}{\Gamma(33.3899)\Gamma(4.4979)}p^{33.3899-1}(1-p)^{4.4979-1} \tag{4.37}$$

由不等式组(4.36)得到满足双方要求值和风险的最少次数的试验方案为(35,0)，而单次抽样方案的测试性试验方案为(187,13)。可以看出，利用测试性先验试验数据可以有效减少试验所需样本量，在相同的双方要求值和风险下，采用 Bayes 后验风险准则方法可以减少 81%的样本量。

例 4.4 利用飞行控制系统 LRU 级的虚拟-实物试验数据进行试验方案的制定。在飞行控制系统所有的 LRU 中，部分 LRU 如弹上计算机、惯性测量组合和舵等效器的测试性实物试验代价较高，实物试验不能完全覆盖由 FMECA 得到的故障模式，所以可以通过建立相应 LRU 的测试性虚拟样机，开展测试性虚拟试验来获取相应的故障检测试验数据。而其余 LRU 如电缆网络、总线网络和综合控制器则通过开展实物试验得到故障检测试验数据。

各 LRU 的测试性虚拟-实物试验数据如表 4.4 所示，其中虚拟试验数据的可信度为相应虚拟样机的校核、验证及确认(VV&A)结果。

表 4.4 含虚拟试验数据的飞行控制系统 LRU 试验数据信息表

LRU	故障注入次数	失败次数	数据可信度
电缆网络	5	0	1
总线网络	3	1	1
弹上计算机	68	2	0.9
惯性测量组合	87	3	0.8
舵等效器	32	3	0.9
综合控制器	4	0	1

将各 LRU 的虚拟-实物试验数据代入式(4.9),由信息熵方法得到折合后的飞行控制系统 FDR 指标为 0.9518,系统级试验数据为$(N,F)=(37.8878,4.4979)$,从而得到测试性指标的先验分布为

$$\pi(p)=\frac{\Gamma(101.8305)}{\Gamma(93.2520)\Gamma(8.5786)}p^{93.2520-1}(1-p)^{8.5786-1} \tag{4.38}$$

采用同样的双方要求值和风险,在该先验分布下,由 Bayes 后验风险准则方法得到的试验方案为(22,0)。在同等要求下,未利用先验数据的测试性验证试验方案为(187,13),使用全实物试验作为先验数据的测试性验证试验方案为(35,0)。可以看出,在引入测试性虚拟试验数据后,试验方案所需样本量更小。与经典单次抽样方法相比减少了 88.2%,与实物试验数据下的 Bayes 后验风险准则方案相比减少了 37.1%。

对例 4.3 和例 4.4 中的结果进行分析,以全实物试验数据和虚拟-实物试验数据作为先验数据两种情况下,利用信息熵方法得到的测试性指标的先验分布分别如图 4.2 所示。

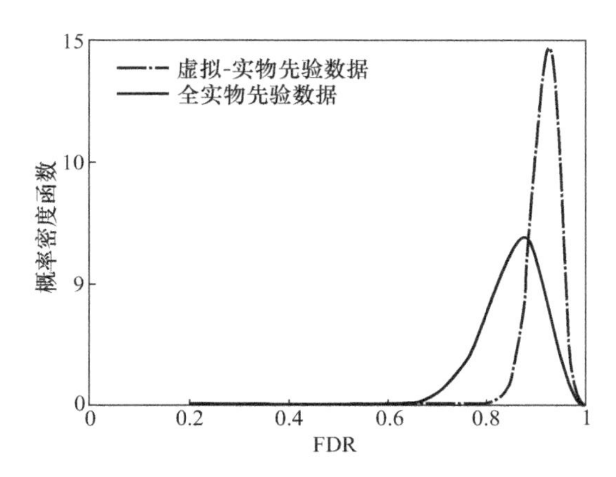

图 4.2　不同先验数据下的 FDR 先验分布概率密度函数曲线

从图 4.2 可以看出,与全实物先验数据下的 FDR 先验分布概率密度曲线相比,虚拟-实物试验数据条件下 FDR 的先验分布概率密度曲线具有增长的趋势,且由概率密度曲线的形状可知,采用虚拟-实物试验数据作为先验数据下的 FDR 概率密度更为集中。采用全实物试验数据作为先验数据时,由于试验数据量较小,利用全实物试验数据折合得到的 FDR 指标无法完全反映飞行控制系统的测试性水平。引入测试性虚拟-实物试验数据作为先验数据后,由于虚拟试验数据在一定程度上反映了飞行控制系统的 FDR 水平,且虚拟试验数据具有数据量大的特点,能更好地反映系统的 FDR 水平,利用考虑数据可信度的信息熵方法折合后,增加了等效的系统级试验数据量。

例 4.5 为了验证虚拟试验数据的可信度因素与 Bayes 后验风险准则方法得到的方案试验样本量变化关系，对于本例中的虚拟-实物试验数据，保持其中的实物试验数据与例 4.4 中一致，弹上计算机、惯性测量组合和舵等效器的测试性虚拟试验数据量保持不变，当开展虚拟试验 LRU 的测试性虚拟样机的 VV&A 结果（即虚拟试验数据可信度）在[0.70，1.00]区间变化时，对比基于 Bayes 后验风险准则的试验方案中样本量的变化趋势。在不同的虚拟样机 VV&A 结果下，折合后的系统级试验数据和对应的基于 Bayes 后验风险准则的试验方案如表 4.5 所示。

表 4.5 不同虚拟样机 VV&A 结果下折合的系统级数据和 Bayes 后验风险准则试验方案

虚拟样机 VV&A 结果	折合试验数据(N,F)	折合后系统级指标	试验方案
0.70	(82.3243,7.1620)	0.9130	(24,0)
0.75	(88.4373,7.6076)	0.9140	(24,0)
0.80	(94.6096,8.0497)	0.9149	(23,0)
0.85	(100.8380,8.4909)	0.9158	(22,0)
0.90	(107.1196,8.9306)	0.9166	(21,0)
0.95	(113.4518,9.3689)	0.9174	(20,0)
1.00	(119.8319,9.8058)	0.9182	(19,0)

图 4.3 给出了当虚拟样机 VV&A 结果为 0.7、0.8、0.9 和 1.0 时由虚拟-实物试验数据折合得到的 FDR 先验分布概率密度函数曲线。由于 FDR 的概率密度函数值在[0，0.80]区间上几乎为 0，为了更好地进行对比，图 4.3 中只给出了[0.80，1.00]区间内的概率密度函数曲线。

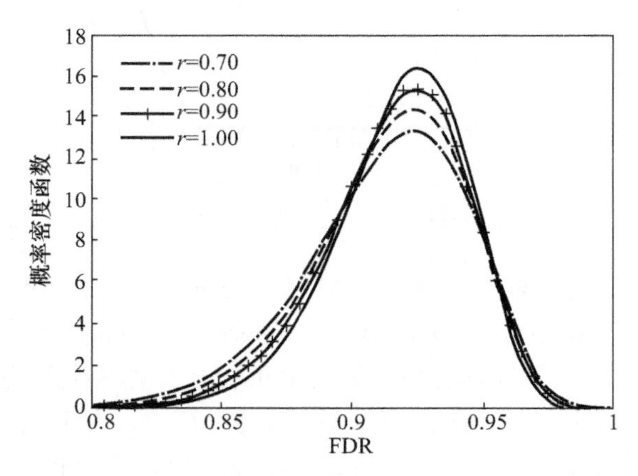

图 4.3 不同虚拟样机 VV&A 结果下虚拟-实物试验数据折合得到的 FDR 先验分布概率密度函数曲线

由表 4.5 可以看出，当虚拟试验数据可信度增加时，折合后的系统级试验数据、折合后的系统级指标随之增加，而试验方案中的样本量逐渐减小。结合图 4.3

可以看出,虚拟试验数据可信度增加时,折合得到的 FDR 先验分布概率密度更为集中。随着虚拟试验数据可信度的提升,Bayes 后验风险准则下的试验样本量呈减少趋势。

4.4.3　基于 SPOT 方法的试验方案

正如第 3 章所述,采用 SPRT 方法(特别是截尾 SPRT)的测试性试验具有平均试验次数小的特点,对于试验费用较高、风险较大的装备试验,工程人员乐于采用。然而在实际实施中,由于尚未考虑先验试验信息,使得在一定程度下实际试验次数仍然较大。因此,在充分考虑各类先验数据的情况下,对 SPRT 方法进行改进,得到了序贯验后加权检验(SPOT)方法[10,11]。

SPOT 方法是建立在 Bayes 统计理论基础上的一类小子样试验样本量确定方法,在应用中利用了未知参数的先验数据,借鉴了"序贯"的决策过程。与 SPRT 方法相似,在实际实施过程中,需要事先确定决策阈值[12]。同时,由于试验结果的随机性,为了防止实际试验次数过大,需要应用截尾对决策过程作出强制判决。本节首先介绍基于 SPOT 方法的测试性试验方案确定方法,然后针对当前二项分布模型下截尾 SPOT 方法在截尾阈值确定中的问题,介绍优化截尾 SPOT 方法。

1. SPOT 方法判决准则及阈值计算

1) 判决准则

在 SPOT 方法中,需要将简单假设转化为复杂假设,并定义在连续空间上。在测试性试验方案参数约束下,测试性指标参数空间分为 $\Theta=\Theta_0\cup\Theta_m\cup\Theta_1$,其中 $\Theta_0=\{p\mid p\geqslant p_0\}$,$\Theta_1=\{p\mid p\leqslant p_1\}$,$\Theta_m=\{p\mid p_1<p<p_0\}$。

此时对应的假设为

$$\begin{aligned} H_0: p \geqslant p_0 \\ H_1: p \leqslant p_1 \end{aligned} \tag{4.39}$$

设 $\pi(p\mid H_0)$ 和 $\pi(p\mid H_1)$ 分别为两种假设下测试性指标 p 的先验分布。通常情况下,两个先验分布具有相同的形式和参数,定义先验分布为 $\pi(p)$。选择 Beta 分布作为测试性指标 p 的先验分布。设 $\pi(p)$ 的分布参数为 (a,b),则有

$$\pi(p)=\frac{\Gamma(a+b)}{\Gamma(a)\Gamma(b)}p^{a-1}(1-p)^{b-1} \tag{4.40}$$

设作出判决时的试验结果序列为 $X=(X_1,\cdots,X_n)$,$X_i=0,1$。其中,0 代表检测/隔离失败,1 代表检测/隔离成功。总试验次数为 n,失败次数为 c,则判决因子为

$$O_n(X)=\frac{\pi(X\mid H_0)}{\pi(X\mid H_1)}=\frac{\int_{\Theta_0}\pi(X\mid p)\pi(p)\mathrm{d}p}{\int_{\Theta_1}\pi(X\mid p)\pi(p)\mathrm{d}p}=\frac{\int_{p_0}^{1}p^{a+n-c-1}(1-p)^{b+c-1}\mathrm{d}p}{\int_{0}^{p_1}p^{a+n-c-1}(1-p)^{b+c-1}\mathrm{d}p} \tag{4.41}$$

从式(4.41)中可以看出，判决因子 $O_n(X)$ 实际就是考虑了待测指标先验分布下的似然概率比，因此 $O_n(X)$ 可称为后验似然概率比。在一些文献中，$O_n(X)$ 也被称为 Bayes 因子[13]。

定义完全 Beta 函数为

$$B(\alpha,\beta)=\int_0^1 p^{\alpha-1}(1-p)^{\beta-1}\mathrm{d}p \tag{4.42}$$

非完全 Beta 函数为

$$B_{p_0}(\alpha,\beta)=\int_0^{p_0} p^{\alpha-1}(1-p)^{\beta-1}\mathrm{d}p \tag{4.43}$$

则判决因子 $O_n(X)$ 可转化为

$$O_n(X)=\frac{B(a_1,b_1)-B_{p_0}(a_1,b_1)}{B_{p_1}(a_1,b_1)} \tag{4.44}$$

式中，$a_1=a+n-c$，$b_1=b+c$。

与 SPRT 方法的判决准则相似，当 $O_n(X)$ 大于某个常数时，接受假设 H_0，反之接受假设 H_1。根据上述分析，定义 A 和 B 分别为 SPOT 方法的判决阈值上界和判决阈值下界，在基于 SPOT 方法的测试性试验方案实施过程中，每次试验完成后，根据当前的试验次数 n 和累计失败次数 c 计算 $O_n(X)$ 并进行判决。判决准则为：

(1) 若 $O_n(X)\geqslant A$，终止试验过程，接受假设 H_0，判定接收；

(2) 若 $O_n(X)\leqslant B$，终止试验过程，接受假设 H_1，判定拒收；

(3) 若 $B<O_n(X)<A$，继续试验过程。

2) 阈值计算

在一些文献中[13,14]，判决因子 $O_n(X)$ 的阈值通过工程实际经验提前给定，主观性较强。由于未考虑试验方案约束参数和测试性指标先验分布，因而不适用于测试性试验方案制定。对此，这里给出一种利用试验方案约束参数和测试性指标先验分布的判决因子计算方法。

由于测试性试验为成败型试验，试验结果空间是由所有可能的试验次数 n 和失败次数 c 的组合 (n,c)。对于由测试性试验结果 (n,c) 组成的空间，定义三个子空间分别如下。

(1) 正确判决空间(correct decision space，CDS)：是指出现的试验结果支持作出正确判决的结果空间，如当 $p\in\Theta_i$ 时根据试验结果能作出接受 H_i 的判决。正确判决空间可以分为 CDS_0 和 CDS_1，其中 CDS_0 是指当 $p\in\Theta_0$ 时所有支持作出接受 H_0 判决的 (n,c) 构成的集合，$\mathrm{CDS}_0=\{X:O_n(X)\geqslant A\}$，$\mathrm{CDS}_1$ 是指当 $p\in\Theta_1$ 时所有支持作出接受 H_1 判决的 (n,c) 构成的集合，$\mathrm{CDS}_1=\{X:O_n(X)\leqslant B\}$。

(2) 弱判决空间(weak decision space，WDS)：是指由所有不支持作出任何接收/拒收判决的试验结果 (n,c) 构成的集合，$\mathrm{WDS}=\{X:B<O_n(X)<A\}$。

(3) 错误判决空间(misleading decision space,MDS):是指出现的试验结果会导致作出错误判决的结果空间。与正确判决空间相似,错误判决空间可分为 MDS_0 和 MDS_1,其中 MDS_0 是指当 $p\in\Theta_0$ 时所有支持作出接受 H_1 判决的(n,c)构成的集合,MDS_1 是指当 $p\in\Theta_1$ 时所有支持作出接受 H_0 判决的(n,c)构成的集合。事实上,CDS 和 MDS 是等价的,且 $\mathrm{CDS}_0=\mathrm{MDS}_1$,$\mathrm{CDS}_1=\mathrm{MDS}_0$。

当 H_0 为真时,作出接受 H_0 判决的概率为

$$p_0^{\mathrm{C}}=\int_{\mathrm{CDS}_0}\pi(X \mid H_0)\mathrm{d}X \tag{4.45}$$

当 H_1 为真时,作出接受 H_0 的错误判决的概率为

$$p_1^{\mathrm{M}}=\int_{\mathrm{CDS}_0}\pi(X \mid H_1)\mathrm{d}X \tag{4.46}$$

已知在空间 CDS_0 上有

$$O_n(X)=\frac{\pi(X \mid H_0)}{\pi(X \mid H_1)}\geqslant A \tag{4.47}$$

因此可得

$$p_0^{\mathrm{C}}\geqslant Ap_1^{\mathrm{M}} \tag{4.48}$$

将不等式(4.48)转化为原始形式,即

$$\int_{\mathrm{CDS}_0}\int_{\Theta_0}\pi(X \mid p)\pi(p)\mathrm{d}p\mathrm{d}X\geqslant\int_{\mathrm{CDS}_0}A\int_{\Theta_1}\pi(X \mid p)\pi(p)\mathrm{d}p\mathrm{d}X \tag{4.49}$$

交换积分次序,可得

$$\int_{\Theta_0}\left(\int_{\mathrm{CDS}_0}\pi(X \mid p)\mathrm{d}X\right)\pi(p)\mathrm{d}p\geqslant A\int_{\Theta_1}\left(\int_{\mathrm{CDS}_0}\pi(X \mid p)\mathrm{d}X\right)\pi(p)\mathrm{d}p \tag{4.50}$$

在不等式(4.50)右侧,$\int_{\mathrm{CDS}_0}\pi(X|p)\mathrm{d}X(p\in\Theta_1)$表示当 $p\in\Theta_1$ 时接受 H_0 的概率,即订购方风险 β。

定义

$$\beta_1=\int_{\Theta_1}\beta\cdot\pi(p)\mathrm{d}p \tag{4.51}$$

为考虑先验分布下的订购方风险。

由式(4.49)和式(4.51)可得

$$\int_{\Theta_0}\int_{\mathrm{CDS}_0}\pi(X \mid p)\pi(p)\mathrm{d}X\mathrm{d}p\geqslant A\beta_1 \tag{4.52}$$

在不等式(4.52)的左侧,$\int_{\mathrm{CDS}_0}\pi(X \mid p)\mathrm{d}X(p\in\Theta_0)$ 表示当 $p\in\Theta_0$ 时接受 H_0 的概率。

由于

$$\begin{aligned}&\int_{\Theta_0}\pi(p)\mathrm{d}p-\int_{\Theta_0}\int_{\mathrm{CDS}_0}\pi(X\mid p)\pi(p)\mathrm{d}X\mathrm{d}p\\&=\int_{\Theta_0}\left(\int_{\mathrm{WDS}+\mathrm{CDS}_1}\pi(X\mid p)\pi(p)\mathrm{d}X\right)\mathrm{d}p\\&>\int_{\Theta_0}\left(\int_{B_{01}\leqslant B}\pi(X\mid p)\pi(p)\mathrm{d}X\right)\mathrm{d}p\end{aligned}\tag{4.53}$$

式中，$\int_{B_{01}\leqslant B}\pi(X\mid p)\mathrm{d}X\ (p\in\Theta_0)$表示当 $p\in\Theta_0$ 时接受 H_1 的概率，即承制方风险。

因此定义

$$\alpha_0=\int_{\Theta_0}\alpha\cdot\pi(p)\mathrm{d}p\tag{4.54}$$

为考虑先验分布时的承制方风险。

由式(4.53)和式(4.54)可得

$$\int_{\Theta_0}\pi(p)\mathrm{d}p-\int_{\Theta_0}\int_{\mathrm{CDS}_0}\pi(X\mid p)\pi(p)\mathrm{d}X\mathrm{d}p>\alpha_0\tag{4.55}$$

等价于

$$\int_{\Theta_0}\pi(p)\mathrm{d}p-\alpha_0>\int_{\Theta_0}\int_{\mathrm{CDS}_0}\pi(X\mid p)\pi(p)\mathrm{d}X\mathrm{d}p\tag{4.56}$$

再由不等式(4.52)，可得

$$\int_{\Theta_0}\pi(p)\mathrm{d}p-\alpha_0\geqslant A\beta_1\tag{4.57}$$

最终得

$$A\leqslant\frac{\int_{\Theta_0}\pi(p)\mathrm{d}p-\alpha_0}{\beta_1}\tag{4.58}$$

对于满足 $O_n(X)\leqslant B$ 的试验结果空间，利用相同的方法可得

$$B\geqslant\frac{\alpha_0}{\int_{\Theta_1}\pi(p)\mathrm{d}p-\beta_1}\tag{4.59}$$

根据相关文献中的方法，SPOT 方法中判决因子的计算公式为[8,9]

$$\begin{cases}A=\dfrac{P_{H_0}-\alpha_0}{\beta_1}\\[2ex]B=\dfrac{\alpha_0}{P_{H_1}-\beta_1}\end{cases}\tag{4.60}$$

式中

$$\begin{cases}P_{H_0}=\displaystyle\int_{p_0}^{1}\pi(p)\mathrm{d}p\\[2ex]P_{H_1}=\displaystyle\int_{0}^{p_1}\pi(p)\mathrm{d}p\end{cases}\tag{4.61}$$

由式(4.60)和式(4.61)可以看出,SPOT方法中判决阈值的计算过程中考虑了试验双方的指标要求值、双方风险和测试性指标的先验分布,而不是依靠经验来确定,避免了判决阈值确定过程的主观性。

SPOT方法的流程如图4.4所示。

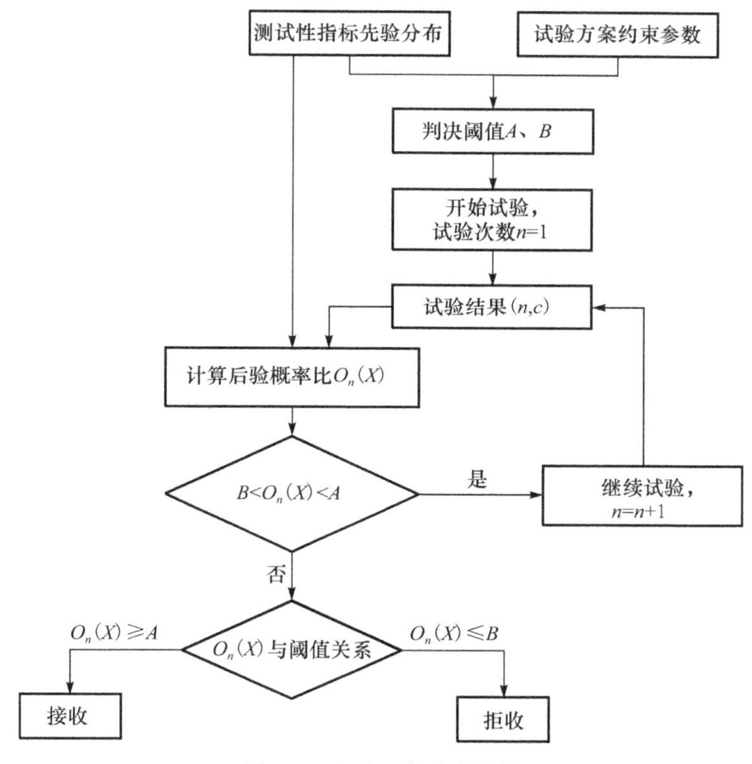

图4.4 SPOT方法流程图

2. SPOT方法特性分析

本节对SPOT方法的统计特性包括抽样特性和平均抽样次数进行分析,并在相同的试验方案约束参数下,对单次抽样方法、SPRT方法和SPOT方法的抽样特性和平均抽样次数进行对比。

以某装备系统的FDR试验为例,根据双方协定要求,测试性试验方案约束参数为:$p_0=0.95$,$p_1=0.90$,$\alpha=\beta=0.1$。测试性先验数据来源于受试装备先前型号的测试性试验数据。先前装备已具备较好的测试性水平,当前装备是在原来装备的基础上增加了新的测试性设计并改进了BIT类型。在原先装备的试验中,共进行了160次故障注入试验,其中144次故障得到正确检测,16次故障未能检测。在先验试验数据的处理上仿照文献[5]中采用的数据折合方法。通过分析认为新装备对原有装备的继承因子为70%，装备历史型号的测试性试验数据量相当于当前型号装备试验数据的70%。因此，测试性指标先验分布的参数为(144×0.7,16×0.7)=(100.8,11.2)，即先验分布为

$$\pi(p)=\frac{\Gamma(160\times 0.7)}{\Gamma(144\times 0.7)\Gamma(16\times 0.7)}p^{100.8-1}(1-p)^{11.2-1} \tag{4.62}$$

1) 单次抽样方法、SPRT方法和SPOT方法统计特性分析

在利用SPOT方法制定测试性试验方案前，首先对单次抽样方法、SPRT方法和SPOT方法的抽样特性和平均抽样次数进行对比。其中，单次抽样方法和SPRT方法的抽样特性和平均抽样次数具有解析的计算公式，可以直接用于相应曲线的绘制。而SPOT方法的抽样特性和平均抽样次数曲线需要通过仿真得到。在已知试验方案约束参数和FDR先验分布的前提下，SPOT方法的抽样特性和平均抽样次数仿真过程如下：

(1) 将FDR的取值区间(0,1]分为1000个离散值，即取 $P_i=0.001\cdot i, i=1,2,\cdots,999,1000$。

(2) 当FDR的取值为 P_i 时，开展 N 次判决过程仿真试验。通过大量仿真发现，当 $N=100$ 时，所得仿真结果已具备较好的稳定性，为保证结果的精度，这里取 $N=2000$。在第 $j(j=1,2,\cdots,N)$ 次仿真过程中，得到该次仿真过程作出判决(接收或拒收)的试验次数 N_{Ej}；判断该次判决是否作出接收判决，如果作出接收判决，则 P_i 对应的接收判决次数 T_{Ri} 加1。

(3) 当FDR取值为 P_i 时对应的抽样特性和平均抽样次数为

$$\begin{cases}\mathrm{OC}_i=T_{Ri}/N\\ \mathrm{ASN}_i=\sum\limits_{j=1}^{N}N_{Ej}/N\end{cases} \tag{4.63}$$

单次抽样方法、SPRT方法和SPOT方法的抽样特性对比如图4.5所示。

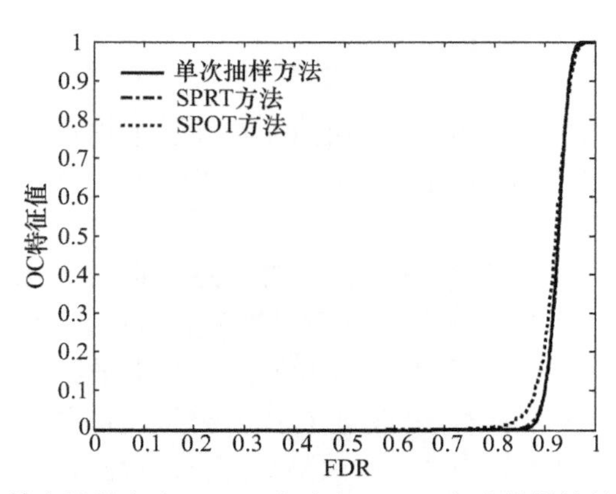

图4.5　单次抽样方法、SPRT方法和SPOT方法抽样特性对比曲线

单次抽样方法、SPRT 方法和 SPOT 方法的平均抽样次数对比如图 4.6 所示。

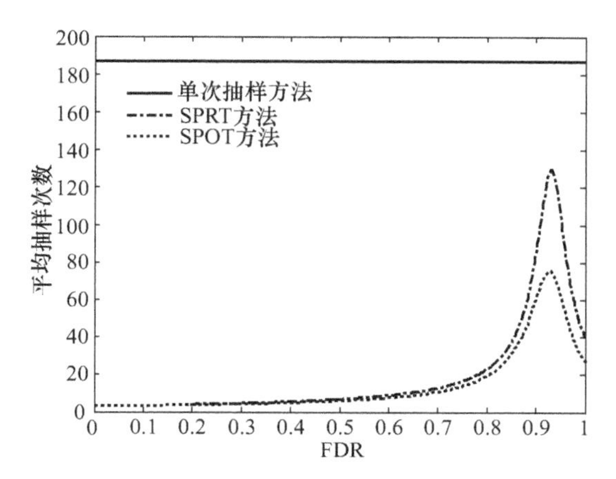

图 4.6　单次抽样方法、SPRT 方法和 SPOT 方法平均抽样次数对比曲线

表 4.6 中给出了 SPRT 方法和 SPOT 方法在部分 FDR 取值下的平均抽样次数和风险值。

表 4.6　部分 FDR 取值下 SPRT 方法和 SPOT 方法的平均抽样次数和风险值对比

FDR	SPRT 方法		SPOT 方法	
	平均抽样次数	风险	平均抽样次数	风险
0.70	14.6740	0	10.5605	0
0.80	26.0180	0	19.0395	0.0040
0.85	42.8180	0.0040	30.7850	0.0295
0.90	95.0080	0.1000	59.5295	0.2120
0.93	134.8025	0.4225	74.8545	0.3780
0.95	111.2545	0.0998	63.6275	0.0938
0.97	69.3450	0.0065	44.3980	0.0120

由图 4.5、图 4.6 和表 4.6 可以看出：

(1) 在 FDR 的整个取值空间上，三种方法的抽样特性很接近，其中 SPOT 方法与单次抽样方法的抽样特性之间的差别要大于 SPRT 方法与单次抽样方法的抽样特性之间的差别。在 FDR 的订购方要求值 0.9 处，SPOT 方法的订购方风险超过了订购方要求的风险，这就相当于在进行判决时，通过增加订购方的风险来减少平均抽样次数。

(2) 当给定测试性试验方案约束参数时，单次抽样方法的平均抽样次数和实际试验次数均为固定值，而 SPRT 方法和 SPOT 方法的平均抽样次数随 FDR 真值变化。三种抽样方法的平均抽样次数满足：$ASN_{SPOT} < ASN_{SPRT} < ASN_{单次抽样方法}$。

由于测试性先验数据的引入，SPOT 方法的平均抽样次数要小于 SPRT 方法的平均抽样次数，但是 SPRT 方法与单次抽样方法在抽样特性上的接近程度要高于 SPOT 方法。

(3) 随着 FDR 取值的增长，SPRT 方法和 SPOT 方法的平均抽样次数呈现先上升后下降的趋势，且平均抽样次数的极大值出现在(p_1, p_0)区间内。

2) 先验分布参数对 SPOT 方法结果影响分析

在给定试验方案约束参数和 FDR 先验分布的条件下对 SPOT 方法统计特性的分析表明，SPOT 方法在相同的试验方案约束参数下要优于单次抽样方法和 SPRT 方法。为了分析 SPOT 方法的抽样特性和平均抽样次数随先验分布参数变化的规律，以及验证 SPOT 方法在先验分布参数变化的情况下是否仍能保持较优的特性，从以下两个方面进行对比分析。

(1) 先验数据量对 SPOT 方法特性影响分析。

为了使统计特性的仿真结果具有对比性，这里仍设定先验分布参数的点估计值为 0.90，而先验参数的值发生变化，最终通过 FDR 的先验分布体现。新增加的两组 FDR 的先验分布分别为 Beta(45,5)和 Beta(81,9)。针对这两组数据，按照上面介绍的方法进行抽样特性和平均抽样次数的仿真，得到对应的抽样特征曲线和平均抽样次数曲线。

保持试验方案约束参数不变，FDR 的先验分布分别为 Beta(100.8,11.2)、Beta(81,9)和 Beta(45,5)时，SPOT 方法与 SPRT 方法的抽样特征和平均抽样次数对比分别如图 4.7 和图 4.8 所示。

由图 4.7 和图 4.8 可以看出：

① 在具有近似的抽样特性曲线的前提下，三组不同先验分布参数下 SPOT 方法的平均抽样次数都小于 SPRT 方法的平均抽样次数。可以看出，SPOT 方法在

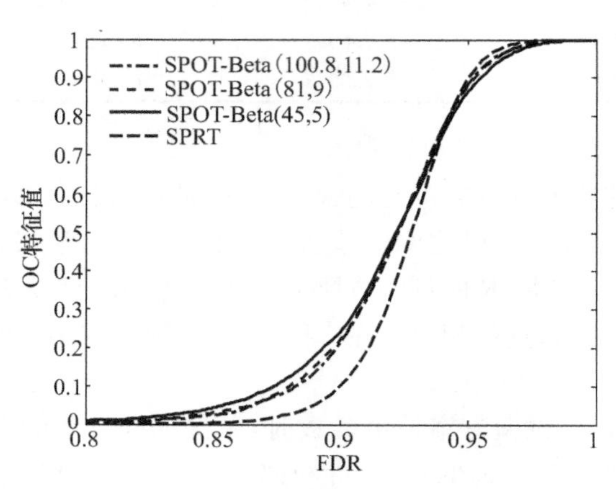

图 4.7 三组不同先验分布参数下 SPOT 方法与 SPRT 方法抽样特性对比曲线

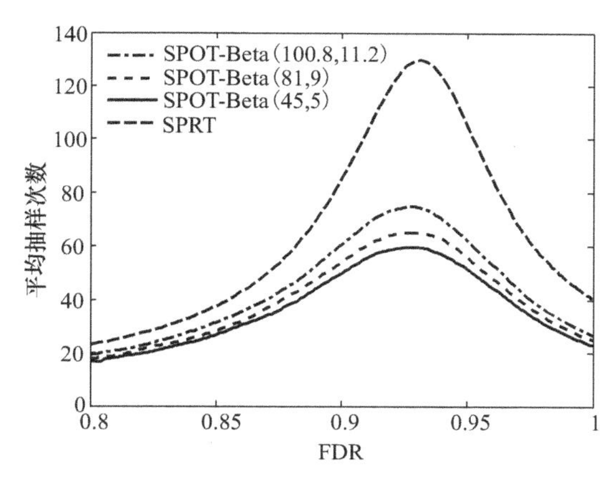

图 4.8　三组不同先验分布参数下 SPOT 方法与 SPRT 方法平均抽样次数对比曲线

FDR 的先验分布参数变化下仍具有较好的统计特性。

② 对于 SPOT 方法，当 FDR 先验分布参数的点估计值固定时，对应的平均抽样次数随先验分布参数的增加而增大。

(2) 先验点估计值对抽样特性影响。

为了验证不同先验点估计值下 SPOT 方法的抽样特性，在保证试验次数固定的情况下，通过改变对应的点估计值进行验证。

除了上述案例中使用的 0.90 点估计值，还采用 0.93 和 0.95 两个点估计值下的先验分布，仍采用 70%的折合因子，则对应的先验分布为 Beta(104.16,7.84)和 Beta(106.4,5.6)。在上述先验分布下通过仿真得到相应的抽样特性和平均抽样次数曲线。图 4.9 和图 4.10 给出了先验分布为 Beta(106.4,5.6)、Beta(104.16,7.84)、Beta(100.8,11.2)时 SPOT 方法与 SPRT 方法的抽样特性和平均抽样次数对比曲线。

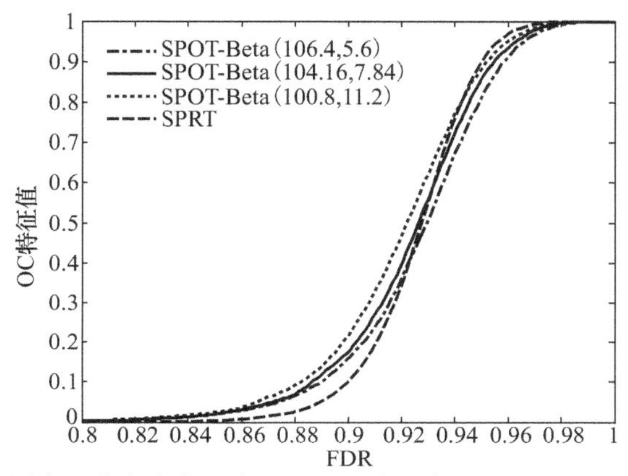

图 4.9　三种不同先验分布参数组合下 SPOT 方法与 SPRT 方法抽样特性对比曲线

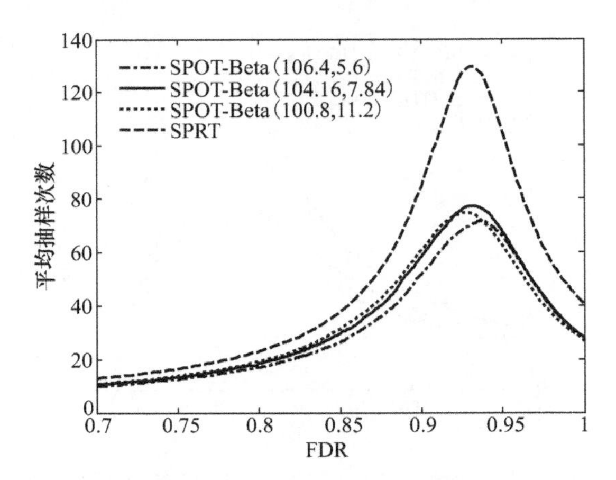

图 4.10　三种不同先验分布参数组合下 SPOT 方法与 SPRT 方法平均抽样次数对比曲线

从图 4.9 和图 4.10 中可以看出，在具有近似的抽样特性曲线下，当先验分布参数对应的点估计值增加时，平均抽样次数的大小关系没有固定的变化规律。然而，SPOT 方法的平均抽样次数仍然小于 SPRT 方法的平均抽样次数。

由不同数据量下和不同点估计值下 SPOT 方法抽样特性和平均抽样次数的变化规律可以看出，在先验分布参数发生变化时，与单次抽样方法和 SPRT 方法相比，SPOT 方法仍能保持较优的统计特性。

3) 基于 SPOT 方法的试验方案

以前文中系统的 FDR 试验为例，测试性试验方案约束参数为 $p_0=0.95$，$p_1=0.90$，$\alpha=\beta=0.1$。FDR 的先验分布满足：

$$\pi(p)=\frac{\Gamma(160\times 0.7)}{\Gamma(144\times 0.7)\Gamma(16\times 0.7)}p^{100.8-1}(1-p)^{11.2-1} \tag{4.64}$$

根据对单次抽样方法、SPRT 方法和 SPOT 方法抽样特性和平均抽样次数的分析，在系统的实物样机上开展测试性试验。

这里只对 SPRT 方法和 SPOT 方法下的实际试验次数进行对比，获取这两种方法的实际试验次数和检测失败次数步骤如下：

(1) 将试验方案约束参数代入 SPRT 方法的判决阈值计算公式得到 SPRT 方法的判决阈值；将试验方案约束参数和 FDR 先验分布代入 SPOT 方法的判决阈值计算公式(4.60)，得到 SPOT 方法的判决阈值。

(2) 抽取故障模式并进行故障注入试验，如果故障被成功检测，则成功次数加 1，如果未能成功检测，则累计失败次数加 1，当前试验次数与失败次数的组合为 (n_i,c_i)。

(3) 将(n_i,c_i)代入 SPRT 方法判决因子计算公式，计算当前的 SPRT 方法判决因子；将(n_i,c_i)和 FDR 先验分布代入式(4.41)，计算当前 SPOT 方法的判决因子。分别将两种方法的判决因子与对应的判决阈值进行对比，如果两种方法都不能作出判决，则继续故障模式抽取和注入试验；如果 SPOT 方法可以作出判决，则 SPOT 方法对应的试验次数为 $n_{SPOT}=n_i$；转入步骤(2)继续试验，此时只利用试验结果对 SPRT 方法进行判决，直至 SPRT 方法也作出判决，得到 SPRT 方法的实际试验次数 n_{SPRT}。

图 4.11 给出了 SPRT 方法和 SPOT 方法的试验判决过程示意图。两种方法的判决结果都是接收，其中，SPOT 方法的实际试验次数为 27，0 次检测失败；SPRT 方法的实际试验次数为 41，0 次检测失败。SPOT 方法的实际试验次数小于 SPRT 方法的实际试验次数。

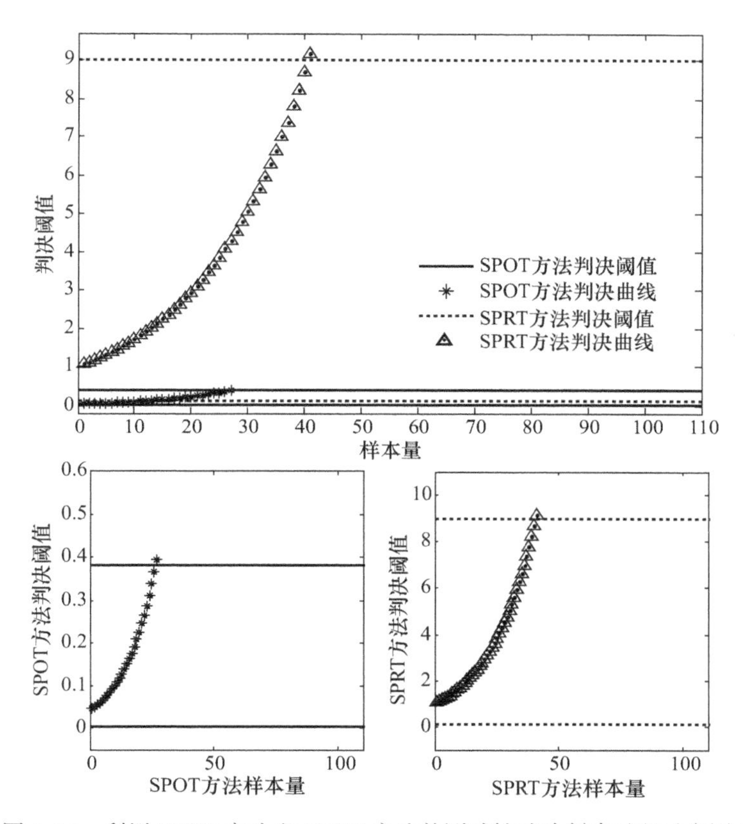

图 4.11　利用 SPRT 方法和 SPOT 方法的测试性试验判决过程示意图 1

图 4.12 给出了在相同试验方案约束参数下另一次试验的判决过程，与图 4.11 中相同，两种方法同样都作出了接收判决，而由于出现了 1 次检测失败，SPOT 方法的实际试验次数为 41，SPRT 方法的实际试验次数为 55。SPOT 方法的实际试验次数仍然小于 SPRT 方法对应的实际试验次数。

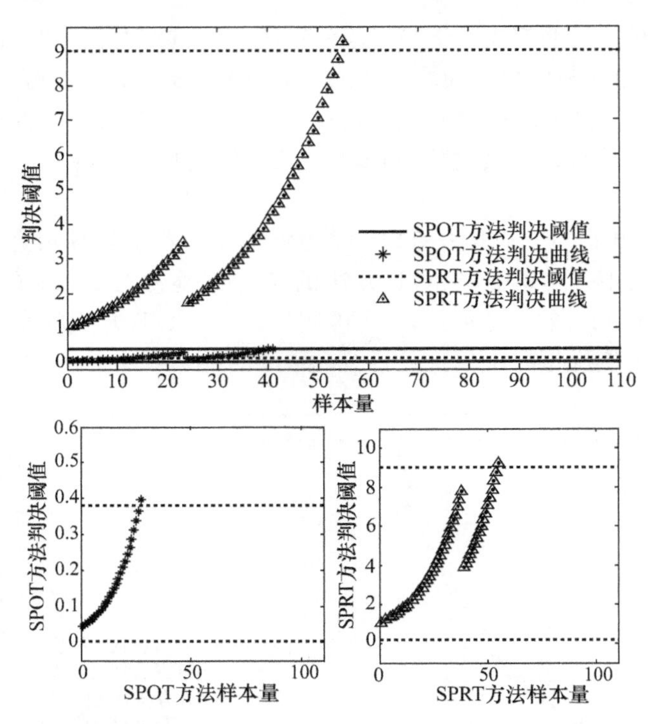

图 4.12 利用 SPRT 方法和 SPOT 方法的测试性试验判决过程示意图 2

为了对 SPRT 方法和 SPOT 方法实际试验次数进行充分对比，本节在相同的试验方案约束参数下继续开展对比试验，并获取了两种方法对应的判决结论、实际试验次数和检测失败次数。包含图 4.11 和图 4.12 所示的两组试验，将 SPRT 方法和 SPOT 方法的试验结果列于表 4.7 中。可以看出，在相同的试验方案约束参数和试验条件下，SPRT 方法和 SPOT 方法均作出了相同的判决结果，且 SPOT 方法的实际试验次数小于 SPRT 方法的实际试验次数。这也证明了前文关于 SPRT 方法和 SPOT 方法的抽样特性和平均抽样次数对比中给出的结论。

表 4.7 相同试验方案约束参数下 SPRT 方法与 SPOT 方法试验结果对比

试验编号	SPRT 方法			SPOT 方法		
	试验次数	失败次数	判定结论	试验次数	失败次数	判定结论
1	41	0	接收	27	0	接收
2	55	1	接收	41	1	接收
3	83	3	接收	27	0	接收
4	69	2	接收	54	2	接收
5	55	1	接收	41	1	接收
6	83	3	接收	54	2	接收
7	55	1	接收	27	0	接收
8	41	0	接收	27	0	接收

4.4.4 基于截尾SPOT方法的试验方案

利用SPOT方法确定测试性试验样本量时，先验数据的引入可以在一定程度上有效减少试验样本量。但由于试验结果的随机性，实际试验次数仍可能会较大。同样，可以仿照SPRT方法实施过程中对实际试验次数的限定措施，对SPOT方法采取截尾处理，即在方案制定过程中预先确定实际试验次数的阈值上界，当实际试验次数达到阈值上界时采用SPOT方法仍无法作出接收/拒收判决，则利用截尾SPOT方法强制作出判决。

1. 现有截尾SPOT方法

对于现有截尾SPOT方法[2,6]，当SPOT方法的试验次数达到截尾试验次数N后仍未作出判决，则利用截尾判决阈值C将区间SPOT的判决阈值区间$[A,B]$分为两个区域：$D_1=\{B<O_n<C\}$，$D_2=\{C\leqslant O_n<A\}$。当判决因子O_n落入区间D_1时采纳假设H_1，作出拒收判决；落入区间D_2时采纳假设H_0，作出接收判决。这样在第N次试验后必然能终止试验并作出决策，但这两种截尾判决措施分别对应相应的风险增量。设基于截尾SPOT方法的试验方案对应的双方风险分别为α_N和β_N，则可得

$$\begin{cases}\alpha_N=\alpha+P(B<O_n<C\mid H_0)=\alpha+\Delta\alpha_N\\ \beta_N=\beta+P(C\leqslant O_n<A\mid H_1)=\beta+\Delta\beta_N\end{cases}\tag{4.65}$$

在制定截尾SPOT试验方案前，设定双方风险增量α_N和β_N的上界，依据截尾方案中的截尾试验数和截尾阈值，如果得到的实际双方风险增量在α_N和β_N的容许范围内，即可采用该截尾方案。然而，如果按照式(4.65)中的双方风险处理方法对SPOT方法实施截尾措施，制定截尾SPOT试验方案，无疑增加了试验方案约束参数中承制方和订购方的风险。

在相关文献中[2]，对截尾判决阈值C的求解，是利用SPOT方法的判决阈值A和B以0.5的收缩因子进行不断迭代求解得到的。实际上，由于测试性试验为成败型试验，而成败型试验的结果具有离散性的特点，即由判决阈值A和B通过迭代得到的截尾判决阈值C可能与由实际试验结果(n,c)得到的O_n没有关联，故无法反映在试验中作出截尾所需的截尾判决阈值。

2. 优化截尾SPOT方法

为保证双方风险不超过试验方案约束参数的规定值，在优化截尾SPOT方法中，分别将承制方风险和订购方风险拆分为两个部分：

$$\begin{cases}\alpha=\bar{\alpha}+\Delta\alpha\\ \beta=\bar{\beta}+\Delta\beta\end{cases}\tag{4.66}$$

式中，$\bar{\alpha}$ 和 $\bar{\beta}$ 为用于求解非截尾时的判决阈值，$\Delta\alpha$ 为截尾方法的承制方风险的增量上界，$\Delta\beta$ 为截尾方法的订购方风险的增量上界，考虑先验分布下的双方风险增量为

$$\begin{cases} \Delta\bar{\alpha}_{N_{\pi 0}} = \int_{\Theta_0} \Delta\alpha \cdot \pi(p)\mathrm{d}p \\ \Delta\bar{\beta}_{N_{\pi 1}} = \int_{\Theta_1} \Delta\beta \cdot \pi(p)\mathrm{d}p \end{cases} \tag{4.67}$$

将 $\bar{\alpha}$ 和 $\bar{\beta}$ 代入式(4.60)，计算截尾 SPOT 方法判决阈值 A'和 B'。

下面介绍优化截尾 SPOT 方法的截尾试验次数 N 和截尾判决阈值 C'的求解过程。设截尾数为 N，X 为 N 次试验中的成功次数，则考虑先验分布下的承制方风险增量 P_α 的表达式为

$$\begin{aligned} P_\alpha &= P\{B' < O_n < C' \mid p, p \in \Theta_0\} \\ &= \mid P\{0 < O_n < C' \mid p, p \in \Theta_0\} - P\{0 < O_n < B' \mid p, p \in \Theta_0\} \mid \end{aligned} \tag{4.68}$$

设

$$h(X) = O_n = \frac{1 - \int_0^{p_0} \frac{\Gamma(a+b+N)}{\Gamma(a+X)\Gamma(b+N-X)} p^{a+X-1}(1-p)^{b+N-X-1}\mathrm{d}p}{\int_0^{p_1} \frac{\Gamma(a+b+N)}{\Gamma(a+X)\Gamma(b+N-X)} p^{a+X-1}(1-p)^{b+N-X-1}\mathrm{d}p} \tag{4.69}$$

当 N 固定时，$h(X)$是关于 X 的单调递增函数，于是可得 $h(X)<C'$的解为 $X<h^{-1}(C')$。

设 $M_c=h^{-1}(C')$，则可得

$$P\{0 < O_n < C' \mid p, p \in \Theta_0\} = P\{0 < X < M_c \mid p, p \in \Theta_0\} \tag{4.70}$$

同理设 $M_b=h^{-1}(B')$，则可得

$$P\{0 < O_n < B' \mid p, p \in \Theta_0\} = P\{0 < X < M_b \mid p, p \in \Theta_0\} \tag{4.71}$$

由于 $h(X)$是关于 X 的单调增函数，且 $B'<C'$，故 $M_b<M_c$。于是可得

$$P\{B < O_n < C' \mid p, p \in \Theta_0\} = P\{M_b < X < M_c \mid p, p \in \Theta_0\} \tag{4.72}$$

已知 $X\sim b(N,p)$，于是有

$$P\{B' < O_n < C' \mid p, p \in \Theta_0\} = \sum_{k=M_b+1}^{M_c} C_N^k p^k (1-p)^{N-k} \tag{4.73}$$

考虑先验分布下的承制方风险增量为

$$\begin{aligned} P_\alpha &= \int_{p_0}^{1} P\{B' < O_n < C' \mid p, p \in \Theta_0\}\mathrm{d}\pi(p) \\ &= \frac{\Gamma(\alpha_\pi + \beta_\pi)}{\Gamma(\alpha_\pi)\Gamma(\beta_\pi)} \sum_{k=M_b+1}^{M_c} C_N^k \int_{p_0}^{1} p^{\alpha_\pi + k - 1}(1-p)^{\beta_\pi + N - k - 1}\mathrm{d}p \end{aligned} \tag{4.74}$$

考虑先验分布下订购方风险的增量为

$$P_\beta=\int_0^{p_1} P\{C' \leqslant O_n < A' \mid p, p \in \Theta_1\} \mathrm{d}\pi(p)$$
$$=\frac{\Gamma(\alpha_\pi+\beta_\pi)}{\Gamma(\alpha_\pi)\Gamma(\beta_\pi)} \sum_{k=M_c+1}^{M_a} C_N^k \int_0^{p_1} p^{\alpha_\pi+k-1}(1-p)^{\beta_\pi+N-k-1} \mathrm{d}p \tag{4.75}$$

式中，$M_a=h^{-1}(A')$。

根据对现有截尾 SPOT 方法在截尾判决阈值确定中存在的问题，在优化截尾 SPOT 方法截尾判决阈值确定中，考虑成败型试验结果的离散性，通过搜索算法得到作出截尾判决时满足风险增量约束的截尾试验次数 N 和截尾判决试验次数 M_c，再由 M_c 求解截尾判决阈值 C'，其目的是使截尾 SPOT 方法的抽样特性曲线与 SPOT 方法最为接近，实现截尾方案的最优化。

优化截尾 SPOT 方法的截尾试验次数 N 和截尾判决阈值 C' 的求解步骤如下。

(1) 由承制方风险和订购方风险的增量上界 $\Delta\alpha$、$\Delta\beta$，求得 $\Delta\bar{\alpha}_{N_{\pi 0}}$ 和 $\Delta\bar{\beta}_{N_{\pi 1}}$。由蒙特卡罗仿真方法求解 SPOT 方法在 p_0 和 p_1 处的接收概率 r_{1_SPOT} 和 r_{2_SPOT}。令截尾试验次数初值 $N=1$。

(2) 在$[0,N]$区间上求取 M_a、M_b。由于 O_n 是成功次数 X 的单调递增函数，在$[0,N]$区间上，依次增大 X 的取值，并计算 O_n。当 $O_n \geqslant B$ 时，$M_b=X-1$；当 $O_n \geqslant A$ 时，$M_a=X$。在(M_b,M_a)区间，令 $M_c=M_b+1$，$\mathrm{Sub}_{\min}=2$，$\mathrm{Temp}M_c=0$；

(3) 由当前 M_c、式(4.74)和式(4.75)分别求取条件风险增量 P_α 和 P_β。比较 $\Delta\bar{\alpha}_{N_{\pi 0}}$ 与 P_α、$\Delta\bar{\beta}_{N_{\pi 1}}$ 和 P_β 的大小关系：

(3.1) 如果 $P_\alpha \leqslant \Delta\bar{\alpha}_{N_{\pi 0}}$ 且 $P_\beta \leqslant \Delta\bar{\beta}_{N_{\pi 1}}$，求解截尾 SPOT 方法在 p_0 和 p_1 处的接收概率 r_{1_CSPOT} 和 r_{2_CSPOT}。

令

$$\mathrm{Sub}=\mathrm{Abs}(r_{1\_\mathrm{SPOT}}-r_{1\_\mathrm{CSPOT}})+\mathrm{Abs}(r_{2\_\mathrm{SPOT}}-r_{2\_\mathrm{CSPOT}}) \tag{4.76}$$

如果 $\mathrm{Sub}_{\min} \geqslant \mathrm{Sub}$，则 $\mathrm{Sub}_{\min}=\mathrm{Sub}$，$\mathrm{Temp}M_c=M_c$；否则保持不变。

(3.1.1) 如果 $M_c=M_a-1$，则截尾试验次数为 N，截尾判决阈值为

$$C'=\frac{B(a+M_c,b+n-M_c)-B_{p_0}(a+M_c,b+n-M_c)}{B_{p_1}(a+M_c,b+n-M_c)} \tag{4.77}$$

(3.1.2) 如果 $M_c<M_a-1$，令 $M_c=M_c+1$，代入式(4.74)和式(4.75)分别求取条件风险增量 P_α 和 P_β。比较 $\Delta\bar{\alpha}_{N_{\pi 0}}$ 与 P_α、$\Delta\bar{\beta}_{N_{\pi 1}}$ 和 P_β 的大小关系：

(a) 如果 $P_\alpha > \Delta\bar{\alpha}_{N_{\pi 0}}$ 或 $P_\beta > \Delta\bar{\beta}_{N_{\pi 1}}$，则截尾试验次数为 N，$M_c=\mathrm{Temp}M_c$，代入式(4.77)求解判决阈值 C'。

(b) 如果 $P_\alpha \leqslant \Delta\bar{\alpha}_{N_{\pi 0}}$ 且 $P_\beta \leqslant \Delta\bar{\beta}_{N_{\pi 1}}$，则回到步骤(3.1)。

(3.2) 如果 $P_\alpha \leqslant \Delta\bar{\alpha}_{N_{\pi 0}}$ 且 $P_\beta > \Delta\bar{\beta}_{N_{\pi 1}}$，则令 $M_c=M_c+1$，转到步骤(3)。

(3.3) 如果 $P_{\alpha}>\Delta\bar{\alpha}_{N_{\pi0}}$，无论 P_{β} 与 $\Delta\bar{\beta}_{N_{\pi1}}$ 大小关系如何，在当前 N 下均无解。令 $N=N+1$，转到步骤(2)。

对于 SPOT 方法和截尾 SPOT 方法的使用选择，后者可以作为前者的补充。利用 SPOT 方法和截尾 SPOT 方法制定测试性试验方案的流程如图 4.13 所示。

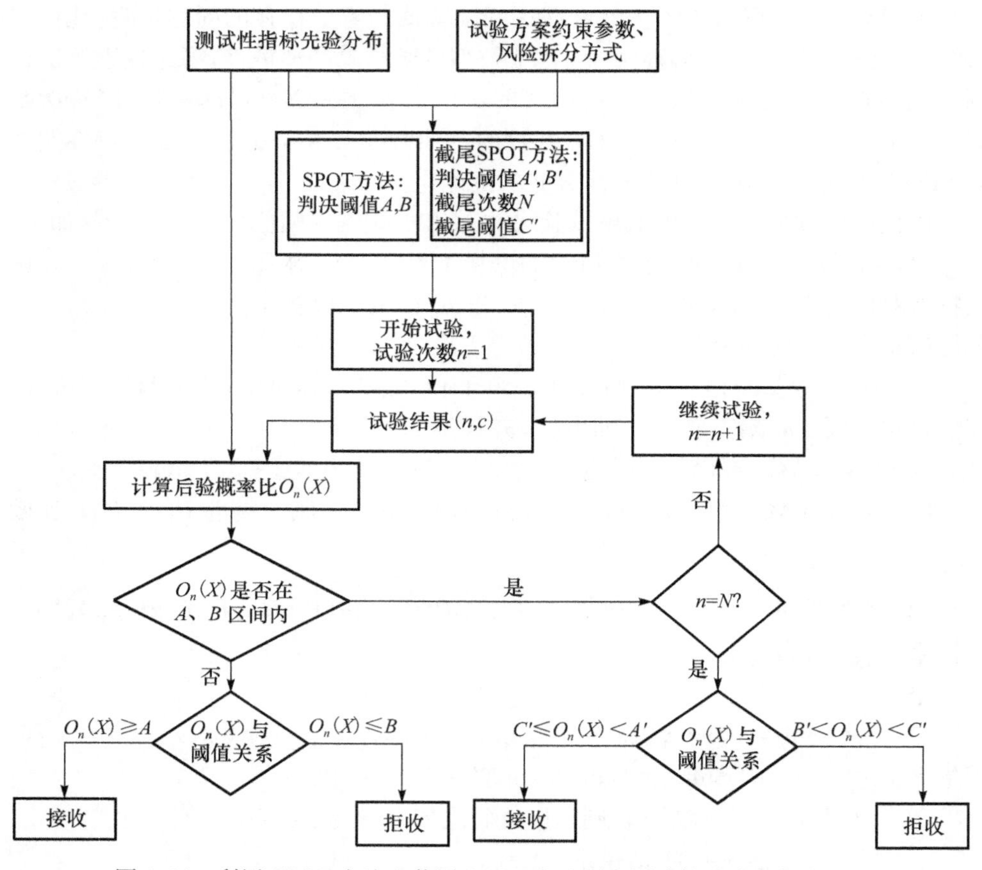

图 4.13 利用 SPOT 方法和截尾 SPOT 方法制定测试性试验方案流程图

(1) 确定待测测试性指标的先验分布和试验方案的约束参数；

(2) 计算 SPOT 方法的判决阈值 A 和 B；确定截尾 SPOT 方法的风险拆分方式，计算截尾 SPOT 方法的截尾试验次数 N 和截尾判决阈值 A'、B'和 C'；

(3) 开展故障注入和检测/隔离试验，根据当前累计试验结果(n,c)计算判决因子 O_n，当试验次数小于 N 时，采用 SPOT 方法的判决阈值进行判定；当试验次数为 N 时，如果采用 SPOT 方法的判决阈值仍然无法作出接收/拒收判决，则利用截尾 SPOT 方法的判决阈值强制作出接收/拒收判定。

3. 优化截尾 SPOT 方法风险拆分方式与方法统计特性分析

以前文所述装备系统为例，对 SPOT 方法和优化截尾 SPOT 方法的使用选择进行对比。试验方案约束参数为 $p_0=0.95$，$p_1=0.90$，$\alpha=\beta=0.1$。FDR 的先验分布满足：

$$\pi(p)=\frac{\Gamma(112)}{\Gamma(100.8)\Gamma(11.2)}p^{100.8-1}(1-p)^{11.2-1} \tag{4.78}$$

由于不同风险拆分方式下截尾 SPOT 方法的抽样特性和平均抽样次数存在差别，分析对比三种风险拆分方式下截尾 SPOT 方法的统计特性，三种风险拆分方式分别如下：

(1) $\bar{\alpha}=\bar{\beta}=0.09$，$\Delta\alpha=\Delta\beta=0.01$；

(2) $\bar{\alpha}=\bar{\beta}=0.08$，$\Delta\alpha=\Delta\beta=0.02$；

(3) $\bar{\alpha}=\bar{\beta}=0.07$，$\Delta\alpha=\Delta\beta=0.03$。

图 4.14 给出了上述三种风险拆分方式下截尾 SPOT 方法与 SPOT 方法的抽样特性对比曲线。

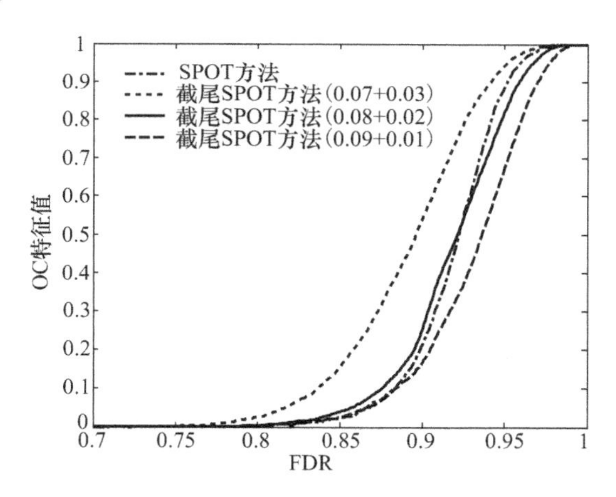

图 4.14 不同风险拆分方式下截尾 SPOT 方法与 SPOT 方法抽样特性对比曲线

由图 4.14 可以看出，当截尾 SPOT 方法的风险拆分方式为(0.08+0.02)时，截尾 SPOT 方法的抽样特性曲线与 SPOT 方法的抽样特性曲线最为接近；对于截尾 SPOT 方法中(0.07+0.03)的风险拆分方式，由其抽样特性曲线可以看出，在 FDR 的取值区间上的接收概率整体大于 SPOT 方法的接收概率，这样无疑增加了订购方的风险；对于截尾 SPOT 方法中(0.09+0.01)的风险拆分方式，虽然在 FDR 的 p_1 处与 SPOT 方法的抽样特性值接近，但在 p_0 处，抽样特性值小于 SPOT 方法对应的抽样特性值，这表示增加了承制方的风险。

图 4.15 给出了三种风险拆分方式下截尾 SPOT 方法与 SPOT 方法的平均抽样次数对比曲线。可以看出，在$[p_1, p_0]$区间内，截尾 SPOT 方法的平均抽样次数小于 SPOT 方法的平均抽样次数，(0.07+0.03)和(0.08+0.02)拆分方式下的平均抽样次数曲线几乎重合，而(0.09+0.01)拆分方式下的平均抽样次数最小。

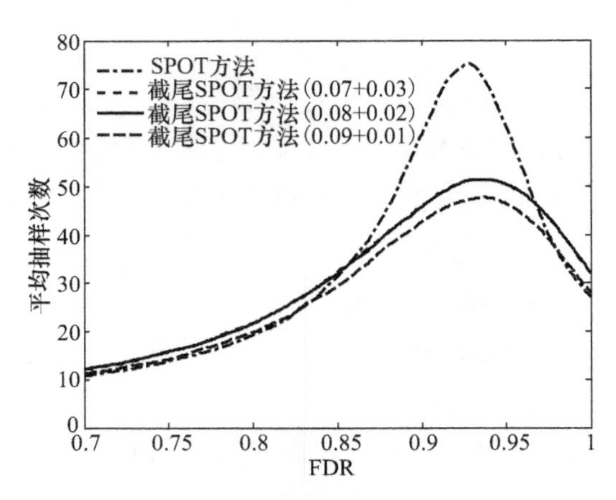

图 4.15　不同风险拆分方式下截尾 SPOT 方法与 SPOT 方法平均抽样次数对比曲线

经过上述对比分析，当风险拆分方式为$\bar{\alpha}=\bar{\beta}=0.08$ 和 $\Delta\alpha=\Delta\beta=0.02$ 时，截尾 SPOT 方法的抽样特性接近 SPOT 方法的抽样特性，因此本书选用该风险拆分方式。

事实上，由于成败型试验结果的离散性，不同的双方风险拆分方式下得到的截尾试验数和截尾判决阈值可能相同。对于截尾 SPOT 方法，某个双方风险拆分方式下对应的试验方案要素包括截尾试验次数、截尾判决成功数或截尾判决阈值。最优的截尾 SPOT 方案应尽量满足双方的风险约束，使双方实际风险与对应约束值的差值最小，要使截尾 SPOT 方法的抽样特性曲线能尽可能地接近非截尾 SPOT 方法的抽样特性曲线。

4. SPOT 方法与截尾 SPOT 方法对比

经过前面对不同风险拆分方式下截尾 SPOT 方法统计特性的对比，选定的风险拆分方式为

$$\begin{cases}\bar{\alpha}=0.08, \Delta\alpha=0.02\\ \bar{\beta}=0.08, \Delta\beta=0.02\end{cases} \tag{4.79}$$

首先，对 SPOT 方法、未优化截尾 SPOT 方法和优化截尾 SPOT 方法的抽样特性曲线和平均抽样次数曲线进行对比分析。图 4.16 分别给出了 SPOT 方法、未优化截尾 SPOT 方法和本章给出的优化截尾 SPOT 方法的抽样特性对比曲线。

可以看出，当 FDR 的取值在 p_0 和 p_1 两个约束点时，未优化截尾 SPOT 方法和 SPOT 方法的抽样特性值相差较大，未优化截尾 SPOT 方法的接收概率低于 SPOT 方法。其原因是由未优化截尾 SPOT 方法得到的截尾判决阈值 C 较大，使得在进行截尾判定时支持作出接收判决的试验结果组合较少。而优化截尾 SPOT 方法与 SPOT 方法的抽样特性值差别很小，说明优化截尾 SPOT 方法保证了与 SPOT 方法在抽样特性上的一致性。

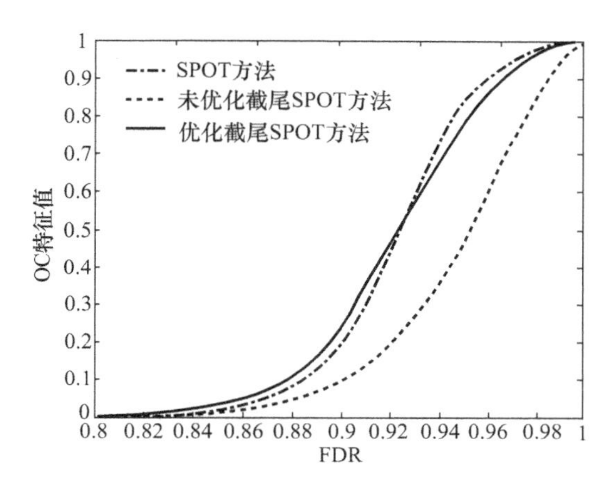

图 4.16　SPOT 方法、未优化截尾 SPOT 方法和优化截尾 SPOT 方法抽样特性对比曲线

SPOT 方法、未优化截尾 SPOT 方法和优化截尾 SPOT 方法的平均抽样次数对比曲线如图 4.17 所示。

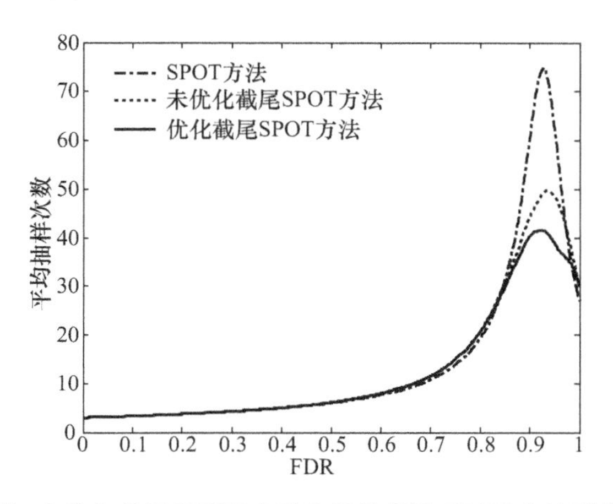

图 4.17　SPOT 方法、未优化截尾 SPOT 方法和优化截尾 SPOT 方法平均抽样次数对比曲线

由图 4.17 可以看出，随着测试性水平的增长，三种方法的平均抽样次数呈现先上升后下降的趋势。整体上，两种截尾 SPOT 方法的平均抽样次数小于 SPOT

方法的平均抽样次数，优化截尾 SPOT 方法的平均抽样次数小于未优化截尾 SPOT 方法的平均抽样次数。

由以上分析可以看出，与未优化截尾 SPOT 方法相比，优化截尾 SPOT 方法与 SPOT 方法的抽样特性近似度更高，而且平均抽样次数更少。

4.5 本章小结

本章首先分析了考虑双方风险和 SPRT 方法存在的问题，提出了利用 Bayes 统计理论对这两种方法进行改进的思路；阐述了多源先验数据分析及处理方法，用于求解测试性指标先验分布参数；提出了基于 Bayes 后验风险准则的测试性试验方案设计方法，并给出了该方法下试验方案的求解过程。案例应用结果表明，Bayes 后验风险方法确定的样本量小于经典方法确定的样本量。

结合 SPRT 方法与 Bayes 统计理论两者的优点，本章提出了基于 SPOT 方法的测试性试验方案设计方法，给出了 SPOT 方法的判决值计算方法、判决准则和判决阈值的确定方法；对比分析了经典方法、SPRT 方法和 SPOT 方法的抽样特性和平均抽样次数。结果表明，在具有相近的抽样特性的前提下，SPOT 方法和 SPRT 方法的平均抽样次数要小于经典方法。通过两次试验方案制定过程的仿真表明，在相同的试验条件和约束参数下，SPOT 方法的实际试验次数要小于 SPRT 方法的实际试验次数，在试验优化设计方面更具有优势。

本章提出了基于优化截尾 SPOT 方法的测试性试验方案设计方法，对比分析了不同风险拆分方式下优化截尾 SPOT 方法的抽样特性和平均抽样次数曲线，与未优化截尾 SPOT 方法相比，优化截尾 SPOT 方法与 SPOT 方法的抽样特性近似度更高，而且平均抽样次数更少。

案例表明，本书提出的测试性方案优化设计方法在承制方、订购方风险基本不变的情况下，能够充分利用测试性先验数据，有效减少试验样本量。

参考文献

[1] 张敏. 基于 Bayes 序贯决策的武器试验分析方法研究[D]. 南京：南京理工大学，2006.

[2] 王国玉，申绪涧，汪连栋，等. 电子系统小子样试验理论方法[M]. 北京：国防工业出版社，2003.

[3] 陈前斌，蒋青，于秀兰. 信息论基础[M]. 北京：高等教育出版社，2007.

[4] 贾世楼. 信息论理论基础[M]. 2 版. 哈尔滨：哈尔滨工业大学出版社，2001.

[5] 吴忠德，邓露. 基于验前试验信息熵的测试性验证试验方案[J]. 计算机测量与控制，2016，6(24)：286-288.

[6] Hamada M S, Wilson A G, Reese C S, et al. Bayesian Reliability[M]. New York: Springer, 2008.

[7] 王超. 虚实结合的测试性试验与综合评估技术[D]. 长沙:国防科学技术大学,2014.

[8] 李天梅. 装备测试性验证试验优化设计与综合评估[D]. 长沙:国防科学技术大学,2010.

[9] 雷华军. 电子系统测试方案优化设计理论与关键技术研究[D]. 成都:电子科技大学,2015.

[10] 张金槐,刘琦,冯静. Bayes 试验分析方法[M]. 长沙:国防科技大学出版社,2007.

[11] 刘琦,王囡,唐旻. 成败型产品基于验后概率的 Bayes 序贯检验技术[J]. 航空动力学报, 2013,28(3):498-500.

[12] 刘琦,冯文哲. 成败型产品的 Bayes 可靠性验证试验设计[J]. 航空动力学报,2012,27(1): 110-117.

[13] Santis F D. Statistical evidence and sample size determination for Bayesian hypothesis testing[J]. Journal of Statistical Planning and Inference, 2004, 124: 121-144.

[14] Jeffrey D B. Likelihood methods for measuring statistical evidence[J]. Statistics in Medicine, 2002, 21: 2563-2599.

第5章 测试性试验实施与故障注入

5.1 概　　述

测试性试验实施是指将试验方案确定待注入的故障样本，采用合适的故障注入方法与设备，注入受试装备中，启动装备机内测试、外部测试设备等对所注入的故障进行故障检测与隔离，并记录检测与隔离结果的过程。测试性试验实施中，通过故障注入验证UUT的机内测试或者外部测试的诊断能力，并为测试性评估提供数据支持。通俗地讲，是按照选定的故障模型，用人工的方法有意识地产生故障并施加于运行特定负载的被测对象中，同时观测和收集测试诊断系统对故障的检测、隔离成败结果[1]。故障注入是实施产品测试性试验的必要技术手段。

本章首先综合国内外标准文献中的相关规范性指导，以及近年来国内测试性试验工作的工程实践经验与技术积累，对测试性试验准备与实施进行梳理；然后对近年来国内外应用比较广泛的故障注入方法和典型硬件故障注入系统进行总结；最后针对位置不可访问、故障无法直接注入的问题，从故障传递特性入手，探索基于故障传递特性的位置不可访问故障注入方法。

5.2 测试性试验准备与实施

5.2.1 测试性试验准备

1. 测试性试验备选样本库建立

备选样本库是指所有备选故障样本的集合，试验样本都从该库中进行选取。一个故障模式可以有多个备选故障样本，这取决于该故障模式有效的故障注入方法的种类。按照一定的编号规则，可以给每一个故障样本唯一编号，便于查找。备选样本还需要给出故障注入类型、故障注入方法(含故障注入位置)、故障注入成功判据、故障检测方法、故障检测指示判据、故障隔离指示判据、样本执行次数(分配的样本量)等内容。备选样本库是实施具体的测试性试验的基础。

考虑到故障注入点的可达性、故障模拟的可实现性、现场试验条件以及故障注入对受试产品的要求，并不是所有的故障模式都可以注入。因此，在建立故障备选样本库时必须首先确认故障模式的可注入性。

当故障不可注入时，可由试验工作组和订购方组织，开展对受试产品的设计资料分析和审查，确认是否可以正确检测和隔离；也可利用本书论述的基于故障传递特性的位置不可访问故障注入方法进行故障等效注入；在测试性验证中，当受试产品承制方不能提供相关资料时，作为不可检测故障处理。

确定不可注入故障的原则主要有以下几点。

1）注入后难以复位的故障模式

某些故障模式的注入会修改或删除存储器或寄存器中的信息，使受试产品无法故障清零，这类故障模式应划为不可注入故障。

2）易对受试产品产生破坏的故障模式

故障注入的目的是验证产品对故障的响应，注入完毕要保证产品如初，因此不应对设备造成损伤或破坏。然而，某些故障模式的模拟需要在一定程度上破坏设备的物理结构（如器件开路、引脚开裂）或容易破坏产品正常功能和性能，对于这类故障模式应划为不可注入故障。

3）注入后对产品产生附加影响的故障模式

对于高速、高密度的电子电路，在注入电气层故障时可能会引入额外的干扰，影响受试产品的其他功能和性能，此时该故障模式应划为不可注入故障。

4）故障注入方式受限的故障模式

根据试验条件和产品试验要求，某些故障模式的故障注入方式可能会受到限制，如软件实现的故障注入、没有物理入口、没有支持设备等，此时该类故障模式应划为不可注入故障。

2. 试验环境和设备准备

根据试验大纲，准备合乎要求的试验环境和工作环境，准备相关故障注入、信号检测等试验设备，确保试验设备齐全、功能正常，检测仪器都经过权威机构检定。

3. 测试性试验人员准备

根据试验大纲，安排技术负责人、质量负责人、试验主管、试验人员和质量监督员等，确保试验人员在规定的试验时间内专职从事试验工作，不受外界因素干扰。

5.2.2　测试性试验实施

1. 测试性试验实施一般步骤

测试性试验实施一般步骤包括：

（1）对受试产品进行连接和测试，检查确认受试产品与试验设备/交联环境的交联完备、正确无误，受试产品状态满足技术规范要求。

（2）故障注入抽样。若是定数试验方案，则按照既定试验程序，在试验故障模式集中抽取要注入的故障模式。若是截尾序贯试验方案，则依据上次试验结果进行判断，若继续试验，则抽取下一个试验故障模式。

（3）故障注入。依据故障注入操作程序，实施故障注入，判定故障注入有效性。

（4）检测记录。执行规定的测试项目并记录数据，然后撤销故障注入。

（5）问题处理。测试性验证试验实施过程中，若出现以下情况，应按照相应方式处理：

① 当试验中出现自然发生故障时，对故障及检测隔离信息进行记录，按可靠性试验相关办法进行故障修复及处理，并计入评价样本。

② 当试验中出现故障不可撤销时，对故障进行记录，采取修复措施使产品恢复正常功能，若经确认不可修复，则采用新的试验件。

2. 故障注入试验与检测记录

实施故障注入试验时，每次注入一个故障，进行故障检测、故障隔离，记录试验数据，修复产品到正常状态，然后再注入下一个故障，直到达到规定样本量，流程如图 5.1 所示。具体步骤如下：

（1）对受试产品进行连接，检查确认受试产品与试验设备/交联环境的交联完备、正确无误。

（2）产品状态完好性确认。

（3）如果产品存在自然故障或虚警，则记录相应的故障检测隔离结果；如果产品正常，则执行一次故障注入。

（4）故障注入有两种情形，第一种情形是对产品断电，然后注入故障，再对产品通电；第二种情形是无需对产品断电即可直接注入故障。

（5）故障注入后，启动 BIT、ATE 或人工测试进行故障诊断，记录试验数据，以及相应的故障检测隔离结果。

（6）撤销或者修复故障，与故障注入相同，也分为断电撤销及修复和不断电撤销两种情形。

（7）产品状态完好性确认。

（8）判断故障样本集中的所有故障是否都已经注入，如果还有未注入的故障，则继续重复上述过程，直到所有故障都已经注入完毕。

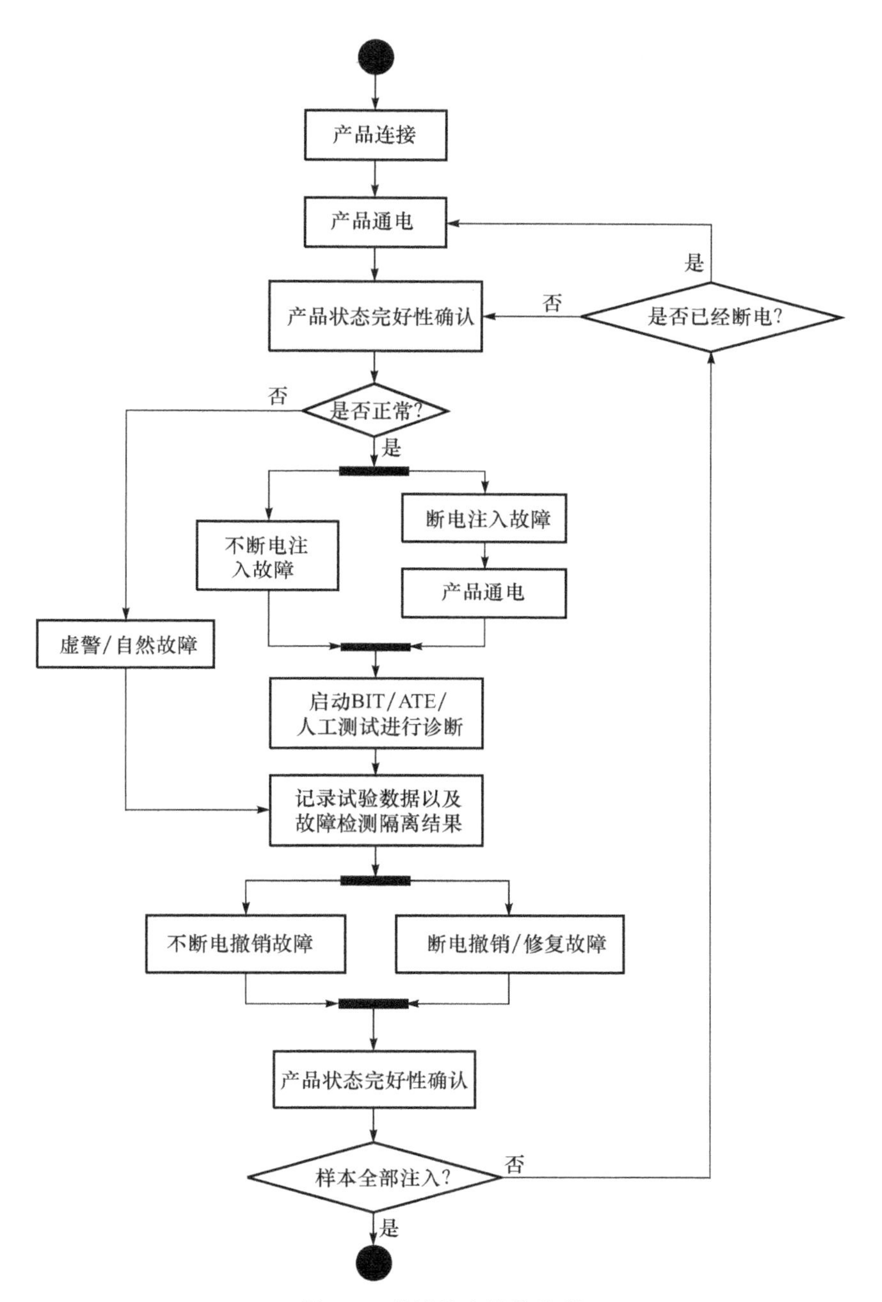

图 5.1　故障注入操作流程

5.3 故障注入基本原理与常用故障注入方法

5.3.1 故障注入基本原理

最早的故障注入工作可以追溯到IBM公司工程师 Harlan Mill 在 1972 年开展的相关工作,他的思路是通过估计程序中残存的故障个数来评估程序的可靠性。在 20 世纪 70 年代早期,故障注入技术被工业领域广泛用于容错计算机的性能验证中。直到 80 年代中期,学术界才开始大范围地将故障注入技术用于试验研究。

故障注入是指按照选定的故障模型,用人工的方法有意识地产生故障并施加于运行特定负载的被测对象中,为观测和收集测试诊断系统对故障的检测、隔离成败结果提供激励[2,3]。

故障模型分析和故障注入器设计是故障注入试验需要研究的内容。故障模型刻画了对真实故障行为和属性的分析能力,以故障注入器可以访问且可以实现的形式表达出来。完整的故障模型可以用故障属性和故障分布的集合来表示。但测试性验证试验需要注入的故障为故障样本选取环节确定的故障样本集,在故障样本选取环节已经考虑了故障模式的分布特性。因此,在基于故障注入的测试性验证试验中,故障模型可以用故障属性的集合来表示,定义为

$$F=\{F_{\mathrm{L}},F_{\mathrm{T}},F_{\mathrm{D}},F_{\mathrm{V}}\} \tag{5.1}$$

式中,F_{L} 表示故障注入的位置;F_{T} 表示故障注入时刻;F_{D} 表示故障注入的持续时间;F_{V} 表示在位置 F_{L} 处、时刻 F_{T} 时故障的值。

故障注入器主要功能是将故障模型描述的故障注入到指定的位置,将一定量的故障值注入 UUT 中,故障注入器可以是软件实现的,也可以通过一定的硬件设备实现。故障注入器的访问深度能刻画故障注入试验对 UUT 不同位置故障的访问和描述能力。

5.3.2 故障注入方法分类

故障注入技术可按故障类型、实现方法、系统/故障的抽象级别、试验所处的系统开发阶段、试验目标或试验运行环境等不同方面进行划分[4]。

按试验对象和运行环境,可分为基于模拟的故障注入方法和基于物理的故障注入方法。

按所注入的故障类型,可分为软件故障注入和硬件故障注入。

按故障注入的实现方法,可分为模拟实现、硬件实现、软件实现、重离子辐射诱发、电源干扰影响和激光实现的故障注入等。

按系统/故障的抽象级别，可分为晶体管开关级、逻辑级、芯片管脚级、微指令和宏指令级、系统级、应用级的故障注入等。

按试验所处的系统开发阶段，可分为用于需求说明、设计、实现、测试、运行、维护等阶段的故障注入。

按试验运行环境，可分为模拟环境中的故障注入和真实原型系统中的故障注入等。

本书从基于模拟的故障注入方法和基于物理的故障注入方法两个方面进行阐述。

5.3.3　基于模拟的故障注入方法

模拟故障注入方法可运行于采用某种标准硬件描述语言（如常用的 VHDL）构造的目标系统模拟模型中。与解析模型一般需要进行必要的简化和假设，以便能够利用数学方法进行处理相比，目标系统的模拟模型可以模拟系统的设计细节，而不需要这方面的简化和假设。因此，模拟模型不仅可以是随机模拟，而且经常是行为模拟，这为故障注入试验创造了条件。

基于模拟的故障注入方法可在晶体管开关级、逻辑级、功能级等由低至高不同抽象层次上进行。通常认为，在最底层注入故障的试验最接近真实故障并具有最精确的结果，但因模拟时间爆炸等问题而不是总能实现。试验者可根据具体应用选择低于目标系统模拟级别的某一层次上的故障模型进行模拟注入，而在较高级别观察反应。故障对系统可信性的影响是与工作负载特性相关的，因而在模拟故障注入试验中目标系统必须执行有代表性的工作负载。

晶体管开关级模拟故障注入[5]在研究模拟电路或故障的物理起因等问题中具有重要价值。通过改变电路内部某点的电压或电流，可以模拟环境干扰等因素使电路发生的故障。模拟注入的晶体管开关级故障有可能产生门级逻辑值的错误并进一步传播至芯片管脚。为解决晶体管开关级模拟的时间爆炸问题，可采用混合模拟和分层模拟等模拟技术。

与晶体管开关级模拟故障注入相比，逻辑级故障注入[6]仅需考虑器件的二进制状态运行情况：采用二进制输入向量并确定器件的二进制输出特征。逻辑级模拟故障注入中采用的故障模型包括具有代表性和应用广泛的固定 0 故障、固定 1 故障和翻转故障等。通常故障注入试验需要无故障模拟运行与故障注入模拟运行之间的比较以确定注入结果。

当故障注入用于研究大型复杂系统时，可以不必考虑低层次的故障发生细节，而仅需考察表现在较高层次上的故障特征，即功能级故障注入[7]。功能级故障模型因组成系统元件的多样性而难以确定，可以利用较低层次上故障注入试验结果生成的故障字典或现场测量辅助确定恰当的故障模型。

模拟故障注入方法在不同层次上的应用可通过构造不同层次上的故障注入工具提供给用户。不同层次上的模拟注入造成相应层次上的故障注入工具的差异，但所有基于模拟的故障注入工具有其一致的结构。

基于模拟的故障注入系统一般有以下结构，如图 5.2 所示。

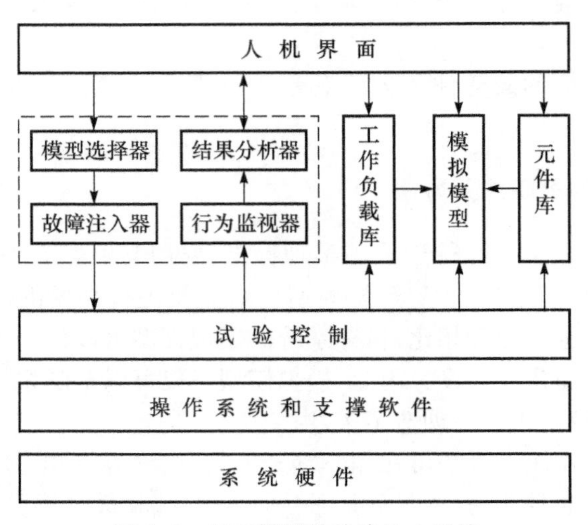

图 5.2　基于模拟的故障注入系统

试验环境的底层包括机器硬件和操作系统等支撑软件。试验控制模块总体控制其他各部分的运行，包括试验的启动与终止、任务的创建与撤销、各模块间的通信、模型的模拟运行等。元件库包含用于构造模拟模型所需的各种描述组件，并应具备可方便扩充的特点。工作负载库包含可在模拟模型上运行的专门设计的应用程序。故障注入模块实际上包含模型选择器、故障注入器、行为监视器和结果分析器四个子模块，子模块之间相互配合共同执行注入功能。人机界面负责与试验者交互信息，通常为直观的图形界面。

试验以试验者通过界面设置试验环境开始，包括利用元件库建立新的或修改已有的目标系统的模拟模型、从工作负载库中选择合适的工作负载、选择恰当的故障模型和试验目标等。故障注入模块中的故障注入器接收模型选择器发来的故障模型，在试验控制模块的控制下向运行工作负载的目标系统模拟模型中注入故障。故障注入模块中的行为监视器通过试验控制模块接收故障注入情况下目标系统的运行信息并存储起来，以便由结果分析器进行分析，进而向试验者提供试验结果。

目前电路的设计已几乎全部做到了电子设计自动化（EDA），相应的仿真软件也变得通用和普及。因此，基于模拟的故障注入方法在电路故障仿真中得到了广泛应用。

在 EDA 仿真环境下进行模拟故障注入采用三种方法：修改电路原理图、修改网络拓扑文件或修改模型定义。对于电路元器件的硬故障(如元件的短路、开路)，可以采用修改电路原理图的方法，即直接将已经建好的故障模型器件加入待注入失效元器件的指定位置，生成电路的故障仿真模型。因为电路器件的硬故障占电路故障比重较大，所以该方法操作简单且直观。对于电路元器件的软故障(如元件的参数漂移)，可以采用修改模型定义的方法，即在电路的模型定义文件中对器件模型进行修改，注入所需故障。该方法可以对不同的模型需要修改不同的参数，针对性强。这些方法的本质都是将元器件模型重组后的故障模型代替原有的器件模型，从而形成具有故障因素描述的电路网络拓扑。

以 EDA 仿真软件 PSpice A/D 为例，对型号为 CD4081B 的数字器件 U1A 注入“输出端固定高电平”故障[8,9]，三种注入方法分别如下。

采用修改电路原理图的方法，生成电路的故障仿真模型，如图 5.3 所示。该方法便于设计人员操作，但只能进行手动注入。

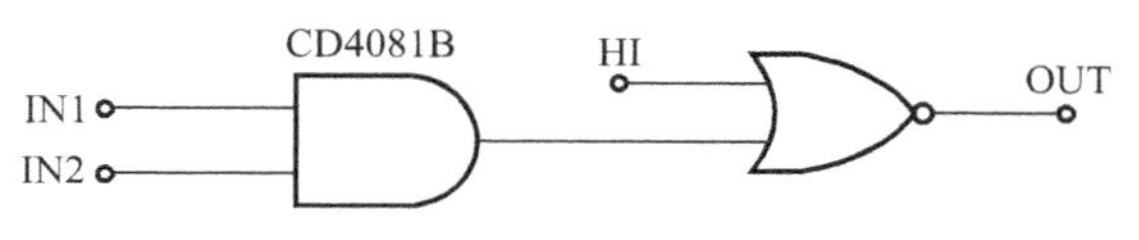

图 5.3 修改电路原理图进行故障注入

采用修改网络拓扑文件的方法进行故障注入，即在文件中恰当添加故障器件的信息，形成电路故障网络拓扑。正常状态下的网单文件描述为

```
X_U1A   IN1   IN2   OUT   $G_CD4000_VDD
+ $G_CD4000_VSS   CD4081B
```

注入故障后，网单文件描述为

```
X_U1A   IN1   IN2   N00001   $G_CD4000_VDD
+ $G_CD4000_VSS   CD4081B
X_U2   N00001   OUT   $G_CD4000_VDD
+ $G_CD4000_VSS   GUGAO
```

其中，“X_U2”为所加入的故障器件，该网单文件描述的内容等价于图 5.3 所示的电路结构。

采用修改模型定义的方法主要是在电路的模型定义文件中对器件模型进行修改，注入所需故障。该方法针对性较强，对不同的模型需要修改不同的参数，因此主要为手动注入；在自动故障注入中，多用于参数漂移和性能退化故障的注入。

进行电子系统故障仿真，要获得电路的故障响应结果，同时要对结果进行判定。而对于一个只有几十个元器件的中小规模电路，其失效模式可能有上千种。对于这样大量的仿真必定要实现故障仿真的自动化，实现仿真的连续运行。其中最关键的环节就是进行仿真的自动故障注入。在实现故障注入的基础上，进一步对仿真软件的接口进行研究可以完成仿真自动故障注入的实现，其实现原理如图 5.4 所示，它包含四部分内容：EDA 仿真软件仿真器的自动调用、故障注入模型的自动选取、电路仿真模型中的故障注入以及仿真结果的自动提取。在故障注入时主要采用修改网络拓扑文件和修改模型定义的方法。

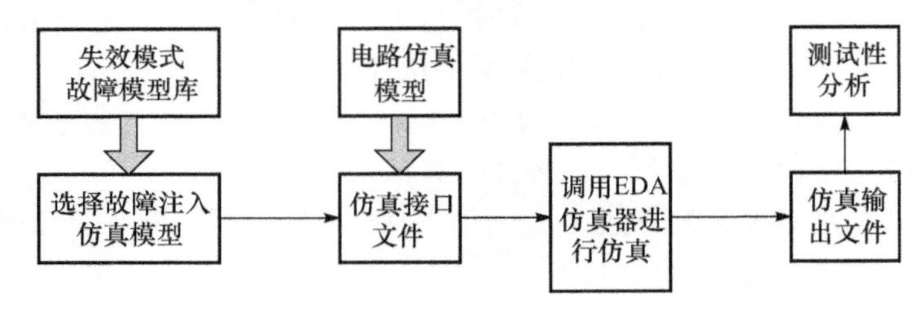

图 5.4　EDA 环境下自动故障注入原理

前文所述的三种故障注入方法需要在仿真之前就将故障注入仿真模型，而实际上故障通常在电路工作了一段时间后才发生；而且有的故障即使发生了，过一段时间它又恢复到正常值，即故障消失，系统恢复正常。此时需要建立元器件的故障动态仿真模型。元器件的故障动态仿真模型是指其故障模式的发生时间可以随意指定的故障仿真模型，在该时刻前元器件是正常的，在该时刻后元器件是故障的。为了实现元器件故障仿真动态模型，需要采用时控开关或压控开关来辅助实现。下面以 Multisim 软件中的电压控制开关和时间控制开关为例进行阐述[10]。

1. 电压控制开关

图 5.5 为利用电压控制开关实现自动故障注入的故障注入器。图中 V_1 是可编程电源，J_1 是电压控制开关，将这两种元件如图 5.5(a)所示组合，并用子模块代替(图 5.5(b))，便可实现多类故障的建模和注入。

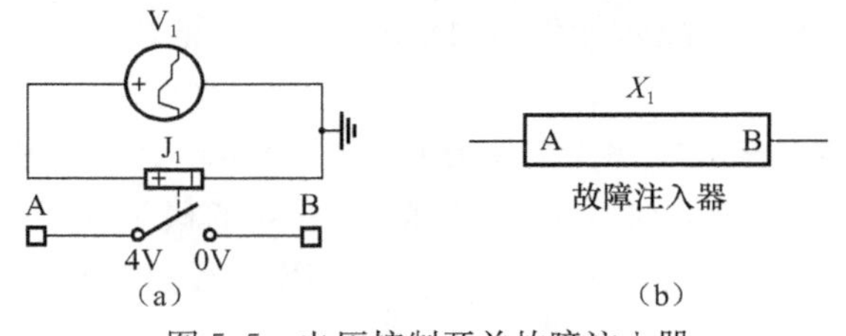

图 5.5　电压控制开关故障注入器

2. 永久性短路故障

假设电阻器在 20ms 时发生永久性短路故障，则故障模型如图 5.6(a)所示，将电阻器与故障注入器并联。进行测试性验证时，可编程电源的电压变化如图 5.6(b)所示，电压在 20ms 时变为 5V，压控开关闭合，故障注入成功。

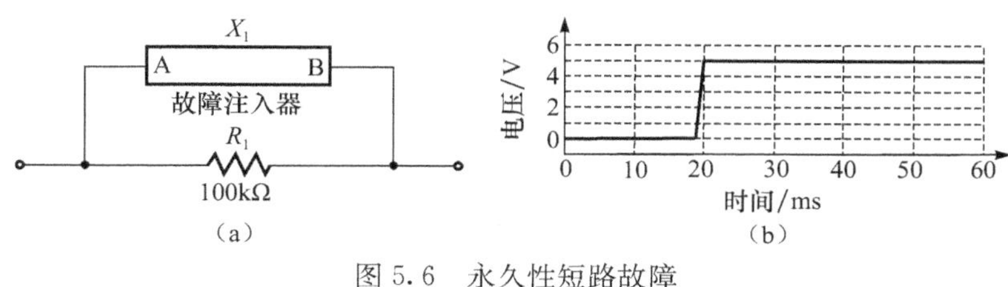

图 5.6　永久性短路故障

3. 间歇性开路故障

假设电阻器在 20ms 时发生短路故障，40ms 时恢复正常，则故障模型如图 5.7(a)所示，将电阻器与故障注入器串联。进行测试性验证时，可编程电源的电压变化如图 5.7(b)所示，电压在 20ms 时变为 5V，压控开关闭合，故障发生，40ms 时电压变为 0V，电路恢复正常。

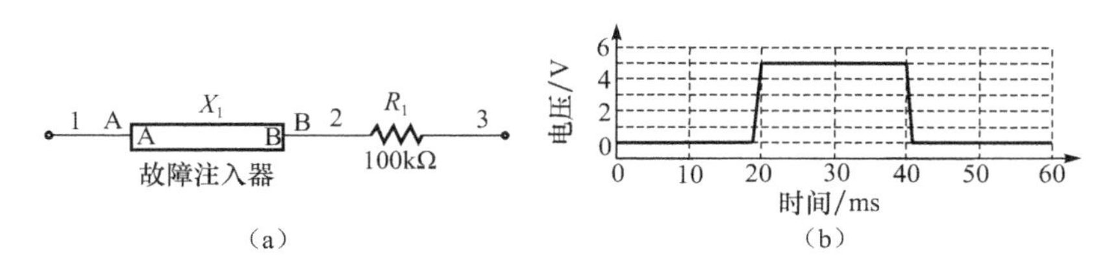

图 5.7　间歇性开路故障

4. 延时开关

图 5.8(a)为延时开关，有两个参数 TON、TOFF，如图 5.8(b)所示。合理设置 TON 和 TOFF 即可实现开关的延时动作。当 TON＞TOFF 时，开关初始为闭合状态，当仿真时间到达 TOFF 时，开关断开；仿真时间到达 TON，开关重新恢复闭合状态。若 TON＜TOFF，则开关初始处于断开状态，当仿真时间到达 TON 时，开关闭合；仿真时间到达 TOFF，开关重新恢复断开状态。将正常模型和故障模型接入延时开关，通过开关的闭合与断开即可实现正常模型与故障模型的自动接入切换。

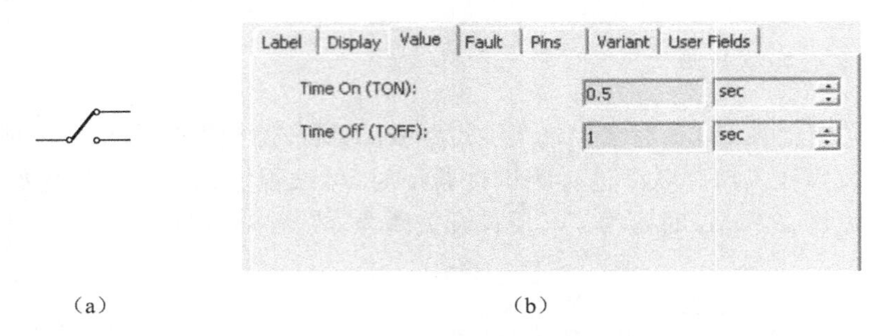

(a) (b)

图 5.8 延时开关模型及其参数设置界面

5.3.4 基于物理的故障注入方法

基于物理的故障注入方法是指直接在系统的物理样机上注入故障的方法。装备在研制后期一般会有样机出现，这为向运行真实工作负载的系统原型中注入实际故障创造了条件，此时基于物理的故障注入方法便可用于观察真实系统从故障发生至系统恢复的全过程，从而验证装备的测试性指标。

基于物理的故障注入方法通常按照故障注入的实现方法进行划分，可分为硬件实现、软件实现、辐射诱发、电源干扰和激光实现的故障注入五类。

在附加硬件设备的辅助下，故障可被注入系统硬件中。附加硬件设备与目标系统之间可通过活动探头、金属夹、芯片插座或专用电路板等相连。如何确保目标系统的安全是该方法必须解决的重要问题。如需判定瞬时故障的注入有效性以及测量故障注入执行时间等参数，硬件故障注入器和目标系统要达到一定程度的同步。

软件实现的故障注入(SWIFI)根据某种故障模型通过修改存储器或寄存器内容来模拟硬件或软件故障的发生。特权系统调用程序调试器可用于向操作系统或用户程序中注入故障。软件实现的故障注入依赖于机器指令周期、干扰工作负载的运行和必须同步注入的限制，使其对如故障/错误潜伏期等与时间有关的参数的估计精度较低。

芯片对电离粒子穿过晶体管时导致的单事件翻转(SEU)极为敏感。宇宙射线等对系统中 IC 的影响可以用辐射诱发的故障注入方法进行模拟。通过短时间将系统某一芯片暴露于 α 粒子或 Californium^{252} (Cf^{252}) 等重离子辐射源中，可以在芯片内部随机位置注入瞬时故障。这种方法对试验环境要求较高，并且产生的故障因位置不可控而不具有可重现性。

电源干扰法通过人工产生电源电压的短尖峰脉冲来模拟工业环境中的电噪声，从而向计算机系统中引入故障。这种故障注入方法同时影响目标芯片的多个节点，因此将同时产生多种瞬时故障。产生的电压脉冲宽度和幅度以及目标芯片的制造工艺等因素都将影响试验结果，并使故障类型极难控制。

激光注入方法可模拟 VLSI 生产中的缺陷，从而对其进行检测。利用激光向电路网络中注入故障存在两种方式：激光切割系统和激光沉积系统。这方面的研究与应用还较少。

基于物理的故障注入工具均包含试验控制器、行为监视器、故障注入器、数据收集器和数据分析器等部分，其结构如图 5.9 所示。

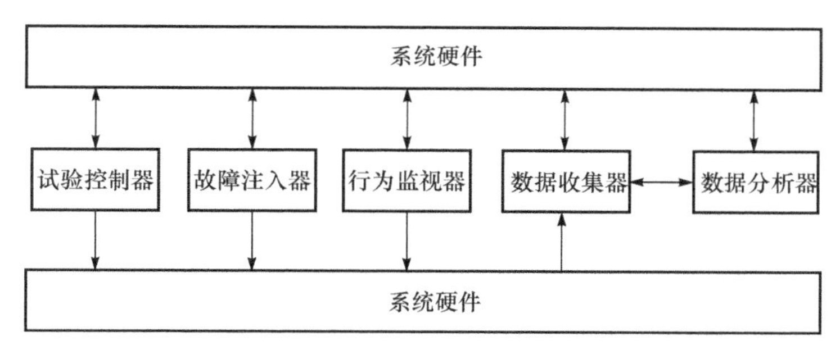

图 5.9 物理故障注入系统结构

试验控制器是用于控制整个故障注入试验进行的软件，可运行于目标系统或另一台计算机上。故障注入器执行向目标系统中注入故障的功能。行为监视器跟踪工作负载的执行，并在适当时刻启动数据收集器的执行。数据收集器和数据分析器分别执行在线的数据收集和离线的数据处理与分析。

故障注入器和行为监视器均可由硬件、软件或软硬件共同实现。若故障注入器由软件实现，而行为监视器由硬件或软硬件共同实现，则该工具为混合故障注入工具，其同时具备软件故障注入器的控制灵活和硬件监视器的时间精度高的优点，尤其适用于度量具有极短潜伏期的故障的影响。

在基于物理的故障注入方法中，辐射诱发、电源干扰和激光实现这三种方法一般用于微电子器件的生产厂家，所以实际采用的主要是硬件实现和软件实现两种方式。

1. 硬件实现

表 5.1 列出了七种硬件故障注入方法和各种方法的优缺点。

表 5.1 硬件故障注入方法比较分析

序号	故障注入方法名称	优点	缺点
1	基于可控插座的故障注入方法	覆盖故障模式种类多，研制开发相对简单，通用性强	无法注入实时性要求高的故障

续表

序号	故障注入方法名称	优点	缺点
2	基于后驱动的故障注入方法	注入过程简单、方便,注入可达性好	注入故障种类少,受产品具体情况限制
3	基于电压求和的故障注入方法	注入过程简单、方便,注入可达性好	注入故障种类少,受产品具体情况限制
4	开关式故障注入方法	研制开发方便、简单,通用性强,可注入故障模式具有典型性	无法注入实时性要求高的故障
5	系统总线故障注入方法	可解决板间高速实时故障注入的问题	通用性不高,可注入的故障模式有限
6	基于仿真器的故障注入方法	可解决板上高速实时故障注入的问题	开发研制难度高
7	边界扫描注入技术	注入过程简单、方便,注入可达性好	注入故障种类少,受产品具体情况限制,尤其是目前工程型号中大多数产品并不具备边界扫描电路

针对不同的故障,单独利用某一种注入方法是不可行的,因此需要综合考虑。针对电子设备的不同层级故障,各种硬件故障注入方法的使用思路如图 5.10 所示。

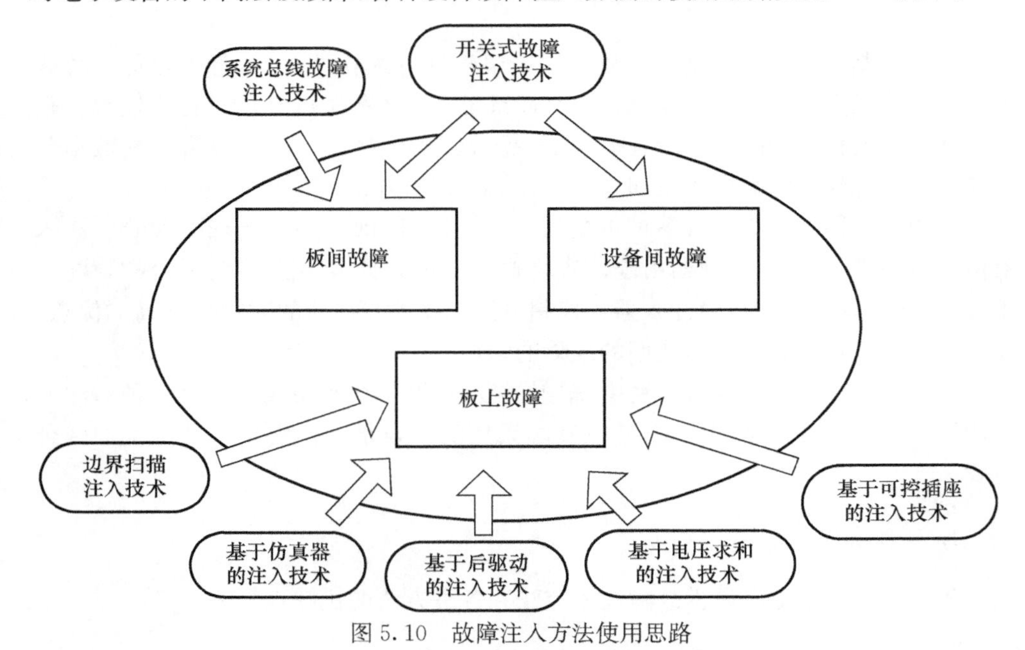

图 5.10　故障注入方法使用思路

下面着重讲解几种注入方法的具体实现过程。

1）基于可控插座的故障注入方法

对于元器件的故障模式可以采用基于可控插座的故障注入方法进行故障注入。典型的工具有 FTMP。基于可控插座的故障注入方法如图 5.11 所示。

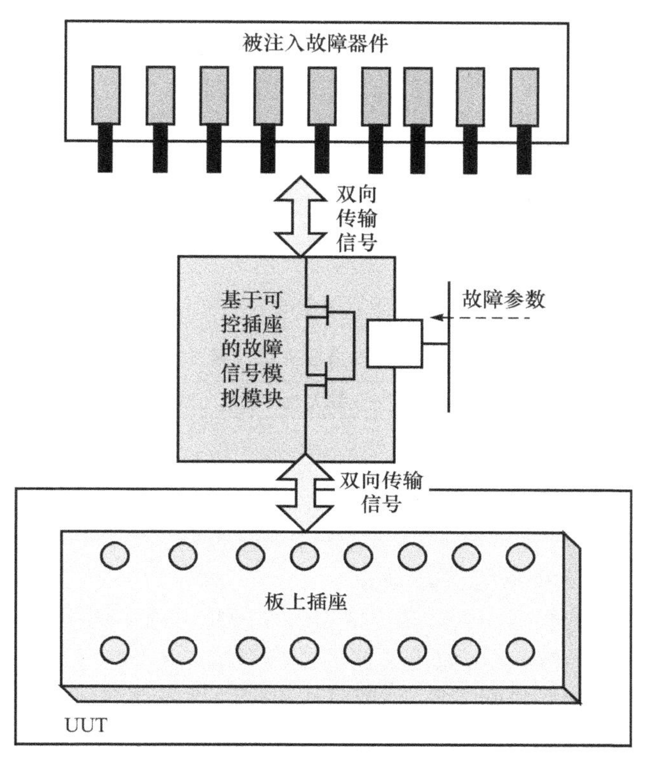

图 5.11　基于可控插座的故障注入方法

采用可控插座进行故障注入的实质是在通过一对场效应管串接在被注入元器件和 SRU(LRU)模块插座之间，不注入故障时，晶体管导通，被注入元器件和 SRU(LRU)模块插座之间直接连接；注入故障时，晶体管处于截止状态，可将事先准备好的信号施加到被注入元器件或 SRU(LRU)模块插座中。

2) 基于后驱动的故障注入方法

当被测对象不方便改造，即在 SRU(LRU)上无法安装可控插座时，也可以采用基于后驱动的故障注入方法对 SRU(LRU)上数字元器件的"固高"和"固低"两种故障模式进行故障注入。典型的工具有 Messaline。基于后驱动的故障注入方法如图 5.12 所示。

由于基于后驱动技术的故障注入方法的实质是通过对注入器件的输出级电路拉出或灌入瞬态大电流来实现将其电位强制为高或强制为低的目的，这必将在电路的相应位置产生较大热量，如积聚时间过长，必将导致电路的性能下降甚至完全损坏。所以，在实施后驱动故障注入时，要对注入电流幅值及时间加以控制，英国国防部军标 DEF STAN 00-53/2 提出的安全容限如表 5.2 所示。

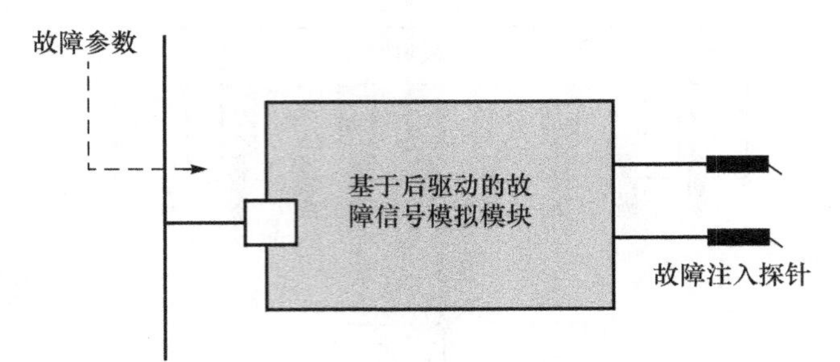

图 5.12　基于后驱动的故障注入方法

表 5.2　后驱动故障注入试验电流参数表

电路类型	注入故障类型	最大允许电流/mA	最大允许时间/ms
LSTTL	固定“1”	225	67
LSTTL	固定“0”	70	67
CMOS	固定“1”	2.4	40
CMOS	固定“0”	5	40

3）基于电压求和的故障注入方法

基于电压求和的故障注入方法主要是针对模拟电路采用的故障注入方法。在模拟电路中信号为连续信号，如传感器的信号调理电路和执行机构的驱动电路都是由很多级的电路前后协同工作，因此可能出现的故障类型多，而且故障原因非常复杂，但无论何种原因引起的故障最终进入处理器时都表现为信号突变、漂移和恒定，因此通过采用基于电压求和的故障注入方法，可以实现模拟电路的故障注入。基于电压求和的故障注入原理如图 5.13 所示。

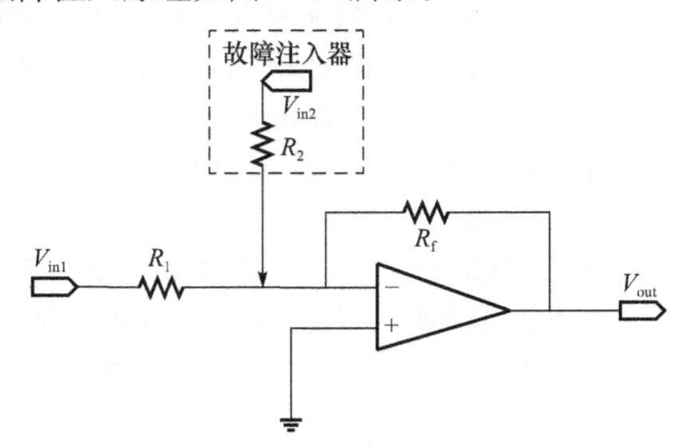

图 5.13　基于电压求和的故障注入原理

V_{in1} 和 V_{out} 分别为放大电路的输入与输出，在正常情况下，它们之间的关系是 $V_{out}=-V_{in1}\times\frac{R_f}{R_1}$，而当故障注入器将探针移至运算放大器的反相端时，$V_{out}=-V_{in1}\times\frac{R_f}{R_1}-V_{in2}\times\frac{R_f}{R_2}$，$R_2$ 为故障注入器中的可变电阻，V_{in2} 为故障注入器的可控

电压。由此可以看出，通过改变 V_{in2} 的输入可以改变 V_{out} 的输出，由此实现模拟电路的故障注入。

4）开关式故障注入方法

对于SRU(LRU)模块间连线中实时性要求不高的故障模式可以采用开关式故障注入方法进行故障注入。典型的工具有ADSL-2中的FIBO。开关式故障注入是将故障注入器串接在被测对象的板间或设备间，注入故障时，通过故障通路选择电路选择要注入故障的通路，利用故障模拟电路模拟出需要注入的信号特征。模拟的主要故障类型包括开路、短路、固高、固低、输出错误（相当于参数漂移）、线与地间搭接电阻、线上搭接电阻、线与线间搭接电阻等故障类型。开关式故障注入原理如图5.14所示。

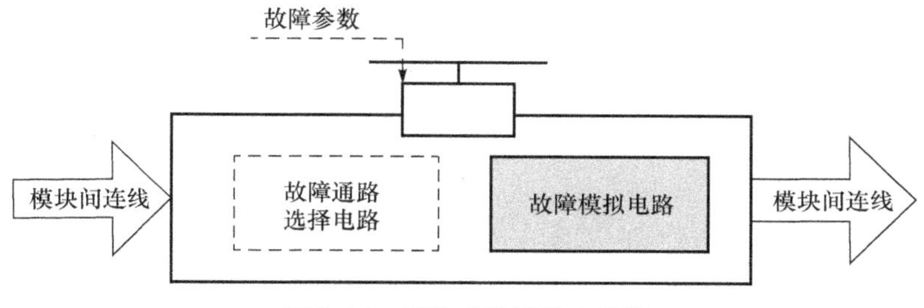

图5.14　开关式故障注入原理

常见的开关式故障模拟方法如表5.3所示。

表5.3　常见的开关式故障模拟方法

序号	故障类型	模拟方法
1	短路	原始信号1 原始信号2 不注入故障 线与线间短接 不注入故障
2	开路	原始信号 输出错误 不注入故障 “0” 固定逻辑0 “1” 固定逻辑1
3	固高	
4	固低	
5	输出错误	

续表

<table>
<tr><th>序号</th><th>故障类型</th><th>模拟方法</th></tr>
<tr><td>6</td><td>线上搭接电阻</td><td>电阻网络（搭接期望电阻）
原始信号
线上搭接电阻
不注入故障</td></tr>
<tr><td>7</td><td>线与线间搭接电阻</td><td rowspan="2">原始信号1
不注入故障
电阻网络（搭接期望电阻）
线与线间搭接电阻
线与线间搭接电阻
原始信号2
地
不注入故障</td></tr>
<tr><td>8</td><td>线与地间搭接电阻</td></tr>
</table>

5）系统总线故障注入方法

对于 SRU(LRU)模块间接口或总线的故障模式可以采用系统总线故障注入方法进行故障注入。总线故障注入方法可以实现物理层、电气层以及协议层的故障注入。当故障注入在电气层时，故障注入的实质是在期望的通信线路上，根据注入条件的要求，将原有传输的信号断开，用故障信号取代原有信号，传输给下级电路。当故障注入在物理层操作时，仅仅是在传输线缆进行物理上的短路、开路等，其实质与开关式故障注入方法相同。这里重点介绍系统总线故障注入方法在协议层的应用，系统总线故障注入的实质是在期望的地址上，根据注入条件的要求，将原有传输的信号断开，用故障信号取代原有信号，传输给下级电路。系统总线故障注入原理如图 5.15 所示。

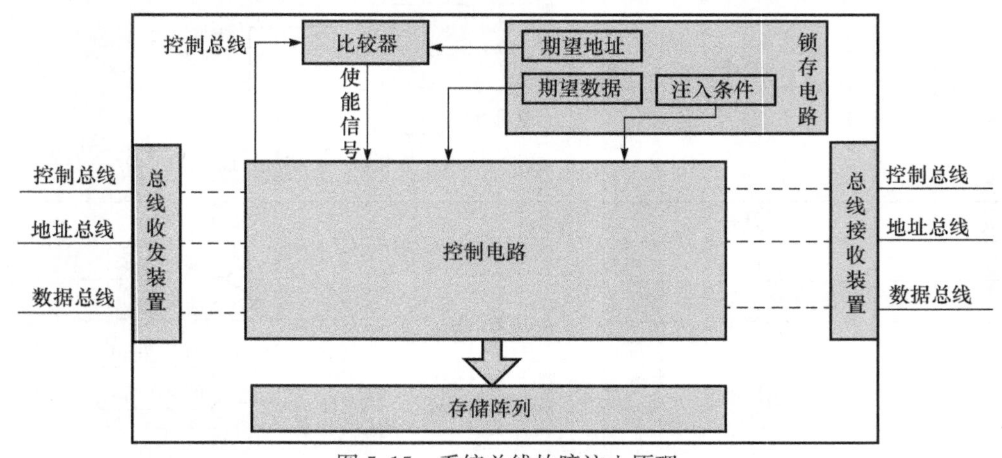

图 5.15　系统总线故障注入原理

首先通过总线收发装置接收板间传递的总线信号，将期望地址与正在传输的地址进行比较，判断其是否需要注入故障的地址，如果不是，则将原有信号直接通过总线收发装置传递给下一级电路；如果是，则控制电路将原有传输数据信号断开，将期望的数据通过总线收发装置传递给下一级电路。注入故障的时间或次数由注入条件决定。注入过程中，将注入时刻及其后继 n 个地址的数据存储在存储阵列中，以便在注入过程结束后，读取分析注入相关数据。

一种典型的基于总线的故障注入设备与受试产品之间的物理连接关系如图 5.16 所示。

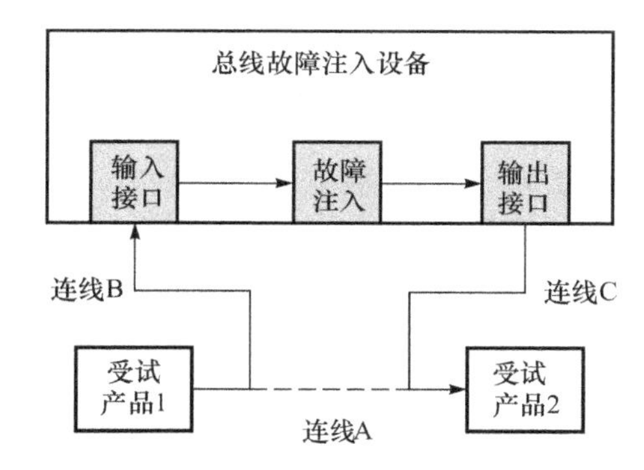

图 5.16　典型总线故障注入设备与受试产品物理连接关系

对从受试产品 1 输出到受试产品 2 的通信总线进行故障注入时，将受试产品 1 的通信输出信号连接到故障注入测试仪的输入接口“输入”，将受试产品 2 的通信输入信号连接到故障注入测试仪的输出接口“输出”。

2. 软件实现

由于系统及软件本身的复杂性和多样性，在实现上有很多不同的故障注入方法[11]，如基于调试器的故障注入方法、基于驱动的故障注入方法、基于特定目标系统的故障注入方法、基于多处理器的故障注入方法。

1）基于调试器的故障注入方法

可以使用接口调试函数注入故障。例如，故障注入器 FERRARI 就是基于该方法，当 NFTAPE 触发故障，故障注入器可以停止程序运行，除了注入故障时，系统都处于正常运行状态。但是用 trace 模式时，会很大程度上影响系统的性能。通常，这些注入器都配备一个基于调试器的触发器，可以对目标程序注入断点，当故障触发时停止目标程序，或者单步执行指令，跟踪系统的调用。

2）基于驱动的故障注入方法

有些故障因操作系统不能调度故障注入器而不能注入，由于操作系统访问权限限制，用户级别的故障注入器不能注入某些故障。例如，当操作系统处于安全模式时，基于软件的故障注入器不能注入故障。一种可以解决权限问题的方法是使用设备驱动程序去注入故障，因为相对于用户模式，设备驱动拥有更大的权限。基于驱动故障注入器可以对系统注入内存故障，提供了一个可以对给定地址注入故障的函数，并提供了一个可以获得目标系统使用内存信息的函数。设备驱动提供了一个称为 ioctl( )的函数，用户进程可以直接调用。

3）基于特定目标系统的故障注入方法

特定目标系统就是对目标系统进行修改，获得可加入故障注入的能力。目标程序如果能看成一个黑盒，以上两种方法是很有用的。但是一些高级故障需要知道目标程序的信息。例如，考虑到分析一个进程内消息队列的崩溃如何影响另一个节点的进程。对于这种情况，利用以上两种方法是不能产生这种故障的，即使故障模型非常简单、可行(如队列类编程错误的后果)。对于这种情况的一种解决方法是对目标程序加入使用编译信息(如某种数据结构的地址)注入高级故障的代码。NFTAPE 提供了可以调用这些功能的 API 函数。这种方法已经在对 Chameleon 和 Voltan 两个中间件产品注入故障，从而比较两个系统行为和对类似错误的保护能力时得到了应用。

4）基于多处理器的故障注入方法

通常，嵌入式系统经常包含多个拥有共享资源(如内存)的处理器。例如，许多 Motorola 的微处理板包含一个用以调试的处理器，这个处理器就可以用来注入故障。在这种情况中，故障注入器可以运行在某个处理器中，对另外一个没有冲突运行的处理器进行故障注入。

5.3.5 典型的故障注入系统

按照 5.2.2 节所述测试性试验实施流程和 5.3.4 节所述基于物理的故障注入方法，可以构建典型的硬件故障注入系统。故障注入系统主要由故障模拟与注入管理模块、故障模拟与注入器两部分组成。

1. 故障模拟与注入管理模块

故障模拟与注入管理模块主要负责管理故障注入模型生成、故障注入过程控制，以及故障模拟与注入器的管理。基于此，可将平台管理软件划分成如下几个模块：故障注入参数建立模块、故障注入控制模块、故障注入信息反馈模块、故障注入显示模块和数据记录与处理模块。其组成及模块关系如图 5.17 所示。

故障注入参数建立模块：通过编写用户界面，提供给用户一个建立故障注入参数的环境，并将用户输入的故障参数存放在特定的数据文件中，即在该数据文件中存放一系列故障注入参数表，下面的故障注入模块就靠这些参数表来执行故障注

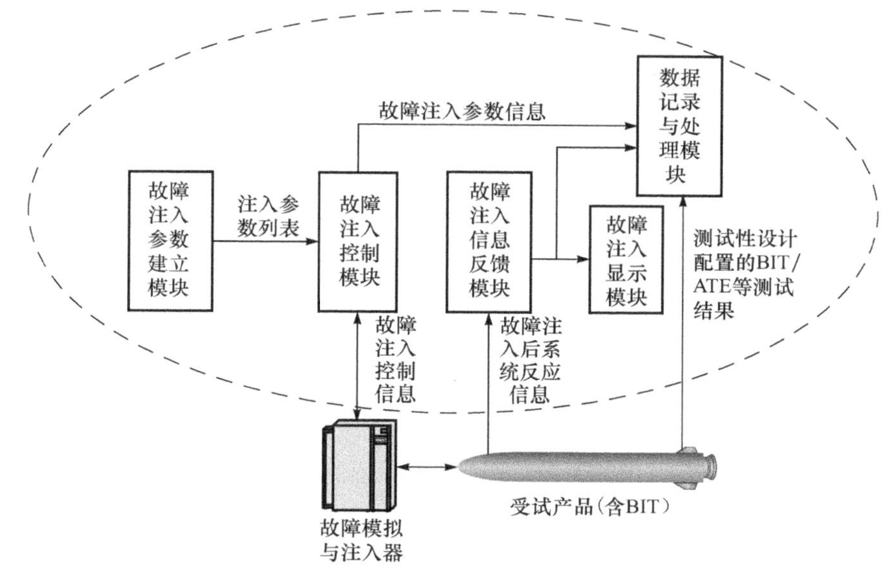

图 5.17　故障模拟与注入管理模块组成及关系图

入功能。这里的故障注入参数应至少包括故障注入点、故障模式、注入延时、注入周期、注入故障的重复次数等。这些数据同时提供给数据分析模块,以供分析使用。

故障注入控制模块:调用由故障注入参数建立模块提供的放有故障注入参数表的数据文件,通过信息交换接口将信息传递给故障模拟与注入器,再由故障模拟与注入器按照参数要求向被测系统注入单个或复合故障,同时把与之相关的注入有效性信息传递给数据分析模块,以供分析使用。

故障注入信息反馈模块:信息采集电路收集被测系统在被注入故障后的故障注入有效性信息,该模块再进一步将信息传递给数据分析模块,以供分析使用。

故障注入显示模块:该模块主要实现两个功能,一是实时显示故障注入进程(即故障注入器将在××时刻××位置,注入××故障,故障持续××时间);二是实时显示故障注入的有效性信息(即故障注入器将在××时刻××位置,是否注入××故障,故障持续××时间)。通过编写用户界面,将这些信息实时地显示给用户。

数据记录与处理模块:根据用户的需求,该模块对故障注入模块、信息反馈模块传递来的信息以及用户输入的 BIT/ATE 检测和隔离信息,进行记录与分析、处理,得到用户需要的报告文档。

2. 故障模拟与注入器

故障模拟与注入器主要由故障模拟与注入管理模块、信息采集电路等组成,完成故障模拟与注入以及故障注入后系统反应信号的收集。其组成及工作原理如图 5.18 所示。

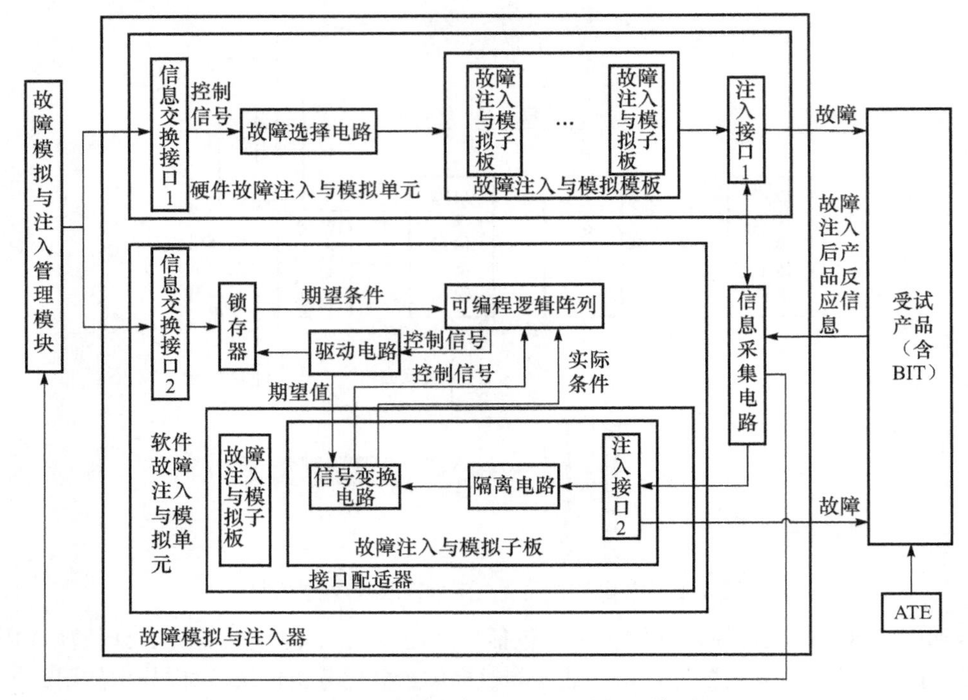

图 5.18　故障模拟与注入器组成及工作原理

故障模拟与注入管理模块：按照故障模拟与注入方式可以分为硬件模拟与注入、软件模拟与注入两部分。硬件注入单元针对数字电路和模拟电路的特点，采用后驱动方法、电压求和方法以及开关电路方法等直接对物理硬件进行故障模拟与注入；软件注入单元针对各种通信总线和传感器信号的特点，采用软件模拟的方法进行故障模拟与注入。

信息采集电路：该电路主要用来采集注入被测对象中故障特征信号的状态，通过在线监控，实时地将与故障注入有效性相关的信息传递给故障模拟与注入管理模块。

5.4　基于故障传递特性的位置不可访问故障注入方法

从测试性验证试验角度考虑，由于装备中复杂电路、精密机电系统的类型多，且高度集成、封装严密，装备研制完成后的验收阶段不可能再开箱分解测试，造成一些可以有效检验装备测试性设计水平的故障模式无法注入[3,12]。尽管在装备集成封装之前已经开展了大量的故障注入试验，对于可以有效检验装备测试性设计水平的故障模式进行了故障注入试验，但是由于复杂装备系统级测试性试验需要各个可更换单元的协同、集成，共享设计中的模型和参数，并考虑环境的交互影响，如要求地面测试设备向被测机载设备提供与机上完全相同的环境并在此环境下进行测试，会使测试设备变得非常复杂，这在研制阶段往往很难做到，甚至是无法实现的，因此环境因素导致已开展的故障注入试验数据的可信度低；而且测试设备与 UUT 接口的兼容性同样会影响未集成阶段故障注入数据的可信度，若在使用(试用)期间发现测试设备间信号特性的兼容性差，则很难进行大的改动加以补救，因此导致已有的测试诊断数据可信度低。从应用角度考虑，复杂装备规模大、结构复杂、功能多、工作强度重等特点，使各功能单元之间的作用和耦合关系越来越强，一个可更换单元发生故障之后会产生新的耦合和传递特性，故障出现方式更加复杂。越来越高的集成度和越来越复杂的功能使得测试性验证试验在解决故障的可注入性、故障注入的准确性等问题上面临严峻的挑战。故障的可注入性和故障注入准确性统称故障注入的有效性。故障注入有效性差将减弱故障样本集对 UUT 故障模式集的代表性，进而降低验证结论置信度。

故障注入过程是一个系统行为作用下状态不断变化的过程。为解决故障注入器访问深度不够造成的位置不可访问故障注入问题，最易实现的方法是将故障注入 UUT 的输出处或各个部件的连接处，这需要建立在各个部件连接处准确的故障模型，以保证故障注入的有效性。也可以通过仿真分析，找出等效的故障模式，使得一个故障模式可以用不同的故障注入方法在不同的位置实现。

本节以故障传递特性为基础，研究复杂装备基于故障模型的位置不可访问故障有效注入方法，尽量使故障模式能被有效注入。

5.4.1　测试性验证试验故障注入有效性分析

试验中选择的故障模型越接近并尽可能覆盖系统真实运行期间所发生的故障，试验结果就越精确。故障模型需要对真实情况下被测对象待注入的故障模式进行抽象、归纳和建模，然后形成故障注入器可以访问并能准确描述的故障模式。故障可能发生在整个器件内的每一个细微区域，故障注入器和故障模型的优劣综合表现为它们对每一处故障的描述能力。故障注入试验中故障注入位置访问的盲区将降低对故障样本集的覆盖率，故障模型对故障描述的准确能力将影响对 FDR/FIR 等测试性指标检验的完整性。

本节首先分析状态信息对故障检测/隔离能力的影响；然后指出故障模型的准确性和故障注入器的访问深度是影响故障注入有效性的主要因素。

开展测试性设计首先需要分析被测对象的层次结构、UUT 故障模式集组成，在此基础上建立故障-测试相关性模型，然后开展测试性详细设计。

1. UUT 故障模式层级划分及构成

复杂系统在测试性设计时需要进行层次划分。TEAMS 软件提供最多为 8 层的层级选择,依次是:系统级、子系统级、LRU 级、SRU 级、模块级、子模块级、元件级、故障模式级。我国目前主要采用三级维修体制,从实用的角度出发,可将 UUT 故障模式划分为系统级、LRU 级、SRU 级和元器件级(或部件级)四个层级。层级之间的关系如图 5.19 所示。

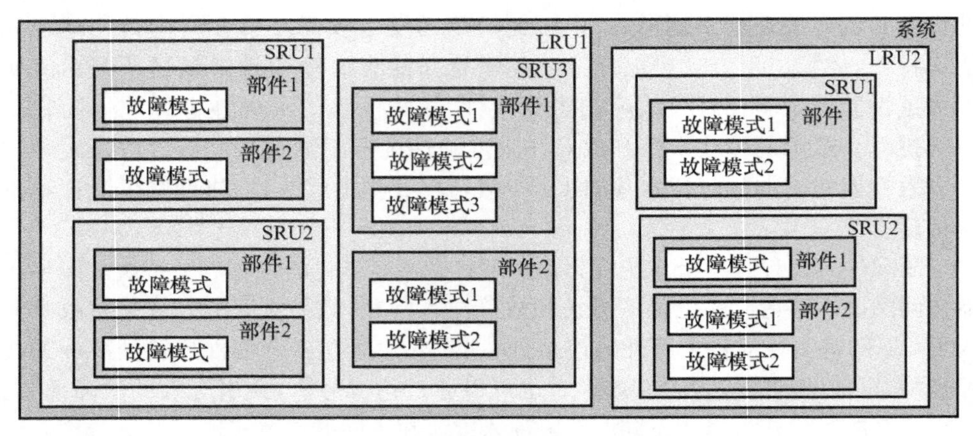

图 5.19　UUT 故障模式层级划分示意图

测试性设计针对的是 UUT 的所有故障模式,根据故障所属产品位置的不同,故障可分为元器件级故障、SRU 级故障、LRU 级故障以及系统级故障。其中导致元器件级故障的原因为元器件本身,可能有多种形式,即故障模式级。SRU 级故障多以功能故障为主,即可以认为 SRU 的故障就是该 SRU 不能完成规定的功能或者输出超出规定范围要求,原因通常有 SRU 内部元器件故障和 SRU 内连接故障。LRU 级故障多以功能故障为主,即可以认为 LRU 的故障就是该 LRU 不能完成规定的功能或者输出超出规定范围要求,原因通常有 LRU 内部元器件故障和 LRU 内连接故障。系统级故障多以功能故障为主,即可以认为系统的故障就是该系统不能完成规定的功能或者输出超出规定范围要求,原因通常有系统内部元器件故障和系统内连线故障,如图 5.20 所示。

2. 故障-测试-状态相关信息描述模型[13,14]

基于多信号流图的故障-测试-状态相关性建模是当前的一种主流测试性设计分析技术,下面以图 5.21 所示的多信号流图为例介绍其基本组成。

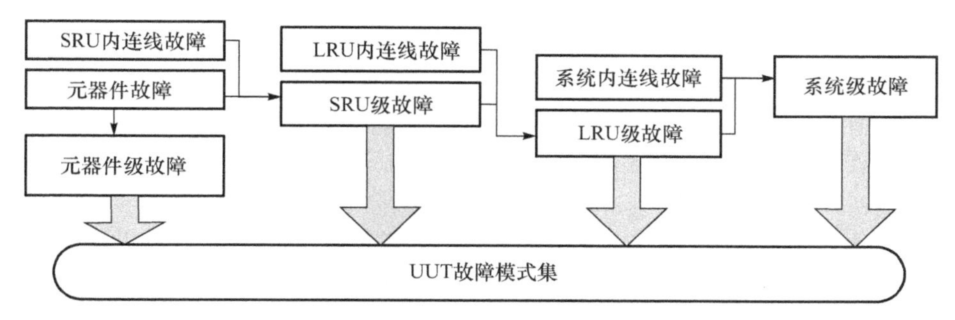

图5.20 UUT故障模式集构成

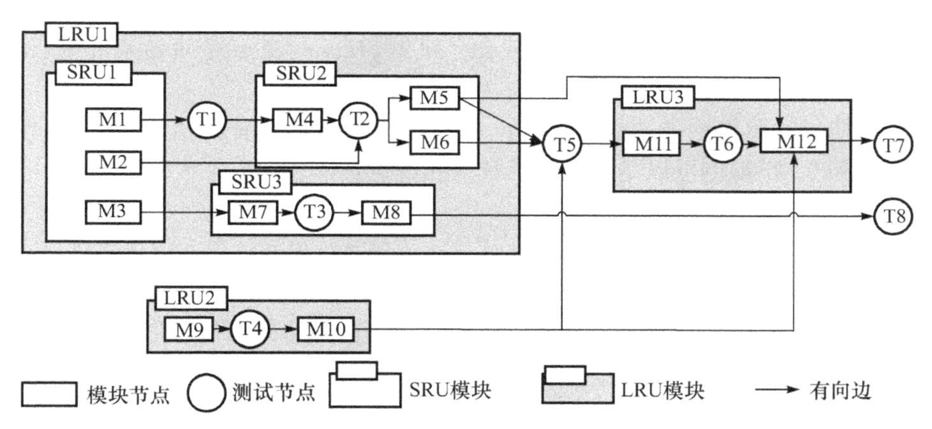

图5.21 故障-测试-状态相关性建模

多信号流图模型是一种有向图模型，由节点和有向边构成，其中节点包括模块节点、测试节点，下面对其进行详细说明。

(1) 模块节点：表示系统的功能单元，可以是任何一级的可更换单元。模块的最高层级可以是一个子系统，最低层级为故障模式，有时直接把模块视为一个潜在的故障源。

(2) 测试节点：表示测量的位置(物理的或逻辑的)。一个测试点可以有多个测试，在这里假设一个测试点对应一个测试。因此，在建立的多信号流图模型中用测试符号标记测试点。

(3) 有向边：连接两个模块节点或者模块节点与测试节点，其方向表示各模块之间故障影响传播的方向和测试信息的流动方向。

除包含以上基本要素，多信号流图模型还包括以下要素：

(1) 有限的模块集 $M=\{M_1,M_2,\cdots,M_m\}$，按照UUT的层级划分，这里模块可以对应于故障模式、元器件、SRU或者LRU等；

(2) 有限的测试集 $T=\{T_1,T_2,\cdots,T_n\}$，规定每个测试都是二值输出，即“通过”和“不通过”；

(3) 有限信号集 $S=\{S_1,S_2,\cdots,S_s\}$；

(4) 连接各节点(可以为模块节点，也可以为测试节点)的有向边的集合 $E=\{e_{ij}\}(1\leqslant i,j\leqslant(m+n))$，其中 e_{ij} 表示由节点 i 指向节点 j 的有向边；

(5) 每个测试 $T_i(1\leqslant i\leqslant n)$ 能够获取的一组状态信号集 $\mathrm{ST}(T_i)$，$\mathrm{ST}(T_i)\subseteq S$；

(6) 每个模块 $M_i(1\leqslant i\leqslant m)$ 影响的一组信号集 $\mathrm{SM}(M_i)$，$\mathrm{SM}(M_i)\subseteq S$，表示为 $\mathrm{SM}(M_i)\rightarrow \mathrm{sm}(M_i)=\mathrm{SM}(M_i)+\mathrm{eM}(M_i)$，$\mathrm{sm}(M_i)$ 为影响后的信号集，$\mathrm{eM}(M_i)$ 为信号 $\mathrm{SM}(M_i)$ 的状态增量；

(7) 每个模块 $M_i(1\leqslant i\leqslant m)$ 将一组信号集 $\mathrm{SMS}_1(M_i)$ 转变成另一组信号集 $\mathrm{SMS}_2(M_i)$，表示为 $\mathrm{SMS}_2(M_i)=H_i\{\mathrm{SMS}_1(M_i)\}$，$H_i\{\cdot\}$ 表示信号转换算子，代表模块 M_i 的功能。

在多信号流图模型中，“信号”泛指一切可以反映故障的征兆信息，可以是传递函数中的独立变量，也可以是系统的某种性能参数。

3. 状态信息对故障检测/隔离能力的影响

基于多信号流图进行故障检测和隔离的原理为：首先，一个具体的测试 T_i 获取一定的信号 $\mathrm{ST}(T_i)$，对这些信号进行一定的处理，并与判断标准进行比较，按照规定的判据或诊断逻辑来确定 T_i 的输出值 t_i，若 $t_i=0$，表示测试通过，若 $t_i=1$，表示测试不通过；然后，用于故障检测的测试集合为 $T_{\mathrm{D}}=\{T_{\mathrm{D1}},T_{\mathrm{D2}},\cdots,T_{\mathrm{D}L}\}$，$T_{\mathrm{D}}\subseteq T$，$L\leqslant n$，根据 T_{D} 中每个测试的输出结果，依据一定的诊断逻辑可以确定被测对象是故障还是正常；同理，用于故障隔离的测试集合为 $T_{\mathrm{I}}=\{T_{\mathrm{I1}},T_{\mathrm{I2}},\cdots,T_{\mathrm{I}K}\}$，$T_{\mathrm{I}}\subseteq T$，$K\leqslant n$，根据 T_{I} 中每个测试的输出结果，在已知 UUT 处于故障的状态下，依据一定的诊断逻辑可以确定被测对象发生故障的部位或可更换单元。故障检测/隔离原理如图 5.22 所示。

定义 5.1 最小完备检测状态集。对于一个具体的故障模式 f_i，可以正确检测故障发生的最小状态集称为该故障的最小完备检测状态集，记为 $\mathrm{SD}_{\min}(f_i)$。

定义 5.2 最小完备隔离状态集。对于一个具体的故障模式 f_i，可以正确隔离故障到指定层级的最小状态集称为该故障的最小完备隔离状态集，记为 $\mathrm{SI}_{\min}(f_i)$。

当一个具体的故障模式 f_i 发生时，会造成 UUT 的一部分状态信号 $\mathrm{SF}(f_i)$ 出现异常。设 $T_{\mathrm{D}fi}=\{T_{\mathrm{D}fi1},T_{\mathrm{D}fi2},\cdots,T_{\mathrm{D}fiN}\}(T_{\mathrm{D}fi}\subseteq T,N\leqslant n)$ 为用于检测故障 f_i 的测试集合，$T_{\mathrm{D}fi}$ 访问到的信号集合为 $\mathrm{ST}(T_{\mathrm{D}fi})$，在诊断逻辑正确的假设条件下，如果 $\mathrm{SD}_{\min}(f_i)\cup\mathrm{ST}(T_{\mathrm{D}fi})\approx\mathrm{SD}_{\min}(f_i)$，则故障 f_i 被正确检测的概率大；相反，如果 $\mathrm{SD}_{\min}(f_i)\cup\mathrm{ST}(T_{\mathrm{D}fi})\ll\mathrm{SD}_{\min}(f_i)$，则故障 f_i 被正确检测的概率小，造成故障潜伏在被测对象中。

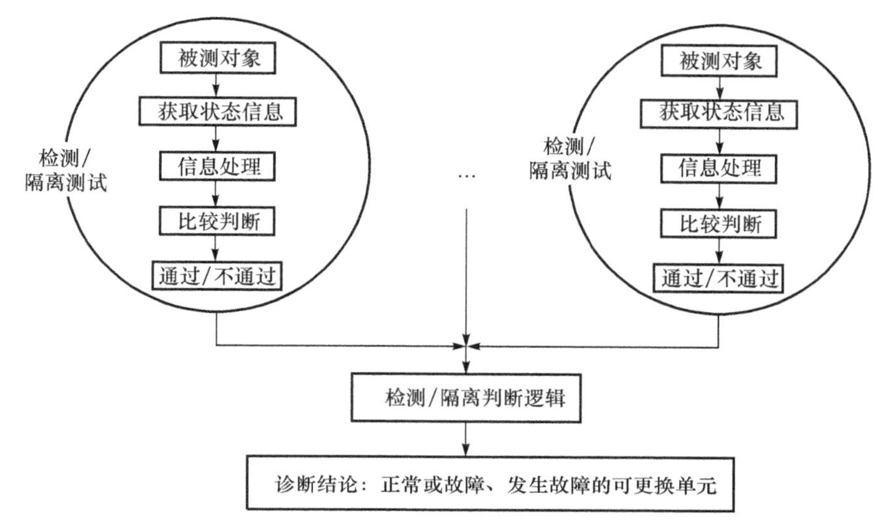

图 5.22　故障检测/隔离原理示意图

同理，设 $T_{\mathrm{I}fi}=\{T_{\mathrm{I}fi1},T_{\mathrm{I}fi2},\cdots,T_{\mathrm{I}fiM}\}(T_{\mathrm{I}fi}\subseteq T,M\leqslant n)$ 为用于隔离故障 f_i 的测试集合，$T_{\mathrm{I}fi}$ 访问到的信号集合为 $\mathrm{ST}(T_{\mathrm{I}fi})$，在诊断逻辑正确的假设条件下，如果 $\mathrm{SI}_{\min}(f_i)\cup\mathrm{ST}(T_{\mathrm{I}fi})\approx\mathrm{SI}_{\min}(f_i)$，则故障 f_i 被正确隔离的概率大；相反，如果 $\mathrm{SI}_{\min}(f_i)\cup\mathrm{ST}(T_{\mathrm{I}fi})\ll\mathrm{SI}_{\min}(f_i)$，则故障 f_i 被正确隔离的概率小，导致错误的维修行为产生，必然带来时间和费用的浪费。

故障发生后的真实状态空间、最小完备检测/隔离状态空间与检测/隔离测试访问的状态空间之间的关系将直接影响测试诊断能力的水平，如图 5.23 所示。若检测/隔离测试访问的状态空间大于最小完备检测/隔离状态空间，则故障被正确检测/隔离的概率大，相反则故障被正确检测/隔离的概率小。

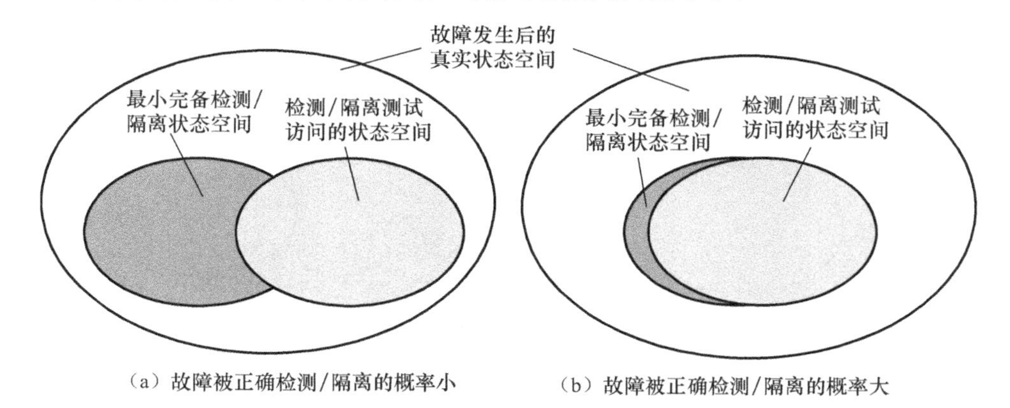

图 5.23　获取的状态信息大小对故障检测/隔离能力的影响

图 5.23 说明了测试性设计的本源目的，即检测/隔离测试访问的状态空间要保证大于或等于最小完备检测/隔离状态空间，极限情况是逼近故障发生后的真实状态空间。

故障注入是通过注入一定的异常信号加速装备失效来检验测试性设计的好坏，而衡量故障注入是否有效的判断标准就是看注入故障后的状态空间是否大于最小完备检测/隔离状态空间，因此最小完备检测/隔离状态空间成为检验测试性设计好坏和故障注入是否有效的一个共同标准。下面将对故障注入有效性进行详细分析。

4. 故障注入有效性分析

故障的“有效注入”是指能在指定的层级准确注入规定的故障模式，有两层含义：一是指定层次故障注入器可访问，即若采用硬件故障注入，在物理位置上是可访问的；若采用软件故障注入，与要注入故障相关的寄存器内容允许可读或可写。二是在指定位置注入的故障是准确的，即建立的包含故障值的故障模型是准确的。按照前文的分析，故障样本选取环节确定的故障模式可以是元器件级故障，也可以是 SRU 级、LRU 级或系统级故障。需注入故障的级别越低，建立的故障模型就越准确，但要求故障注入器具有足够好的访问深度；相反，故障注入的级别越高，故障模型准确性可能就越差，故障注入器要求访问深度相对较弱。也就是说，建立的故障模型越准确，故障注入有效性越好，故障注入器访问深度越深，故障注入有效性越好。

“有效注入”实际上表述了故障注入的本源目的，即注入故障后的故障状态空间要保证大于或等于最小完备检测/隔离状态空间，极限情况是注入故障后的状态空间逼近故障发生后的真实状态空间，如图 5.24 所示。

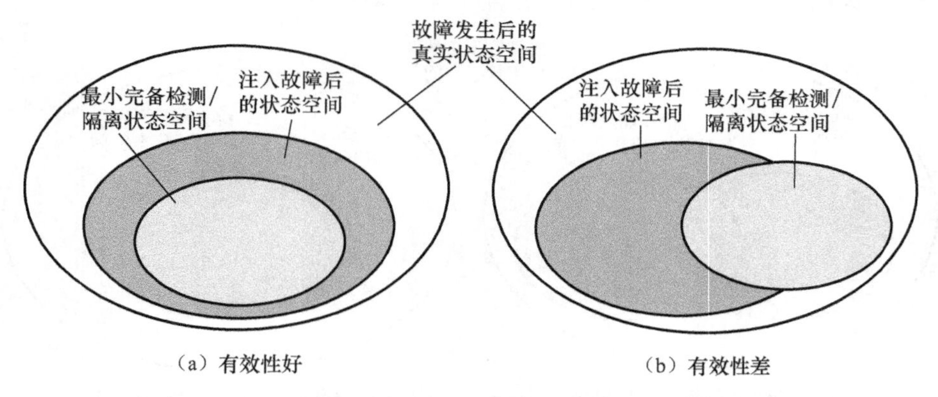

图 5.24　注入故障后产生的状态信息对故障注入有效性的影响

若注入故障后的状态空间大于或等于最小完备检测/隔离状态空间，则称故障注入是有效的，否则称故障注入是无效的。

5. 故障样本注入率

故障样本选取的故障模式可以为元器件级故障，也可以为 LRU 或 SRU 接口故障等。注入这些故障时，不可避免地会存在故障不可有效注入的问题，因此为衡量故障注入的有效性，本书定义了故障样本注入率(fault sample injection rate, FSIR)。FSIR 定义为在测试性验证试验故障注入过程中，用规定的方法有效注入的故障模式数量与选取的故障样本量之比，用百分数表示。其定量数学模型可表示为

$$\mathrm{FSIR}=\frac{N_{\mathrm{IF}}}{N_{\mathrm{F}}}\times 100\% \tag{5.2}$$

式中，N_{IF}为有效注入故障模式数量；N_{F} 为故障样本集中的故障模式数量。

在式(5.2)中，N_{F} 为故障样本选取环节确定的故障样本量，是综合考虑承制方、订购方风险承受能力以及 FDR/FIR 指标要求值确定的最优故障样本量值，因此承制方和订购方希望 FSIR＝1。但是故障样本选取的故障可以为任何级别，注入元器件级故障，建立的故障模型准确，但是需要故障注入器具有较深的访问深度；注入 SRU 级、LRU 级或者系统级功能故障，故障注入器具有较深的访问深度，但由于故障之间存在的耦合与传递特性，故障出现方式更加复杂，难以建立能准确表述故障行为表现的故障模型。而保证故障有效注入的前提是在指定的位置，故障注入器可访问，并且建立的故障模型准确，然而故障注入器访问和故障模型准确性一般是存在矛盾的。为了解决故障模型准确性和故障注入器访问深度之间的矛盾，并保证注入故障后的状态空间大于或等于最小完备检测/隔离状态空间，状态信息的分析至关重要，通过研究故障发生后 UUT 状态的变化，建立故障注入器可以访问且准确的故障模型是非常必要的。

5.4.2 故障传递特性分析与量化

本节从状态变化的角度研究故障传递特性，建立包括故障-状态相关矩阵、故障-故障相关矩阵、故障-故障等效矩阵和故障-故障相关等效矩阵的传递特性模型，并基于 Bayes 网络信度传播算法给出各矩阵的量化方法。

1. 故障传递特性描述模型

故障传递过程如图 5.25 所示，可描述为：故障 f_i 发生造成自身所在的功能模块 M_i 的状态异常，模块 M_i 的状态异常信号作为附近功能模块 M_k 的输入，又会引起功能模块 M_k 的状态输出异常。同时，故障 f_i 通过传递或耦合关系，引起故障 f_j 的发生，造成 f_j 所在功能模块 M_j 的状态异常，异常信号依次在系统中传播，直到信号传播强度小于 10^{-8}，则认为信号不再传播[15]。

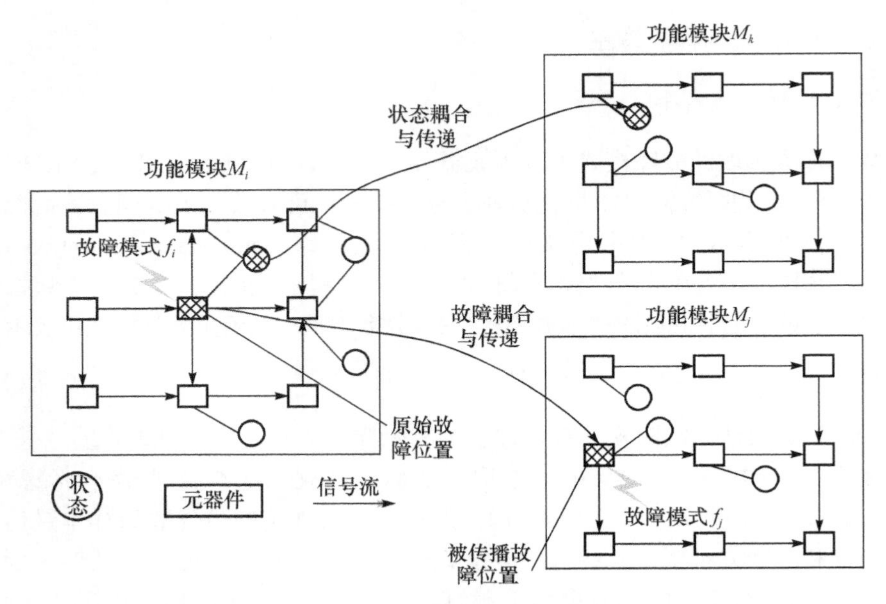

图 5.25 故障传递过程示意图

在进行测试性验证试验时，一般只考虑故障的物理状态，而不考虑故障的时间特性[16]。将故障传递过程描述为一系列状态的迁移过程，被测对象的状态迁移方程描述为

$$X(F)=H\{X(\mathrm{NF});S(\mathrm{NF})\} \tag{5.3}$$

式中，$X(F)$表示故障模式 F 发生后系统的状态矢量；$X(\mathrm{NF})$表示没有发生故障时系统的状态矢量；$H\{\cdot\}$表示状态转移算子；$S(\mathrm{NF})$为系统没有发生故障时的输入矢量。

故障主要表现为状态方程中的 $S(\mathrm{NF})$或者算子 $H\{\cdot\}$的错误。根据故障在输入、状态迁移算子等部分产生影响的不同，这些错误可分为输入型错误、函数型错误。

输入型错误：

$$S(\mathrm{NF})\rightarrow s(F)=S(\mathrm{NF})+e(F) \tag{5.4}$$

函数型错误：

$$H\{\cdot\}\rightarrow h\{\cdot\} \tag{5.5}$$

其中，$s(F)$、$h\{\cdot\}$分别是发生故障后的输入和状态转移算子，$e(F)$表示状态的误差。以上定义和 5.4.1 节中多信号流图中信号的含义相同，不同之处在于多信号流图建模是从测试性设计者的角度进行故障分析，而此处定义的状态迁移是从测试性验证人员的角度进行故障分析。从测试性概念设计到测试性验证试验开展的寿命周期中，有部分试验数据、专家经验数据可供使用。因此，此处求得的状态迁移模型更准确。

2. 故障传递特性模型及其量化分析

如图5.25所示,故障传递后的结果是被测对象状态的变化和新故障模式的发生,故引入故障-状态相关矩阵、故障-故障相关矩阵来描述故障传递的量化结果。更进一步,定义故障-故障等效矩阵、故障-故障相关等效矩阵,为开展位置不可访问故障注入方法研究奠定基础。

1) 故障-状态相关矩阵

设UUT所有待注入故障模式由集合FI表示:

$$\mathrm{FI}=\{f_1, f_2, \cdots, f_i, \cdots, f_n\} \tag{5.6}$$

式中,$f_1, f_2, \cdots, f_i, \cdots, f_n$ 为故障样本选取环节选取的 n 个故障模式。

UUT的状态空间用向量CC表示为

$$\mathrm{CC}=(c_1, c_2, \cdots, c_j, \cdots, c_m) \tag{5.7}$$

式中,$c_1, c_2, \cdots, c_j, \cdots, c_m$ 表示UUT的 m 个状态信息参数。

定义5.3　故障-状态相关矩阵 R_{FC}。

$$R_{\mathrm{FC}}=\begin{bmatrix} a_{11} & a_{12} & \cdots & a_{1j} & \cdots & a_{1m} \\ a_{21} & a_{22} & \cdots & a_{2j} & \cdots & a_{2m} \\ \vdots & \vdots & & \vdots & & \vdots \\ a_{i1} & a_{i2} & \cdots & a_{ij} & \cdots & a_{im} \\ \vdots & \vdots & & \vdots & & \vdots \\ a_{n1} & a_{n2} & \cdots & a_{nj} & \cdots & a_{nm} \end{bmatrix}_{n\times m} \tag{5.8}$$

式中,a_{ij}代表故障 f_i 与状态参数 c_j 之间的相关性系数。若 $a_{ij}=1$,表明故障 f_i 发生将会造成状态参数 c_j 异常;若 $a_{ij}=0$,表明故障 f_i 发生不会造成状态参数 c_j 异常。

定义5.4　故障行为状态向量 BC_{f_i}。

在矩阵 R_{FC}的第 i 行中,所有取值为1的元素组成的向量称为故障 f_i 对应的行为状态向量,记为 BC_{f_i}。即当故障 f_i 发生时,状态空间CC中与 BC_{f_i} 对应的状态会发生异常变化。

2) 故障-故障相关矩阵

UUT的所有故障模式用集合FF表示:

$$\mathrm{FF}=\{f'_1, f'_2, \cdots, f'_k, \cdots, f'_L\} \tag{5.9}$$

式中,$f'_1, f'_2, \cdots, f'_k, \cdots, f'_L$为UUT所有可能发生的 L 个故障模式集合,一般可通过故障模式影响及危害性分析或故障树分析得到,这 L 个故障模式之间的层次属性分析见5.4.1节第三部分“状态信息对故障检测/隔离能力的影响”的相关内容。并且满足 $\mathrm{FI}\subset\mathrm{FF}, L>n$。

定义5.5　故障-故障相关矩阵 R_{FF}。

$$R_{\mathrm{FF}}=\begin{bmatrix} b_{11} & b_{12} & \cdots & b_{1j} & \cdots & b_{1L} \\ b_{21} & b_{22} & \cdots & b_{2j} & \cdots & b_{2L} \\ \vdots & \vdots & & \vdots & & \vdots \\ b_{i1} & b_{i2} & \cdots & b_{ij} & \cdots & b_{iL} \\ \vdots & \vdots & & \vdots & & \vdots \\ b_{n1} & b_{n2} & \cdots & b_{nj} & \cdots & b_{nL} \end{bmatrix}_{n\times L} \tag{5.10}$$

式中，b_{ij}代表故障f_i与故障f'_j之间的相关性系数。若$b_{ij}=1$，表明故障f_i发生将会造成故障f'_j发生；若$b_{ij}=0$，表明故障f_i发生不会造成故障f'_j发生。

3）故障-故障等效矩阵

定义 5.6　故障-故障等效矩阵E_{FF}。

$$E_{\mathrm{FF}}=\begin{bmatrix} e_{11} & e_{12} & \cdots & e_{1j} & \cdots & e_{1L} \\ e_{21} & e_{22} & \cdots & e_{2j} & \cdots & e_{2L} \\ \vdots & \vdots & & \vdots & & \vdots \\ e_{i1} & e_{i2} & \cdots & e_{ij} & \cdots & e_{iL} \\ \vdots & \vdots & & \vdots & & \vdots \\ e_{n1} & e_{n2} & \cdots & e_{nj} & \cdots & e_{nL} \end{bmatrix}_{n\times L} \tag{5.11}$$

式中，e_{ij}代表故障f_i与故障f'_j之间的等效性系数。若$e_{ij}=1$，表明故障f_i的行为状态向量BC_{f_i}与故障f'_j的行为状态向量$\mathrm{BC}_{f'_j}$完全相同，称f'_j为f_i的一个等效故障模式；若$e_{ij}=0$，表明故障f_i的行为状态向量BC_{f_i}与故障f'_j的行为状态向量$\mathrm{BC}_{f'_j}$不完全相同。

定义 5.7　故障等效集EF_f。

在矩阵E_{FF}的第i行中，所有取值为1的元素对应的故障模式组成的集合称为故障f_i的等效集，记为EF_{f_i}。即EF_{f_i}中任何一个故障发生产生的行为状态向量和故障f_i发生对应的行为状态向量BC_{f_i}完全相同。

4）故障-故障相关等效矩阵

定义 5.8　故障-故障相关等效矩阵$\mathrm{RE}_{\mathrm{FF}}$。

$$\mathrm{RE}_{\mathrm{FF}}=\begin{bmatrix} \mathrm{re}_{11} & \mathrm{re}_{12} & \cdots & \mathrm{re}_{1j} & \cdots & \mathrm{re}_{1L} \\ \mathrm{re}_{21} & \mathrm{re}_{22} & \cdots & \mathrm{re}_{2j} & \cdots & \mathrm{re}_{2L} \\ \vdots & \vdots & & \vdots & & \vdots \\ \mathrm{re}_{i1} & \mathrm{re}_{i2} & \cdots & \mathrm{re}_{ij} & \cdots & \mathrm{re}_{iL} \\ \vdots & \vdots & & \vdots & & \vdots \\ \mathrm{re}_{n1} & \mathrm{re}_{n2} & \cdots & \mathrm{re}_{nj} & \cdots & \mathrm{re}_{nL} \end{bmatrix}_{n\times L} \tag{5.12}$$

式中，re_{ij}代表故障f_i与故障f'_j之间的相关等效性系数。若$\mathrm{re}_{ij}=1$，表明故障f_i

发生必然会导致故障 f_j' 发生，同时故障 f_i 的行为状态向量 BC_{f_i} 与故障 f_j' 的行为状态向量 $BC_{f_j'}$ 完全相同，称 f_j' 为 f_i 的一个相关等效故障模式；若 $re_{ij}=0$，表明故障 f_i 和故障 f_j' 之间不会同时存在相关性和等效性关系。

5）故障-故障相关等效集

定义 5.9　故障-故障相关等效集 REF_f。

在矩阵 RE_{FF} 的第 i 行中，所有取值为 1 的元素对应的故障模式组成的集合称为故障 f_i 的相关等效集，记为 REF_{f_i}。即故障 f_i 发生将会导致 REF_{f_i} 中任何一个故障发生，且 REF_{f_i} 中任何一个故障发生对应的行为状态向量和故障 f_i 发生对应的行为状态向量 BC_{f_i} 完全相同。

6）传递矩阵求解

求解 R_{FC}、R_{FF}、E_{FF} 和 RE_{FF} 的关键在于确定矩阵中各个元素的取值(0 或 1)。R_{FF} 可用文献[3]建立的模糊概率 Petri 网及其推理算法求得。对于 R_{FC}、E_{FF} 和 RE_{FF} 的求解，由于测试对象的复杂性，故障之间的关系非常复杂，R_{FC}、E_{FF} 和 RE_{FF} 的确定存在不确定性因素，并不容易确定。而基于概率推理的 Bayes 网络对于解决复杂设备故障之间的不确定性和关联性有很大的优势，因此这里用基于 Bayes 网络推理算法来研究 R_{FC}、E_{FF} 和 RE_{FF} 的确定方法。首先介绍 Bayes 网络的基本概念，然后引入多树信度传播算法给出求解 R_{FC}、E_{FF} 和 RE_{FF} 中元素取值的技术流程。

需要说明的是，文献[3]建立的模糊概率 Petri 网和此处建立的 Bayes 网络都是基于不确定性理论对信息传播扩散过程进行描述和推理。不同的是，模糊概率 Petri 网是一种正向推理网络，且网络中设置有“Token”标志，对于用于描述复杂装备故障传播扩散过程的网络，便于利用已有的推理算法自动计算故障扩散强度值。基于多树信度传播算法的 Bayes 网络可以进行正向和反向推理，在求解故障-故障相关矩阵(R_{FF})上和模糊概率 Petri 网具有相同的功效，然而对于故障-故障间的相关等效(E_{FF} 和 RE_{FF})和故障-状态间的相关等效矩阵(R_{FC})的求解，模糊概率 Petri 网是无能为力的。

7）Bayes 网络基本组成

一个 Bayes 网络由两部分组成：①网络结构 G；②条件概率表(conditional probability table，CPT)。

网络结构 G 就是一个有向无环图，有向图中蕴含了条件独立性假设。CPT 表达了节点变量与其父节点之间的概率关系，对于没有父节点的节点，直接使用其先验概率。为了便于用 Bayes 网络模型描述故障-状态、故障-故障之间的关系，将 Bayes 网络模型的节点分为故障节点、状态节点和辅助节点。辅助节点是为了建模方便、清晰而设立的，它可以是一个功能模块或子系统等。用于求解 R_{FC}、R_{FF}、E_{FF} 和 RE_{FF} 的 Bayes 网络模型示例如图 5.26 所示，图中省略了 CPT 信息。

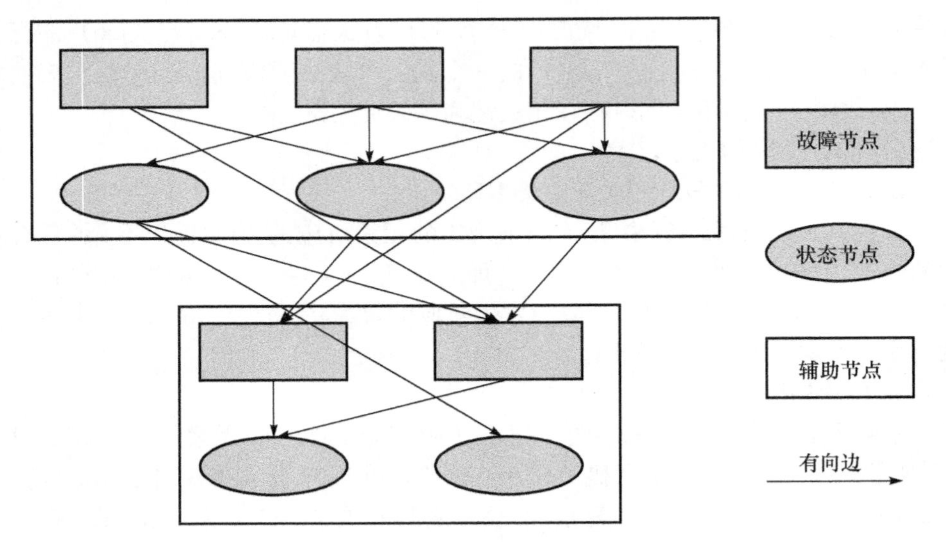

图 5.26　Bayes 网络建模示例图

8) Bayes 网络推理算法——多树信度传播算法[17,18]

多树信度传播算法的主要思想是给 Bayes 网络中的每一个节点分配一个处理机,每一个处理机利用相邻节点传递来的消息和存储于该处理机内部的条件概率表进行计算,以求得自身的后验概率(信度),并将结果向其余相邻节点传播。在实际计算中,Bayes 网络接收到证据以后,证据节点的后验概率值发生改变,该节点的处理机将这一改变向它的相邻节点传播;相邻节点的处理机接收到传递来的消息后,重新计算自身的后验概率,然后将结果向自己其余的相邻节点传播,如此继续下去直到证据的影响传遍所有的节点。

为利用多树信度传播算法求解矩阵 R_{FC} 和 E_{FF},不失方法的一般性,假设 Bayes 网络中的所有变量都是二值变量(取值为"1"或"0")。对于网络中的节点 B,若 B 表示故障节点,则"1"代表故障发生,"0"代表故障未发生;若 B 表示状态节点,则"1"代表相应的状态异常,"0"表示相应的状态正常。节点 B 可以表示为有限集 $B=\{B_1,B_2\}=\{1,0\}$,其中 B_1 和 B_2 互斥。则 $B_i(i=1,2)$的信度可以表示为

$$\mathrm{BEL}(B_i)=\alpha\lambda(B_i)\pi(B_i) \tag{5.13}$$

式中,α 为归一化因子,使得 $\sum_{i=1}^{2}\mathrm{BEL}(B_i)=1$;$\lambda(B_i)=P(D_B^-|B_i)$,其中 D_B^- 表示节点 B 的子节点对 B_i 的支持;$\pi(B_i)=P(B_i|D_B^+)$,其中 D_B^+ 表示节点 B 的父节点对 B_i 的支持。

在网络推理中,修改节点 B 的信度值时,应同时考虑由父节点 A 传来的信息 $\pi_B(A)$ 和由各个子节点传来的信息 $\lambda_1(B),\lambda_2(B),\cdots$,其中

$$\begin{cases}\lambda_B(A)=\prod_k \lambda_k(B_i)\\ \pi(B_i)=\beta\sum_j P(B_i|A_j)\pi_B(A_j)\end{cases} \tag{5.14}$$

式中，β为归一化因子。

在网络传播中，信度可以传播给父节点和子节点。由节点B传播给其父节点A的信息计算如下：

$$\lambda_B(A_j)=\prod_k \lambda_k(B_i)\sum_i P(B_i|A_j)\lambda(B_i) \tag{5.15}$$

传播给子节点的信息计算如下：

$$\pi_E(B_i)=\alpha\pi(B_i)\prod_m \lambda_m(B_i) \tag{5.16}$$

9）故障-状态相关矩阵求解

在多树信度传播算法中，假设某故障发生，首先自上向下传播，按式(5.16)计算故障节点向其子节点传播的π值；然后根据各状态节点的先验概率信息，由下向上传播，按式(5.15)计算状态节点向其父节点传播的λ值，直至所有节点的信度值都被计算；状态节点的信度值按式(5.13)计算。若计算得到的状态节点信度值高于其先验概率值，则相应的状态节点为故障行为状态向量BC中的一个元素，将R_{FC}中相应的元素置为1；若计算得到的状态节点信度值低于其先验概率值，将R_{FC}中相应的元素置为0。重复以上计算过程，可以求得故障-状态相关矩阵R_{FC}，相应地，也可求得每个故障对应的行为状态向量。

10）故障-故障等效矩阵求解

依据R_{FC}可知某故障发生对应的行为状态向量为BC，首先自下向上传播，按式(5.15)计算状态节点向其父节点传播的λ值；然后根据各故障节点的先验概率信息，由上向下传播，按式(5.16)计算故障节点向其子节点传播的π值，直至所有节点的信度值都被计算；故障节点的信度值按式(5.13)计算。若计算得到的故障节点信度值高于其先验概率值，则将该故障做一个标记，然后按求解R_{FC}的方法求解该故障对应的行为状态向量BC′，若BC′=BC，则该故障就是已知故障的一个等效集，将矩阵E_{FF}中的相应元素置为1；否则，将矩阵E_{FF}中的相应元素置为0。重复以上计算过程，可以求得故障-故障等效矩阵E_{FF}，相应地，也可求得每个故障对应的等效集。

11）故障-故障相关等效矩阵求解

在确定故障-故障相关矩阵(R_{FF})值和故障-故障等效矩阵(E_{FF})值的基础上，故障-故障相关等效矩阵($\mathrm{RE}_{\mathrm{FF}}$)的求解可以通过$R_{\mathrm{FF}}$与$E_{\mathrm{FF}}$的“逻辑与”运算完成，即

$$\mathrm{RE}_{\mathrm{FF}}=R_{\mathrm{FF}}\oplus E_{\mathrm{FF}} \tag{5.17}$$

具体可表示为

$$\mathrm{RE}_{\mathrm{FF}}=\begin{bmatrix} b_{11}\oplus e_{11} & b_{12}\oplus e_{12} & \cdots & b_{1j}\oplus e_{1j} & \cdots & b_{1L}\oplus e_{1L} \\ b_{21}\oplus e_{21} & b_{22}\oplus e_{22} & \cdots & b_{2j}\oplus e_{2j} & \cdots & b_{2L}\oplus e_{2L} \\ \vdots & \vdots & & \vdots & & \vdots \\ b_{i1}\oplus e_{i1} & b_{i2}\oplus e_{i2} & \cdots & b_{ij}\oplus e_{ij} & \cdots & b_{iL}\oplus e_{iL} \\ \vdots & \vdots & & \vdots & & \vdots \\ b_{n1}\oplus e_{n1} & b_{n2}\oplus e_{n2} & \cdots & b_{nj}\oplus e_{nj} & \cdots & b_{nL}\oplus e_{nL} \end{bmatrix}_{n\times L} \tag{5.18}$$

在式(5.17)和式(5.18)中,符号"$\oplus$"表示"逻辑与"运算。矩阵 R_{FF} 与 E_{FF} 中的元素取值为"1"或"0",通过"逻辑与"运算可以确定 $\mathrm{RE}_{\mathrm{FF}}$ 中的元素值为"1"或"0"。

5.4.3 基于故障传递特性的故障建模

扩展文献[19]和[20]中的故障模型,建立包含故障传递特性的故障模型,表示为如下六元组:

$$F=\{F_{\mathrm{L}},F_{\mathrm{D}},F_{\mathrm{T}},\mathrm{BC},\mathrm{EF}_f,\mathrm{REF}_f\} \tag{5.19}$$

式中,F_{L} 表示故障注入位置,决定了在该位置故障注入器是否可以访问;F_{T} 为故障注入时刻;F_{D} 表示故障注入持续时间;BC 为在位置 F_{L} 处、时刻 F_{T} 时,故障对应的行为状态向量值,即需要模拟的故障特征值,决定了在此处得到的故障值是否准确;EF_f 为注入故障 f 的等效集;REF_f 为注入故障 f 的相关等效集。

针对一个具体的故障模式,将相应的数据代入六元组故障模型(5.19)中,很容易求得每一个具体故障模式的故障模型。在不同位置注入故障,需要注入的故障特征值是不同的,进而得到的故障等效集和故障相关等效集不同,因此一个故障模式可以建立多个故障模型。在开展故障注入时,需要综合考虑在指定的故障位置故障注入器是否可访问、建立的故障模型是否准确,以及注入故障后的状态空间是否大于或等于最小完备检测/隔离状态空间,在所有满足上述三个条件的故障模型中,选择注入代价最小的故障模型进行故障注入。

5.4.4 基于故障传递特性的位置不可访问故障注入

设 $\mathrm{FI}=\{f_1,f_2,\cdots,f_i,\cdots,f_n\}$ 为测试性验证试验中需要注入的 n 个故障模式,其中有 m 个故障模式因为物理封装(或软件命令不可访问)等无法直接有效注入,即 $\mathrm{FC}_i=\{\mathrm{FC}_1,\mathrm{FC}_2,\cdots,\mathrm{FC}_m\}$,$\mathrm{FC}_i\subseteq\mathrm{FI}$。针对位置不可访问故障注入的技术思路如图 5.27 所示。

针对位置不可访问的故障模式 FC_i 的故障注入问题,首先从故障 FC_i 的多个故障模型中选择"位置可访问故障模型",并判断"位置可访问故障模型"中产生的故障行为状态空间是否满足大于或等于最小完备检测/隔离状态空间的条件,选择满足这个条件的故障模型建立"位置可访问准确故障模型组",然后在"位置可访

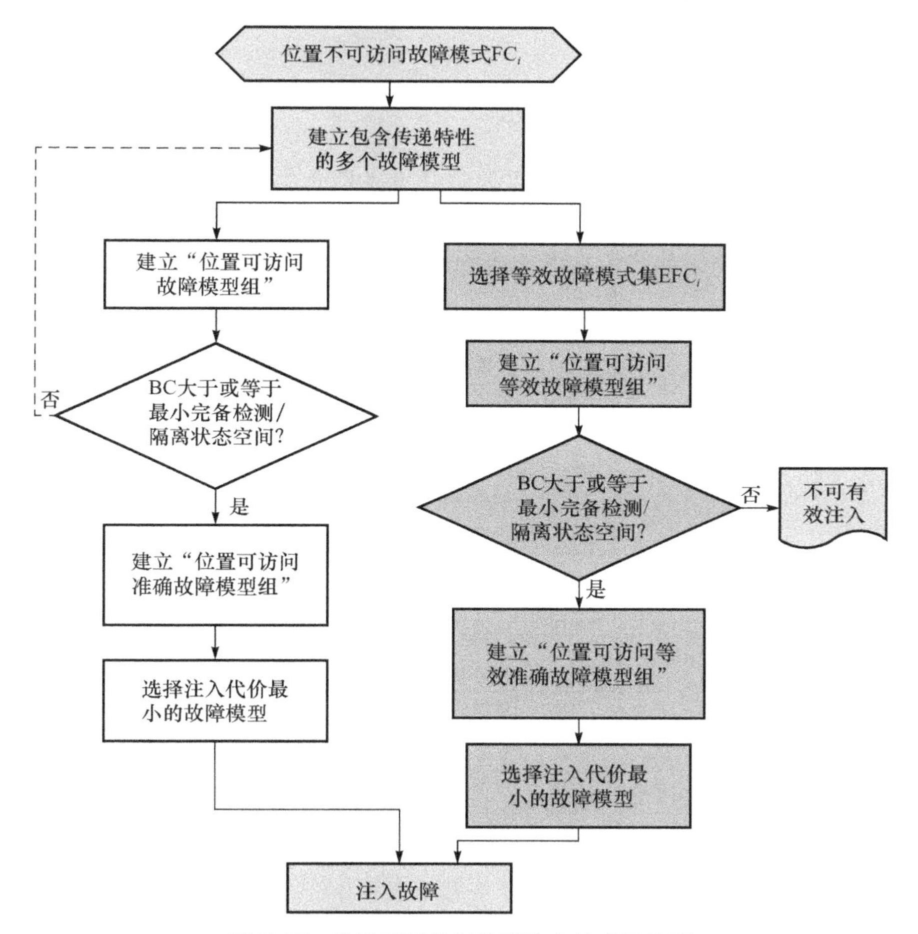

图 5.27　位置不可访问故障注入技术思路图

问准确故障模型组”中选择注入代价最小的故障模型进行故障注入，完成故障 FC$_i$ 的有效注入。若“位置可访问故障模型”中产生的故障行为状态空间不满足大于或等于最小完备检测/隔离状态空间的条件，则需要重新搜索 FC$_i$ 的包含传递特性的故障模型，读取故障模型中的等效模式集 EFC$_i$ 信息，然后从 EFC$_i$ 中选择位置可访问等效故障模式集，并读取“位置可访问等效模式集故障模型”信息，然后判断“位置可访问等效故障模型”产生的故障行为状态空间是否满足大于或等于最小完备检测/隔离状态空间的要求，选择满足这个条件的故障模型建立“位置可访问等效准确故障模型组”，然后在“位置可访问等效准确故障模型组”中选择注入代价最小的故障模型进行故障注入，完成故障 FC$_i$ 的有效注入，若不满足，则记录文档说明故障 FC$_i$ 不可有效注入。

5.4.5 应用案例

1. 稳定跟踪平台故障可访问性分析

某稳定跟踪平台测试性验证时在故障样本选取环节确定的故障模式数量为14个，经故障样本量分配和故障样本抽取选择确定的故障样本集列于表5.4中，在表5.4中同时给出了故障所在模块及故障的可访问性分析结果。

表5.4 稳定跟踪平台故障样本集及故障可访问性

故障所属模块	故障模式名称	可访问性
电机	定子与转子间气隙过大	不可访问
	定子线圈开路	不可访问
	定子线圈短路	不可访问
	定子线圈接地	不可访问
	电机轴承磨损	不可访问
陀螺	陀螺重心偏移	不可访问
	框架非等弹性变形	不可访问
减速器	减速器轴承卡死	不可访问
	减速器动作反向	不可访问
主控计算机	内存变量发生异常翻转	可访问
供电系统	断电故障	可访问
总线系统	主控计算机总线通信故障	可访问
	运动控制器总线通信故障	可访问
运动控制器	管脚故障	可访问

2. 稳定跟踪平台故障传递特性分析

不失讨论问题的一般性，依据5.4.2节介绍的Bayes网络推理算法，本节只详细给出电机"定子与转子间气隙过大"故障模式传递特性量化矩阵的推理过程。电机有5个故障模式，分别为定子与转子间气隙过大(f_1)、定子线圈开路(f_2)、定子线圈短路(f_3)、定子线圈接地(f_4)和电机轴承磨损(f_5)。将这5个故障模式作为系统的故障模式节点。根据功能故障行为分析，和定子与转子间气隙过大故障相关的状态参数包括转子振动信号(O_1)、定子电流信号(O_2)、电机转速信号(O_3)和定子温度信号(O_4)，状态节点有正常和异常两种状态。通过故障树分析、试验数据以及专家经验信息，建立Bayes网络结构如图5.28所示。

由稳定跟踪平台的故障诊断与维修实践中通过各种途径获得的大量原始观测数据和历史积累信息，并经专家分析得到Bayes正向推理网络的条件概率如下：

$$P(O_1|f_1)=\begin{bmatrix}0.80 & 0.20\\0.20 & 0.80\end{bmatrix},\quad P(O_2|f_1)=\begin{bmatrix}0.60 & 0.40\\0.40 & 0.60\end{bmatrix}$$

$$P(O_3|f_1)=\begin{bmatrix}0.80 & 0.20\\0.20 & 0.80\end{bmatrix},\quad P(O_4|f_1)=\begin{bmatrix}0.30 & 0.70\\0.70 & 0.30\end{bmatrix}$$

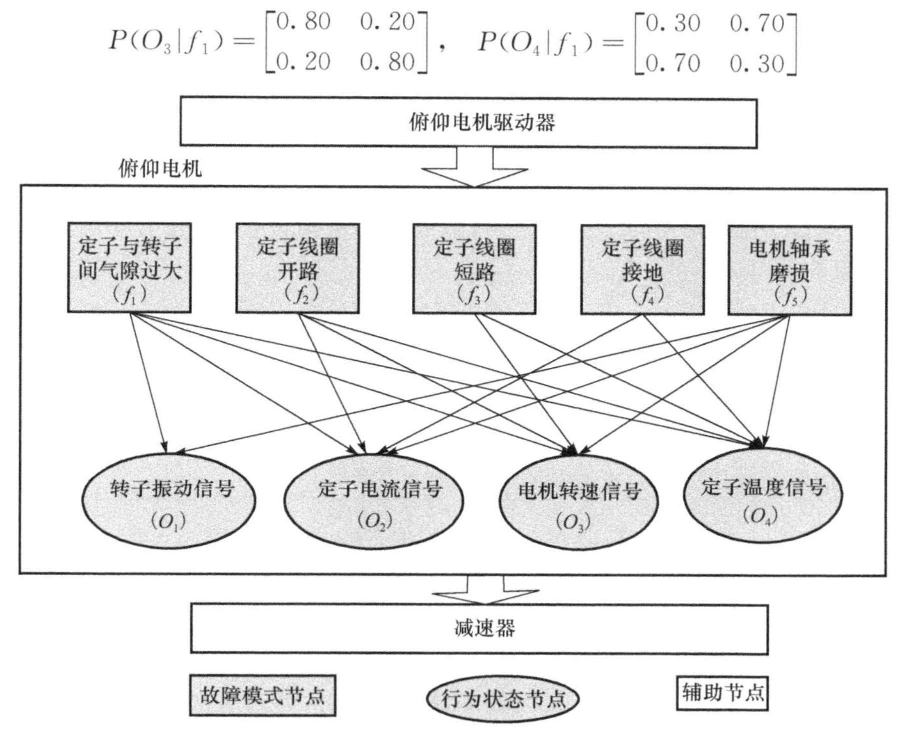

图5.28 定子与转子间气隙过大传递特性分析的Bayes网络模型

在Bayes网络中，f_1为已知节点，假设f_1发生的概率为$P(f_1)=0.80$，以此为依据进行信度传播更新过程，更新后的状态节点信度见表5.5。

表5.5 更新后的状态节点信度

节点	O_1	O_2	O_3	O_4
正常	0.32	0.48	0.32	0.62
异常	0.68	0.52	0.68	0.38
状态信度阈值	0.60	0.60	0.60	0.60

由表5.5可知，在故障f_1发生的前提下，转子振动信号(O_1)和电机转速信号(O_3)的异常信度值超过了异常信度阈值，会出现异常。

由稳定跟踪平台的故障诊断与维修实践中通过各种途径获得的大量原始观测数据和历史积累信息，并经专家分析得到Bayes反向推理网络的条件概率如下：

$$P(O_1|f_2)=\begin{bmatrix}0.40 & 0.60\\0.60 & 0.40\end{bmatrix},\quad P(O_1|f_3)=\begin{bmatrix}0.40 & 0.60\\0.60 & 0.40\end{bmatrix}$$

$$P(O_1|f_4)=\begin{bmatrix}0.20 & 0.80\\0.80 & 0.20\end{bmatrix},\quad P(O_1|f_5)=\begin{bmatrix}0.80 & 0.20\\0.20 & 0.80\end{bmatrix}$$

$$P(O_3|f_2)=\begin{bmatrix}0.40 & 0.60\\0.60 & 0.40\end{bmatrix},\quad P(O_3|f_3)=\begin{bmatrix}0.40 & 0.60\\0.60 & 0.40\end{bmatrix}$$

$$P(O_3|f_4)=\begin{bmatrix}0.20 & 0.80\\0.80 & 0.20\end{bmatrix},\quad P(O_3|f_5)=\begin{bmatrix}0.80 & 0.20\\0.20 & 0.80\end{bmatrix}$$

在 Bayes 网络推理中，假设 O_1 和 O_3 处于异常状态的概率分别为 $P(O_1)=0.80$ 和 $P(O_3)=0.80$，以此为依据进行信度传播更新过程，更新后的故障节点信度见表 5.6。

表 5.6　更新后的故障节点信度

节点	f_2	f_3	f_4	f_5
正常	0.56	0.56	0.68	0.32
异常	0.42	0.42	0.32	0.68
故障信度阈值	0.60	0.60	0.60	0.60

由表 5.6 可得出，在 O_1 和 O_3 处于异常状态的前提下，经 Bayes 反向推理算法可以得到 f_5 的异常信度值超过了异常信度阈值，且 f_5 发生时，状态 O_1、O_3 出现异常。

综上，经 Bayes 推理得到的 f_1 发生对应的行为状态向量集为$\{O_1, O_3\}$，经 Bayes 反向推理得到当已知$\{O_1, O_3\}$处于异常状态时，可得出 f_5 发生的结论，进一步得到 f_5 发生对应的行为状态向量集也为$\{O_1, O_3\}$，因此可确定 f_5 为 f_1 的相关等效故障。

3. 基于故障传递特性的稳定跟踪平台故障注入方法

对于表 5.4 中所列的 12 种故障模式，其中有 58%为位置不可访问故障，对于位置不可访问故障，经故障传递特性分析推导出其故障模式等效集，通过注入其故障模式等效集中的故障模式来实现该位置不可访问故障的有效注入。采用的故障注入手段主要包括人为切断电源、总线或通过转接盒断开、软件故障注入等。具体措施列于表 5.7 中。

表 5.7　稳定跟踪平台故障传递特性分析与位置不可访问故障注入手段

故障模式名称	故障行为状态	等效集	故障注入手段
定子与转子间气隙过大	电机转速、振动和温度信号异常	电机轴承磨损	软件模拟和基于仿真器的模拟
定子线圈开路	电机电流和速度信号为0，电机温度升高	无	软件模拟和基于仿真器的模拟
定子线圈短路	电机转速和温度信号异常	定子线圈接地	软件模拟和基于仿真器的模拟

续表

故障模式名称	故障行为状态	等效集	故障注入手段
陀螺重心偏移	陀螺零漂异常	所有导致陀螺零漂异常的故障	陀螺输出叠加随机装订误差
框架非等弹性变形	陀螺零漂异常	所有导致陀螺零漂异常的故障	陀螺输出叠加随机装订误差
减速器轴承卡死	减速器卡死	无	使电机无输出
减速器动作反向	转动方向与预设的方向相反	无	使电机驱动器输出极性相反
内存变量异常翻转	故障发生后的状态空间很大,不详细给出	存在若干等效故障模式,不详细给出	软件修改寄存器内容
断电故障模拟	平台无响应	位置可访问,直接进行故障注入	手动断电
计算机总线通信故障	总线没有数据流,监视不到任何数据	位置可访问,直接进行故障注入	断开主控计算机总线接口电缆
运动控制器总线通信故障	总线没有数据流,监视不到任何数据	位置可访问,直接进行故障注入	断开运动控制器总线接口电缆
管脚故障	信号翻转	位置可访问,直接进行故障注入	软件修改寄存器内容

至此,故障样本集选取确定的 12 个故障模式都可以被有效注入,故障样本注入率为 1,有效解决了其中 7 个位置不可访问故障的有效注入问题。

5.5　本 章 小 结

本章综合国内外测试性工程相关标准文献中有关测试性试验的规范性指导,以及近年来国内开展测试性试验工作的工程实践经验,细致梳理了测试性试验准备与实施工作,为测试性试验提供了“操作指南”。考虑到故障注入是产品测试性试验实施的必要技术手段,本章总结了常用的故障注入方法,为解决测试性试验实施中的故障注入难题,提供了多种可供选择的方案。针对位置不可访问故障无法直接注入这一典型问题,本章以故障传递特性为基础,研究了复杂装备基于故障模型的位置不可访问故障有效注入方法,尽量使故障模式能被有效注入。

参 考 文 献

[1]　国防科学技术工业委员会. GJB 2547—95. 装备测试性大纲[S]. 北京:国防科学技术工业委员会,1995.

[2] 沈岭,周鸣岐. 航天产品测试性试验验证方法[J]. 中国质量,2006,(7):16-18.

[3] 李天梅. 装备测试性验证试验优化设计与综合评估方法研究[D]. 长沙:国防科学技术大学,2010.

[4] 孙峻朝,王建莹,杨孝宗. 故障注入方法与工具的研究现状[J]. 宇航学报,2001,22(1):99-103.

[5] Kalharczyk Z,Ries G,Lee M S,et al. Hierarchical approach to accurate fault modeling for system evaluation[C]. Proceedings of the 3rd IEEE International Symposium on Computer Performance and Dependability,1998:249-258.

[6] Cha H,Rudnkk E M,Patel J H,et al. A gate-level simulation environment for alpha-particle-induced transient faults[J]. IEEE Transactions on Computers,1998,45(11):1248-1256.

[7] Boue J,Petillon P,Crouzet Y. MEFISTO-L:A VHDL based fault injection tool for the experimental assessment of fault tolerance[C]. Proceedings of the 28th IEEE International Symposium on Fault-Tolerant Computing,1998:168-173.

[8] 赵广燕,孙宇锋,康锐,等. 电路故障仿真中的故障建模、注入及判定方法[J]. 微电子学与计算机,2007,24(1):143-146.

[9] 王晓峰. 基于 EDA 技术的电子线路故障诊断和测试性研究[D]. 北京:北京航空航天大学,2001.

[10] Constantinescu C. Validation of the fault/error handling mechanisms of the teraflops supercomputer[C]. Proceedings of the 28th IEEE International Symposium on Fault-Tolerant Computing,1998:382-389.

[11] 黄永飞,彭欣洁. 常用电路的故障注入方法[J]. 航空兵器,2007,2:59-61.

[12] 韩暋. 装备可测性设计及验证技术的发展及应用[C]. 国防科技工业试验与测试技术高层论坛,2007:83-90.

[13] 杨鹏. 基于相关性模型的诊断策略优化设计技术[D]. 长沙:国防科学技术大学,2008.

[14] 连光耀. 基于信息模型的装备测试性设计与分析方法研究[D]. 石家庄:军械工程学院,2007.

[15] Ammer W. Handbook of System and Product Safety[M]. Upper Saddle River:Prentice Hall,2000.

[16] 邢克飞. 星载信号处理平台单粒子效应检测与加固技术研究[D]. 长沙:国防科学技术大学,2007.

[17] 苏羽,赵海,苏威积. 基于 Bayes 网络的态势评估诊断模型[J]. 东北大学学报(自然科学版),2005,26(8):739-742.

[18] 李剑川. Bayes 网络故障诊断与维修决策方法及应用研究[D]. 长沙:国防科学技术大学,2002.

[19] Alart J,Amat L,Crouzet Y,et al. Fault injection for dependability validation:A methodology and some applications[J]. IEEE Transactions on Software Engineerings,1990,16(2):166-182.

[20] Choi G S,Iyer R K. FOCUS:An experimental environment for fault sensitivity analysis[J]. IEEE Transactions on Computers,1992,41:1515-1525.

第6章　测试性指标评估方法

6.1　概　　述

测试性指标评估是指利用产品研制、试验、使用等过程中收集到的数据和信息来估算和评价装备的测试性指标。指标评估的形式包括点估计、置信区间估计等。经典测试性指标评估方法的理论基础是经典数理统计中的参数估计。在故障检测/隔离数据量充足的前提下，利用经典的指标评估方法可以得到较为准确的FDR/FIR量值。

然而，在工程实际中常面临如下问题：①受试验周期和成本的限制，装备研制任务紧、原型样机少，在装备上开展大量的故障注入试验较困难，并且外场试用统计样本也不够充分；②由于故障注入的有损性、破坏性和封装造成注入受限等，许多故障模式不允许注入、无法注入，导致试验样本不全。上述问题往往导致没有足量的故障检测/隔离数据用于高可信的测试性指标评估。实践表明，在小样本情况下，经典的测试性指标评估结果难以准确、可信地反映装备真实的测试性水平。如何在小样本情况下给出较可信的测试性指标评估结论是本章重点讨论的问题。

解决小样本情况下测试性指标评估问题的根本途径是扩大信息量，充分利用测试性信息，建立可将不同类型信息融合的模型，综合评估装备测试性指标。Bayes方法具有融合多源信息的能力，可通过利用先验信息来弥补小样本试验信息的不足，既包括外场使用数据，又包括各个历史阶段的信息；既可以是统计数据，也可以是专家经验信息等。并在保证评估风险尽可能小的情况下，给出较可信的指标评估结论。

基于小子样理论的测试性指标评估主要包括先验数据处理和指标评估方法等。在先验数据处理方面，Martz等研究了基于二项分布的试验数据的先验分布确定方法，介绍了利用多源先验数据下Beta分布参数的确定方法，分析了先验分布超参数的影响因素[1]。在Martz的著作中，利用经验Bayes方法对成败型试验数据进行了分析处理，并用于小子样试验方案的制定与参数评估；刘晗分析研究了各类先验信息的获取形式以及折算方法、数据的相容性检验方法，针对韦布尔分布、二项分布下多源先验信息的融合方法进行了介绍，并应用于系统的可靠性验证[2]；邢云燕等利用最大熵原理对多源先验信息下的可靠性评估方法进行了研究，建立了产品可靠性的动态参数模型，给出了产品可靠性验前分布，结合少量现场数据，对正样阶段的产品可靠性作出了 Bayes 统计决策[3]；詹昊可等研究了基于最大熵原理的多源先验信息的融合问题和共轭最大熵先验分布下的 Bayes 估计问题，并将该方法应用于成败型产品的成功率鉴定试验分析[4]。

在指标评估方面，张士峰等针对小样本下成败型设备可靠性的评估问题，提出了 Bayes 方法、改进 Bayes 方法和 Bayes 网络方法，并结合仿真试验数据介绍了方法的应用过程[5]；杨军等针对成败型产品可靠性评估中历史数据和现场数据具有继承性但又属于不同总体的问题，利用混合先验分布来描述可靠性指标的先验分布，通过继承因子来描述历史数据和现场数据的相似程度[6]；明志茂等提出了基于新 Dirichlet 先验分布的指数寿命型产品多阶段可靠性增长数据的 Bayes 分析方法，该方法解决了先验分布超参数因物理意义不明确而难以确定的问题，采用 Gibbs 抽样算法对可靠性指标进行后验推断，用以估算产品可靠性指标的 Bayes 点估计和置信下限估计[7,8]；Savchuk 等利用多源专家信息对系统可靠性进行评估，研究了标准先验分布和最大后验风险先验分布下的可靠性指标评估方法[1]。

本章首先介绍测试性指标点估计和区间估计的经典方法，并分析估计精度、置信度和样本量的关系。然后根据先验数据的不同介绍两种基于 Bayes 统计理论的测试性指标评估方法。其中，基于多源先验数据的测试性指标评估方法在进行测试性指标评估时所利用的数据具有“同总体”特征，即所有数据均来自于装备的同一研制阶段，包括专家信息、虚拟试验信息、实物试验数据等。基于 Bayes 变动统计理论的测试性指标评估方法所利用的数据来源于同一装备的不同技术状态与阶段，数据之间具有增长约束关系和“异总体”特点，主要应用于对开展过测试性增长试验的装备进行测试性指标评估。

6.2 经典测试性指标评估方法

经典测试性指标评估方法是指利用经典统计方法中的参数估计方法对测试性试验数据进行分析运算，主要有点估计和区间估计。用于测试性指标评估的试验数据通常包括故障发生次数、故障检测和隔离成功或失败次数、故障指示或报警次数、假报和错报次数以及故障检测和隔离时间等。本节以 FDR 和 FIR 为例，介绍经典的测试性指标估计方法。

6.2.1 点估计方法

成败型试验中，试验次数为 n，失败次数为 F，成功次数为 $S(n=F+S)$，则成功概率 q 的点估计值为[9]

$$\hat{q}=\frac{S}{n} \tag{6.1}$$

失败概率的点估计值为

$$\frac{F}{n}=\frac{n-S}{n}=1-\hat{q} \tag{6.2}$$

设在一次设备试验中，共发生了100次故障，其中有98个故障通过BIT检测出来，则其BIT的故障检测率点估计值为

$$\hat{q}=\frac{98}{100}=0.98 \tag{6.3}$$

点估计在一定条件下有一定的优点，但是点估计值并不等于真实值。因此，点估计不能回答估计的准确性问题。

6.2.2　区间估计方法

针对点估计中存在的问题，可以通过试验数据寻找一个随机区间$[q_L,q_U]$来描述对测试性指标的估计，并用置信度$C(0<C<1)$来描述估计的把握性，这种估计方法就是区间估计。

1. 单侧置信下限估计

在FDR/FIR估计过程中，q的上限值q_U越大越好，因此可以不予考虑；值得考虑的是，置信下限值q_L是否过低。为此，可以采用单侧置信下限估计，即根据试验数据求解一个区间$[q_L,1]$使得式(6.4)成立，即

$$P(q_L \leqslant q \leqslant 1)=C \tag{6.4}$$

对于具有二项分布特性的产品，可以用式(6.5)来确定q的单侧置信下限值q_L：

$$\sum_{i=0}^{F} C_n^i q_L^{n-i}(1-q_L)^i=1-C \tag{6.5}$$

式中，F为在n次成败型试验中的失败次数。在给定置信度C后，根据试验结果求解上述方程就可以得到q_L的值。但n较大时解此方程较为麻烦，可通过查附录D实现。

例如，某系统发生38次故障，BIT检测出36次，其中有2次未检出，即失败次数$F=2$，若规定置信度为0.9，由$C=0.9$，$(n,F)=(38,2)$查附录D可得$q_L=0.8659$。

2. 置信区间估计

若要得到FDR/FIR的量值所在范围，可以通过置信区间估计实现，即寻求一个随机区间，使$P(q_L \leqslant q \leqslant q_U)=C$成立。对于二项分布，由下面两个方程来确定$q$的置信下限$q_L$和置信上限$q_U$，即

$$\sum_{i=0}^{F} C_n^i q_L^{n-i}(1-q_L)^i=\frac{1}{2}(1-C) \tag{6.6}$$

$$\sum_{i=F}^{n} C_n^i q_U^{n-i}(1-q_U)^i=\frac{1}{2}(1-C) \tag{6.7}$$

在给定置信度 C 的条件下，按照试验所得的 n 和 F 值，解上述方程可以直接得到置信区间(q_L, q_U)，为了简化解方程的过程，利用单侧置信限数据表，可将方程转化为以下形式：

$$\sum_{i=0}^{F} C_n^i q_L^{n-i}(1-q_L)^i = \frac{1}{2}(1-C) = 1-\frac{1+C}{2} \tag{6.8}$$

$$\sum_{i=0}^{F-1} C_n^i q_U^{n-i}(1-q_U)^i = \frac{1+C}{2} \tag{6.9}$$

在给定置信度 C 时，对应于 $1-\frac{1+C}{2}$，由(n,F)查附录 D，可得到 q_L 值；对应于 $\frac{1+C}{2}$，由$(n,F-1)$查附录 E，可得到 q_U 值。于是得到置信度为 C 时的双侧置信区间为$[q_L, q_U]$。

例如，某系统发生 38 次故障，BIT 正确检测到 36 次，2 次未被检测到。给定置信度为 0.80，试求其置信区间。

解：对应于$\frac{1+C}{2}=\frac{1+0.8}{2}=0.9$：

由 0.9 和$(n,F)=(38,2)$，查附录 D，得 $q_L=0.8659$；

由 0.9 和$(n,F-1)=(38,1)$，查附录 E，得 $q_U=0.9973$。

所以，在置信度 $C=0.8$ 下，系统故障检测率的置信区间为[0.8659，0.9973]。

3. 近似估计[10]

当估计要求的准确度不高时，故障检测率和故障隔离率也可以用近似方法进行计算，但应注意使用条件，否则误差会很大。基于正态近似的数理统计理论，得到如下计算公式：

(1) 当 $n>30$ 且 $0.1<\frac{F}{n}<0.9$ 时，有

$$1-q_U = q^* - Z_c\sqrt{\frac{q^*(1-q^*)}{n+2d}}, \quad q^* = \frac{F+d-0.5}{n+2d} \tag{6.10}$$

$$1-q_L = q^* + Z_c\sqrt{\frac{q^*(1-q^*)}{n+2d}}, \quad q^* = \frac{F+d+0.5}{n+2d} \tag{6.11}$$

$u_{1-\alpha}$是标准正态分布的分位数，$u_{1-\alpha}$和相应的 d 值如表 6.1 所示。

表 6.1 不同置信度下 $u_{1-\alpha}$ 值和相应的 d 值

置信度 $C=1-\alpha$	0.70	0.75	0.80	0.85	0.90	0.95	0.99
$u_{1-\alpha}$	0.524	0.675	0.842	1.036	1.282	1.645	2.326
d	0.258	0.319	0.403	0.524	0.700	1.00	2.00

例如，假设随机抽取样本量 $n=40$ 进行试验，失败次数为 $F=8$，规定置信度 $C=0.95$，求检测率下限值。

解：已知 $n=40$，$\hat{q}=\frac{F}{n}=\frac{8}{40}=0.2$，满足公式使用条件。

查表6.1可得 $u_{0.95}=1.645$，$d=1.00$，则

$$q^{*}=\frac{F+d+0.5}{n+2d}=\frac{8+1+0.5}{40+2\times 1}=0.2262 \tag{6.12}$$

$$1-q_{\mathrm{L}}=q^{*}+Z_{c}\sqrt{\frac{q^{*}(1-q^{*})}{n+2d}}=0.2262+1.645\sqrt{\frac{0.2262\times(1-0.2262)}{40+2\times 1}}=0.3324 \tag{6.13}$$

所以检测率下限 $q_{\mathrm{L}}=1-0.3324=0.6676$，利用二项分布时结果是0.6435。

同理，保持置信度 $C=0.95$，要求置信上限，由式(6.10)可得

$$q^{*}=\frac{F+d-0.5}{n+2d}=\frac{8+1-0.5}{40+2\times 1}=0.2024 \tag{6.14}$$

$$1-q_{\mathrm{U}}=q^{*}-Z_{c}\sqrt{\frac{q^{*}(1-q^{*})}{n+2d}}=0.2024-1.645\sqrt{\frac{0.2024\times(1-0.2024)}{40+2\times 1}}=0.1004 \tag{6.15}$$

检测率上限 $q_{\mathrm{U}}=1-0.1004=0.8996$，利用二项分布计算结果是0.9095。

(2) 当 $n>30$ 且 $\frac{F}{n}\leqslant 0.10$ 或者 $\frac{F}{n}\geqslant 0.90$ 时，有

$$1-q_{\mathrm{U}}=\begin{cases}\dfrac{2\lambda}{2n-F+1+\lambda}, & \dfrac{F}{n}\leqslant 0.10,\lambda=\dfrac{1}{2}\chi_{\alpha}^{2}(2F)\\[2ex] \dfrac{n+F-\lambda}{n+F+\lambda}, & \dfrac{F}{n}\geqslant 0.90,\lambda=\dfrac{1}{2}\chi_{1-\alpha}^{2}[2(n-F)+2]\end{cases} \tag{6.16}$$

$$1-q_{\mathrm{L}}=\begin{cases}\dfrac{2\lambda}{2n-F+\lambda}, & \dfrac{F}{n}\leqslant 0.10,\lambda=\dfrac{1}{2}\chi_{1-\alpha}^{2}(2F+2)\\[2ex] \dfrac{n+F+1-\lambda}{n+F+1+\lambda}, & \dfrac{F}{n}\geqslant 0.90,\lambda=\dfrac{1}{2}\chi_{\alpha}^{2}2(n-F)\end{cases} \tag{6.17}$$

这里的 $\chi_{B}^{2}(v)$ 是自由度为 v 的 χ^{2} 分布的 B 分位点($B=\alpha$ 或 $B=1-\alpha$)，其数值可以从相关统计类书籍和手册中的 χ^{2} 分布表上查得。

例如，在50次试验中，失败次数为5，规定置信度 $C=0.95$，试求其成功率的置信下限。

解：由 $n=50$ 和 $F=5$ 可得 $\frac{F}{n}=0.1$，满足公式使用条件。

查 χ^{2} 分布表可得

$$\lambda=\frac{1}{2}\chi_{1-\alpha}^{2}(2F+2)=\frac{1}{2}\chi_{0.95}^{2}(2\times 5+2)=\frac{1}{2}\times 21.03=10.515 \tag{6.18}$$

所以

$$1-q_L=\frac{2\lambda}{2n-F+\lambda}=\frac{2\times 10.515}{2\times 50-5+10.515}=0.1993 \tag{6.19}$$

可得成功率置信下限 $q_L=1-0.1993=0.8007$。

同理，保持置信度 $C=0.95$，同样可求成功率上限置信 q_U，即

$$\lambda=\frac{1}{2}\chi_{\alpha}^{2}(2F)=\frac{1}{2}\chi_{0.05}^{2}(10)=\frac{1}{2}\times 3.94=1.97 \tag{6.20}$$

$$1-q_U=\frac{2\lambda}{2n-F+1+\lambda}=\frac{2\times 1.97}{2\times 50-5+1+1.97}=0.0402 \tag{6.21}$$

成功率置信上限 $q_U=1-0.0402=0.9598$，用二项分布时为 0.9722。

6.2.3　FDR/FIR 估计精度分析

1. FDR/FIR 点估计精度分析

6.2 节介绍的 FDR/FIR 评估采用经典统计方法是以频率稳定性为基础的。由于试验的随机性以及试验样本的“小样本”特性，FDR/FIR 真值 q 与点估计值 $\hat{q}$ 必然存在偏差。本节将以偏差的绝对值作为精度指标 σ，表征 FDR/FIR 点估计值对 FDR/FIR 真值估计的准确度；在大数定律和中心极限定理等相关理论的基础上，建立故障检测/隔离数据量 n 与 FDR/FIR 点估计精度 σ 的关系模型，并对模型性质进行充分分析。

1）故障检测/隔离数据量与 FDR/FIR 点估计精度、置信度关系模型

采用辛钦大数定律计算得到 FDR/FIR 的点估计值为 $\hat{q}$，其期望为 $E(\hat{q})=q$，方差为 $D(\hat{q})=\frac{q(1-q)}{n}$。依据中心极限定理可知：当 n 充分大时，$\frac{\hat{q}-q}{\sqrt{q(1-q)/n}}\sim N(0,1)$。对于给定的故障检测/隔离数据量 n，使得 γ_T 与 μ 的距离不超过 σ 的概率为 $1-\alpha$（规定的置信度）[9]，即

$$P(|\hat{q}-q|\leqslant\sigma)=1-\alpha \tag{6.22}$$

也就是

$$P\left[\left|\frac{\hat{q}-q}{\sqrt{q(1-q)/n}}\right|\leqslant\frac{\sigma}{\sqrt{q(1-q)/n}}\right]=1-\alpha \tag{6.23}$$

当 n 充分大时，近似地有

$$P\left[\left|\frac{\hat{q}-q}{\sqrt{q(1-q)/n}}\right|\leqslant u_{1-\alpha/2}\right]=1-\alpha \tag{6.24}$$

于是

$$\frac{\sigma}{\sqrt{q(1-q)/n}}=u_{1-\alpha/2} \tag{6.25}$$

解式(6.25)得

$$n = \frac{q(1-q)}{\sigma^2} u_{1-\alpha/2}^2 \tag{6.26}$$

式中，$u_{1-\alpha/2}$为标准正态分布$N(0,1)$的$1-\alpha/2$分位点。

因为μ是产品FDR/FIR的真值，是一个未知量，在对设备进行测试性设计时，承制方是根据订购方提出的要求进行设计的，订购方提出的故障检测率的要求值q_1一般都比较高，是一个大于0.5的值，所以一般认为$q>q_1>0.5$。在这种情况下，按式(6.27)计算故障检测/隔离数据量与精度、置信度之间的关系：

$$n = \frac{q_1(1-q_1)}{\sigma^2} u_{1-\alpha/2}^2 \tag{6.27}$$

式(6.27)描述的就是故障检测/隔离数据量与评估精度、置信度的关系模型。

2) 关系模型分析

(1) 故障检测/隔离数据量n与FDR/FIR点估计精度σ的关系模型分析。由式(6.27)可知，用点估计值来估计FDR/FIR真值时，σ与$1/\sqrt{n}$成正比，变化曲线如图6.1所示。

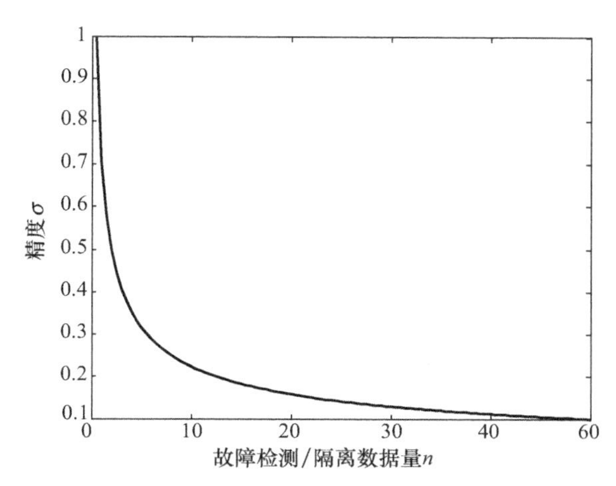

图6.1　故障检测/隔离数据量n与FDR/FIR点估计精度σ的关系

分析图6.1可知，当$n<4$时，精度变化很快；当$n=4\sim30$时，精度下降速度较慢；当$n>30$时，精度几乎不变化。可以得出，采用点估计计算FDR/FIR时，只有当$n>30$时，FDR/FIR点估计值比较接近FDR/FIR真值；若n较小，则FDR/FIR点估计值偏离真值较大，评估精度较低。

(2) 故障检测/隔离数据量与FDR/FIR点估计精度、置信度关系模型仿真分析。给定不同FDR/FIR指标要求值，按式(6.27)通过仿真运算可以得到故障检测/隔离数据量 n 与 FDR/FIR 点估计精度 σ、置信度 $1-\alpha$ 之间的关系，如表 6.2 所示。

表 6.2　故障检测/隔离数据量与 FDR/FIR 点估计精度、置信度的仿真分析结果

最低可接收值 q_1	精度指标 σ	不同置信度 $(1-\alpha)$ 下需要的故障检测/隔离数据量 n			
		$1-\alpha=0.60$	$1-\alpha=0.70$	$1-\alpha=0.80$	$1-\alpha=0.90$
0.95	0.05	14	21	32	52
	0.03	38	57	87	145
0.90	0.05	26	39	60	98
	0.03	71	108	165	271
0.85	0.05	37	55	84	139
	0.03	101	153	233	384
0.80	0.05	46	69	106	174
	0.03	127	191	293	482

分析表 6.2 中的数据可以得出如下结论：

① 当置信度 $1-\alpha$ 和最低可接收值 q_1 确定时，统计到的故障检测/隔离数据量 n 越大，FDR/FIR 估计精度越高（即 σ 越小）；相反，统计到的故障检测/隔离数据量 n 越小，FDR/FIR 估计精度越小（即 σ 越大）。

② 当最低可接收值 q_1 和精度要求 σ 确定时，统计到的故障检测/隔离数据量 n 越大，FDR/FIR 估计置信度越高（即 $1-\alpha_1$ 越大）；相反，统计到的故障检测/隔离数据量 n 越小，FDR/FIR 估计置信度越小（即 $1-\alpha_1$ 越小）。

2. FDR/FIR 区间估计精度分析

1）故障检测/隔离数据量与 FDR/FIR 区间估计置信度关系模型

设置信度为 ϑ，成败型试验数据为 (n,F)，则 FDR/FIR 的单侧置信下限 q_{L} 可通过式(6.28)求得：

$$P(q_{\mathrm{L}} \leqslant q \leqslant 1)=\vartheta \tag{6.28}$$

故障检测/隔离数据为成败型数据，则可用式(6.29)来确定 q_{L} 值，即

$$\sum_{i=0}^{F} C_n^i q_{\mathrm{L}}^{n-i}(1-q_{\mathrm{L}})^i=1-\vartheta \tag{6.29}$$

另外，考虑随机变量 $x(0<x<1)$ 服从 Beta 分布，则其概率分布函数为

$$F_\beta(x;\rho_1,\rho_2)=\frac{1}{B(\rho_1,\rho_2)}\int_0^x t^{\rho_1-1}(1-t)^{\rho_2-1}\mathrm{d}t \tag{6.30}$$

式中，$0<x<1$，$\rho_1>0$，$\rho_2>0$，Beta 函数的表达式为

$$B(\rho_1,\rho_2)=\int_0^1 t^{\rho_1-1}(1-t)^{\rho_2-1}\mathrm{d}t \tag{6.31}$$

由式(6.30)可得

$$F_{\beta}(x;\rho_1,\rho_2)=1-F_{\beta}[(1-x);\rho_2,\rho_1] \tag{6.32}$$

根据文献[11]中

$$\begin{aligned}&\frac{1}{B(F+1,n-F)}\int_{p_L}^{1}t^{F}(1-t)^{n-F-1}\mathrm{d}t\\&=\frac{1}{B(F,n-(F-1))}\int_{p_L}^{1}t^{F-1}(1-t)^{n-(F-1)-1}\mathrm{d}t+\frac{n!}{F!\,(n-F)!}p_L^F(1-p_L)^{n-F}\end{aligned} \tag{6.33}$$

可知：

$$\begin{aligned}&\frac{1}{B(F,n-(F-1))}\int_{p_L}^{1}t^{F-1}(1-t)^{n-(F-1)-1}\mathrm{d}t\\&=\frac{1}{B(F-1,n-(F-2))}\int_{p_L}^{1}t^{F-2}(1-t)^{n-(F-2)-1}\mathrm{d}t\\&\quad+\frac{n!}{(F-1)!\,[n-(F-1)]!}p_L^{F-1}(1-p_L)^{n-(F-1)}\end{aligned} \tag{6.34}$$

依此类推可得

$$\begin{aligned}&\frac{1}{B(2,n-1)}\int_{p_L}^{1}t^{1}(1-t)^{n-2}\mathrm{d}t\\&=\frac{1}{B(1,n)}\int_{p_L}^{1}t^{0}(1-t)^{n-1}\mathrm{d}t+\frac{n!}{1!\,(n-1)!}p_L^1(1-p_L)^{n-1}\end{aligned} \tag{6.35}$$

$$\frac{1}{B(1,n)}\int_{p_L}^{1}t^{0}(1-t)^{n-1}\mathrm{d}t=\frac{n!}{0!\,(n-0)!}p_L^0(1-p_L)^{n} \tag{6.36}$$

从式(6.36)开始，依次向上代入，直到式(6.34)，可得

$$\begin{aligned}\sum_{i=0}^{F}C_n^i p_L^i(1-p_L)^{n-i}&=\frac{1}{B(F+1,n-F)}\int_{p_L}^{1}t^{F}(1-t)^{n-F-1}\mathrm{d}t\\&=1-F_{\beta}(p_L;F+1,n-F)\end{aligned} \tag{6.37}$$

令 $q_L=1-p_L$，并由式(6.29)、式(6.32)和式(6.37)可得

$$1-\vartheta=\frac{1}{B(n-F,F+1)}\int_{0}^{q_L}x^{n-F-1}(1-x)^{F}\mathrm{d}x \tag{6.38}$$

因此，如果已知试验数据为(n,F)，那么以ϑ的置信度认为$q>q_L$，此处q_L就是FDR/FIR 置信度为ϑ的单侧置信下限值。

另外，对于服从 F 分布的随机变量 Y，其概率分布函数为

$$F_F(y;v_1,v_2)=\frac{(v_1/v_2)^{\frac{1}{2}v_1}}{B(v_1/2,v_2/2)}\times\int_0^y t^{\frac{v_1}{2}-1}\left(1+\frac{v_1}{v_2}t\right)^{-\frac{1}{2}(v_1+v_2)}\mathrm{d}t \tag{6.39}$$

若令随机变量 $X=\left(1+\frac{v_1}{v_2}Y\right)^{-1}$，则

$$F_F(y;v_1,v_2)=\frac{1}{B(v_1/2,v_2/2)}\int_x^1 t^{\frac{v_2}{2}-1}(1-t)^{\frac{v_1}{2}-1}\mathrm{d}t=1-F_\beta(x;v_2/2,v_1/2) \tag{6.40}$$

因此，有

$$F_\beta(1-x;v_1/2,v_2/2)=F_F(y;v_1,v_2) \tag{6.41}$$

将式(6.41)代入式(6.38)，并由

$$y=\frac{v_1}{v_2}(1/x-1) \tag{6.42}$$

可得

$$\begin{aligned}\sum_{k=0}^{F}C_n^k p_{\mathrm{L}}^k(1-p_{\mathrm{L}})^{n-k}&=1-F_\beta(p_{\mathrm{L}};F+1,n-F)\\&=1-F_F\left(\frac{F+1}{n-F}\frac{1-p_{\mathrm{L}}}{p_{\mathrm{L}}};2(F+1),2(n-F)\right)\end{aligned} \tag{6.43}$$

由式(6.41)和式(6.43)，并令 $q_{\mathrm{L}}=1-p_{\mathrm{L}}$ 可得

$$\frac{n-F}{F+1}\frac{1-q_{\mathrm{L}}}{q_{\mathrm{L}}}=F_\vartheta(2(F+1),2(n-F)) \tag{6.44}$$

则

$$q_{\mathrm{L}}=\frac{1}{1+\dfrac{F+1}{n-F}F_\vartheta(2(F+1),2(n-F))} \tag{6.45}$$

式中，$F_\vartheta[2(F+1),2(n-F)]$为 F 分布的 $1-\vartheta$ 下侧分位数。

式(6.29)、式(6.38)和式(6.45)描述了故障检测/隔离数据量与 FDR/FIR 估计结果置信度的关系模型。不同的是，式(6.29)描述的是基于二项分布的故障检测/隔离数据量与 FDR/FIR 估计结果置信度的关系模型，式(6.38)描述的是基于 Beta 分布的故障检测/隔离数据量与 FDR/FIR 估计结果置信度的关系模型，式(6.45)描述的是基于 F 分布的故障检测/隔离数据量与 FDR/FIR 估计结果置信度的关系模型。

对于给定的成败型试验数据(n,F)，可以依据式(6.38)和式(6.45)求得 FDR/FIR 在不同置信度下的置信下限值，再结合式(6.8)和式(6.9)可以求得 FDR/FIR 在相应置信度下的置信区间估计结果。

2) 仿真案例

表 6.3 给出了不同试验数据量、不同置信度下 FDR/FIR 置信区间估计结果。

表 6.3　故障检测/隔离数据量与 FDR/FIR 区间估计置信度、置信区间长度的仿真分析结果

n	F	$\vartheta=0.8$ 下的估计结果		$\vartheta=0.9$ 下的估计结果	
		置信下限估计	置信区间估计	置信下限估计	置信区间估计
10	2	0.619	[0.550,0.884]	0.550	[0.493,0.913]
	4	0.419	[0.354,0.733]	0.354	[0.304,0.850]

续表

n	F	ϑ=0.8 下的估计结果		ϑ=0.9 下的估计结果	
		置信下限估计	置信区间估计	置信下限估计	置信区间估计
30	2	0.863	[0.832,0.982]	0.832	[0.805,0.972]
	4	0.786	[0.751,0.941]	0.751	[0.832,0.982]
70	2	0.940	[0.926,0.992]	0.926	[0.913,0.995]
	4	0.906	[0.889,0.975]	0.889	[0.874,0.980]
150	2	0.972	[0.965,0.996]	0.965	[0.959,0.998]
	4	0.956	[0.947,0.988]	0.947	[0.940,0.991]

分析表 6.3 中的数据可以得到以下结果：

(1) 随着故障检测/隔离数据量 n 的增加，FDR/FIR 估计置信区间的长度在缩短，估计精度在提高。

(2) 随着故障检测/隔离数据量 n 的增加，在置信区间长度相同的情况下，相应结果的置信度提高。

(3) 由式(6.28)～式(6.45)的推导过程可以看出，无论是采用二项分布，还是采用 Beta 分布、F 分布，在相同的故障检测/隔离数据量下，求得的 FDR/FIR 估计结果是相同的。

由以上分析可知，较小样本下的评估结论很难反映测试性设计水平的可靠性，必须融合其他可用的试验信息、专家信息、历史信息等，进行相应处理，扩大用于评估的数据量。

6.3　基于多源先验数据的测试性指标评估

图 6.2 为本书构建的基于多源先验数据的测试性指标评估总体技术思路，主要分为：先验数据表现形式分析、先验分布参数求解、相容性检验、先验可信度计算、确定多源混合先验分布、确定后验分布模型、测试性指标评估等步骤[12]。

首先，分析多源先验数据的表现形式，如测试性虚拟试验数据表现为成败型数据形式，测试性预计信息表现为点估计形式，专家信息表现为点估计形式或一定置信度下的区间估计形式，根据先验信息表现形式的不同选择不同的先验分布参数计算方法，利用经验 Bayes 方法得到测试性实物试验数据的先验分布参数；然后，利用参数相容性检验方法在一定置信度下对先验数据和实物试验数据的相容性进行逐一检验，对于通过相容性检验的先验数据，计算其先验可信度；最后，利用通过相容性检验的先验数据的先验分布和先验可信度得到测试性指标的多源混合先验分布，融合测试性实物试验数据，求得测试性指标的后验分布模型，得到装备 FDR/FIR 的 Bayes 点估计、置信下限估计和置信区间估计。

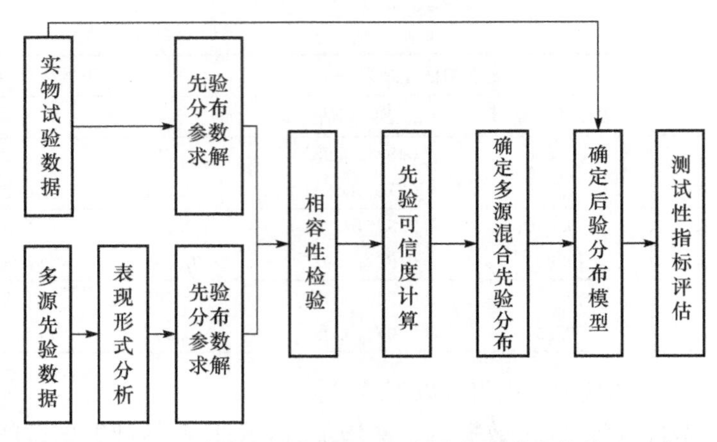

图 6.2　基于多源先验数据的测试性指标评估总体技术思路

6.3.1　先验分布及其参数确定

1. 测试性指标先验分布选择

对于测试性试验，由于故障注入试验的结果为成败型数据，所以经典的样本量计算方法的基础为二项分布模型。在测试性 Bayes 试验方案制定中，通常选择 Beta分布作为测试性指标的先验分布模型。Beta 分布作为二项分布的共轭分布[8]，其后验分布仍为 Beta 分布，因而具备数值运算上的简便性。

Beta 先验分布可表示为

$$\pi(p)=\frac{\Gamma(a+b)}{\Gamma(a)\Gamma(b)}p^{a-1}(1-p)^{b-1} \tag{6.46}$$

式中，a 和 b 为 Beta 分布的参数。

对于 Beta 分布，其先验点估计的计算公式为

$$\mu_p=\frac{a}{a+b} \tag{6.47}$$

先验方差的计算公式为

$$\sigma_p^2=\frac{ab}{(a+b)^2(a+b+1)} \tag{6.48}$$

对于 Beta 先验分布，当参数 a、b 取不同的值时，对应的概率密度函数是不同的。当分布参数 a、b 变化时，Beta 先验分布可以呈现出不同形状的概率密度函数来对测试性指标的先验分布进行描述。

图 6.3 给出了点估计为 0.5 而先验方差变化时，不同分布参数 a、b 下的 Beta 分布的概率密度函数曲线。

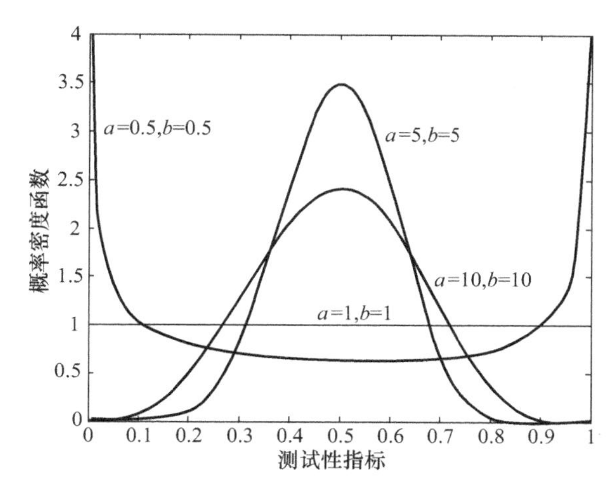

图 6.3　先验点估计为 0.5 时不同参数下的 Beta 先验分布

从图 6.3 中可以看出，当先验分布参数 $a>1$、$b>1$ 时，Beta 分布的概率密度曲线呈单峰钟形；当先验分布参数 $0<a<1$、$0<b<1$ 时，Beta 分布的概率密度曲线呈 U 形；当先验分布参数 $a=1$、$b=1$ 时，Beta 分布的概率密度对应[0,1]区间上的均匀分布。

图 6.4 给出了点估计为 0.8 而先验方差变化时，不同分布参数 a、b 下的Beta 分布的概率密度函数曲线。可以看出，在相同的点估计值下，先验分布参数 a、b 的取值越大，先验分布的形状越集中。在相同的先验点估计值下，$a=40$、$b=10$ 时对应的标准差为 0.056，$a=80$、$b=20$ 时对应的标准差为 0.0398，标准差随 a、b 取值的增大而减小。

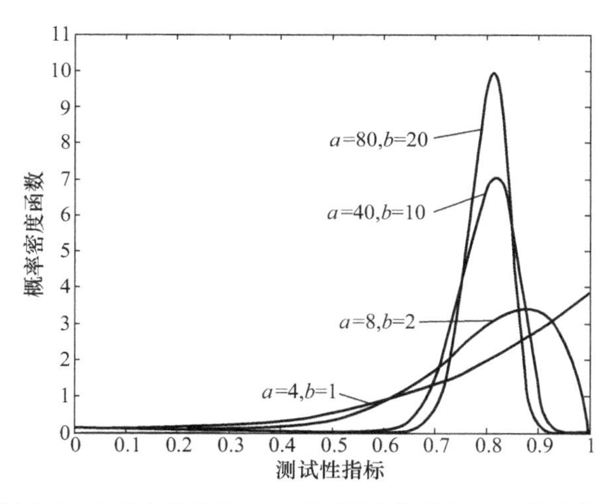

图 6.4　先验点估计为 0.8 时不同参数下的 Beta 先验分布

在相关文献[10,13]中,研究人员将 Beta 先验分布的参数 a、b 分别定义为试验的"伪成功数"和"伪失败数",赋予了参数 a、b 等价的物理含义,以便更好地将 Beta 分布参数与实际的成败型试验结果联系起来。结合对于图 6.3 和图 6.4 的分析可以看出,对于大样本和小样本数据量下的测试性指标的先验分布,均能利用 Beta 先验分布进行较好的描述。

通过对各类先验数据的表现形式进行分析可以发现,先验数据表现形式可分为成败型数据、测试性指标的点估计值和一定置信度下的区间估计值,这些先验数据的类型不统一,而且并非测试性指标的 Beta 先验分布形式。对此,针对不同表现形式的测试性先验数据,可以采用不同的先验分布参数计算方法得到 Beta 先验分布的参数。

2. 基于经验 Bayes 方法的先验分布参数确定

测试性先验数据中,成败型的先验数据主要是测试性摸底试验数据和测试性虚拟试验数据,这两类数据的表示形式为(n,F),其中 n 是指测试性试验(故障检测/隔离)的总次数,F 为在 n 次试验中检测/隔离失败的次数。

设某装备共开展了 m 批试验,试验数据表示为(n_i,F_i),$i=1,2,\cdots,m-1,m$,这些数据满足独立同分布,即该装备开展的测试性试验满足:

(1) 各批次试验的结果是相互独立的;

(2) 各批次试验得到的测试性指标点估计相互独立,是测试性指标真值在不同批次试验中的表现。

设第 i 批试验数据下测试性指标的点估计值为

$$\hat{q}_i=\frac{n_i-F_i}{n_i} \tag{6.49}$$

可以利用经验 Bayes 方法来确定该先验数据源下测试性指标的先验分布参数,方法如下。

(1) 当试验次数较多即 m 较大时,有

$$\hat{n}=\frac{m^2\left(\sum_{i=1}^{m}\hat{q}_i-\sum_{i=1}^{m}\hat{q}_i^2\right)}{m\left(m\sum_{i=1}^{m}\hat{q}_i^2-k\sum_{i=1}^{m}\hat{q}_i\right)-(m-k)\left(\sum_{i=1}^{m}\hat{q}_i\right)^2} \tag{6.50}$$

$$\hat{F}=\hat{n}-\hat{n}\left(\sum_{i=1}^{m}\hat{q}_i\right)/m \tag{6.51}$$

式中,$k=\sum_{i=1}^{m}n_i^{-1}$ 。

(2) 当 m 较小时,利用式(6.50)和式(6-51)会出现 $\hat{n}$ 为负值的情况。对此,可以利用式(6.52)进行修正:

$$\hat{n}=\left(\frac{m-1}{m}\right)\left[\frac{m\sum_{i=1}^{m}\hat{q}_i-\left(\sum_{i=1}^{m}\hat{q}_i\right)^2}{m\sum_{i=1}^{m}\hat{q}_i^2-\left(\sum_{i=1}^{m}\hat{q}_i\right)^2}\right]-1 \tag{6.52}$$

(3) 当 $m=1$ 时,式(6.50)~式(6.52)都无法使用,此时有

$$\begin{cases}\hat{n}=n\\ \hat{F}=F\end{cases} \tag{6.53}$$

完成测试性先验数据的等效折合后,测试性指标先验分布参数为

$$\begin{cases}a=\hat{n}-\hat{F}\\ b=\hat{F}\end{cases} \tag{6.54}$$

先验分布可表示为

$$\pi(q)=\mathrm{Beta}(q;a,b)=\frac{1}{B(a,b)}\int_0^1 q^{a-1}(1-q)^{b-1}\mathrm{d}q \tag{6.55}$$

3. 基于最大熵方法的先验分布参数确定

1) 点估计形式先验数据先验分布参数计算

对于以点估计形式给出的测试性先验信息,已知测试性指标的点估计值 q_0,则测试性指标 q 的先验分布 $\pi(q)$ 满足:

$$\int_0^1 q\cdot\pi(q)\mathrm{d}q=q_0 \tag{6.56}$$

对于这种类型的先验信息,通常采用最大熵方法来求解先验分布的参数。根据最大熵理论,先验分布 $\pi(q)$ 的 Shannon-Jaynes 熵可表示为

$$H(\pi)=-\int_0^1 \pi(q)\ln(\pi(q))\mathrm{d}q \tag{6.57}$$

将式(6.57)展开,可得

$$\begin{aligned}H(\pi)&=H(\mathrm{Beta}(q;a,b))\\&=-\int_0^1 \mathrm{Beta}(q;a,b)\ln(\mathrm{Beta}(q;a,b))\mathrm{d}q\\&=-\int_0^1 \frac{1}{B(a,b)}q^{a-1}(1-q)^{b-1}\ln\left[\frac{1}{B(a,b)}q^{a-1}(1-q)^{b-1}\right]\mathrm{d}q\\&=\ln(B(a,b))-\int_0^1 \frac{1}{B(a,b)}q^{a-1}(1-q)^{b-1}[\ln q^{a-1}+\ln(1-q)^{b-1}]\mathrm{d}q\\&=\ln(B(a,b))-\int_0^1 \frac{1}{B(a,b)}q^{a-1}(1-q)^{b-1}[(a-1)\ln q+(b-1)\ln(1-q)]\mathrm{d}q\end{aligned} \tag{6.58}$$

已知

$$B(a,b)=\int_0^1 q^{a-1}(1-q)^{b-1}\mathrm{d}q \tag{6.59}$$

令

$$B_1=\frac{\partial B(a,b)}{\partial a}=\int_0^1 q^{a-1}(1-q)^{b-1}\ln q\mathrm{d}q \tag{6.60}$$

$$B_2=\frac{\partial B(a,b)}{\partial b}=\int_0^1 q^{a-1}(1-q)^{b-1}\ln(1-q)\mathrm{d}q \tag{6.61}$$

则式(6.58)可转化为

$$H(\pi)=H(\mathrm{Beta}(q;a,b))=\ln(B(a,b))-a_1B_1-b_1B_2 \tag{6.62}$$

式中

$$\begin{cases}a_1=(a-1)/B(a,b)\\ b_1=(b-1)/B(a,b)\end{cases} \tag{6.63}$$

代入式(6.56)中,由积分结果可得

$$q_0=a/(a+b) \tag{6.64}$$

设超参数 a、b 的最优解为 a^*、b^*,则参数的求解过程可转化为

$$H(\mathrm{Beta}(q;a^*,b^*))=\max(H(\mathrm{Beta}(q;a,b))) \tag{6.65}$$

约束条件为

$$\begin{cases}a\geqslant 0,b\geqslant 0\\ bq_0-a(1-q_0)=0\end{cases} \tag{6.66}$$

实际上,由式(6.66)可以看出,a 和 b 之间存在比例关系,式(6.65)的求解可以转化为单参数寻优问题,只需找到一个最优值 a^* 或 b^*,问题即可解决。

表 6.4 给出了利用最大熵方法得到的部分测试性指标点估计下的先验参数计算结果。

表 6.4　部分测试性指标点估计下的先验参数计算结果

点估计 q_0	参数 a^*	参数 b^*	熵值 $H(\pi)$
0.7	1.965	0.842	−0.266
0.8	3.478	0.896	−0.630
0.9	8.345	0.927	−1.306
0.95	18.28	0.962	−1.996
0.99	98.27	0.993	−3.605

2) 区间估计形式先验数据先验分布参数计算

对于以置信区间形式给出的测试性先验信息,已知置信度为 μ 时对应的估计区间为$[q_1,q_2]$,则测试性指标先验分布 $\pi(q)$满足:

$$\int_{q_1}^{q_2}\pi(q)\mathrm{d}q=\mu \tag{6.67}$$

则先验分布参数最优解 a^* 和 b^* 的求解过程可转化为

$$H(\mathrm{Beta}(q;a^*,b^*))=\max(H(\mathrm{Beta}(q;a,b))) \tag{6.68}$$

约束条件为

$$\begin{cases}a\geqslant 0,b\geqslant 0\\ \int_{q_1}^{q_2}q^{a-1}\cdot(1-q)^{b-1}\mathrm{d}q-\mu B(a,b)=0\end{cases} \tag{6.69}$$

对于在式(6.69)约束下的式(6.68)的求解，通常采用梯度法，求解的具体步骤如下。

(1) 设定从初始点(a_0,b_0)或上一轮搜索结束位置(a,b)开始，利用梯度法搜索得到点(a_1,b_1)，使得该点在由式(6.67)所确定的曲线 ζ 上。通常情况下，(a_1,b_1)需要经过多次搜索才能得到。

设

$$F(q_1,q_2,a,b)=\frac{1}{B(a,b)}\int_{q_1}^{q_2}\pi(q)\mathrm{d}q \tag{6.70}$$

令

$$B_3=\int_{q_1}^{q_2}q^{a-1}(1-q)^{b-1}\mathrm{d}q \tag{6.71}$$

$$B_4=\int_{q_1}^{q_2}q^{a-1}(1-q)^{b-1}\ln q\mathrm{d}q \tag{6.72}$$

$$B_5=\int_{q_1}^{q_2}q^{a-1}(1-q)^{b-1}\ln(1-q)\mathrm{d}q \tag{6.73}$$

假设搜索的起点为(a,b)，代表搜索方向的单位向量为

$$\vec{m}=\frac{\nabla F}{|\nabla F|}=m_1\vec{i}+m_2\vec{j}=\left(\frac{\partial F}{\partial a}\vec{i}+\frac{\partial F}{\partial b}\vec{j}\right)\Bigg/\sqrt{\left(\frac{\partial F}{\partial a}\right)^2+\left(\frac{\partial F}{\partial b}\right)^2} \tag{6.74}$$

式中

$$\frac{\partial F}{\partial a}=-\frac{B_1B_3}{(B(a,b))^2}+\frac{B_4}{B(a,b)} \tag{6.75}$$

$$\frac{\partial F}{\partial b}=-\frac{B_2B_3}{(B(a,b))^2}+\frac{B_5}{B(a,b)} \tag{6.76}$$

$\vec{i}$ 为代表 a 方向上的单位向量，$\vec{j}$ 为代表 b 方向上的单位向量。则在 a 和 b 方向上的搜索步长为

$$\begin{cases}\Delta a=R_1m_1(\mu-F(q_1,q_2,a,b))\\ \Delta b=R_1m_2(\mu-F(q_1,q_2,a,b))\end{cases} \tag{6.77}$$

通过多次搜索，可以得到点(a_1,b_1)。

(2) 在(a_1,b_1)找到曲线 ζ 上的一个切线方向，使得信息熵沿着该方向是增加

的。给定适当步长，可以在切线上得到一个新的点(a,b)，即该轮搜索的终点和下轮的起点[14,15]。

在点(a_1,b_1)处$F(p_1,p_2,a,b)$的梯度方向的单位向量为

$$\vec{n}_1=\frac{\nabla F}{|\nabla F|}=n_{11}\vec{i}+n_{12}\vec{j}$$

$$=\left(\frac{\partial F}{\partial a}\vec{i}+\frac{\partial F}{\partial b}\vec{j}\right)\Big/\sqrt{\left(\frac{\partial F}{\partial a}\right)^2+\left(\frac{\partial F}{\partial b}\right)^2} \tag{6.78}$$

在曲线ζ上，过点(a_1,b_1)的切线垂直于$\vec{n}_1$，平行于该切线的单位向量为

$$\vec{n}_2=n_{12}\vec{i}-n_{11}\vec{j} \tag{6.79}$$

在点(a_1,b_1)上代表熵的梯度方向的单位向量为

$$\vec{n}_3=\frac{\nabla H}{|\nabla H|}=\left(\frac{\partial H}{\partial a}\vec{i}+\frac{\partial H}{\partial b}\vec{j}\right)\Big/\sqrt{\left(\frac{\partial H}{\partial a}\right)^2+\left(\frac{\partial H}{\partial b}\right)^2}$$

$$=n_{31}\vec{i}+n_{32}\vec{j} \tag{6.80}$$

在a和b方向上的搜索步长为

$$\begin{cases}\Delta a=R_2n_{12}(n_{12}n_{31}-n_{11}n_{32})\\ \Delta b=-R_2n_{11}(n_{12}n_{31}-n_{11}n_{32})\end{cases} \tag{6.81}$$

重复步骤(1)和(2)，$\vec{n}_2$和$\vec{n}_3$将逐渐趋于垂直，搜索步长也会趋近于0，此时可得到目标点(a^*,b^*)，搜索过程结束。

目标点(a^*,b^*)的搜索过程可用图6.5表示。

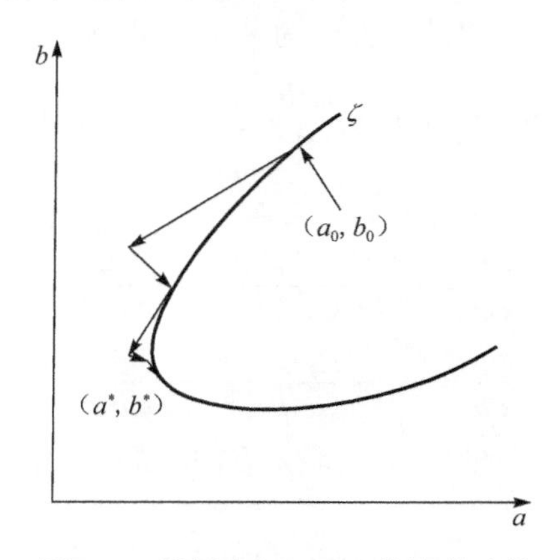

图6.5　目标点(a^*,b^*)的搜索过程

表6.5给出了利用最大熵方法得到的部分测试性指标区间估计下的先验参数计算结果。

表 6.5 部分测试性指标区间估计下的先验参数计算结果

区间下限 q_1	区间上限 q_2	置信度 μ	参数 a^*	参数 b^*	熵值 $H(\pi)$
0.80	0.90	0.80	69.614	12.653	−1.827
		0.90	114.493	20.280	−2.075
		0.95	162.461	28.437	−2.249
0.85	0.95	0.80	50.317	5.951	−1.826
		0.90	82.807	9.288	−2.075
		0.95	116.098	12.454	−2.251
0.90	0.99	0.80	31.037	2.041	−1.925
		0.90	49.998	2.737	−2.194
		0.95	74.497	4.000	−2.359
0.95	0.99	0.80	98.989	3.246	−2.741
		0.90	162.995	4.845	−3.000
		0.95	296.100	9.706	−3.217

6.3.2 多源先验数据相容性检验及可信度计算

先验数据应用的前提是先验数据能够反映参数的统计特征，即先验信息与现场试验信息应该近似服从同一总体，否则利用 Bayes 方法得到的结论是不可信的。为确保多源先验信息下评估结果的准确性，需要保证先验数据和现场试验信息的一致性。然而，在实际应用中，先验信息和现场试验数据不可能来自完全一致的总体。因此，要通过一致性检验来验证每个来源的先验信息与现场信息的一致性，并且一致性检验往往是验证在一定的置信度约束下两个样本总体的重合情况。

根据相关文献[13]，一致性检验分为参数一致性检验和非参数一致性检验。参数一致性检验需要由先验数据和现场数据得到待检参数的先验分布；非参数一致性检验方法主要包括针对大样本数据的 Kolmogorov-Smirnov 检验和针对小样本数据下的 Wilcoxon-Mann-Whitney 秩和检验。由于 6.3.1 节中已经将成败型数据转化为测试性指标的先验分布形式，所以本节主要利用参数检验方法对先验数据和现场试验数据进行一致性检验。常用的参数统计方法有参数的假设检验、Bayes 置信区间估计等[2]，本书采用 Bayes 置信区间估计方法，先验分布参数利用 6.3.1 节介绍的经验 Bayes 方法得到。

设由先验信息确定的测试性指标的先验分布为 $\pi(q)$，则可以利用式(6.82)由 $\pi(q)$ 得到显著性水平为 γ 的 Bayes 验前置信区间 $C=[q_L, q_U]$：

$$\begin{cases} \int_0^{q_L} \pi(q)\,\mathrm{d}q = \gamma/2 \\ \int_{q_U}^1 \pi(q)\,\mathrm{d}q = \gamma/2 \end{cases} \tag{6.82}$$

对于现场成败型测试性试验数据，同样采用经验 Bayes 方法求取先验分布$\pi_0(q)$。选取损失函数后，可由现场试验数据得到测试性指标的点估计值 $\hat{q}$，若 $\hat{q}$ 满足 $q_L<\hat{q}<q_U$，则认为先验数据与现场试验数据在显著性水平为 γ 下是一致的。

当先验数据通过了以现场试验数据为基准数据的相容性检验后，从统计意义上讲，先验信息的可信性就得到了一定程度的确认。然而，先验数据的获取方法和过程是否可信，尚不得而知。因此，需要对方法和过程开展评价，以便更加准确地运用先验数据。

设 X^* 为先验试验数据，X 为现场试验数据。为检验二者是否来自相同的总体，构造如下假设。

H_0：X^* 与 X 来自同一总体。

H_1：X^* 与 X 来自不同总体。

记 A 为采纳假设 H_0 的事件，$\bar{A}$ 为拒绝 H_0 的事件。

在采纳了 H_0 之下，H_0 成立的概率即 X^* 与 X 属于同一总体的概率，称为先验信息 X^* 的可信度。先验信息 X^* 的可信度的解析定义式为[10]

$$R=P(H_0 \mid A) \tag{6.83}$$

由 Bayes 公式，先验可信度的公式可转化为

$$R=P(H_0 \mid A)=\frac{P(A \mid H_0)P(H_0)}{P(A \mid H_0)P(H_0)+P(A \mid H_1)(1-P(H_0))} \tag{6.84}$$

式中，$P(H_0)$为接受原假设 H_0 的验前概率，$P(H_0)=1-P(H_1)$。

由相容性检验的结果可知：

$$P(A \mid H_0)=1-\alpha \tag{6.85}$$

即一致性检验的置信度，其中 α 为犯第一类错误的概率。

$$P(A \mid H_1)=\beta \tag{6.86}$$

β 为犯第二类错误的概率(采伪概率)。

先验可信度可进一步转化为

$$R=P(H_0 \mid A)=\frac{(1-\alpha)P(H_0)}{(1-\alpha)P(H_0)+\beta(1-P(H_0))} \tag{6.87}$$

由式(6.87)可以看出，R 的计算与 $P(H_0)$、α 和 β 相关。对此，下文将具体讨论 $P(H_0)$、α 和 β 的具体含义以及确定方法。

1. 对于 $P(H_0)$的解释和确定[16]

$P(H_0)$表示的是在获得现场试验数据之前 H_0 成立的先验概率。因此，$P(H_0)$反映的是获取先验数据的方法或过程的可信度。通常，这种可信度与获取先验数据的方法或过程中的多种因素相关。例如，对于历史数据，这种可信度与获取先验数据的试验方法、试验条件、试验环境等相关；对于测试性虚拟试验数据，这种可信

度与虚拟样机的模型准确度、虚拟试验仿真方法等相关，而往往通过虚拟样机的VV&A结果来体现；对于测试性专家信息，这种可信度与专家的工程经验、对测试性设计的熟知程度相关。在实际计算中，当对 H_0 和 H_1 的先验信息一无所知时，可以认为两种假设的先验概率相等，即 $P(H_0)=P(H_1)=0.5$。当先验数据经过VV&A分析后，可以得到 $P(H_0)$ 的取值，且通常情况下 $P(H_0)>0.5$。

2. 对于 α 和 β 的确定

在实际工程中，犯两类错误的概率 α 和 β 分别代表承制方的风险和订购方的风险，是与利益密切相关的，并不是单纯的统计问题。所以，在进行检验方案设计时，应从实际情况出发，由承制方和订购方来协商确定。通常情况下，采用的是"平等对待"原则，使得 $\alpha=\beta$。

(1) 若有先验信息可用，首先确定 $P(H_0)$。采用"平等对待"原则下，先验数据的可信度为

$$R=P(H_0 \mid A)=\frac{(1-\alpha)P(H_0)}{(1-2\alpha)P(H_0)+\alpha} \tag{6.88}$$

(2) 若无先验信息可用，可以取 $P(H_0)=0.5$。仍取 $\alpha=\beta$，可得先验数据可信度为

$$R=P(H_0 \mid A)=1-\alpha \tag{6.89}$$

(3) 若有先验数据可用，则首先确定 $P(H_0)$。经双方协定确定风险，确定 $\alpha\neq\beta$，此时先验可信度可由式(6.87)计算。

(4) 若无先验信息可用，仍取 $P(H_0)=0.5$。采用 $\alpha<\beta$，即采伪风险大于弃真风险，此时先验数据的可信度为

$$R=P(H_0 \mid A)=\frac{1-\alpha}{1-\alpha+\beta}<1-\alpha \tag{6.90}$$

由式(6.87)可以看出，在其他条件已知的情况下，先验数据可信度缺少的是第二类错误 β，下面将对 β 的求解过程进行介绍。

已知由先验数据得到的参数先验分布为 $\pi(q)$，由现场数据得到参数的分布为 $\pi_0(q)$。

构造如下假设。

H_0：$\pi(q)$ 与 $\pi_0(q)$ 为相同分布。

H_1：$\pi(q)$ 与 $\pi_0(q)$ 为不同分布。

在一致性检验中，已知测试性指标置信水平为 $1-\alpha$ 下的区间 $C=[q_L, q_U]$。在 H_0 成立的条件下，式(6.85)依然成立。因此，可得第二类错误为

$$\beta=P(A \mid H_1)=\int_C g(q \mid x)\mathrm{d}q \tag{6.91}$$

得到 β 后，将其代入式(6.87)，即可得到数据源 X^* 的先验可信度。

6.3.3　基于多源先验数据的测试性指标评估模型

对于多源先验数据的融合，采用基于先验可信度的加权融合方法。首先假设共有 N 个来源的测试性先验试验数据，根据先验数据的类型，以及 6.3.1 节中给出的方法计算 Beta 先验分布的参数分别为 (a_i, b_i)，$i=1,2,\cdots,N$。然后将先验试验数据与现场试验数据逐一进行一致性检验，设共有 $M(M\leqslant N)$ 个来源的先验数据通过了一致性检验，对于通过一致性检验的先验数据，计算其可信度 R_j，$j=1,2,\cdots,M$，则可得 M 个来源先验数据下的混合分布为

$$\pi(q;a,b)=\sum_{j=1}^{M} w_j\cdot \mathrm{Beta}(a_j,b_j) \tag{6.92}$$

式中，w_j 为第 j 个数据源的融合权重，且 w_j 满足：

$$\begin{cases} w_j=\dfrac{R_j}{\sum\limits_{j=1}^{M} R_j} \\ \sum\limits_{j=1}^{M} w_j=1 \end{cases} \tag{6.93}$$

根据 Bayes 公式，可得现场试验数据 (n,c) 下的后验分布为

$$\pi(q\mid(n,c))=(1/C)\cdot\sum_{j=1}^{M} w_j\cdot q^{a_j+n-c-1}(1-q)^{b_j+c-1}/B(a_j,b_j) \tag{6.94}$$

式中

$$C=\sum_{j=1}^{M} w_j\cdot B(a_j+n-c,b_j+c)/B(a_j,b_j) \tag{6.95}$$

在平方误差损失函数约束下，后验点估计值和后验方差分别为

$$\hat{q}=(1/C)\cdot\sum_{j=1}^{M} w_j\cdot B(a_j+n-c-1,b_j+c-1)/B(a_j,b_j) \tag{6.96}$$

$$\mathrm{Var}(q)=\sigma_q^2=(1/C)\cdot\sum_{j=1}^{M} w_j\cdot B(a_j+n-c+2,b_j+c)/B(a_j,b_j)-\hat{q}^2 \tag{6.97}$$

对于 Bayes 后验单侧置信下限估计，设置信度为 $1-\gamma$，则可利用式(6.98)对区间进行求解：

$$\int_{q_{\mathrm{L}}}^{1}\pi(q\mid(n,c))\mathrm{d}q=1-\gamma \tag{6.98}$$

对于 Bayes 后验区间估计，设置信度为 $1-\gamma$，则可利用式(6.99)对区间进行求解：

$$\begin{cases} \int_{0}^{q_{\mathrm{L}}}\pi(q\mid(n,c))\mathrm{d}q=\gamma/2 \\ \int_{q_{\mathrm{U}}}^{1}\pi(q\mid(n,c))\mathrm{d}q=\gamma/2 \end{cases} \tag{6.99}$$

6.3.4 应用案例

1. FDR先验信息分析

对于某型飞行控制系统的FDR,已有测试性先验信息如下。

(1) 测试性预计信息:FDR的估计值为 $q_1=0.95$。

(2) 测试性专家信息1:专家1对FDR置信度为0.95的估计区间为[0.95,0.99]。

(3) 测试性专家信息2:专家2对FDR置信度为0.90的估计区间为[0.90,0.95]。

(4) 测试性虚拟试验数据:通过虚拟样机得到的成败型虚拟试验数据四组,分别为(64,3)、(100,6)、(80,3)、(124,8);测试性虚拟样机的VV&A结果为0.90。

测试性实物试验数据为(43,2)。由经典指标估计方法,FDR的点估计 $\hat{q}_{\mathrm{FDR}}=0.9535$,$\sigma_{\mathrm{FDR}}=0.0321$。0.9置信度下的区间估计为[0.8643,0.9917],区间长度为0.1274;0.95置信度下的区间估计为[0.8419,0.9943],区间长度为0.1524。

2. 先验分布参数计算及相容性检验

针对各数据来源选择对应的先验参数求解方法,可得四个数据来源对应的先验分布参数分别如下。

(1) 测试性预计信息:$(a_1^*,b_1^*)=(18.278,0.962)$。

(2) 测试性专家信息1:$(a_2^*,b_2^*)=(296.100,9.706)$。

(3) 测试性专家信息2:$(a_3^*,b_3^*)=(305.000,22.540)$。

(4) 测试性虚拟试验数据:$(a_4^*,b_4^*)=(307.020,16.920)$。

设定一致性检验的置信度为0.9,由6.3.2节给出的方法对各来源数据进行一致性检验。在取误差函数为平方损失函数下,现场试验数据得到的点估计值为 $\hat{q}=0.9535$。

各数据源在0.9置信度下的一致性检验区间为:

(1) $[q_{\mathrm{L}},q_{\mathrm{U}}]_1=[0.8521,0.9976]$;

(2) $[q_{\mathrm{L}},q_{\mathrm{U}}]_2=[0.9502,0.9828]$;

(3) $[q_{\mathrm{L}},q_{\mathrm{U}}]_3=[0.9068,0.9526]$;

(4) $[q_{\mathrm{L}},q_{\mathrm{U}}]_4=[0.9260,0.9664]$。

由此可以看出,第三组数据未能通过一致性检验,因此在进行计算时不予考虑。

3. FDR估计及效果分析

1) 案例1:多源先验数据下FDR估计精度分析

对通过一致性检验的先验数据进行可信度计算。对于测试性预计信息和测试性专家信息，在计算验前可信度时对应的 $P(H_0)$ 可设定为 0.5。各来源先验信息对应的先验分布参数及其可信度如表 6.6 所示。

表 6.6 测试性指标先验分布参数及其可信度

数据来源	a	b	先验可信度 R
预计信息	18.278	0.962	0.4774
专家信息	296.100	9.706	0.6606
虚拟试验数据	307.020	16.620	0.9515

由以上数据分别根据式(6.92)和式(6.94)计算多源先验信息下的测试性指标先验分布和后验分布，其概率密度函数如图 6.6 所示。

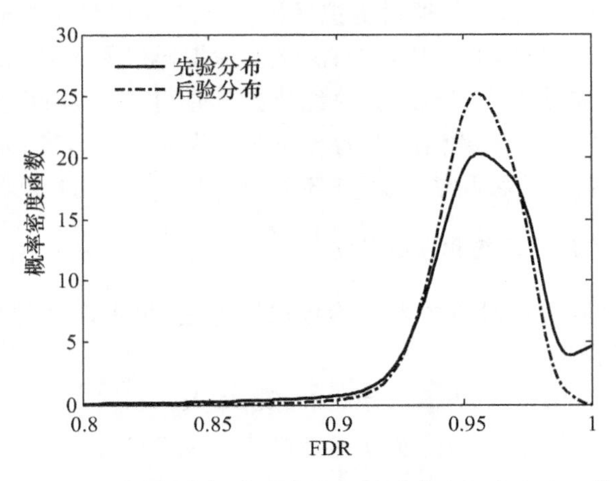

图 6.6 测试性指标先验分布和后验分布概率密度函数

FDR 的后验点估计值和标准差、0.90 和 0.95 置信度下的置信下限估计和置信区间估计结果如表 6.7 所示。

表 6.7 多源先验信息下 FDR 估计结果

点估计		置信下限估计		0.90 置信度下区间估计		0.95 置信度下区间估计	
估计值 $\hat{q}$	标准差 σ	0.90 置信度下估计值 q_L	0.95 置信度下估计值 q_L	估计区间	区间长度	估计区间	区间长度
0.9548	0.0166	0.9349	0.9277	[0.9277, 0.9788]	0.0511	[0.9199, 0.9822]	0.0623

与经典评估方法相比可以看出，在引入多源先验信息后，FDR 点估计值有所下降。而在区间估计方面，0.95 和 0.90 两种置信度下的区间估计的区间长度均小于其对应的经典评估方法的区间长度。先验数据的引入提高了区间估计的精度。

2）案例2：虚拟试验数据量对FDR估计精度影响分析

测试性预计信息是在系统的测试性模型基础上分析得到的，未能考虑故障检测隔离过程中的不确定因素；而测试性专家信息又在一定程度上带有主观性。测试性虚拟试验数据来源于基于测试性虚拟样机的虚拟试验，而且虚拟样机的VV&A结果保证了数据的可靠性，因此测试性虚拟试验数据可以作为多源先验数据的一个重要来源。在本例中，保持测试性预计信息和测试性专家先验信息与案例1相同，而在原有测试性虚拟试验数据的基础上，增加两组数据分别为(92,5)和(150,8)，对应的测试性虚拟样机可信度仍为0.90。各来源先验数据对应的先验分布参数及其可信度如表6.8所示。

表6.8 测试性指标先验分布参数及其可信度

数据来源	a	b	先验可信度 R
预计信息	18.278	0.962	0.4774
专家信息	296.100	9.706	0.6606
虚拟试验数据	512.544	28.549	0.9618

由以上数据分别根据式(6.92)和式(6.94)计算多源先验信息下的测试性指标先验分布和后验分布，其概率密度函数如图6.7所示。

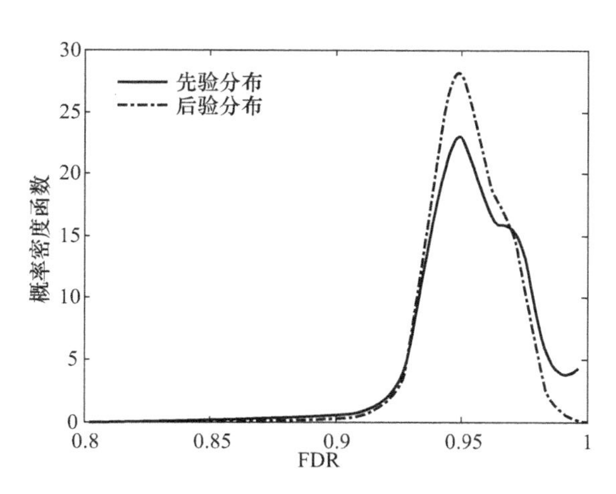

图6.7 测试性指标先验分布和后验分布概率密度函数

FDR的后验点估计值和标准差、0.90和0.95置信度下的置信下限估计和置信区间估计结果如表6.9所示。

与案例1中的结果比较，在相同的测试性预计信息、测试性专家信息和虚拟样机VV&A结果的前提下，增加测试性虚拟试验数据的数据量后，FDR点估计的标准差和区间估计的区间长度都有所减小。测试性虚拟试验数据的数据量可以影响测试性指标评估的精度。

表 6.9　增加测试性虚拟试验数据后 FDR 估计结果

点估计		置信下限估计		0.90 置信度下区间估计		0.95 置信度下区间估计	
估计值 $\hat{q}$	标准差 σ	0.90 置信度下估计值 q_L	0.95 置信度下估计值 q_L	估计区间	区间长度	估计区间	区间长度
0.9543	0.0159	0.9366	0.9306	[0.9306, 0.9787]	0.0481	[0.9233, 0.9821]	0.0588

3）案例 3：虚拟样机 VV&A 结果对 FDR 估计精度影响分析

在本例中，测试性预计信息和测试性专家信息，以及测试性虚拟试验数据量均保持与案例 2 相同，而对应虚拟样机的 VV&A 结果增加至 0.95。

各先验信息对应的先验分布参数及其可信度如表 6.10 所示。

表 6.10　测试性指标先验分布参数及其可信度

数据来源	a	b	先验可信度 R
预计信息	18.278	0.962	0.4774
专家信息	296.100	9.706	0.6606
虚拟试验数据	512.544	28.549	0.9815

由以上数据分别根据式(6.92)和式(6.94)计算多源先验信息下的测试性指标先验分布和后验分布，其概率密度函数如图 6.8 所示。

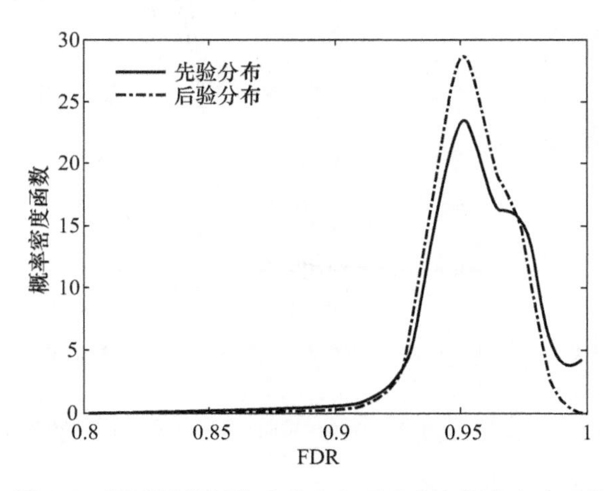

图 6.8　测试性指标先验分布和后验分布概率密度函数

FDR 的后验点估计值和标准差、0.90 和 0.95 置信度下的置信下限估计和置信区间估计结果如表 6.11 所示。

表 6.11 测试性虚拟样机 VV&A 结果提高后的 FDR 估计结果

点估计		置信下限估计		0.90 置信度下区间估计		0.95 置信度下区间估计	
估计值 $\hat{q}$	标准差 σ	0.90 置信度下估计值 q_L	0.95 置信度下估计值 q_L	估计区间	区间长度	估计区间	区间长度
0.9542	0.0158	0.9366	0.9307	[0.9307, 0.9786]	0.0479	[0.9234, 0.9821]	0.0587

与案例2相比，在相同的测试性预计信息、测试性专家信息和虚拟试验数据量的前提下，点估计的标准差和区间估计的区间长度都因虚拟试验数据 VV&A 结果的提高而减小。因此，测试性虚拟样机 VV&A 结果的提高能提升测试性指标估计的精度。

4）案例4：虚拟样机 VV&A 结果对 FDR 估计精度影响趋势分析

案例3中已经可以看出 VV&A 结果会对测试性指标评估的精度产生影响。本例中，将对 VV&A 结果对评估结果的影响趋势进行进一步讨论。

在本例中，测试性预计信息和测试性专家信息保持不变，测试性虚拟试验数据与案例2保持一致，通过变化虚拟试验数据对应的 VV&A 结果来研究其对评估结果的影响。

VV&A 结果在 0.60～0.99 范围内变化，获取相应的点估计、0.95 和 0.90 置信度下的区间估计，如表 6.12 所示。

表 6.12 利用不同 VV&A 结果下的测试性虚拟试验数据得到的 FDR 评估结果

VV&A 结果	点估计		0.90 置信度下区间估计		0.95 置信度下区间估计	
	估计值	标准差	估计区间	区间长度	估计区间	区间长度
0.60	0.9549	0.0162	[0.9305,0.9791]	0.0486	[0.9224,0.9826]	0.0602
0.65	0.9548	0.0162	[0.9305,0.9790]	0.0485	[0.9226,0.9825]	0.0599
0.70	0.9547	0.0161	[0.9305,0.9790]	0.0485	[0.9228,0.9824]	0.0596
0.75	0.9545	0.0160	[0.9306,0.9789]	0.0483	[0.9229,0.9823]	0.0594
0.80	0.9545	0.0160	[0.9306,0.9788]	0.0482	[0.9231,0.9823]	0.0592
0.85	0.9544	0.0159	[0.9306,0.9787]	0.0481	[0.9232,0.9822]	0.0590
0.90	0.9543	0.0159	[0.9306,0.9787]	0.0481	[0.9233,0.9821]	0.0588
0.95	0.9542	0.0158	[0.9307,0.9786]	0.0479	[0.9234,0.9821]	0.0587
0.98	0.9542	0.0158	[0.9307,0.9786]	0.0479	[0.9234,0.9821]	0.0587
0.99	0.9542	0.0158	[0.9307,0.9786]	0.0479	[0.9234,0.9820]	0.0586

由表 6.12 可知，随着 VV&A 结果的提高，FDR 点估计值随之提高，标准差下降。当 VV&A 结果提高至一定程度时，点估计值和标准差保持不变。

对于区间估计,两种置信度下的 FDR 估计区间更为集中,即区间长度变短。两种置信度下估计区间长度的变化趋势如图 6.9 所示。

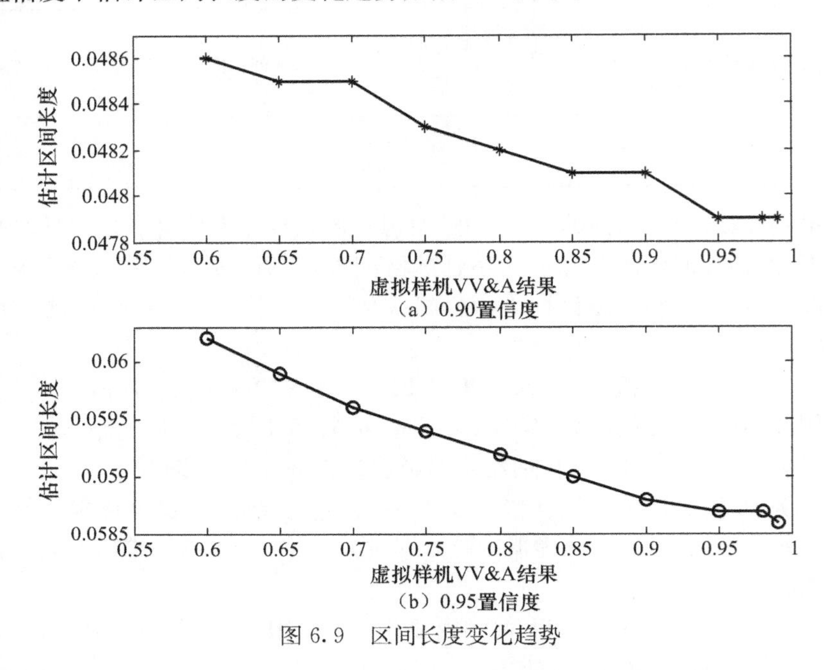

图 6.9　区间长度变化趋势

如图 6.9 所示,随着 VV&A 结果的提高,相应的估计区间长度变小。然而,从图中可以看出,区间的斜率逐渐变小直至为 0,表明随着 VV&A 结果的提高,其对评估结果的影响逐渐减小。

6.4　基于 Bayes 变动统计理论的测试性指标评估

6.4.1　总体技术思路

图 6.10 为本书构建的基于 Bayes 变动统计理论的测试性指标评估总体技术思路,主要分为:先验信息分析、确定先验分布、确定后验分布、计算后验积分、接收/拒收判定和稳健性分析等几个步骤[11]。

首先,分析研制阶段增长试验中存在的信息类型,如相似产品信息、专家信息等,根据这些信息确定不同试验阶段 FDR/FIR 的先验估计值;然后,在此基础上选用多元 Dirichlet 分布为先验分布形式,利用 FDR/FIR 先验估计值确定先验分布参数,将先验信息转化为先验分布;接着,融合多阶段增长试验数据和当前阶段试验数据,以扩大用于评估的数据量,求得 FDR/FIR 的 Bayes 后验分布表达式,后验分布的推断计算分别采用解析法和马尔可夫链蒙特卡罗(Markov chain Monte

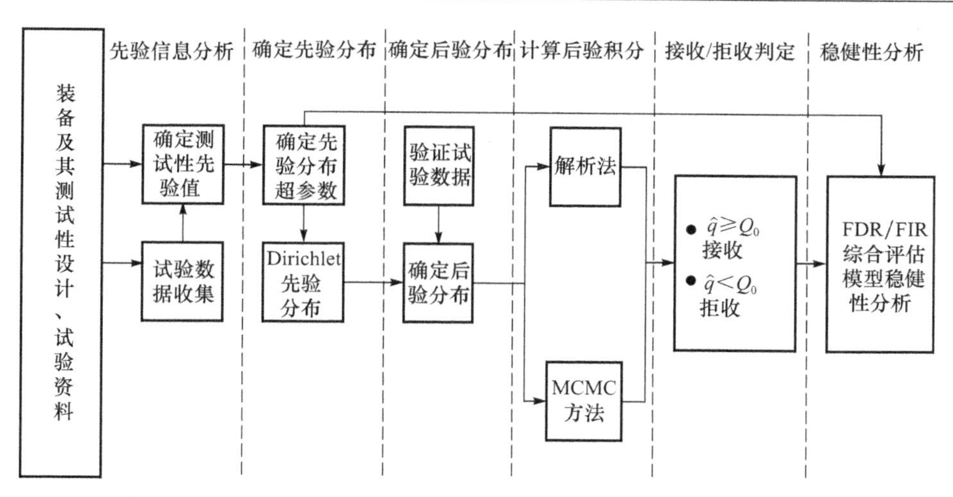

图 6.10　基于 Bayes 变动统计理论的测试性指标评估总体技术思路

Carlo,MCMC)方法,得到装备 FDR/FIR 的 Bayes 点估计、置信区间估计和置信下限估计值;最后,依据接收/拒收判据给出一定置信度下的评估结论。同时,为进一步确定先验分布变化对 FDR/FIR 估计精度的影响,确定先验分布参数选取原则。

6.4.2　FDR/FIR 的 Bayes 评估模型

Bayes 变动统计思想与理论在可靠性增长评估中已成功应用[13-17],这里引入该方法进行测试性指标评估,并融合一切有效的测试性仿真分析数据、专家对测试性水平的估计值和各可更换单元测试性试验数据等,以研制阶段测试性增长试验数据为依据,建立基于 Bayes 变动统计理论的测试性指标评估模型。首先给出模型假设条件,建立 Dirichlet 多元先验分布,先验分布中的参数通过上面求得的测试性先验值确定;然后检验测试性增长试验数据的增长趋势是否合理;在此基础上,融合增长试验数据,利用 Bayes 公式求得后验分布解析表达式,基于后验分布获取 FDR/FIR 的 Bayes 点估计、置信区间估计、置信下限估计等,给出 FDR/FIR 接收/拒收的评估结论。由于后验分布的推导与 Dirichlet 分布性质有关,以下先讨论 Dirichlet 分布的有关性质。

1. Dirichlet 分布性质

Dirichlet 分布是 Beta 分布的直接推广,由于 Beta 分布与许多分布(正态、Gamma、均匀、F、χ^2)有着密切关系,在分布理论中占有重要地位。类似地,Dirichlet 分布在多元分布理论中的地位也很重要,起着沟通各分布的桥梁作用。

定义 6.1　设 $X=(x_1,\cdots,x_n)$是一随机向量,如果它满足:

(1) 对任意的 $1\leqslant i\leqslant n$，有 $x_i\geqslant 0$，且 $\sum_{i=1}^{n} x_i=1$；

(2) $(x_1,\cdots,x_{n-1})$的分布密度为

$$p(x_1,\cdots,x_{n-1})=\begin{cases}\dfrac{\Gamma\left(\sum_{i=1}^{n}a_i\right)}{\prod_{i=1}^{n}\Gamma(a_i)}\prod_{i=1}^{n-1}x_i^{a_i-1}\left(1-\sum_{i=1}^{n-1}x_i\right)^{a_n-1}, & x_i\geqslant 0,i=1,\cdots,n-1,\sum_{i=1}^{n-1}x_i<1\\ 0, & \text{其他}\end{cases} \tag{6.100}$$

其中 $a_i>0(i=1,\cdots,n)$，则称 X 服从 Dirichlet 分布，并记 $(x_i,\cdots,x_{n-1})'\sim D_n(a_1,\cdots,a_{n-1};a_n)$或$(x_1,\cdots,x_n)\sim D_n(a_1,\cdots,a_n)$。特别地，当 $n=2$ 时，就是常见的 Beta 分布，即 $\text{Beta}(a_1,a_2)$。

Dirichlet 分布具有以下性质：

性质 1　设 $x_1,\cdots,x_n$ 为相互独立的随机变量，且 $x_i\sim\Gamma(a_i,1)$，$i=1,\cdots,n$，令 $y_i=x_i/(x_1+\cdots+x_n)$，$i=1,\cdots,n$，则

$$(y_1+\cdots+y_n)\sim D_n(a_1,\cdots,a_n)$$

性质 2　设$(x_1,\cdots,x_n)\sim D_n(a_1,\cdots,a_n)$，则

$$(x_1,\cdots,x_m)\sim D_{m+1}(a_1,\cdots,a_m;a_{m+1},\cdots,a_n),\quad m<n$$

特别地，有

$$x_i\sim \text{Beta}\left(a_i,\sum_{j\neq i}a_j\right),\quad i=1,\cdots,n \tag{6.101}$$

即每一个分量均服从 Beta 分布。

性质 3　设$(x_1,\cdots,x_n)\sim D_n(a_1,\cdots,a_n)$，则

$$(x_1+\cdots+x_m)\sim \text{Beta}(a_1+\cdots+a_m,a_{m+1}+\cdots+a_n),\quad 1\leqslant m<n \tag{6.102}$$

此性质还可推广至更一般的情况，令

$$\begin{aligned}y_1&=x_1+\cdots+x_{n_1}\\ y_2&=x_{n_1+1}+\cdots+x_{n_2}\\ &\vdots\\ y_m&=x_{n_{m-1}+1}+\cdots+x_n\end{aligned} \tag{6.103}$$

则

$$(y_1,\cdots,y_m)\sim D_m(a_1^*,\cdots,a_m^*) \tag{6.104}$$

式中

$$\begin{aligned}a_1^*&=a_1+\cdots+a_{n_1}\\ a_2^*&=a_{n_1+1}+\cdots+a_{n_2}\\ &\vdots\\ a_m^*&=a_{n_{m-1}+1}+\cdots+a_n\end{aligned} \tag{6.105}$$

性质 4　设$(x_1,\cdots,x_{n-1})\sim D_n(a_1,\cdots,a_{n-1};a_n)$，则它的混合原点矩为

$$u'_{q_1,\cdots,q_{n-1}}=E(x_1^{q_1},\cdots,x_{n-1}^{q_{n-1}})=\frac{\Gamma(a_1+q_1)\cdots\Gamma(a_{n-1}+q_{n-1})\Gamma(a_n)\Gamma(a)}{\Gamma(a_1)\cdots\Gamma(a_n)\Gamma(a+q_1+\cdots+q_{n-1})} \tag{6.106}$$

式中，$a=a_1+\cdots+a_n$，特别地，有

$$\begin{aligned}&E(x_i)=a_i/a\\&\mathrm{Var}(x_i)=a_i(a-a_i)/[a^2(a+1)],\quad i=1,\cdots,n\\&\mathrm{Cov}(x_i,x_j)=-a_ia_j/[a^2(a+1)],\quad i\neq j;i,j=1,\cdots,n\end{aligned} \tag{6.107}$$

性质 5　设$(x_1,\cdots,x_{n-1})\sim D_n(a_1,\cdots,a_{n-1};a_n)$，则

$$\left(\frac{x_{n-1}}{1-x_1-\cdots-x_{n-2}}\middle| x_1,\cdots,x_{n-2}\right)\sim \mathrm{Beta}(a_{n-1},a_n) \tag{6.108}$$

2. 模型假设

结合图 6.11 给出应用 Bayes 方法评估 FDR/FIR 的假设条件。

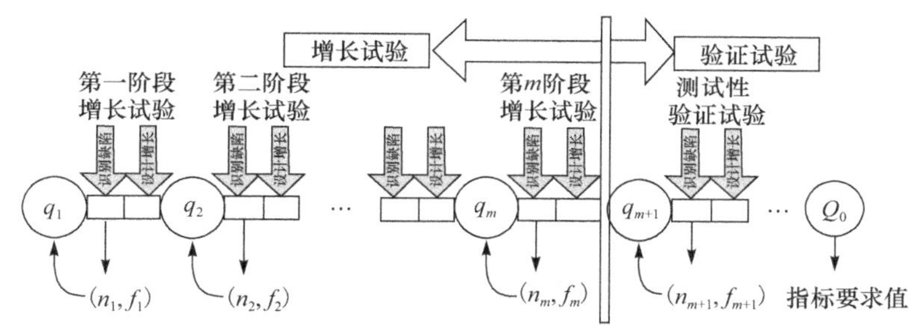

图 6.11　全寿命周期不同阶段测试性增长试验过程示意图

(1) 每一阶段的增长试验分为两部分：一是通过注入一定数量的故障识别测试性设计缺陷，当发现有不能正确检测/隔离的故障时，只对故障部件进行简单的维修，以保证装备能正常运行，并不更改测试性设计；二是测试性增长，对于不能正确检测/隔离的故障，识别并确定新的故障模式、测试空缺、模糊点、测试容差或门限等缺陷，改进故障检测/隔离方法，使系统的故障检测/隔离能力不断增长。这种测试性增长试验规划方式即延缓纠正模式。

(2) 装备已进行了 m 个阶段的测试性增长试验。设第 i 阶段共注入 n_i 个故障，有 $f_i(0\leqslant f_i\leqslant n_i)(i=1,2,\cdots,m)$个故障没有被成功检测/隔离，$(n_i,f_i)$最能真实地反映出装备第 i 阶段增长试验前的 FDR/FIR 水平，记为 q_i。

(3) 装备在 m 阶段测试性增长试验后开展了测试性验证试验，统计到的故障检测/隔离成败型数据记为(n_{m+1},f_{m+1})，其 FDR/FIR 水平统一记为 q_{m+1}。

(4) 考虑测试性增长的极限情况，为了满足后文 Dirichlet 函数的边界条件，这里假设第 $m+3$ 个阶段的 FDR/FIR 估计值 $q_{m+3}=1$。

(5) 假设测试性增长试验的效果是良好的，存在如下序化关系：

$$0 \leqslant q_1 \leqslant q_2 \leqslant \cdots \leqslant q_m \leqslant q_{m+1} \leqslant 1 \tag{6.109}$$

式(6.109)称为顺序约束模型。

在全寿命周期的不同阶段，装备测试性变化趋势如图 6.12 所示，横坐标为装备的试验阶段或称寿命周期阶段，纵坐标为装备的 FDR/FIR 值。

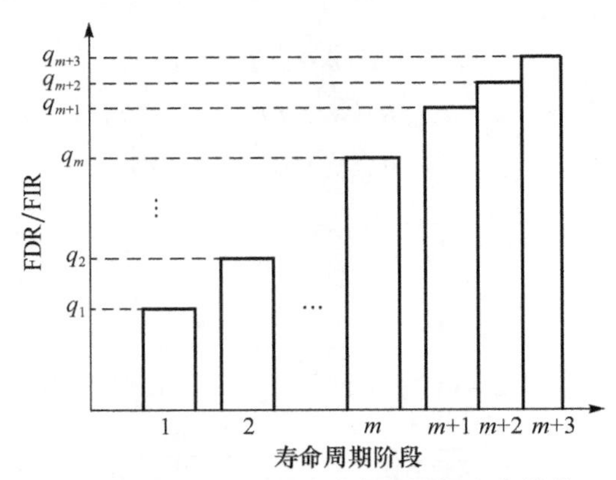

图 6.12　FDR/FIR 的全寿命周期变化趋势

3. 增长试验数据检验[17]

要想正确利用研制阶段增长试验数据，必须对得到的不同阶段增长试验的成败型数据进行趋势检验，检验增长试验数据是否符合序化关系式(6.109)。对相邻阶段的 q_i 和 q_{i+1}，建立如下统计对立假设：

$$H_0: q_i = q_{i+1} \leftrightarrow H_1: q_i \neq q_{i+1} \tag{6.110}$$

首先采用 Fisher 检验方法，检验两阶段试验数据是否存在连带关系，在存在连带关系的基础上，确定是否存在增长趋势。将两阶段试验结果排成 2×2 列联表，如表 6.13 所示。

表 6.13　相邻两阶段 FDR/FIR 成败型数据的 2×2 列联表

次数 \ 阶段	阶段 i	阶段 $i+1$	总计
检测/隔离失败次数	f_i	f_{i+1}	f_i+f_{i+1}
检测/隔离成功次数	s_i	s_{i+1}	s_i+s_{i+1}
总计	n_i	n_{i+1}	n_i+n_{i+1}

在 f_i+f_{i+1}、s_i+s_{i+1}、n_i+n_{i+1}、n_i、n_{i+1} 均不变的前提下，先计算列联表的超几何分布概率：

$$p(n_i+n_{i+1}, n_{i+1}; f_i+f_{i+1}, f_{i+1}) = \frac{\binom{f_i+f_{i+1}}{f_{i+1}}\binom{s_i+s_{i+1}}{s_{i+1}}}{\binom{n_i+n_{i+1}}{n_{i+1}}} \tag{6.111}$$

然后计算各种排列的超几何分布概率，以及计算所有排列（包括观测结果）的概率之和，记为 P。

若 $f_{i+1}/n_{i+1}<f_i/n_i$，则

$$P=\sum_{x=0}^{f_{i+1}} p(n_i+n_{i+1},n_{i+1};f_i+f_{i+1},x)=\sum_{x=0}^{f_{i+1}} \binom{f_i+f_{i+1}}{x}\binom{s_i+s_{i+1}}{n_{i+1}-x}\Big/\binom{n_i+n_{i+1}}{n_{i+1}} \tag{6.112}$$

若 $f_{i+1}/n_{i+1}>f_i/n_i$，则

$$P=\sum_{x=0}^{f_i} p(n_i+n_{i+1},n_i;f_i+f_{i+1},x)=\sum_{x=0}^{f_i} \binom{f_i+f_{i+1}}{x}\binom{s_i+s_{i+1}}{n_i-x}\Big/\binom{n_i+n_{i+1}}{n_i} \tag{6.113}$$

对给定的显著性水平 α（工程上一般取 $\alpha\leqslant 0.2$，若在工程上已经表明装备 FDR/FIR 确有增长，则 α 可取 0.3、0.4 甚至更高），若 $P>\alpha$，则两阶段 FDR/FIR 不存在变量之间任何连带的证据，即接受 H_0；若 $P\leqslant\alpha$，则拒绝 H_0，认为两阶段 FDR/FIR 之间存在显著的连带关系。在存在显著连带关系的基础上，若 $f_{i+1}/n_{i+1}<f_i/n_i$，认为从阶段 i 到阶段 $i+1$ FDR/FIR 有显著增长，准备将其用于 FDR/FIR 的 Bayes 评估；若 $f_{i+1}/n_{i+1}>f_i/n_i$，则认为从阶段 i 到阶段 $i+1$ FDR/FIR 有显著蜕化。

4. FDR/FIR 的 Bayes 先验分布分析

1) Dirichlet 先验分布定义

在本节模型假设的条件下，设 $q=(q_1,q_2,\cdots,q_{m+1})$，$\alpha=(\alpha_1,\alpha_2,\cdots,\alpha_{m+1};\alpha_{m+2},\alpha_{m+3})$，对满足序化关系式(6.109)的 q，采用参数为 α、β 的 Dirichlet 先验分布进行描述，也就是说，q 服从这样的分布，其概率密度函数为

$$\pi(q\,|\,\alpha,\beta)=\frac{\Gamma(\beta)}{\prod_{i=1}^{m+3}\Gamma(\beta\alpha_i)}\prod_{i=1}^{m+3}(q_i-q_{i-1})^{\beta\alpha_i-1} \tag{6.114}$$

式中，β 为先验参数；$\alpha_i>0$，$\sum_{i=1}^{m+3}\alpha_i=1$；$q_0=0$，$q_{m+3}=1$。

由 Dirichlet 分布性质 2 可知，式(6.114)的各个边缘分布为 Beta 分布，即

$$q_i\sim \mathrm{Beta}(\beta\alpha_i^*,\beta(1-\alpha_i^*)) \tag{6.115}$$

$$q_i-q_j\sim \mathrm{Beta}(\beta(\alpha_i^*-\alpha_j^*),\beta(1+\alpha_j^*-\alpha_i^*)),\quad i>j \tag{6.116}$$

$$\frac{q_j}{q_i}\sim \mathrm{Beta}(\beta\alpha_j^*,\beta(\alpha_i^*-\alpha_j^*)),\quad i>j \tag{6.117}$$

式中，$\alpha_i^*=\sum_{k=1}^{i}\alpha_k$。

因此，由式(6.114)确定的分布实际上是一个多元 Beta 分布。进一步由 Beta 分布的性质得

$$\begin{cases}E(q_i)=\alpha_i^*\\ \mathrm{Var}(q_i)=\dfrac{\alpha_i^*\times(1-\alpha_i^*)}{\beta+1}\end{cases}\tag{6.118}$$

由式(6.118)进一步推得

$$\alpha_i=E(q_i)-E(q_{i-1})\tag{6.119}$$

如果对装备每一阶段 FDR/FIR 都有所了解，就很容易确定参数 α 值。参数 α 表示阶段间 FDR/FIR 增长的幅度。通常在装备研制的早期阶段，FDR/FIR 增长的幅度较大，此时对应的 α 较大；在后期阶段，FDR/FIR 提高比较困难，此时对应的 α 值较小，这符合 FDR/FIR 的增长规律。参数 β 反映了技术人员对 FDR/FIR 先验估计值的置信度，对给定的 α 值，β 值越大（小），得到的先验标准差越小（大），从而说明对 FDR/FIR 估计值的置信度越高（低）。

2）确定先验分布参数

在本节模型假设(2)和(3)下，通过令式(6.114)的联合分布的极大值点等于相应的 FDR/FIR 先验点估计值来确定先验参数，不同之处在于，由图 6.11 可以看出，有 $m+1$ 个阶段的试验数据可用，做变量替换，令 $m'=m+1$，得

$$\tilde{q}=(\tilde{q}_1,\tilde{q}_2,\cdots,\tilde{q}_{m+1})=\left(\frac{\beta\alpha_1^*-1}{\beta-(m'+3)},\frac{\beta\alpha_2^*-2}{\beta-(m'+3)},\cdots,\frac{\beta\alpha_{m+1}^*-(m+1)}{\beta-(m'+3)}\right)\tag{6.120}$$

首先，由装备可更换单元 FDR/FIR 信息、多位专家的信息，依据 6.2 节介绍的方法确定装备 FDR/FIR 先验值，也就是可以确定 $\tilde{q}=(\tilde{q}_1,\tilde{q}_2,\cdots,\tilde{q}_{m+1})$。然后，根据技术人员对这些先验值的确信程度，确定 β 值。将 $\tilde{q}$ 代入式(6.120)依次求解，得到 α 向量值。

5. FDR/FIR 的 Bayes 后验分布分析

由本节模型假设(2)可知，在第 j 个增长试验阶段内，似然函数为

$$L(q_j;n_j,f_j)=\binom{n_j}{f_j}q_j^{n_j-f_j}(1-q_j)^{f_j}\tag{6.121}$$

装备进行了 j 个阶段增长试验后，似然函数为

$$L(q;n^{(j)},f^{(j)})=\prod_{i=1}^{j}\binom{n_i}{f_i}q_i^{n_i-f_i}(1-q_i)^{f_i}\tag{6.122}$$

式中，$n^{(j)}=(n_1,\cdots,n_j)$，$f^{(j)}=(f_1,\cdots,f_j)$。

由先验分布式(6.114)、似然函数式(6.122)，利用 Bayes 定理可知 q 的后验分布的核为

$$g(q|\alpha,\beta)\propto\prod_{i=1}^{m+3}(q_i-q_{i-1})^{\beta\alpha_i-1}\prod_{i=1}^{j}q_i^{n_i-f_i}(1-q_i)^{f_i}$$
$$\propto\prod_{i=1}^{j}q_i^{n_i-f_i}(1-q_i)^{f_i}(q_i-q_{i-1})^{\beta\alpha_i-1}\prod_{i=j+1}^{m+3}(q_i-q_{i-1})^{\beta\alpha_i-1}\tag{6.123}$$

根据二项式定理有

$$(1-q_i)^{f_i}=\sum_{k_i=0}^{f_i}\binom{f_i}{k_i}(-1)^{k_i}q_i^{k_i}\tag{6.124}$$

则式(6.123)可改写为

$$g(q|\alpha,\beta)\propto\left(\sum_{k_1=0}^{f_1}\cdots\sum_{k_j=0}^{f_j}\prod_{i=0}^{j}\binom{f_i}{k_i}(-1)^{k_j}q_i^{n_i-f_i+k_i}(q_i-q_{i-1})^{\beta\alpha_i-1}\right)\times\prod_{i=j+1}^{m+3}(q_i-q_{i-1})^{\beta\alpha_i-1}\tag{6.125}$$

6. FDR/FIR的后验估计

在本节模型假设条件下，开展测试性指标评估，主要关心装备进行了 j 个阶段试验后，利用得到的试验数据判断装备的测试性设计水平是否满足合同指标的要求，也就是评估 $\hat{q}_{m+1}$ 的大小。若 $j=m+1$，则利用 $m+1$ 个阶段的试验数据确定 $\hat{q}_{m+1}$ 的大小属于数据评估问题，若 $j<m+1$，则利用 j 个阶段的试验数据确定 $\hat{q}_{m+1}$ 的大小属于预计问题，这也是Dirichlet分布的优点。无论 j 与 $m+1$ 的关系如何，要想利用前 j 个阶段的试验数据确定 $\hat{q}_{m+1}$ 的大小，需要对后验分布式(6.125)关于 $q_1,q_2,\cdots,q_{j-1}$ 进行积分。下面分别采用解析法和MCMC方法求解FDR/FIR的后验估计值。

1）解析法

根据Beta函数定义式：

$$\int_a^b(x-a)^m(b-x)^n\mathrm{d}x=(b-a)^{m+n+1}B(m+1,n+1)\tag{6.126}$$

其中，$B(m+1,n+1)=\dfrac{\Gamma(m+1)\Gamma(n+1)}{\Gamma(m+n+2)}$，同时注意到变量约束 $0\leqslant q_1\leqslant q_2\leqslant\cdots\leqslant q_{j-1}\leqslant q_j$，利用式(6.126)对后验分布式(6.125)关于 $q_1,q_2,\cdots,q_{j-1}$ 积分得

$$g(Q_j|\alpha,\beta)\propto\sum_{k_1=0}^{f_1}\cdots\sum_{k_j=0}^{f_j}\frac{W(n^{(j)},f^{(j)},k^{(j)},\alpha,\beta)}{\overline{W}}D(Q_j\mid\beta^u,\alpha^u)\tag{6.127}$$

式中，$Q_j=(q_j,\cdots,q_{m+2})$，$k^{(j)}=(k_1,\cdots,k_j)$。

$$W(n^{(j)},f^{(j)},k^{(j)},\alpha,\beta)=(-1)^{k_j^*}\left\{\prod_{i=1}^{j}\binom{f_i}{k_i}B(S_i+\beta\alpha_i^*,\beta\alpha_{i+1})\right\}\frac{\Gamma(S_j+\beta\alpha_{j+1}^*)}{\Gamma(S_j+\beta)}\tag{6.128}$$

$$D(Q_j|\beta^u,\alpha^u)=\frac{\Gamma(\beta^u)}{\prod_{i=j}^{m+3}\Gamma(\beta^u\alpha_i^u)}q_i^{(\beta^u\alpha_i^u-1)}\prod_{i=j+1}^{m+3}(q_i-q_{i-1})^{\beta^u\alpha_i^u-1} \tag{6.129}$$

而 $\overline{W}=\sum_{k_1=0}^{f_1}\cdots\sum_{k_j=0}^{f_j}W(n^{(j)},f^{(j)}k^{(j)},\alpha,\beta)$ 是一个正规化常数，它使式(6.128)成为一个概率密度函数。$\beta^u,\alpha^u=(\alpha_j^u,\cdots,\alpha_{m+3}^u)$分别为

$$\beta^u=\beta+S_j \tag{6.130}$$

$$\alpha_i^u=\begin{cases}\dfrac{S_i+\beta\alpha_i^*}{\beta^u}, & i=j\\[2ex] \dfrac{\beta\alpha_i}{\beta^u}, & i=j+1,\cdots,m+3\end{cases} \tag{6.131}$$

$$S_i=\sum_{g=1}^{i}(k_g+n_g-f_g),\quad k_j^*=\sum_{g=1}^{j}k_g \tag{6.132}$$

可见，Q_j 的后验分布为多元 Beta 分布的加权平均，故 $q_k(k\geqslant j)$的后验边缘分布为若干 Beta 分布的加权平均，即

$$g(q_k|\alpha,\beta)\propto\sum_{k_1=0}^{f_1}\cdots\sum_{k_j=0}^{f_j}\frac{W(n^{(j)},f^{(j)},k^{(j)},\alpha,\beta)}{\overline{W}}\mathrm{Beta}(S_j+\beta\alpha_k^*,\beta(1-\alpha_k^*)) \tag{6.133}$$

因此

$$E[q_k|n,f]=\sum_{k_1=0}^{f_1}\cdots\sum_{k_j=0}^{f_j}\frac{W(n^{(j)},f^{(j)},k^{(j)},\alpha,\beta)}{\overline{W}}\left\{\frac{S_j+\beta\alpha_k^*}{S_j+\beta}\right\} \tag{6.134}$$

$$\mathrm{Var}[q_k|n,f]=\sum_{k_1=0}^{f_1}\cdots\sum_{k_j=0}^{f_j}\frac{W(n^{(j)},f^{(j)},k^{(j)},\alpha,\beta)}{\overline{W}}\left\{\frac{\beta(S_j+\beta\alpha_k^*)(1-\alpha_k^*)}{(S_j+\beta+1)(S_j+\beta)^2}\right\} \tag{6.135}$$

$q_k(k\geqslant j)$的置信下限为

$$\sum_{k_1=0}^{f_1}\cdots\sum_{k_j=0}^{f_j}\frac{W(n^{(j)},f^{(j)},k^{(j)},\alpha,\beta)}{\overline{W}}I_{\bar{q}_k}(S_j+\beta\alpha_k^*,\beta(1-\alpha_k^*))=1-\gamma \tag{6.136}$$

式中，$I_{\bar{q}_k}(a,b)$是参数为 a、b 的不完全 Beta 函数，$\bar{q}_k$ 为置信水平 $1-\gamma$ 下 FDR/FIR 的置信下限。

同理，可得 $q_k(k<j)$的均值为

$$E[q_k|n,f]=\sum_{k_1=0}^{f_1}\cdots\sum_{k_j=0}^{f_j}\frac{W(n^{(j)},f^{(j)},k^{(j)},\alpha,\beta)}{\overline{W}}\left\{\prod_{i=k}^{j-1}\frac{S_i+\beta\alpha_i^*}{S_i+\beta\alpha_{i+1}^*}\right\}\left\{\frac{S_j+\beta\alpha_j^*}{S_j+\beta}\right\} \tag{6.137}$$

特殊地，当 $j=m+1$ 时，利用研制阶段的增长试验数据和当前验证试验统计到

的试验数据对 q_{m+1} 进行 Bayes 后验估计，相应后验均值、后验方差、后验置信下限的计算公式为

$$\begin{cases} E[q_{m+1}|n,f] = \sum_{k_1=0}^{f_1}\cdots\sum_{k_{m+1}=0}^{f_{m+1}} \dfrac{W(n^{(m+1)},f^{(m+1)},k^{(m+1)},\alpha,\beta)}{\overline{W}} \left\{\dfrac{S_{m+1}+\beta\alpha_{m+1}^*}{S_{m+1}+\beta}\right\} \\ \mathrm{Var}[q_{m+1}|n,f] = \sum_{k_1=0}^{f_1}\cdots\sum_{k_{m+1}=0}^{f_{m+1}} \dfrac{W(n^{(m+1)},f^{(m+1)},k^{(m+1)},\alpha,\beta)}{\overline{W}} \left\{\dfrac{\beta(S_{m+1}+\beta\alpha_{m+1}^*)(1-\alpha_{m+1}^*)}{(S_{m+1}+\beta+1)(S_{m+1}+\beta)^2}\right\} \\ \sum_{k_1=0}^{f_1}\cdots\sum_{k_{m+1}=0}^{f_{m+1}} \dfrac{W(n^{(m+1)},f^{(m+1)},k^{(m+1)},\alpha,\beta)}{\overline{W}} I_{q_{m+1}}-[S_{m+1}+\beta\alpha_{m+1}^*,\beta(1-\alpha_{m+1}^*)] = 1-\gamma \end{cases} \tag{6.138}$$

式(6.138)的求解非常复杂，可以利用 MATLAB 等工具编写求解式(6.138)的程序。只要输入已知增长试验数据、现场统计数据、α 和 β 值，即可求得不同先验信息下 q_{m+1} 的点估计及方差、置信下限值等。

2) MCMC 方法

解析法给出的是通过解析分析求得 q_{m+1} 的边缘后验分布，然后得到相应的后验统计量。当试验阶段多且每阶段试验数据量大时，用解析法求解要花费很长的时间，在此引入 MCMC 方法进行求解。

FDR/FIR 的 Bayes 评估需要求得的后验统计量有：后验均值及相应的后验方差、后验置信区间、后验置信下限值等。后验统计量计算都可归结为后验分布积分计算。具体地，设 $g(x)(x\in\Omega)$ 为后验分布，后验统计量可写成某函数 $f(x)$ 关于 $g(x)$ 的期望：

$$E_\Omega = \int_\Omega f(x)g(x)\mathrm{d}x \tag{6.139}$$

对于简单的后验分布，可直接采用解析推导、正态近似、数值积分、静态蒙特卡罗等近似计算。但当后验分布复杂、维数高、分布形式非标准时，上述方法难以实施，故引入 MCMC 方法。最简单、应用最广泛的 MCMC 方法是 Gibbs 抽样，在介绍 Gibbs 抽样算法之前，先给出满条件分布的概念。

(1) 满条件分布。MCMC 方法主要应用在多变量、非标准形式，且各变量之间相互不独立时分布的模拟。显然，在进行这样的模拟时，条件分布起很大作用。MCMC 方法大多建立在形如 $g(x_T|x_{-T})$ 的条件分布上，其中 $x_T=\{x_i,i\in T\}$，$x_{-T}=\{x_i,i\notin T\}$，$T\subset N=\{1,\cdots,n\}$。注意到在上述条件分布中所有的变量全部出现（或出现在条件中，或出现在变元中），这种条件分布称为满条件（full conditional）分布。

在导出满条件分布时，应注意到这样一个简单而有效的事实：对任意的 $x\in\Omega$ 和任意的 $T\subset N$，有

$$g(x_T|x_{-T}) = \frac{g(x)}{\int g(x)\mathrm{d}x_T} \propto g(x) \tag{6.140}$$

即在 $g(x)$ 的乘积项中，只有与 x_T 有关的项需保留，因为后验分布密度函数通常是一些乘积项。同时，往往无法计算复杂的后验分布的正则化常数，而 MCMC 方法的一个显著优点是，在应用 MCMC 方法时，$g(x)$ 以及满条件分布可以相差一个比例常数。

(2) Gibbs 抽样算法。Gibbs 抽样是一种 MCMC 方法，其基本思想是：从满条件分布中进行迭代抽样，当迭代次数足够多时，就可得到来自联合后验分布的样本，进而得到来自边缘分布的样本。

设未知参数 $\theta=(\theta_1,\cdots,\theta_k)$ 的后验分布为 $g(\theta|\underline{x})$，其与似然函数和先验分布的乘积成比例。若给定 $\theta_j, j\neq i$，则 $g(\theta|\underline{x})$ 仅为 θ_i 的函数，此时称 $g(\theta_i|\underline{x},\theta_j,j\neq i)$ 为参数 θ_i 的满条件分布。Gibbs 抽样算法如下：

设 $\theta^0=(\theta_1^0,\cdots,\theta_k^0)$ 为任意初值，逐一从下述满条件分布抽样：

从满条件分布 $g(\theta_1|\theta_2^0,\theta_3^0,\cdots,\theta_k^0,\underline{x})$ 中抽取 θ_1^1；

从满条件分布 $g(\theta_2|\theta_1^1,\theta_3^0,\cdots,\theta_k^0,\underline{x})$ 中抽取 θ_2^1；

⋮

从满条件分布 $g(\theta_i|\theta_1^1,\cdots,\theta_{i-1}^1,\theta_{i+1}^0,\cdots,\theta_k^0,\underline{x})$ 中抽取 θ_i^1；

从满条件分布 $g(\theta_k|\theta_1^1,\cdots,\theta_{k-1}^1,\underline{x})$ 中抽取 θ_k^1。

依次进行 n 次迭代后，得到 $\theta^n=(\theta_1^n,\cdots,\theta_k^n)$，则 $\theta^1,\theta^2,\cdots,\theta^n,\cdots$ 是 Markov 链的实现值。此时 θ^n 依分布收敛于平稳分布 $g(\theta|\underline{x})$。

需要计算的后验估计可写成某函数 $\phi(\theta)$ 关于后验分布 $g(\theta|\underline{x})$ 的期望：

$$E[\phi(\theta) \mid \underline{x}] = \int_\Omega \phi(\theta)g(\theta \mid \underline{x})\mathrm{d}\theta \tag{6.141}$$

从不同 θ^0 出发，Markov 链经过迭代后，可认为各时刻 θ^n 的边缘分布都为平稳分布 $g(\theta|\underline{x})$，此时收敛。而在收敛前的一段时间，如 m 次迭代中，各状态的边缘分布还不能认为是 $g(\theta|\underline{x})$，因此，应用后面的 $n-m$ 个迭代值计算，即

$$\hat{\phi}(\theta) = \frac{1}{n-m}\sum_{t=m+1}^{n}\phi(\theta^t) \tag{6.142}$$

式(6.142)称为遍历平均，由遍历性定理，有 $\hat{\phi}(\theta)\to E[\phi(\theta)|\underline{x}], n\to\infty$，即 $\hat{\phi}(\theta)$ 是期望 $E[\phi(\theta)|\underline{x}]$ 的一致估计，表明当 n 足够大时，θ^n 可视为来自后验分布 $g(\theta|\underline{x})$ 的一个样本，θ_i^n 可视为来自边缘分布 $g(\theta_i|\underline{x})$ 的一个样本。

由 Gibbs 抽样算法可以看出，判断 Gibbs 抽样何时收敛到平稳分布 $g(\theta|\underline{x})$ 是一个重要问题，目前尚无简单有效的判断方法。可以采用以下方法进行判断：由

Gibbs 抽样同时产生多个 Markov 链，在经过一段时间后，如果这几条链稳定下来，则 Gibbs 抽样收敛。

(3) 后验分布抽样策略。Gibbs 抽样算法最终归结为从各分量满条件分布进行抽样，实际应用中由于后验分布比较复杂，满条件分布往往不是标准分布函数，对其进行抽样存在困难，此时需要用到随机抽样策略。

由本节模型假设(2)可知，有 $m+1$ 阶段的试验数据可用，对于一定的 $q_i(1\leqslant i\leqslant m+1)$，联合后验分布式(6.125)的满条件分布在后验分布中保留与 q_i 有关的项即可：

$$g(q_i \mid q_{-i}) \propto (q_i - q_{i-1})^{\beta\alpha_i - 1}(q_{i+1} - q_i)^{\beta\alpha_{i+1}-1}(1-q_i)^{f_i} q_i^{n_i - f_i} \tag{6.143}$$

由式(6.143)可以看出，满条件分布的先验分布是截尾 Beta 分布，因此抽样可以分为以下几个步骤：

① 从 (q_{i-1}, q_{i+1}) 区间上截尾 Beta 分布中抽取 q_i。

② 从 $U(0,1)$ 中抽取 u，计算：

$$p = \frac{(1-q_i)^{f_i} q_i^{n_i - f_i}}{(1-\hat{q}_i)^{f_i} \hat{q}_i^{n_i - f_i}} \tag{6.144}$$

式中

$$\hat{q}_i = \begin{cases} q_{i+1}, & \dfrac{n_i - f_i}{n_i} \geqslant q_i \\ \dfrac{n_i - f_i}{n_i}, & q_{i-1} < \dfrac{n_i - f_i}{n_i} < q_i \\ q_{i-1}, & \dfrac{n_i - f_i}{n_i} \leqslant q_{i-1} \end{cases} \tag{6.145}$$

如果 $u \leqslant p$，接受 q_i，否则返回步骤①。

对于 $[q_{i-1}, q_{i+1}]$ 区间上的截尾 Beta 分布，通过尺度变换得

$$q_i \sim q_{i-1} + (q_{i+1} - q_{i-1})\mathrm{Beta}(\beta\alpha_i, \beta\alpha_{i+1}) \tag{6.146}$$

式中，Beta(·,·)为(0,1)区间上的标准 Beta 分布。

对于 $q_k(k>m+1)$，q_i 的满条件分布的核为

$$g(q_k | q_{-k}) \propto (q_k - q_{k-1})^{\beta\alpha_k - 1}(q_{k+1} - q_k)^{\beta\alpha_{k+1}-1} \tag{6.147}$$

式(6.147)为 $[q_{k-1}, q_{k+1}]$ 区间上的截尾 Beta 分布，易于抽样。

(4) FDR/FIR 的 Bayes 后验估计。在 Bayes 决策问题中用来表示未知参数 q 的点估计的决策函数 $\delta(x)$ 称为 q 的 Bayes 估计，记为 $\delta^{\pi}(x)$，其中 π 表示所使用的先验分布。在常用损失函数下，Bayes 估计有如下几个结论。

定理 6.1　在给定先验分布 $\pi(q)$ 和平方损失 $L(q,\delta)=(\delta-q)^2$ 下，q 的 Bayes 估计 $\delta^{\pi}(x)$ 为后验分布 $g(q|x)$ 的均值，即 $\delta^{\pi}(x)=E(q|x)$。

定理 6.2 在给定先验分布 $\pi(q)$和绝对损失 $L(q,\delta)=|\delta-q|$下，q 的 Bayes 估计 $\delta^{\pi}(x)$为后验分布 $g(q|x)$的中位数。

在取得 q_i 的后验分布抽样数据后，利用定理 6.1 和定理 6.2 可以计算得到 q_i 的后验期望和中位数及相应的分位数。其中，后验期望和中位数分别是参数在平方损失和绝对损失下的 Bayes 点估计值。

7. *FDR/FIR 接收/拒收判定*

设最后求得 FDR/FIR 置信度为 ϑ 的置信下限值为 $\hat{q}_{\vartheta,L}$，装备研制合同里提出的 FDR/FIR 最低可接收值为 Q_0。用于 FDR/FIR 评估的接收/拒收判据如下：如果 $\hat{q}_{\vartheta,L}\geqslant Q_0$，则以 ϑ 的置信度认为装备满足合同规定的指标要求，接收；否则拒收。

6.4.3 模型稳健性分析

上面提出并建立的 FDR/FIR 的 Bayes 评估模型与方法要投入应用还需确定它对装备 FDR/FIR 真值的拟合程度。Bayes 分析方法经过几十年的应用发展，其理论体系已基本完善，多领域应用已经证明其理论的正确性。因此，如果经过 6.4.2 节的分析得到的 FDR/FIR 评估结果偏离 FDR/FIR 真值，那么误差一定来源于先验信息而不是理论本身。用于分析的数据一部分来源于增长试验数据和测试性验证试验，在经过 Fisher 检验后，增长试验数据可信；测试性验证试验最大限度地从试验角度体现了装备 FDR/FIR 的真实水平。而另一部分数据来源于专家经验数据、FDR/FIR 可更换单元试验数据等，这些信息将为开展测试性指标评估提供一定的帮助，但若这些信息不准确，则将会引入较大的误差。

在 FDR/FIR 的 Bayes 评估模型中，先验信息体现在先验参数上，本节介绍先验信息和先验参数对 FDR/FIR 后验估计的影响。借鉴文献[13]的思路和方法，通过模型仿真分析模型性质，考察模型的稳健性，为模型应用提供科学依据。

1. *仿真方法分析*

模型仿真的目的在于考察模型先验信息和先验参数对 FDR/FIR 估计的影响，分析模型对其变化的敏感程度，属模型稳健性内容。模型先验参数主要包括形状参数 α 和尺度参数 β。由于参数 α 表示阶段之间 FDR/FIR 增长的幅度，所以采用 FDR/FIR 先验估计和 β 值变化体现先验信息和先验参数的变化。考虑 FDR/FIR 先验估计值偏低、准确和偏高三种情形，β 分别取 30、40 和 50。取 5 个试验阶段组成的试验过程进行仿真，试验阶段数据越多，模型计算越复杂。具体仿真初值如表 6.14所示。

表 6.14　仿真初值表

试验阶段	1	2	3	4	5
FDR/FIR 真值	0.40	0.70	0.84	0.92	0.95
FDR/FIR 先验估计偏低	0.35	0.65	0.79	0.88	0.93
FDR/FIR 先验估计准确	0.40	0.70	0.84	0.92	0.95
FDR/FIR 先验估计偏高	0.45	0.75	0.89	0.96	0.98

假设每阶段成败型数据个数为 10，首先由每个试验阶段 FDR/FIR 真值进行基于二项分布的随机数抽样，得到 10 个仿真试验成功数；然后由 FDR/FIR 先验估计值和 β 值计算得到先验参数 α；利用 FDR/FIR 的 Bayes 评估计算模型和方法，得到各阶段的 FDR/FIR 估计值。重复以上过程 2000 次，求得各试验阶段 FDR/FIR 估计的平均值。

2. 仿真结果分析

按照上述仿真流程计算各试验阶段的 FDR/FIR 估计，图 6.13～图 6.15 分别给出了 2000 次循环后先验估计偏低、偏高、准确三种情况下各阶段 FDR/FIR 估计的平均值。由图 6.13 可知，当 FDR/FIR 先验估计偏低时，随着 β 取值增加，FDR/FIR 估计值偏离 FDR/FIR 真值增大，表明在 FDR/FIR 先验估计偏低时，应选择较小的 β 值。由图 6.14 可知，当 FDR/FIR 先验估计偏高时，随着 β 取值增加，FDR/FIR 估计值偏离真值增大，但在后期试验阶段偏离程度逐渐减小，说明模型具有一定的校正能力，此外，较小的 β 值产生的 FDR/FIR 估计偏差相对较小。由图 6.15 可知，当 FDR/FIR 先验估计较准确时，三种 β 取值情况下 FDR/FIR 估计均接近于 FDR/FIR 真值，在后期试验阶段 β 值越大，FDR/FIR 估计越接近 FDR/FIR 真值，此时 β 取值对 FDR/FIR 估计影响不大，虽然如此，也应选择较大的 β 值以保证结果尽可能准确。

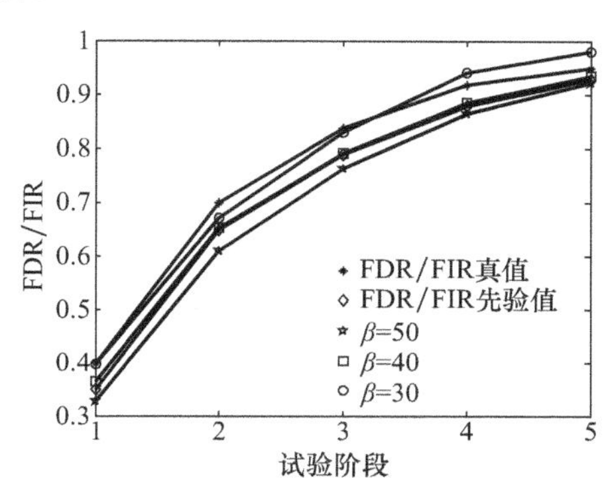

图 6.13　先验估计偏低时 FDR/FIR 估计值

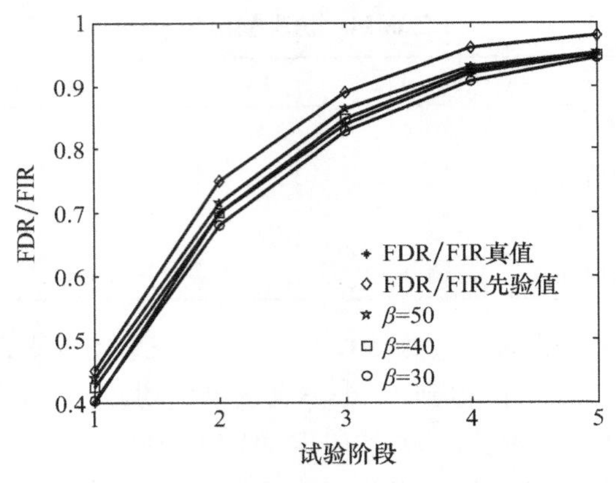

图 6.14　先验估计偏高时 FDR/FIR 估计值

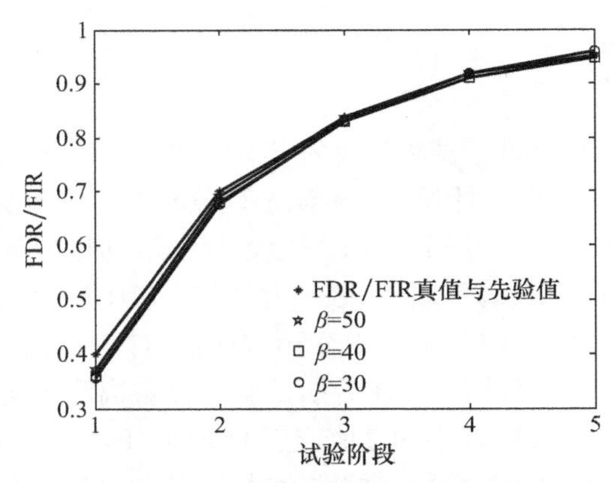

图 6.15　先验估计准确时 FDR/FIR 估计值

综合上述三种情况，β 取值越大，FDR/FIR 估计越接近于 FDR/FIR 先验估计值，说明 β 值表示对 FDR/FIR 先验估计的确信程度，当对先验估计把握较大时，应选取较大的 β 值，否则，应选取较小的 β 值，这样才能保证较小的估计偏差。

6.4.4　验证评估案例

1. FDR 先验信息分析

以 FDR 的评估为例，假设对某装备在研制阶段共进行了三个阶段的测试性增长试验，各试验阶段的成败型数据分别为(5,5)、(7,4)、(10,2)。在增长试验结束之后，开展外场试用试验验证装备的测试性指标，试用过程中共统计到 12 次报警，经维修确认共发生 12 次故障，即$(n_4,f_4)=(12,0)$。由各个阶段成败型试验数据，采用 6.2 节介绍的 Bayes 方法确定 FDR 先验估计值。由装备测试性设计专家确定各阶段 FDR 区间估计值。FDR 试验数据及先验信息列于表 6.15 中。研制合同规定 FDR 的最低可接收值 $Q_0=0.85$。

表 6.15　FDR 先验估计值、研制阶段增长试验数据以及外场使用数据

试验阶段 i	试验信息		FDR 先验估计值	
	n_i	f_i	$\tilde{q}$(Bayes 方法)	$[q_L,q_U]$
1	5	5	0.50	[0.30,0.60]
2	7	4	0.75	[0.65,0.85]
3	10	2	0.88	[0.80,0.96]
外场使用阶段	12	0	0.93	[0.89,0.97]
后续试验 1	—	—	0.96	[0.94,0.98]
后续试验 2	—	—	1	[0.98,1.00]

在全寿命周期过程中，研制阶段测试性增长试验数据与外场使用阶段试验数据的关系如图 6.16 所示。此过程的目的在于利用一切可用的数据，采用 Bayes 方法分析该装备的 FDR 是否满足合同指标要求，即计算 $\hat{q}_4$，并判断是否大于 $Q_0=0.85$，给出一定置信度下的接收/拒收评估结论。

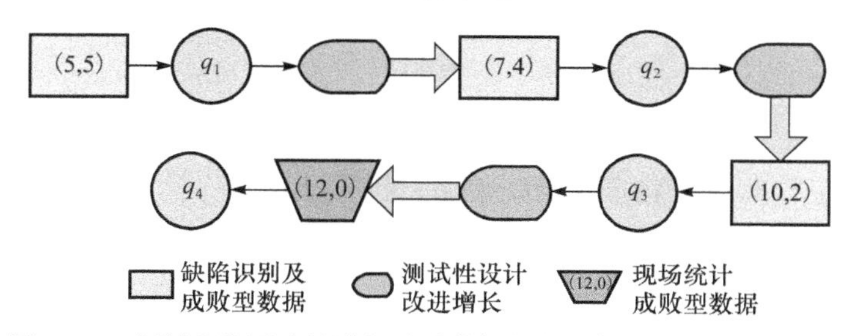

图 6.16　研制阶段测试性增长试验数据与外场使用数据之间的关系

2. 增长趋势检验

首先，利用 Fisher 检验对阶段间 FDR 进行增长检验。取显著性水平 $\alpha_0=0.2$，由式(6.112)得第一阶段试验到第二阶段试验的检验量 $P_1\approx0.156<0.2$，第二阶段试验到第三阶段试验的检验量 $P_2=0.145<0.2$，第三阶段试验到外场统计试验的检验量 $P_3\approx0.195<0.2$，表明在研制阶段存在 FDR 增长，满足顺序约束模型，可利用增长试验数据进行 q_4 的评估，进而给出评估结论。

3. FDR 先验分布分析

由可更换单元试验数据求得各阶段 FDR 估计为 $\tilde{q}=(0.50,0.75,0.88,0.93,0.96)$。取 $\beta=50$，将其代入式(6.120)求得 $\alpha=(0.45,0.235,0.132,0.063,0.048,0.074)$，$\alpha^*=(0.45,0.685,0.817,0.878,0.926,1)$。

将 $\alpha=(0.45,0.235,0.132,0.063,0.048,0.074)$ 和 $\beta=50$ 代入式(6.115)得到

各阶段 FDR 先验边缘分布，如图 6.17 所示。从图中可以看出，由先验信息得到的各阶段 FDR 先验分布自左向右移动，表明在研制周期内随装备增长试验的开展，FDR 估计值逐步增加。

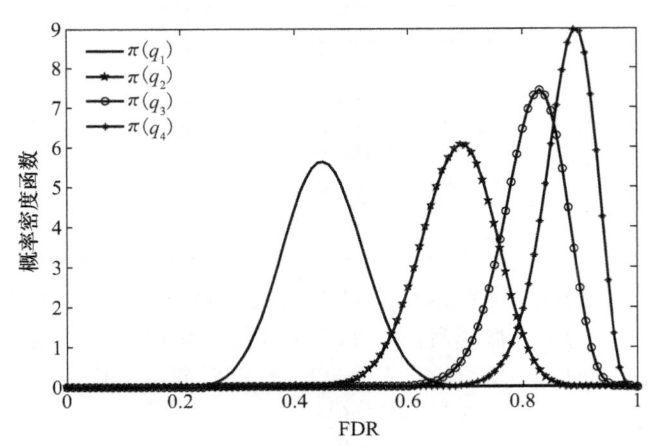

图 6.17 不同阶段的 FDR 先验分布概率密度函数

4. *解析法计算 FDR 后验估计值及效果分析*

1）在提高 FDR 估计精度方面的效果分析

已知 FDR 的先验估计值和各个阶段成败型试验数据，利用 6.4.2 节 FDR/FIR 的后验估计方法得到在不同的增长试验后 FDR 的 Bayes 点估计和估计方差，结果列于表 6.16 中。其中，$D^{(0)}$ 为由先验分布得到的 $q_1 \sim q_4$ 的先验均值和先验方差；$D^{(i)}(1 \leqslant i \leqslant 4)$ 表示利用前 i 阶段增长试验数据求得的 $q_1 \sim q_4$ 的后验均值及后验方差。

表 6.16 基于不同研制阶段增长试验数据的 FDR 后验均值及后验方差

	$D^{(0)}$	$D^{(1)}$	$D^{(2)}$	$D^{(3)}$	$D^{(4)}$
q_1	0.4500(0.0049)	0.4091(0.0051)	—	—	—
q_2	0.6850(0.0042)	0.6616(0.0047)	0.6326(0.0053)	—	—
q_3	0.8170(0.0029)	0.8034(0.0033)	0.7866(0.0038)	0.7869(0.0037)	—
q_4	0.8780(0.0021)	0.8689(0.0024)	0.8557(0.0028)	0.8594(0.0027)	0.9482(0.0018)

分析表 6.16 中的数据可以得出：

（1）随着研制试验的深入，装备 FDR 估计的标准差逐渐减小，表明估计误差随着试验数据的增加而减小，估计精度提高。

（2）表 6.16 中最后一行、第 3 列中的标准差偏大（分析是由确定的第二阶段的先验值偏高造成的），而随后的标准差都保持减小的趋势，说明给出的 FDR 分析模型具有自校正能力。

图 6.18～图 6.21 给出在每个增长试验结束后，利用式(6.125)求得的 q_4 后验边缘概率密度，其中 $\pi(q_4)$ 表示 q_4 的先验边缘概率密度，$g(q_4 \mid D^{(i)})$ 表示第 i 阶段缺陷识别试验后 q_4 的后验边缘概率密度。

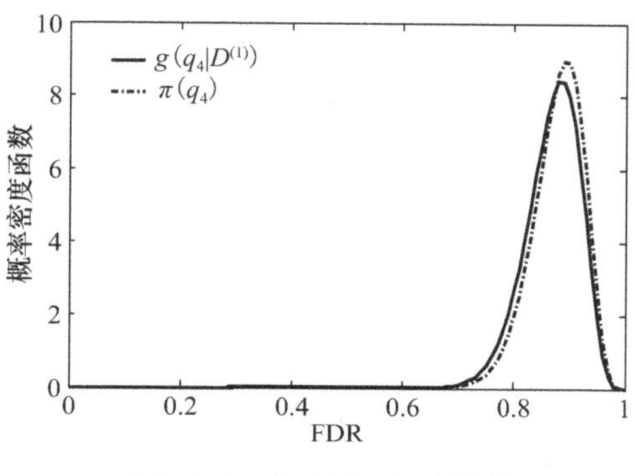

图 6.18　$\pi(q_4)$与 $g(q_4 \mid D^{(1)})$

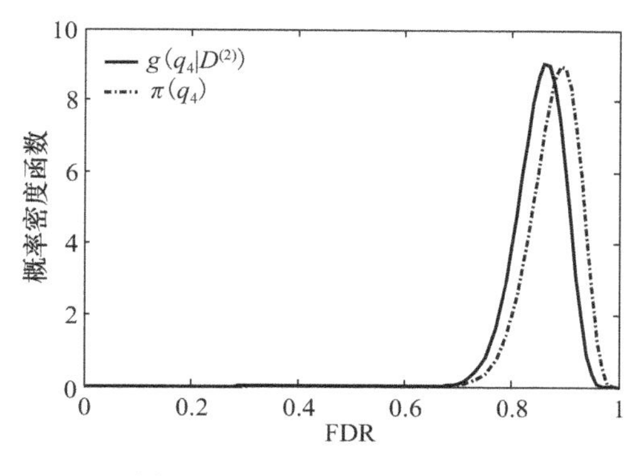

图 6.19　$\pi(q_4)$与 $g(q_4 \mid D^{(2)})$

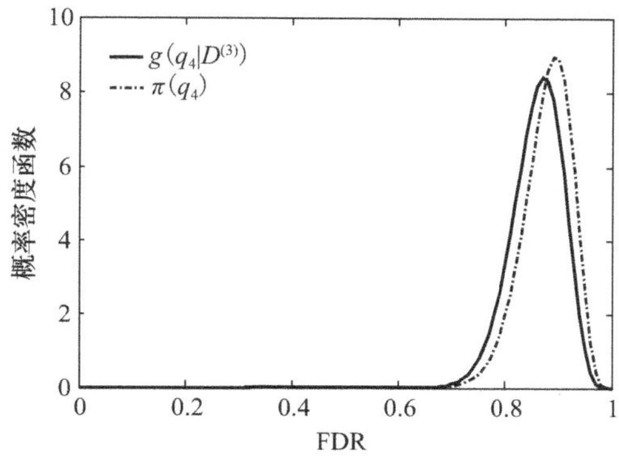

图 6.20　$\pi(q_4)$与 $g(q_4 \mid D^{(3)})$

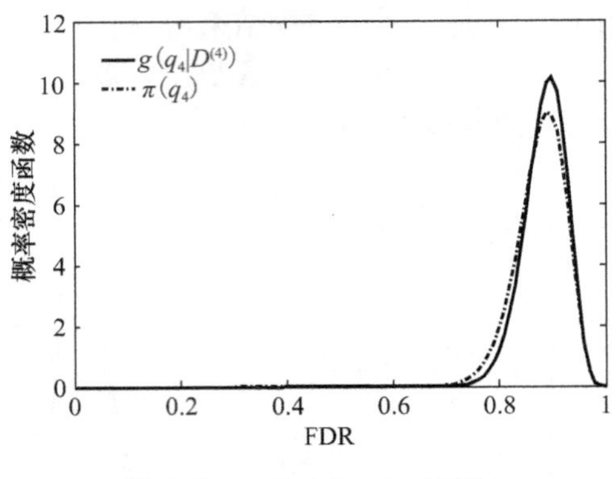

图 6.21　$\pi(q_4)$与 $g(q_4|D^{(4)})$

分析图 6.18～图 6.21 可知，随着研制阶段增长试验的开展，增长试验数据不断对 q_4 的后验概率密度函数进行修正，q_4 的后验估计值逐步增加。

2) 在提高 FDR 估计精度和置信度方面的效果分析

已知 FDR 的先验估计值和各个阶段成败型试验数据，利用 6.4.2 节 FDR/FIR 的后验估计方法得到在外场使用阶段 FDR 不同置信度下的置信下限值、置信区间长度及相应的评估结论，结果列于表 6.17 中。

表 6.17　不同先验信息下 q_4 置信下限值及评估结论

先验数据	相应置信度 υ 下的置信下限值与评估结论					
	υ=0.80	评估结论	υ=0.90	评估结论	υ=0.95	评估结论
全部数据	0.8757	接收	0.8526	接收	0.8331	拒收
仅外场使用数据	0.8745	接收	0.8254	拒收	0.7791	拒收

分析表 6.17 中的计算结果可以得到：

(1) 采用上述方法，充分融合三个研制阶段增长试验数据和外场使用数据，得到置信度 υ=0.90 时置信下限值 $\hat{q}_4$=0.8526，大于 FDR 的最低可接收值 Q_0(Q_0=0.85)，评估结论为接收；若只使用外场统计到的数据，只能以 80%的置信度接收。

(2) 置信度分别为 υ=0.90、υ=0.95，采用本书方法求得的下限置信区间分别为[0.8526,1]、[0.8331,1]。而若只使用外场统计到的试验数据(n_4, f_4)=(12,0)，求得的下限置信区间分别为[0.8254,1]、[0.7791,1]，区间长度远远大于本书方法求得的区间长度。这说明忽略研制过程中 FDR 增长试验数据，将造成评估信息的丢失，浪费宝贵的试验信息，降低评估结论的精度和置信度。

3) 在缩短 FDR 外场评估周期方面的效果分析

表 6.17 中的数据显示，采用本书方法求得的 q_4 的置信度为 0.90 的置信下限值为 0.8526，给出接收的评估结论。若只利用测试性外场使用数据进行 FDR 评

估，基于二项分布求得不同的检测失败次数下，若达到置信度为 0.90 的 q_4 置信下限值 0.8526，需要统计的外场故障次数，结果列于表 6.18 中。

表 6.18　达到规定置信下限值需要统计的外场故障次数

检测失败次数	$f=0$	$f=1$	$f=2$	$f=3$	$f=4$	$f=5$	$f=6$	$f=7$	$f=8$
故障次数	15	25	35	44	53	61	70	78	86

分析表 6.18 中的数据可知，若只使用现场使用数据，在 0.90 的置信度下，要想达到置信下限值为 0.8526，在故障检测/隔离失败次数为 0 的情况下，需要统计 15 次故障；若故障检测/隔离失败次数为 8，则需要统计 86 次故障。对于高可靠性的武器装备系统，需要较长的外场使用时间才能达到规定数量的故障样本量要求。而本书方法可以在相对较短的时间内给出相同置信度的评估结论，大大缩短了外场评估周期。

4）在 FDR 预计方面的效果分析

若在外场使用阶段没有统计到故障数据，即 $n_4=0$，进行测试性指标评估时，可用的数据只有研制阶段收集到的增长试验数据及 FDR 的先验值等。在这种情况下，利用 6.4.2 节 FDR/FIR 的后验估计方法求解 q_4 值属 q_4 预计问题。表 6.19 分析了利用不同先验数据求得的 q_4 的置信下限预计值及评估结论。

表 6.19　利用研制阶段增长试验数据预计装备使用初期的 FDR 水平

先验数据	不同置信度 υ 下 q_4 的置信下限预计值及评估结论					
	$\upsilon=0.80$	评估结论	$\upsilon=0.90$	评估结论	$\upsilon=0.95$	评估结论
无试验数据	0.8566	接收	0.8434	拒收	0.8229	拒收
仅第一阶段	0.8395	拒收	0.8311	拒收	0.8091	拒收
第一、二阶段	0.8159	拒收	0.8148	拒收	0.7909	拒收
前三阶段	0.8173	拒收	0.8171	拒收	0.7934	拒收
q_3	0.8080	拒收	0.8060	拒收	0.7300	拒收

分析表 6.19 中的数据可知：

(1) 若外场使用阶段没有统计到故障数据，则利用本书方法可以通过研制阶段增长试验数据和先验信息预计 q_4 值。

(2) 当 q_4 的预计值大于 0.85 时，可以利用研制阶段的增长试验数据给出接收的评估结论，即若研制阶段开展的测试性增长试验充分且有效，则可以利用增长试验给出装备 FDR 接收和拒收的评估结论。

(3) 比较表 6.19 中最后两行数据可知，若不采用本书方法，而是用 q_3 估计值作为 FDR 的外场使用值，由于没有考虑最后一次增长试验，评估结论偏于保守。

5. MCMC 方法计算 FDR 后验估计

当试验阶段多且每阶段试验数据量大时，用解析法求解 q 的后验统计量要花费很长的时间，在此引入 MCMC 方法，下面举例介绍 MCMC 方法在求解 q 后验统计量中的应用。已知 $\alpha=(0.45,0.235,0.132,0.063,0.048,0.074)$，$\beta=50$，将试验数据和先验参数代入满条件分布式(6.143)和式(6.147)，取迭代初值 $q^{(0)}=(0.46,0.72,0.85,0.89,0.93,0.95)$，采用 Gibbs 抽样算法计算各阶段装备 FDR 的 Bayes 估计。各阶段 FDR 抽样值如图 6.22～图 6.25 所示，分析得出 q_1 的抽样点值集中在 0.48 附近，q_2 的抽样点值集中在 0.75 附近，q_3 的抽样点值集中在 0.87 附近，q_4 的抽样点值集中在 0.92 附近。

为判断 Gibbs 抽样的收敛性，分别以 $q^{(0)}=(0.46,0.72,0.85,0.89,0.93,0.95)$、$q^{(1)}=(0.40,0.70,0.80,0.85,0.90,0.92)$、$q^{(2)}=(0.50,0.74,0.88,0.91,0.95,0.98)$、$q^{(3)}=(0.41,0.69,0.79,0.87,0.91,0.94)$为初值，产生四条 Markov 链，取 q_4 的抽样值作成散点图，如图 6.26 所示。

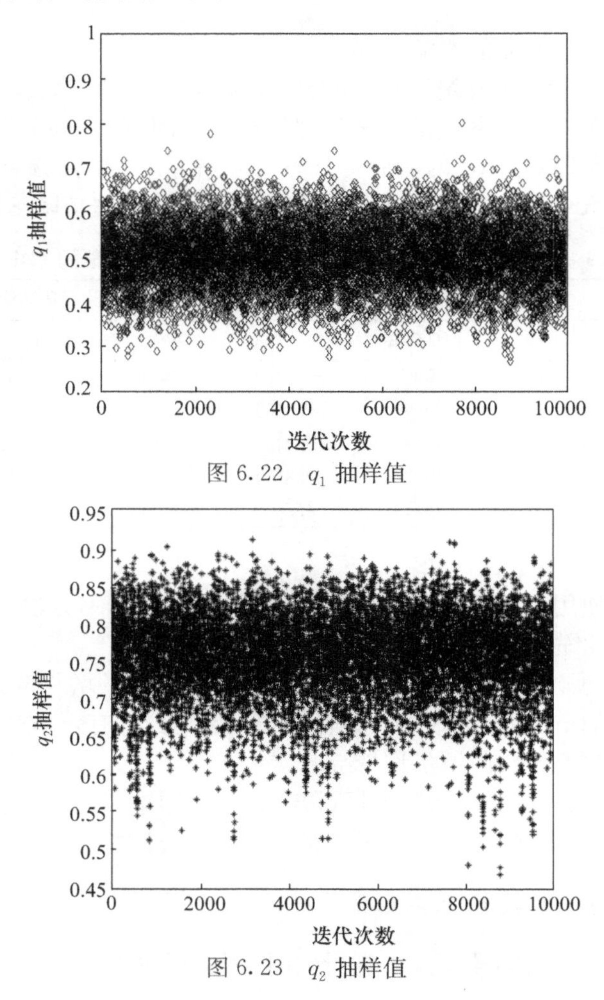

图 6.22　q_1 抽样值

图 6.23　q_2 抽样值

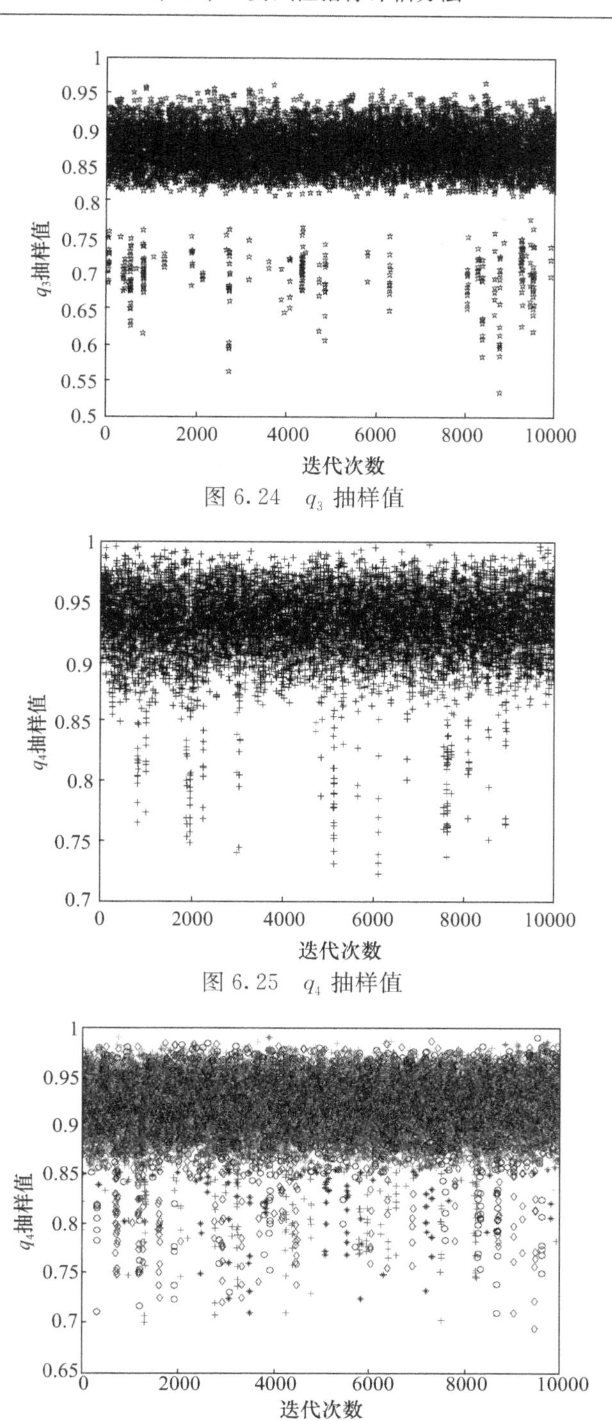

图 6.24　q_3 抽样值

图 6.25　q_4 抽样值

图 6.26　四条 Markov 链抽样迭代过程

由图 6.26 可以看出，从第一次抽样点开始，4 条 Markov 链就交织在一起，并且由遍历性定理计算得到，从一开始 Gibbs 抽样就是收敛的。为保险起见，以 1001～10000 次 $q'=(q_1,q_2,q_3,q_4)$抽样数据作为 Bayes 估计的抽样值，采用 6.4.2 节 FDR/FIR 的后验估计方法，得到装备各阶段 FDR 的均值及方差、相应置信度下的置信下限值、置信区间值及相应的评估结论，结果列于表 6.20 中。

表 6.20　各阶段 FDR 的 Bayes 后验估计及评估结论

q'	均值	标准差	中位数	0.95 置信区间	0.80 置信下限值	评估结论	0.90 置信下限值	评估结论	0.95 置信下限值	评估结论
q_1	0.48	0.0050	0.48	[0.34,0.62]	0.42	—	0.39	—	0.36	—
q_2	0.73	0.0038	0.74	[0.58,0.83]	0.68	—	0.64	—	0.61	—
q_3	0.86	0.0029	0.87	[0.69,0.92]	0.81	拒收	0.81	拒收	0.73	拒收
q_4	0.90	0.0018	0.90	[0.77,0.95]	0.87	接收	0.85	接收	0.80	拒收

其中，均值和中位数分别是参数在平方损失和绝对损失下的 Bayes 点估计，一般地，计算 $\alpha/2$ 和 $1-\alpha/2$ 两个分位数，就可求出参数的 $1-\alpha$ 置信区间，其中 α 为置信水平，如 2.5%和 97.5%两个分位数构成 FDR 的 0.95 置信区间。表 6.20 还给出置信水平分别为 0.80、0.90、0.95 下 FDR 的置信下限值及相应的评估结论。

对比表 6.17 和表 6.20 中的评估结论可以看出，采用解析法和 MCMC 方法对 q_4 进行评估，都能给出置信度为 0.9 的接收的评估结论、置信度为 0.95 的拒收的评估结论，评估结论是一致的。

为进一步说明 MCMC 方法的计算精度，表 6.21 给出采用解析法与 MCMC 方法给出的 q_4 的估计结果。由表 6.21 可以看出，两种方法的计算结果基本相近。

表 6.21　解析法与 MCMC 方法结果对比

方法	均值	方差	置信度 $\upsilon=0.80$	置信度 $\upsilon=0.90$	置信度 $\upsilon=0.95$
解析法	0.948	0.0018	0.876	0.853	0.833
MCMC 方法	0.940	0.0018	0.870	0.850	0.800

6.5　本 章 小 结

本章首先介绍了经典测试性指标评估方法，并对评估精度进行了分析。然后针对小样本实物试验数据下的测试性指标评估问题，详细研究了以 Bayes 统计理论为基础的测试性指标评估方法。针对具有单阶段、多来源特征的先验数据，提出了基于多源先验数据的评估方法，并讨论了先验分布及其参数确定，先验数据相容性检验及可信度计算，以及多源信息融合问题。针对多阶段、多来源特征的先验数据,本章提出了基于 Bayes 统计变动统计理论的测试性指标评估模型和方法,并对模型的稳健性进行了分析。应用案例表明,本书提出的基于 Bayes 统计理论的测试性指标评估模型与方法可以明显提高测试性指标评估精度及评估结论置信度。

参 考 文 献

[1] Savchuk V P, Martz H F. Bayes reliability estimation using multiple source of prior information: Binomial sampling[J]. IEEE Transactions on Reliability, 1994, 43(1): 138-144.

[2] 刘晗. 基于 Bayes 理论的小子样可靠性评定方法研究[D]. 长沙:国防科学技术大学, 2006.

[3] 邢云燕,武小悦. 成败型系统变总体下的 Bayes 可靠性试验鉴定方法[J]. 系统工程理论与实践, 2011, 31(2): 323-327.

[4] 詹昊可,姜礼平. 共轭最大熵先验下的贝叶斯估计[J]. 运筹与管理, 2002, 11(6): 27-31.

[5] 张士峰,樊树江,张金槐. 成败型产品可靠性的 Bayes 评估[J]. 兵工学报, 2001, 22(2): 238-240.

[6] 杨军,黄金,申丽娟. 利用相似产品信息的成败型产品 Bayes 可靠性评估[J]. 北京航空航天大学学报, 2009, 35(7): 786-788.

[7] 明志茂. 动态分布参数的 Bayes 可靠性综合试验与评估方法研究[D]. 长沙:国防科学技术大学, 2009.

[8] 明志茂,张云安,陶俊勇. 基于新 Dirichlet 先验分布的指数寿命型产品多阶段可靠性增长 Bayes 分析[J]. 兵工学报, 2009, 30(6): 733-739.

[9] 茆诗松,王静龙,濮晓龙. 高等数理统计[M]. 北京:高等教育出版社, 2007.

[10] 石君友. 测试性设计分析与验证[M]. 北京:国防工业出版社, 2011.

[11] 李天梅. 装备测试性验证试验优化设计与综合评估[D]. 长沙:国防科学技术大学, 2010.

[12] 王超. 虚实结合的测试性试验与综合评估技术[D]. 长沙:国防科学技术大学, 2014.

[13] 张金槐. Bayes 试验分析技术[M]. 长沙:国防科技大学出版社, 2010.

[14] 马智博,朱建士,徐乃新. 利用多种信息源的可靠性评估方法[J]. 计算物理, 2003, 20(5): 391-398.

[15] 马智博,朱建士,徐乃新. 基于主观推断的可靠性评估方法[J]. 核科学与工程, 2003, 23(2): 127-131.

[16] 李欣欣. 基于 Bayes 变动统计的精度鉴定与可靠性增长评估研究[D]. 长沙:国防科学技术大学, 2008.

[17] 刘飞. 固体火箭发动机可靠性增长试验理论及应用研究[D]. 长沙:国防科学技术大学, 2006.

第7章　测试性增长试验技术

7.1　概　　述

测试性增长试验是系统研制阶段提高装备测试性水平最有效的方法。测试性增长试验通过一系列的"试验—分析—纠正—试验"过程实现测试性指标的增长，直至满足系统的测试性指标要求。虽然众多学者针对测试性设计缺陷改进问题进行了大量研究，并给出了测试性增长的内涵[1-3]，但是尚没有将测试性增长及测试性增长试验的管理工作上升到系统工程的角度。具体表现为：①测试性增长的概念鲜有文献提及，针对具体装备尤其是型号装备开展的测试性增长试验的报道更是少之又少，分析其原因是当前装备的测试性增长试验管理比较粗放，承制方对于测试性增长试验缺乏一套完整的理论，无法科学有效地指导测试性增长试验开展；②目前在测试性领域，还没有测试性增长数学模型用于指导测试性增长试验规划并跟踪预计测试性水平变化过程，如何针对测试性指标增长的特点和规律，选择合理的数学统计理论，建立能正确描述测试性增长的模型形式，给出准确的参数估计方法是测试性增长理论与方法研究的另一难题。

与测试性增长试验理论研究缺乏形成鲜明对比的是，国际上20世纪50年代就已经开始关于可靠性增长试验的理论研究[4]，国内从1975年也开始了可靠性增长的研究。作为可靠性增长研究的核心部分，可靠性增长模型经过半个多世纪的发展，已取得了大量成果。美军标MIL-HDBK-189A *Reliability Growth Management*[5]中列出的可靠性增长模型有22种之多，包括Duane模型、AMSAA模型、MIL-HDBK-189 Planning模型、AMSAA System Level Planning模型等，Hall[6]和Wayne[7]在各自的博士论文中也对这些模型的来源以及应用情况做了全面的介绍。另外，在可靠性增长管理方面，MIL-HDBK-189A *Reliability Growth Management*[5]、GB/T 15174—94《可靠性增长大纲》[8]、GJB/Z 77—95《可靠性增长管理手册》[9]、GJB 1407—92《可靠性增长试验》[10]等均详细规定了可靠性增长管理的具体内容及实施方法。

虽然测试性与可靠性在工程理论与实践上都有一定的相似性，但是没有任何证据表明可靠性增长理论研究成果可以直接用于指导测试性增长的开展，然而这并不否认在可靠性增长研究思想的指引下，将有助于测试性增长研究的开展。因此，本书在借鉴可靠性增长研究的基础上，对装备测试性增长技术开展前期探索研究，试图理清测试性增长试验与评估的实施方案与技术流程，探索研究测试性增长过程分析与增长试验管理等内容，为装备进行快速、科学的测试性增长试验提供基本理论与技术，为更深入地开展装备测试性增长试验方面的研究奠定基础。

7.2　测试性增长的概念与途径

7.2.1　测试性增长的基本概念

大多数诊断设备无论设计得多么仔细认真，都会存在着未预料到的故障模式和测试容差不合适等问题。例如，美国 B1 飞机的机载测试系统设计有输出显示 1250 个不同故障的能力，60 次飞行试验得到的数据是：每次飞行发生虚警 3～28 次，其中有 2 次飞行因设备出问题没有记录，58 次飞行中平均每次飞行发生虚警 13.7 次。要使装备的测试性水平达到设计要求，需要有一个鉴别缺陷、实施纠正的测试性增长过程。按照田仲等给出的测试性增长概念[1]，任何可以使装备测试性得到提高的活动都可以称为测试性增长，测试性增长活动可以贯穿于装备的全寿命周期。GJB 2547A—2012《装备测试性工作通用要求》[3]中也明确给出了测试性增长的基本概念：在产品研制和使用过程中，通过逐步纠正产品测试性缺陷，不断提高产品测试性水平，从而达到预期目标的过程。

通常情况下，只要对发现的缺陷进行了设计改进并验证了改正措施的有效性，系统的测试性就得到了提高，就实现了测试性增长。测试性增长的过程通常是反复进行的，如图 7.1 所示，主要包括以下 5 个步骤[5]：

(1) 发现测试性设计缺陷或问题；

(2) 将确定的问题反馈给设计人员；

(3) 设计人员对问题进行分析并确定改正措施，进行再设计；

(4) 按更改的设计再制造系统；

(5) 用再制造的系统验证改正措施的有效性。

上述 5 个步骤中，发现测试性设计缺陷是实现测试性增长的前提。发现测试性设计缺陷的方法和途径多种多样，遍及系统寿命周期的各个阶段。FMECA 更新、测试性虚拟试验、基于实物样机的故障注入试验、可靠性/维修性试验、外场使用等过程都能发现测试性设计缺陷，因而都有机会改进系统的测试性，直至使系统达到最终的测试性目标。

测试性设计缺陷包含两方面内容，一是未知故障造成的测试性设计缺失，二是测试和决策误差造成的已有测试性设计不可靠。这两种缺陷都可以归结为测试非完美[11-13]，即故障-测试相关性矩阵中关联度不为 1。在这种概念下，测试性增长的实质即测试非完美性的减少。当在测试性增长试验中发现某故障模式不可检测或

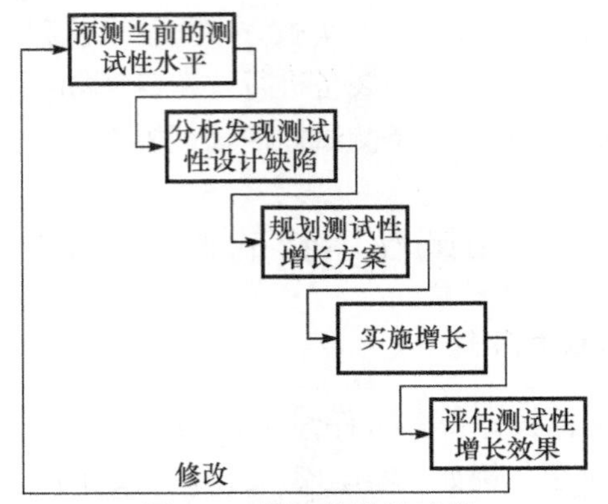

图 7.1 测试性增长过程

测试结果不可靠时，通过某种手段提高该故障模式的可检测程度，系统整体的测试性指标即得到增长。

7.2.2 测试性增长的时效性

测试性增长工作贯穿于系统全寿命周期的各个阶段。从理论上讲，系统寿命周期的各个阶段都可以实现测试性增长，但是对于各阶段所进行的测试性增长，在经济性和及时性方面又都各不相同[1,5,14]。

1. 方案论证阶段的测试性增长

测试性方案论证是以实现装备测试性指标要求为目标，在信息技术推动和资源条件约束下，对装备测试性设计及测试诊断过程制定详细的规划，为样机研制提供基本依据。方案论证分两个步骤，在前期主要是从装备整体出发，提出明确的测试性指标要求以及简约的测试性方案；在后期则是从不同的优化目标出发，以各种要求和限制为约束进行方案细化，得到可执行方案。

方案论证前期的测试性增长主要通过订购方与承制方的沟通实现。例如，对于新研装备，在提出了系统总体测试性定量指标之后，需要将顶层指标逐级分配到各个子单元。如果只按照故障率大小简单分配，不考虑指标实现的难易程度，则有可能造成设计难以推进，从而达不到装备顶层测试性指标要求。方案细化阶段主要通过改进故障-测试相关性模型来实现测试性增长。在没有具体装备样机的情况下，测试性建模所依赖的信息往往带有主观性，并且包含许多未知因素，如故障模式之间的相互传递关系以及相互影响、测试的不确定性等。例如，由于某些原因造成故障模式分析不全面时，就会相应地缺乏对于这些故障模式的测试性设计。在实际使用中，这些没有被分析到的故障模式一旦发生，极有可能不能被成功检测隔离，相应的测试性指标也就不能满足设计要求。

总结起来，方案论证阶段测试性增长所依据的信息来源有两个方面：一方面是外部经验，包括现役相似系统使用信息、历史经验数据、技术经验、各种数据库等；另一方面是分析信息，包括方案可行性研究、测试资源权衡分析、FMECA、潜在故障回路分析以及设计评审等所获得的信息。获取信息的完整性和准确性将直接决定测试性方案设计及测试性增长的效果。利用上述信息实现测试性增长的优点是时效性较好，特别是对于高测试性要求的系统，可以减少或避免某些费时和昂贵的试验。其不足之处是由于信息的不确定性，实现测试性增长的确定性较差。

2. 系统研制阶段的测试性增长

装备样机研制阶段是将图纸设计落实为实物的过程。故障检测隔离涉及信号拾取、特征生成与提取、诊断决策三个方面，如果设计者不了解装备或者传感器的性能，设计时使用了不合适的传感器，选择了不合适的特征参数，诊断决策方法不合适，就会使测试性设计的实际效果与设计者设想出现偏差。解决这些问题，实现测试性增长的主要途径是开展大量的装备研制试验。装备在研制阶段必定经过各种试验的考察，试验信息种类多、涉及范围广。不同研制阶段、不同结构层次的系统在各种环境条件下进行的各种试验都能提供有价值的信息。试验信息是实现测试性增长最为主要的信息源，利用试验信息实现测试性增长的主要优点是具有很高的针对性。试验信息的经济性则主要取决于试验对象的特性。对于复杂的、具有高测试性要求的装备，通过试验实现测试性增长的费用较高；而对于测试性要求较低的系统，通过试验实现测试性增长的费用则相对较低。尽管试验费用是影响利用试验信息实现测试性增长的主要障碍，但在实现测试性增长的过程中，最经济有效的方法仍是在研制阶段合理安排各种测试性试验。

另外，在装备研制阶段后期实施测试性增长比研制阶段前期实施测试性增长具有更强的确定性，因为在此阶段，装备硬件设计日趋成熟，未知和不确定信息越来越少，对于设计更改更易控制。尤其是装备在试生产过程中的各个检验和试验环节都可以暴露制造工艺缺陷，而工艺缺陷在各种测试性试验中都难以考察，通过剔除制造工艺缺陷及设计薄弱环节便可实现测试性增长。例如，装备进行试生产时，加工制造环境与实验室样机生产有明显区别，产品与样品在制造精度上有可能不同，其中传感器安装误差会直接影响故障信息的拾取精度，造成故障诊断信息链在传感层就会引入较大误差；连接线预紧程度不够会造成信息传输丢失，甚至引入新的故障模式类型，如连接件间歇故障。由于在装备研制阶段后期进行测试性设计改进的难度将会增大，增长的难度和成本也急剧增加，所以在装备研制早期也应开展适当的测试性增长试验。

3. 系统使用阶段的测试性增长

在经历了方案论证和样机研制两个阶段后,装备的测试性水平虽然有了大幅度的提高,但是大多数诊断设备无论设计得多么仔细认真,都会存在着未预料到的问题,而这类问题在图纸论证和实验室试验是难以发现的。装备使用阶段造成测试性设计水平不达标的主要原因有装备工作环境变化、操作使用不当、传感器失效等。工作环境包括自然环境和负载环境两种。装备的工作环境恶劣程度超过设计设定范围会造成信号环境噪声变化、传感器移位等现象,使得原有信号处理方法失效;自然环境应力的时间累积效应在造成装备本身老化的同时,也会引起测试系统,尤其是 BIT 工作质量的下降。工作环境的变化还会引起间歇故障、多故障等多种新的故障现象,例如,若设计时没有考虑到间歇故障、多故障的诊断问题,则会使装备的测试性设计达不到预期目标。另外,越来越多的研究表明,人为因素在装备运行可靠性中占有重要地位,如果将装备的测试系统看成独立运行的系统,其运行质量的优劣也会受测试维修人员自身业务水平的影响,这点因素对于采用序贯测试和自动测试设备的装备尤为突出。要解决装备使用过程中的这些问题,除了提高操作人员的工作水平,最主要的还是通过有针对性的测试性设计改进实现装备测试性增长。

装备服役之后,可利用使用中发现的测试性设计缺陷,采取改进措施,更改局部设计实现测试性增长。在装备使用阶段实现测试性增长具有很好的针对性。其存在的主要问题是改进费用较高、经济性较差。尽管如此,对于个别装备,特别是对在研制中未全面开展测试性工作的复杂装备,在实践过程中也经常采用这种方法实现测试性增长。依据采取改进措施的方式、内容和时机等因素,利用外场使用信息实现测试性增长的方法大致可分为以下三类。

1) 测试性自然增长

自然增长是利用外场使用所获得的统计数据,提出工程修改建议,然后制订改进计划送至承制单位进行改进或改装的过程。这一过程可随着测试性设计缺陷的不断暴露而反复进行,从而不断地实现测试性增长。这是一种无计划的、被动的测试性增长,其增长周期较长、效果差并且风险较大。

2) 通过测试性改进计划实现测试性增长

这种类型的测试性增长是根据装备在外场使用中发现的测试性缺陷,专门制订测试性改进计划,从而提高整个系统的测试性水平。由于改进过程严格按照测试性增长试验进行,具有严格的时间限制和指标约束,其增长速度比自然增长要快,可在较短的时间内达到所要求的测试性水平。

3) 通过改进改型实现测试性增长

改进改型是指根据外场使用情况对装备的某些关键分系统或设备进行重新设

计，以提高系统的性能和测试性。在系统的改进改型中，与测试性改进计划的主要差别在于，改进改型不仅针对测试性设计，往往同时包含结构改进、可靠性改进等。因此，在较短的时间内以较快的速度提高系统的测试性，可以节省试验费用，减少试验时间。

7.3　测试性增长试验的概念与流程

7.3.1　测试性增长试验的概念

通过对测试性增长过程的分析可知，试验是实现测试性增长的重要手段，这种方式主要面向装备研制、定型和生产阶段。从概念上讲，测试性增长试验是指通过试验的手段，识别测试性设计缺陷，采取改进措施，使故障诊断能力得到增长的一类试验。一般地，测试性增长试验需要有计划地对装备注入一定的故障，分析故障检测失败或测试性指标未达到要求的原因，进而改进设计，并证明改进措施有效性。

1）测试性增长试验分类

根据测试性改进设计实施的时机，测试性增长试验过程可以分为三类：及时纠正、延缓纠正及含延缓纠正。及时纠正是指当系统在试验中所经历的累积试验失败次数达到预先设定的试验截尾参数时，立即进行纠正，它是一个“试验→发现问题→个别纠正→再试验”的过程。及时纠正使系统的测试性在试验过程中逐渐增长。对于延缓纠正，其测试性试验是一个完整的测试性验证试验，只有验证估计得到的测试性指标不满足设计要求时，才进行设计修正，延缓纠正是一个“试验→发现问题→集中纠正→继续试验”的过程。含延缓纠正就是对暴露出来的设计缺陷一部分采用及时纠正，一部分采用延缓纠正，是及时纠正与延缓纠正的结合。

确定每一试验阶段的纠正模式时，应主要考虑两个因素：产品的特点与试验的特点[15]。例如，相对简单的电子产品测试性增长试验，通常采用及时纠正模式，因为电子产品故障及测试纠正的历史经验丰富，故障原因比较显见、纠正措施比较简便。对于故障原因比较复杂、实施纠正措施比较费时的产品，则往往采用延缓或含延缓纠正模式。试验的特点是指该试验过程中是否允许更改系统设计。例如，带有评价性质的系统性能鉴定或测试性评定试验，必须采用延缓纠正模式；而在系统调试和试运行等研制早期的试验中，通常可以采用及时纠正模式。

2）测试性增长试验与研制试验的关系

测试性研制试验可能包含很多类型的试验，测试性增长试验只是从指标增长的角度对各种实现测试性指标增长的试验类型的一个统称。测试性增长试验就其本质而言，与其他类型的测试性研制试验没有区别，都是为了暴露系统内的设计缺陷并加以改进,以提高系统的固有测试性。但是,测试性增长试验增加了定量目标要求,导致增加了试验中监视测试性增长和试验后评估达到测试性水平的内容。这些要求使该试验的实施时机向研制阶段后期方向移动,其试验结果也作为是否进行测试性鉴定试验决策的根据之一。

需要指出的是,系统按设计图纸制成硬件后,要经历功能、性能和环境试验、安全性试验乃至电磁兼容性试验,这些试验中必然会发现一些设计和工艺缺陷,通过对这些缺陷采取纠正措施,不仅可促使系统达到这些试验考核的目标,同时也可提高系统的测试性。但是这些试验并不是测试性研制试验,更不是测试性增长试验。

7.3.2　测试性增长试验的流程

测试性增长试验是一个系统性工作,包括三方面内容:规划(planning)、跟踪(tracking)、预计(projection)[8-10]。规划是指在试验开展之前,建立测试性增长试验目标与试验所需资源之间的函数关系,绘制测试性增长规划曲线。跟踪是指在增长试验进行过程中,不断地对系统测试性水平进行评估,发现试验所达到的水平与试验规划的差距。预计是指根据现阶段系统所处的测试性水平和设计者的能力,预计下一阶段试验所能达到的水平。另外,试验管理者必须根据测试性跟踪值与规划值之间的差距管理试验进程,包括修改试验大纲、增加试验次数、增加试验经费、合理调整试验资源等。虽然这些措施可能导致试验计划推迟或者试验成本增加,但对于保证测试性增长试验按照规划顺利开展,降低系统全寿命周期费用具有明显的作用。整个测试性增长试验流程可用图 7.2 表示。

首先,根据纠正策略是选用及时纠正还是延缓纠正,选择或者构建测试性增长模型。以该模型为指导,进行测试性增长试验规划,通常包括试验目标、试验停机准则、模型参数确定等。然后,在装备及其测试系统样机上执行故障模拟和注入试验,并统计试验结果,进行测试性增长评估,如果未达到测试性指标要求,则需要有针对性地分析装备及其测试系统的设计缺陷,进而提出测试性改进设计方案,并进行测试性增长预计分析,在预计指标达到要求后进行改进样机生产,进而开展进一步的测试性增长试验,当增长试验评估的结果达到规定的要求时,结束测试性增长试验,并统计试验数据;根据测试性模型对试验结果的跟踪和预计效果,对测试性增长模型进行改进与优化设计,为装备下一阶段测试性增长试验提供理论支撑。

1) 测试性增长规划

影响测试性指标增长速度的主要因素有两个:一是对暴露出来的问题的分析能力;二是测试性设计改进措施的有效性。这两种因素通常交织在一起,共同影响测试性水平的增长速度。因此,测试性增长试验规划主要解决在现有能力和条件下,如何预计试验总数、进行资源分配等问题。测试性增长规划是一个定量规划问题,最终通过绘制测试性增长试验的规划曲线来表现。

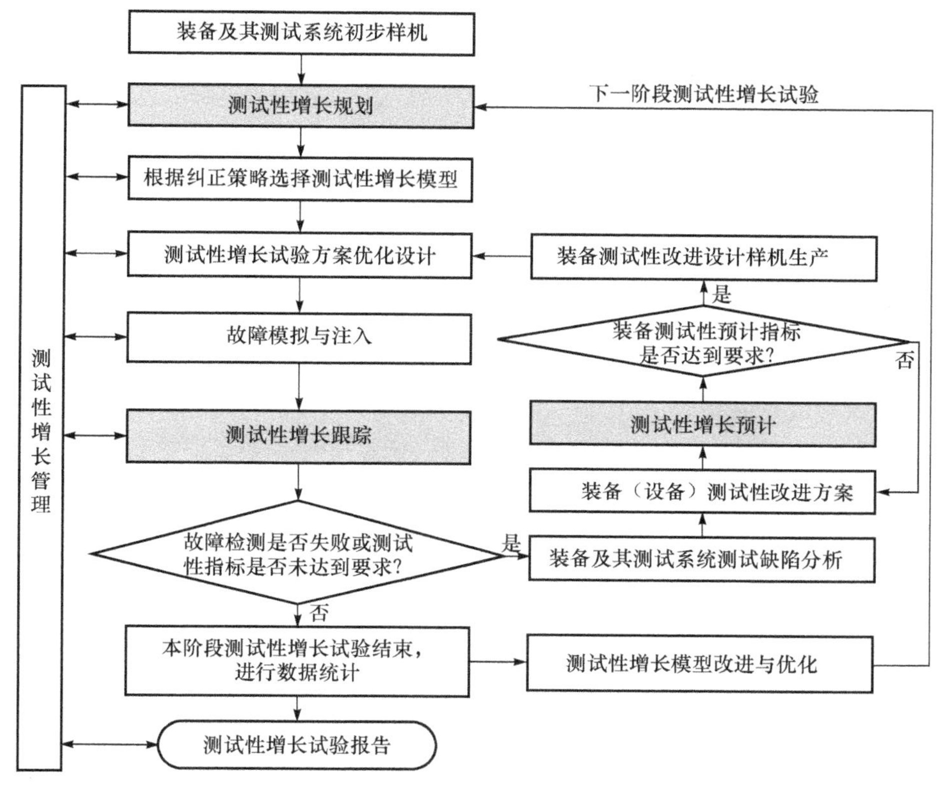

图 7.2　测试性增长试验流程

理想的测试性增长试验规划曲线是一条连续的曲线，能够反映出系统在试验过程中任一时刻所处的测试性水平。该曲线包含的主要要素包括：试验开始前系统所处的初始水平、预计的测试性增长速度，以及最终要达到的目标。该曲线之所以称为理想曲线，是因为它只是数学意义上的增长过程，实际试验过程中，在没有采取设计更新措施之前，系统的测试性水平不会随着试验次数的增多而变化。图7.3是几种理想的增长试验曲线[2]。

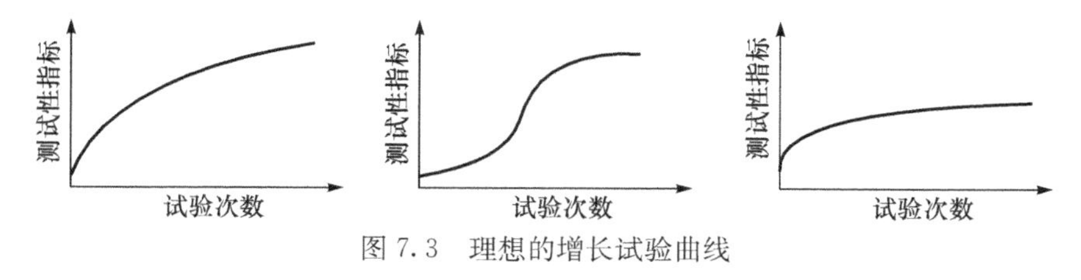

图 7.3　理想的增长试验曲线

同样，针对装备系统测试性试验的具体情况，也可以分阶段地绘制测试性增长试验的规划曲线。这个分阶段的规划曲线是连续曲线的组合，如图7.4所示。

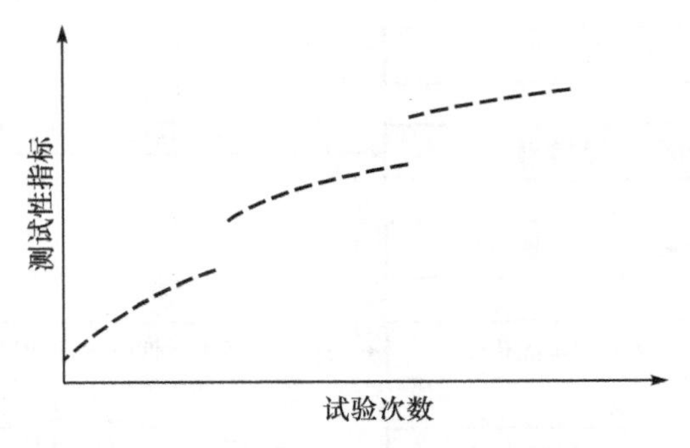

图 7.4　分阶段测试性增长试验的规划曲线

2）测试性增长跟踪

为了最终实现测试性增长试验规划的目标，试验管理者需要评估目前系统所具有的测试性水平，从而决定下一步设计更新时需要投入的资源。这种评估通常包括两方面：一是测试性指标的定量计算，以及与规划值进行对比；二是对测试性试验过程中人员、资源的定性评估。但只有第一种可以得到定量计算的结果，也就是测试性增长跟踪。

测试性增长跟踪曲线是一条能够较好地拟合系统当前以及历史测试性指标演化趋势的曲线，是基于试验数据的评估。对于系统当前测试性水平的评估可以只利用当前阶段的试验数据，也可以利用之前的多阶段历史数据作出综合评估。测试性增长跟踪曲线如图 7.5 中实线所示。

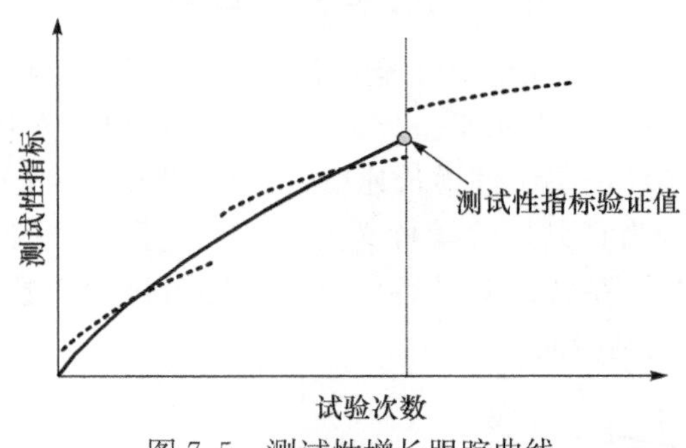

图 7.5　测试性增长跟踪曲线

3）测试性增长预计

测试性增长预计包括两方面内容：一是在该阶段试验结束之后，根据试验数据和试验失败原因对即将进行的测试性设计更新能力进行预计；二是在当前技术和资源分配条件下，根据系统测试性水平增长的历史趋势推测系统今后一段试验过程的演化，以及试验终止时系统所能达到的测试性水平。针对上述两方面内容，测试性增长预计的图形化表现也有两种类型。对于更新能力的预计表现为一个独立的点，即测试性指标更新预计值(projected testability)；对于演化趋势的推测则表现为一条与跟踪曲线连续的曲线，即测试性指标外推曲线(extrapolation testability)，如图7.6所示。

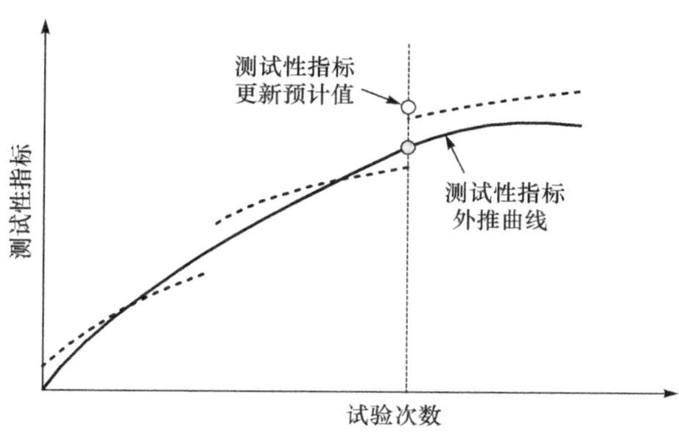

图7.6　测试性增长预计曲线

7.4　测试性增长试验的规划研究

7.4.1　基于及时纠正的试验规划研究

测试性增长试验过程中故障注入试验为设计缺陷的暴露提供了条件，注入的故障模式数量和总数越多，暴露的设计缺陷也越多；而缺陷的改进一方面与缺陷的暴露能力有关，更重要的是与设计师的技术水平有关。基于及时纠正策略的测试性增长试验往往在系统研制早期开展，此时系统结构设计并不稳定，系统所具有的故障模式种类以及故障模式的故障发生概率都有可能在测试性增长试验过程中发生变化，但这些变化情况在进行试验规划时是无法给出准确定量估计的。为了避免不确定因素对试验规划的影响，本书假设在进行测试性增长试验规划时，系统所具有的故障模式种类以及每个故障模式的故障率是固定不变的。

1. 基于成本函数的试验规划

令 $I_n(i)$ 表示系统在阶段 k 经历了第 n 次故障注入试验之后，第 i 个故障模式检测/隔离失败的指示函数，则 $I_n(i)$ 可用式(7.1)表示：

$$I_n(i)=\begin{cases}1, & \text{故障模式 } i \text{ 第 } n \text{ 次试验中或之前已经发现不能被检测/隔离} \\ 0, & \text{否则}\end{cases} \tag{7.1}$$

$I_n(i)$ 的期望值表征了第 n 次故障注入试验之后，故障模式 i 至少出现一次检测/隔离失败结果的概率，可用式(7.2)表示：

$$E(I_n(i)) = 1 - \left(1 - \frac{\lambda_i \overline{d}_i(k)}{\sum_{j=1}^{K} \lambda_j}\right)^n \tag{7.2}$$

式中，括号内的第二部分为单次故障注入试验中故障模式 i 被抽出并且试验结果为失败的概率，K 为 FMECA 分析得到的系统故障模式种类总数，$\overline{d}_i$ 是第 i 个故障模式的故障不可检测率。

于是在第 n 次故障注入试验之后，暴露出来的测试性设计缺陷总数期望值 $M(n)$ 满足：

$$E(M(n)) = \sum_{i=1}^{K} E(I_n(i)) = \sum_{i=1}^{K} \left[1 - \left(1 - \frac{\lambda_i \overline{d}_i(k)}{\sum_{j=1}^{K} \lambda_j}\right)^n\right] \tag{7.3}$$

令 $p(k)$ 为阶段 k 系统在进行设计改进前所具有的故障检测/隔离失败概率，根据几何分布的特点可知，在试验阶段 k 所经历的测试性故障注入试验次数期望 $E(r_k)$ 满足：

$$E(r_k) = m / p(k) \tag{7.4}$$

式中，m 为每阶段允许失败次数。

于是阶段 k 所发现的设计缺陷个数 $M(r_k)$ 满足：

$$E(M(r_k)) = \sum_{i=1}^{K} \left[1 - \left(1 - \frac{\lambda_i \overline{d}_i(k)}{\sum_{j=1}^{K} \lambda_j}\right)^{r_k}\right] \approx K - K\left(1 - \frac{p(k)}{K}\right)^{\frac{m}{p(k)}} \tag{7.5}$$

为了避免不确定因素对试验方案规划的影响，在制定试验方案时，本书假设发现的设计缺陷均为可改进的故障模式。于是每次设计改进的更新能力与 $M'(k)/K$ 成正比。在相同的纠正水平下，每次试验发现的缺陷越多，测试性指标提高的程度越大。考虑到设计师的能力、经费限制等，令系统的纠正有效性系数 α 取值范围为 $(0,1]$，于是对于整个系统，阶段 k 的设计更新能力 $q(k)$ 如式(7.6)所示：

$$q(k) = \frac{p(k) - p(k+1)}{p(k)} = \frac{M'(k)}{K} \alpha \tag{7.6}$$

在给定系统初始测试性指标、增长试验目标、纠正有效性系数以及每阶段允许失败次数四个参数之后，根据式(7.5)和式(7.6)，利用递推方式即可对基于及时纠正策略的测试性增长试验进行试验规划。基于及时纠正策略的增长试验方案规划就是确定每阶段试验允许失败的试验次数，从而使整个增长过程在满足某些约束的前提下，达到某种试验策略上的最优化。

每阶段测试性增长试验的成本主要可以分为三部分，即故障注入试验的成本、测试性设计缺陷改进费用以及支付给设计师和试验人员的工资成本，分别用 $\mathrm{Cost}_{k\_\mathrm{part1}}$、$\mathrm{Cost}_{k\_\mathrm{part2}}$ 和 $\mathrm{Cost}_{k\_\mathrm{part3}}$ 表示[6,16,17]。

试验成本主要是指实验室场地使用费及试验对象故障件加工采购费，这些费用一般为固定值，不会随着试验的进行而增长，于是可以用 Cost_1 表示进行一次测试性故障注入试验所需的总成本，根据式(7.4)，阶段 k 的故障注入试验成本为

$$E(\mathrm{Cost}_{k\_\mathrm{part1}})=\frac{\mathrm{Cost}_1 m}{p(k)} \tag{7.7}$$

一般情况下，随着设计改进的推进，改进的难度越来越大，希望得到更好的检测/隔离效果就必须采用更精密的测量设备和更高级的诊断算法。于是可以认为测试性设计缺陷改进费随着设计更新次数的增加而逐渐增加，呈现指数增长的趋势，用 Cost_2 表示设计更新的单位成本，那么当阶段 k 设计更新所能提高的测试性指标为 $p(k)q(k+1)$ 时，设计更新成本为

$$E(\mathrm{Cost}_{k\_\mathrm{part2}})=100\mathrm{Cost}_2[1-p(k)]^{\gamma_1}p(k)q(k+1) \tag{7.8}$$

式中，γ_1 为指数函数参数。

随着改进难度的增大，设计更新所耗费的时间也逐渐增加，成本工资就会相应提高，用 Cost_3 表示工资系数，则阶段 k 的工资成本为

$$E(\mathrm{Cost}_{k\_\mathrm{part3}})=\mathrm{Cost}_3(1-p(k))^{\gamma_2} \tag{7.9}$$

阶段 k 的总试验成本即可表示为

$$E(\mathrm{Cost}_k)=\sum_{i=1}^{3}E(\mathrm{Cost}_{k\_\mathrm{part}i}) \tag{7.10}$$

问题一　用设计改进所能提高的测试性指标绝对量描述测试性增长的试验效果，假设经过 k 个阶段之后，系统的测试性指标满足设计要求，则整个测试性增长试验的效费比是 m 的函数，可以用式(7.11)表示：

$$\mathrm{CA}=\frac{p(0)\left(1-\prod_{i=1}^{k}q(i)\right)}{\sum_{i=1}^{k}E(\mathrm{Cost}_i)} \tag{7.11}$$

以整个增长试验过程具有最大效费比为优化目标，以每阶段允许失败的故障模式数为约束，基于及时纠正策略的测试性增长试验方案优化可转化为式(7.12)所示的优化问题：

$$\begin{aligned}&\max\quad f(m)=\mathrm{CA}\\&\mathrm{s.t.}\quad m\leqslant m_{\max}\end{aligned} \tag{7.12}$$

问题二　以测试性增长试验总成本最低为优化目标，以需要达到的测试性指标以及允许失败的最大故障模式数为约束，基于及时纠正策略的测试性增长试验方案优化可转化为式(7.13)所示的优化问题：

$$\begin{aligned}&\min\quad \sum_{i=1}^{k}E(\mathrm{Cost}_i)\\&\mathrm{s.t.}\quad p(k)\leqslant p_{\mathrm{req}}\\&\qquad\ \ m\leqslant m_{\max}\end{aligned} \tag{7.13}$$

问题三　当没有明确的增长试验目标时，基于及时纠正策略的测试性增长试验方案优化问题可以认为是在有限的资源限制下，使系统的测试性指标达到最优，于是问题可以用式(7.14)表示：

$$\begin{aligned} \min \quad & p(k) \\ \text{s.t.} \quad & \sum_{i=1}^{k} E(\text{Cost}_i) \leqslant \text{Cost}_{\text{req}} \\ & m \leqslant m_{\max} \end{aligned} \tag{7.14}$$

上述三个优化问题的目标函数都仅含有一个未知数 m，求解此类最优化问题可以通过简单的全局搜索得到目标函数解。

通常情况下，试验方案的规划是动态进行的，需要根据测试性增长跟踪预计结果与最初试验规划的差距进行调整，因此上述优化问题也需要在试验过程中反复求解，从而使整个试验过程达到最优。

2. 基于仿真的试验规划分析

假设某系统共有 8 种故障模式(用 F1～F8 来表示)，故障模式信息如表 7.1 所示。这里以式(7.12)所示问题为例，通过仿真方法，对比分析考察规划模型的有关性能，并提出相关参数的取值方法。

表 7.1　某系统故障模式信息

参数	1	2	3	4	5	6	7	8
λ_i	0.65	0.40	0.50	0.20	0.70	0.45	0.75	0.55
$\bar{d}_{i0}$	0.18	0.10	0.25	0.33	0.25	0.45	0.20	0.35
α_i	0.60	0.50	0.56	0.55	0.70	0.65	0.50	0.45
$k_{i\_\max}$	10	8	12	5	9	10	7	12

假设表 7.1 中的每个故障模式独立发生，并采用及时纠正的更新策略，增长目标为系统故障检测概率从开始的 0.74 增长到 0.94。对于故障模式 i，经过 $j(0\leqslant j\leqslant k_{i_\max})$次设计更新之后的故障不可检测率满足如下指数关系：

$$d_{ij} = \alpha_i^j \bar{d}_{i0} \tag{7.15}$$

令每次故障注入试验的成本 $\text{Cost}_1=1$，设计更新的单位成本系数 $\text{Cost}_2=10$，工资成本系数 $\text{Cost}_3=0.5$，指数 $\gamma_1=2$，$\gamma_2=1.5$，每阶段允许失败的最大次数 $m_{\max}=5$。

在进行故障注入试验仿真时，故障模式是按照故障率的相对大小随机选择的，然后通过比较备选故障模式故障检测概率和一个从(0,1)均匀分布中随机产生的数字来模拟一次验证试验，从而生成验证试验结果。如果结果是失败的，该阶段累计失败试验次数将会增加 1。当失败次数达到允许失败数时，暴露出来的测试性缺陷将会按照表 7.1 给出的系数进行测试性设计更新。如果某个故障模式的累计

设计更新次数达到 $k_{i\_\max}$，则该故障的失败结果将会被认为是通过。如果试验结果是通过，那么故障模式的选择和故障注入试验过程仍将继续。

1）仿真 A

系统测试性设计纠正有效性系数估计的准确性直接影响试验规划的可靠性，而该值通常不能准确给出，因此本节首先考察测试性增长试验方案优化方法的稳健性。主要考察纠正有效性系数在不同取值条件下的总故障注入样本数、总设计改进次数、总成本以及效费比四个指标随系统改进能力的变化关系。当纠正有效性系数 α 变化时，四个考察指标的变化情况如图 7.7 所示。

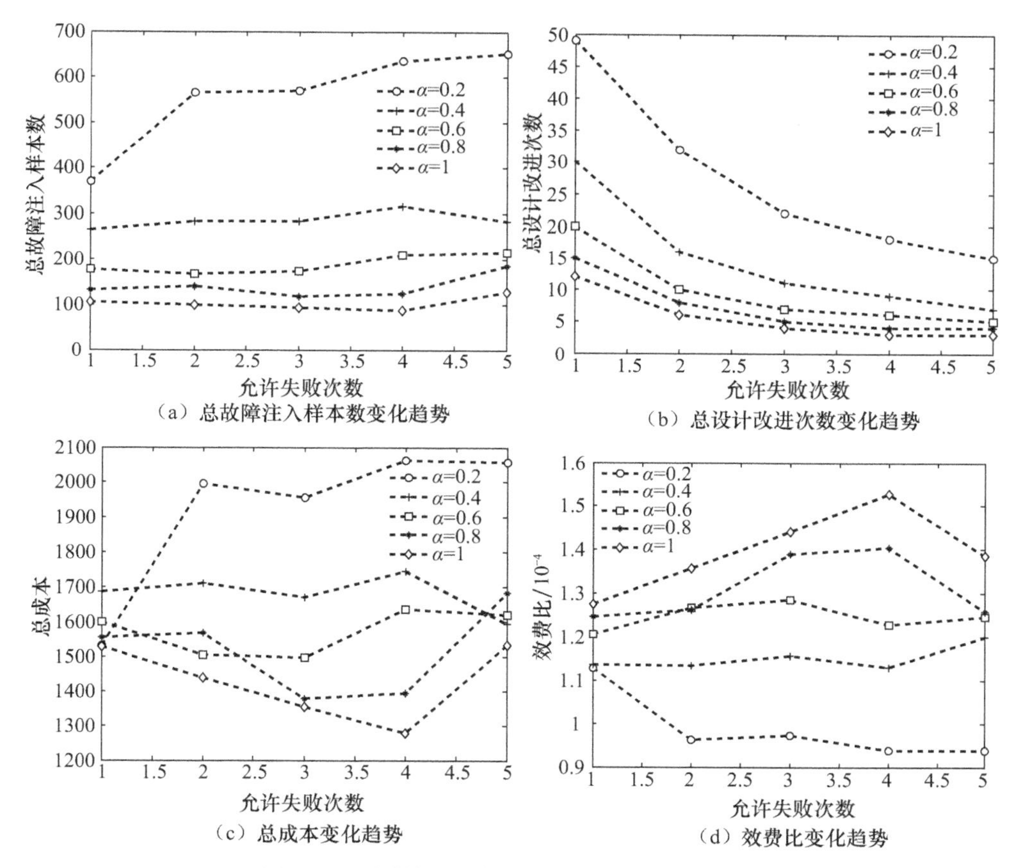

图 7.7　不同纠正有效性系数对试验进程的影响

从图 7.7 中不难发现，随着纠正有效性系数的增大，在相同允许失败次数的条件下，除了效费比逐渐增加，其他三个指标都明显呈现逐渐递减的趋势。在同一设计更新能力条件下，随着每阶段允许失败次数的增加，为达到设计目标所需要经历的设计改进次数呈现出逐渐减少的趋势；试验所需的故障注入样本数则没有一致的变化趋势，总体上随着改进能力的提高，变化趋势趋于平缓；而无论是试验总成本还是效费比，都没有明显的变化趋势，但是两者的变化趋势高度吻合。

不同的纠正有效性系数决定了故障注入总次数与设计改进次数的多少，从而影响整个试验的进程，不同的纠正有效性系数对试验总成本以及效费比的影响较大。在进行增长试验规划时，试验管理者需要与系统设计师充分沟通，了解系统测试性设计改进能力，在此基础上，对故障注入试验与设计改进的成本系数进行预计，从而选择合适的试验方案。

2）仿真 B

当一个系统的故障模式种类比较复杂，特别是新研装备时，设计师往往很难有效给出整个系统的平均纠正有效性系数，但是可以根据经验和能力给出每个故障模式的纠正有效性系数预估值。因为在进行测试性设计更新时，尽管对于每个故障模式，设计更新都是相互独立的，但更新的最终目标是满足系统级的增长目标；而系统级的测试性指标增长又依赖于单故障模式检测能力的提升，所以单个故障模式改进能力与系统整体设计改进能力之间必然存在紧密关系，可以考虑从单个故障模式的纠正有效性系数估计整个系统的平均纠正有效性系数。

令表 7.1 中每个故障模式的纠正有效性系数 α_i 不变，当 α 分别取值 0.25、0.5、0.75 和 1，每阶段允许失败次数分别取 2 和 4 时，测试性指标变化期望过程如图 7.8 和图 7.9 所示。

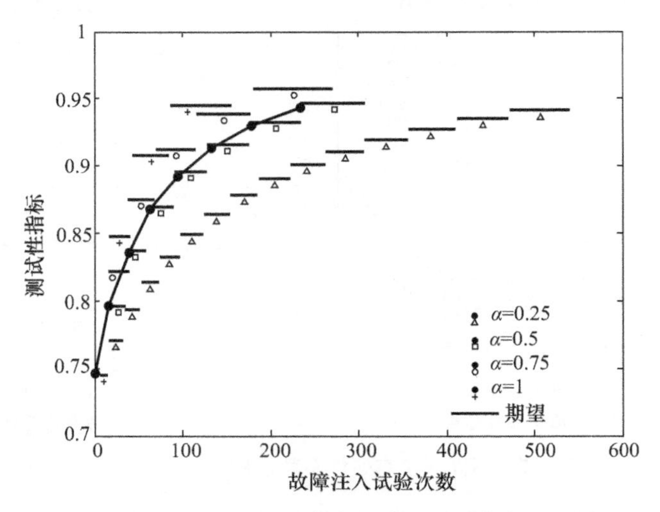

图 7.8　$m=4$ 时纠正有效性系数对试验规划的影响

图 7.8 和图 7.9 中不连续的阶梯图为按照测试性规划模型得到的试验规划曲线，每个阶梯表示该段试验过程中，系统在该阶段末进行设计改进时所具有的测试

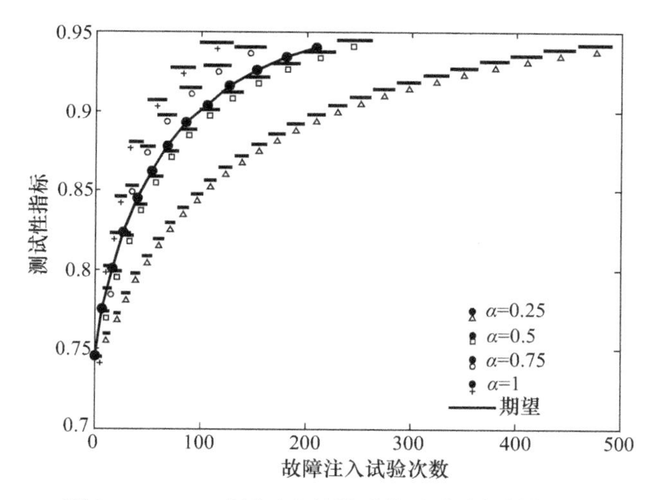

图 7.9　$m=2$ 时纠正有效性系数对试验规划的影响

性指标。连续阶梯图为利用表 7.1 中数据进行 200 次增长试验全过程仿真得到的真实增长过程的平均值，图中转折处的点代表了设计改进之后系统测试性指标的跳跃。分析表 7.2 数据可知，在相同的纠正有效性系数下，每阶段允许失败次数增多时，达到相同试验目标所需的故障注入试验总数也会相应增加，但是设计更新总次数会明显减少，这与前文的理论分析一致，表明所提方案的正确性。

表 7.2　纠正有效性系数对试验规划的影响表

α	0.25		0.5		0.75		1		真实值	
m	4	2	4	2	4	2	4	2	4	2
设计更新总次数	14	26	7	13	5	8	3	6	7	12
测试性指标终值	0.94	0.94	0.95	0.95	0.96	0.94	0.94	0.94	0.94	0.94
故障注入总次数	474.5	459.8	235.7	228.4	180.6	131.0	85.96	97.4	233.0	213.0

令 $\bar{\alpha}_i$ 为各故障模式更新能力的故障率加权平均值，如式(7.16)所示：

$$\bar{\alpha}_i=\sum_{i=1}^{8}\lambda_i\alpha_i\Big/\sum_{i=1}^{8}\lambda_i=0.56 \tag{7.16}$$

分析表 7.2 中数据不难发现，无论每阶段允许失败次数为多少，当 $\alpha=0.5\approx 1-\bar{\alpha}_i$ 时，规划曲线与真值均值都具有最小的误差。因此，本书建议在没有先验经验的前提下，利用本例所示方法给出系统的设计改进能力规划。

7.4.2　基于延缓纠正的试验规划研究

对于采用延缓纠正策略的测试性增长试验，由于每阶段故障注入试验都是一次完整的测试性验证评估试验，对该类试验方案制定的方法已经在前述章节做了专门研究，所以本章只针对测试性增长试验中出现的新问题开展研究。

系统中各故障模式的故障诊断能力往往呈现出不同的水平，对系统的贡献也不同。有的故障模式诊断方法比较成熟，测试性水平已经较高，继续增长潜力不大；有些故障模式测试性水平较低，但是其属于新型故障模式，在现有水平下对其进行设计更新并不能使其测试性水平突变；还有一些故障模式，其测试性水平不高，但其故障发生概率也相对较小，即使使其测试性水平达到 100%，对系统测试性整体水平的提升贡献也不大。因此，基于延缓纠正策略的测试性增长试验规划面临一个突出问题：如何合理地将设计更新资源分配至每个故障模式，从而得到较好的效费比。这里的更新资源不仅是指设计更新时进行测试设备更新换代的成本，还包含试验费用以及人工成本。

1. 测试性增长改进方案优化配置

对于故障模式 i，假设其经过 j 次设计更新之后的故障不可检测率满足如下指数关系：

$$d_{ij} = f_i^j d_{i0} \tag{7.17}$$

式中，f_i 为故障模式 i 的修复系数。

假设某次设计更新需要改进的故障模式种类数为 M，令 k_i 表示故障模式 i 按照资源配置得到的允许更新次数，Cost_i 表示分配给故障模式 i 的设计更新总费用，Cost_{1i}表示针对故障模式 i 进行一次测试性验证试验所需的成本，Cost_{2i}表示针对故障模式 i 进行设计改进所需的成本，Cost_{3i}表示针对故障模式 i 进行设计更新所需要的人工成本。

在对某个故障模式进行测试性设计改进以及改进验证时，通常采用及时纠正策略。于是对于某次设计更新，故障模式 i 所消耗的验证试验总数可以由式(7.4)计算得到，总成本可用式(7.18)表示：

$$E(\text{Cost}_{i\_\text{part1}}) = \sum_{j=1}^{k_i} \frac{\text{Cost}_{1i}}{d_{ij}} \tag{7.18}$$

假设设计修正的费用随着修正次数的增加而逐渐增加，并且服从指数增长关系，那么当第 j 次设计更新所能提高的测试性指标为 $d_{ij} - d_{i(j-1)}$ 时，故障模式 i 因设计更新所消耗的更新成本为

$$E(\text{Cost}_{i\_\text{part2}}) = \sum_{j=1}^{k_i} [100\text{Cost}_{2i}(1 - d_{i(j-1)})^{\gamma_{1i}}(d_{ij} - d_{i(j-1)})] \tag{7.19}$$

式中，γ_{1i}为指数函数参数。

随着设计的逐渐成熟，测试性设计更新所需要的费用将逐渐增加，因此对于一个故障模式，越晚执行设计修正，所需的成本也越高。于是因故障模式 i 的验证失败而导致试验暂停，造成的损失为

$$E(\mathrm{Cost}_{i\_\mathrm{part3}})=\mathrm{Cost}_{3i}(1-d_{ik_i})^{\gamma_{2i}} \tag{7.20}$$

式中，γ_{2i}为指数函数参数。

于是，试验暂停后，对故障模式 i 进行测试性设计更新所需的总成本 Cost_i 为

$$E(\mathrm{Cost}_i)=\sum_{j=1}^{k_i}\frac{\mathrm{Cost}_{1i}}{d_{ij}}+\sum_{j=1}^{k_i}[100\mathrm{Cost}_{2i}(1-d_{i(j-1)})^{\gamma_{1i}}(d_{ij}-d_{i(j-1)})]$$
$$+\mathrm{Cost}_{3i}(1-d_{ik_i})^{\gamma_{2i}} \tag{7.21}$$

一个“试验—分析—修正—试验”阶段所需的总成本 Cost 为

$$\begin{aligned}E(\mathrm{Cost})&=\sum_{i=1}^{M}E(\mathrm{Cost}_i)\\&=\sum_{i=1}^{M}\left\{\sum_{j=1}^{k_i}\frac{\mathrm{Cost}_{1i}}{d_{ij}}+\sum_{j=1}^{k_i}[100\mathrm{Cost}_{2i}(1-d_{i(j-1)})^{\gamma_i}(d_{ij}-d_{i(j-1)})]\right.\\&\quad\left.+\mathrm{Cost}_{3i}(1-d_{ik_i})^{\gamma_{2i}}\right\}\end{aligned} \tag{7.22}$$

于是测试性增长试验资源分配问题可以描述如下所示的整数规划问题。

问题一　当试验成本有限时，要求以最快的速度实现测试性指标增长：

$$\begin{aligned}&\min\quad \sum_{i=1}^{M}\frac{\lambda_{ik_i}d_{i0}f_i^{k_i}}{\sum_{j=1}^{n}\lambda_{jk_i}}=\sum_{i=1}^{M}\delta_i f_i^{k_i}\\&\text{s. t.}\quad E(\mathrm{Cost})\leqslant\chi\\&\qquad\quad 0\leqslant k_i\leqslant k_{i\_\max}\end{aligned} \tag{7.23}$$

问题二　当试验成本有限时，以与试验规划目标具有最小偏差为目标进行设计改进：

$$\begin{aligned}&\min\quad \left\|\sum_{i=1}^{M}\frac{\lambda_{ik_i}d_{i0}f_i^{k_i}}{\sum_{j=1}^{n}\lambda_{jk_i}}-\sigma\right\|=\left\|\sum_{i=1}^{M}\delta_i f_i^{k_i}-\sigma\right\|\\&\text{s. t.}\quad E(\mathrm{Cost})\leqslant\chi\\&\qquad\quad 0\leqslant k_i\leqslant k_{i\_\max}\end{aligned} \tag{7.24}$$

式中，χ 为试验资源边界条件；σ 为按照试验规划，当验证试验次数达到某值时，系统要达到的测试性指标。

2. 基于拉格朗日松弛算法和局部搜索的测试性改进方案优化算法

获取测试性增长试验资源分配最优解的直接方法就是采用枚举法，列出所有组合可能，再逐一进行筛选，选出符合限制条件的最优解，然而这种方法是非常耗费计算资源的。调研分析发现，目前整数规划问题的快速求解方法大致可以分为

三类：近似解、准确解以及启发解[18]。本节基于拉格朗日松弛算法[19,20]和次梯度算法[21]，提出了近似最优解的求解方法，并进一步利用局部搜索算法，提出了准确最优解的寻找方法。下面以式(7.23)所示的问题一为例说明求解过程(问题二解决方法与问题一类似)。

令 $f(k_i)=E(\mathrm{Cost}_i)$，则式(7.23)可以重构为

$$\begin{aligned}\min \quad & J_f=\sum_{i=1}^{M}\delta_i f_i^{k_i}\\ \text{s.t.} \quad & \sum_{i=1}^{M} f(k_i)\leqslant \chi\\ & 0\leqslant k_i\leqslant k_{i\_\max}\end{aligned}\tag{7.25}$$

利用拉格朗日乘子 η 松弛约束条件，可得到对偶问题的目标函数：

$$J_\alpha=\sum_{i=1}^{M}\left[\delta_i f_i^{k_i}+\eta f(k_i)\right]-\eta\chi\tag{7.26}$$

于是拉格朗日松弛算法的基本流程如下。

(1) 初始化：令 $\eta=0,\theta=1,J_f=+\infty,J_\alpha=+\infty$。

(2) 利用全局搜索算法找到对偶目标函数取最小值的解 $k^*=\arg\min\{J_\alpha\}$。

(3) 利用如下步骤搜寻式(7.25)的可行解 kf^*：

(3.1) 令 $kf=k^*$；

(3.2) 对于每一个 $i,i=1,2,\cdots,m$，令 $kf_i'=kf_i-1$，按式(7.27)计算 g_i，直至 $\sum_{i=1}^{M} f(kf_i)>\chi$，从而找到 $j=\arg\min\{g_i\}$，并且令 $kf_j=kf_j'$；

$$g_i=\mathrm{abs}\left(\frac{\alpha_i f_i^{kf_i'}-\alpha_i f_i^{kf_i}}{f(kf_i')-f(kf_i)}\right)>0\tag{7.27}$$

(3.3) 当 $\sum_{i=1}^{M} f(kf_i)\leqslant\chi$ 时，令 $kf^{*\prime}=kf$，并且计算 $J_f'=\sum_{i=1}^{M}\delta_i f_i^{kf_i^{*\prime}}$；

(3.4) 如果 $J_f'<J_f$，则更新 $J_f<J_f',kf^*=kf^{*\prime}$。

(4) 计算式(7.26)的值，若 $J_\alpha>J_\alpha'$，则更新 $J_\alpha'=J_\alpha$，并且计算次梯度(gra)：

$$\mathrm{gra}=\sum_{i=1}^{M} f(k_i^*)-\chi\tag{7.28}$$

(5) 利用式(7.29)更新：

$$\delta=\delta+\theta\frac{(J_f-J_\alpha')}{\left\|\sum_{i=1}^{M} f(k_i^*)-\chi\right\|^2}\left(\sum_{i=1}^{M} f(k_i^*)-\chi\right)\tag{7.29}$$

(6) 重复步骤(2)～(5)，不断更新 J_f、J_α'和 kf^* 的值。当 J_α 的取值没有明显的增加趋势时，更新 $\theta=\theta/2$。

(7) 当次梯度的取值小于 1 时，算法停止，此时 kf^* 就是近似的最优解。

本书将 kf^* 称为近似最优解是因为与枚举法搜索得到的结果对比发现，虽然通过拉格朗日松弛算法得到的解与真正的最优解在目标函数值方面非常接近，但仍有可能出现不可接受的误差。因此，基于这个近似解，进一步利用局部搜索来精确实现试验资源分配最优化。

首先利用如下伪代码定义每个自变量 k_i 的上界 k_{i_up} 和下界 k_{i_low}。然后在 $k_{i\_low} \times k_{i\_up}$ 的空间内通过全局搜索找到最优解 $k_{opt} = \arg\min\left\{\sum_{i=1}^{M} \delta_i f_i^{k_i}\right\}$，满足 $\sum_{i=1}^{M} f(k_{i\_opt}) \leqslant \chi$。

输入：近似最优解 kf^*
输出：局部搜索范围

```
for  l=1:1:M
    ks_l = kf* + e, e 是向量，其中 e_l = 1，其余为 0
    利用 ks_l 计算 Σ_{i=1}^{M} f(ks_li) 的值
    if Σ_{i=1}^{M} f(ks_li) > χ
        for j=1:1:M
            if j=l
                ks_lj = ks_lj
            else
                while Σ_{i=1}^{M} f(ks_li) > χ and ks_lj ≥ 0
            ks_lj = ks_lj − 1
          end
        end
      end
else
        while Σ_{i=1}^{M} f(ks_li) ≤ χ and ks_ll ≤ k_lmax
            ks_ll = ks_ll + 1
          end
        end
end
for  l=1:1:M
        k_l^lower = min{ks_l1, …, ks_lM}, k_l^upper = max{ks_l1, …, ks_lM}
end
```

7.5　测试性增长试验的跟踪预计研究

7.5.1　基于 Bayes 统计理论的测试性增长指标评估

由于抽样试验的随机性，对于任一试验阶段，试验暂停时，所需的试验样本总数也是随机的，有时可能得到比较极端的试验结果。例如，系统的故障检测率真值为0.9，但试验第一次就遇到了不可检测故障，于是该阶段的试验总数为1。直接利用该数值进行测试性指标评估，利用极大似然估计得到的系统故障检测率为0，这与事实严重不符。因此，有必要研究如何科学地进行测试性指标估计。

Bayes方法因为能融合多源信息来得到更好的评估效果，可以在一定程度上缓解抽样随机性带来的问题。但是Bayes评估结论的准确性建立在作为先验信息的多源信息必须准确的基础之上。当引入专家经验等主观信息时，对于先验信息的处理要求极为苛刻。本书在前人的基础上[22-24]，结合测试性增长试验的特点，研究测试性增长试验过程中的指标跟踪方法。

1. 基于及时纠正策略的测试性增长估计

随机变量 X 服从密度函数为 $f(\theta,x)$ 的分布，其中 θ 为分布参数，如果 δ 是 θ 判决空间中的一个估计，则熵损失函数为

$$I(\theta,\delta)=E_{\theta}\left\{\ln\frac{f(\theta,x)}{f(\delta,x)}\right\} \tag{7.30}$$

为了简化表达式，若无特殊说明，这里将省略阶段 i 的下标符号。令 $\hat{p}$ 表示 p 的估计值，r 为阶段 k 的故障注入试验总数，m 为每阶段允许失败次数。于是 p 与 $\hat{p}$ 之间的熵损失函数可以表示为

$$\begin{aligned}L(p,\hat{p})&=E_p\left\{\ln\frac{f(p,r,m)}{f(\hat{p},r,m)}\right\}=E_p\left\{\ln\frac{p^m(1-p)^{r-m}}{\hat{p}^m(1-\hat{p})^{r-m}}\right\}\\&=E_p\left\{m\ln\frac{p}{\hat{p}}+(r-m)\ln\frac{1-p}{1-\hat{p}}\right\}\end{aligned} \tag{7.31}$$

由 $E(r)=m/p$ 可得

$$\frac{E(r)-m}{m}=\frac{1-p}{p} \tag{7.32}$$

将式(7.32)代入式(7.31)可得

$$L(p,\hat{p})=mE_p\left\{\ln\frac{p}{\hat{p}}+\frac{1-p}{p}\ln\frac{1-p}{1-\hat{p}}\right\} \tag{7.33}$$

于是在熵损失最小的条件下，p 的Bayes估计值为

$$\hat{p}=\frac{1}{1+E\left[\left.\frac{1-p}{p}\right|r\right]} \tag{7.34}$$

取 p 的先验分布为共轭族Beta分布，密度函数为

$$\theta(p)=\begin{cases}\dfrac{p^{\mu-1}(1-p)^{\upsilon-1}}{B(\mu,\upsilon)}, & 0<p<1\\0, & 其他\end{cases} \tag{7.35}$$

根据 Bayes 公式，p 的后验分布同样服从如下所示的 Beta 分布：

$$\theta(p \mid r,m) \propto p^{\mu+m-1}(1-p)^{\upsilon+r-m-1} \tag{7.36}$$

于是

$$\hat{p}=\frac{1}{1+E\left[\frac{1-p}{p}\bigg| r\right]}=\frac{\mu+m-1}{\mu+\upsilon+r-1} \tag{7.37}$$

按照 Beta 分布与二项分布的关系，可以假设 μ 满足：

$$\mu=r_{i\_p}-m \tag{7.38}$$

式中，r_{i_p} 值为按照试验规划给出的阶段 i 的试验总数。

将 $E(r)=m/E(\hat{p})$ 代入式(7.37)可得

$$E(\hat{p})=\frac{m}{E(r)}=\frac{m}{r_{i\_p}}=\frac{\mu+m-1}{\mu+\upsilon+r_{i\_p}-1} \tag{7.39}$$

整理可得

$$\upsilon=\frac{r_{i\_p}(r_{i\_p}-1)}{m}-2r_{i\_p}+m+1 \tag{7.40}$$

在得到了每阶段的试验总数 r 之后，将式(7.38)和式(7.40)代入式(7.37)即可得到每阶段故障注入试验失败的概率估计值。利用该方法选择 Beta 分布先验参数简单易行，但必须要求试验规划信息的准确性，错误的先验信息将导致较大的评估偏差。

2. 基于延缓纠正策略的测试性增长估计

在基于延缓纠正模式测试性增长试验中，对每个纠正阶段的测试性模型、测试性虚拟试验样机、测试性实物样机都要进行改进，并且基于改进后的模型和样机开展新的指标预计和试验，从而获得多种来源的数据。对此，针对延缓纠正模式下的测试性指标评估，可以采用第 6 章中给出的基于多源先验数据的测试性评估方法，以该阶段下的基于实物样机的试验数据为基准，结合测试性预计数据、虚拟试验数据和专家信息对指标进行评估。

图 7.10 为本书构建的基于多源先验数据的测试性增长试验评估总体技术思路，主要分为：先验数据表现形式分析、先验分布参数求解、相容性检验、先验可信度计算、确定多源混合先验分布、确定后验分布模型、测试性指标计算等步骤。

首先，分析多源先验数据的表现形式，根据先验数据表现形式选择对应的先验分布参数计算方法，利用经验 Bayes 方法得到该阶段增长试验数据的先验分布参数；然后，利用参数相容性检验方法在一定置信度下对先验数据和增长试验数据的相容性进行逐一检验，对于通过相容性检验的先验数据，计算其先验可信度；最后，利用通过相容性检验的先验数据的先验分布和对应的先验可信度得到该阶段下测试性指标的多源混合先验分布，融合增长试验数据，求得测试性指标的后验分布模

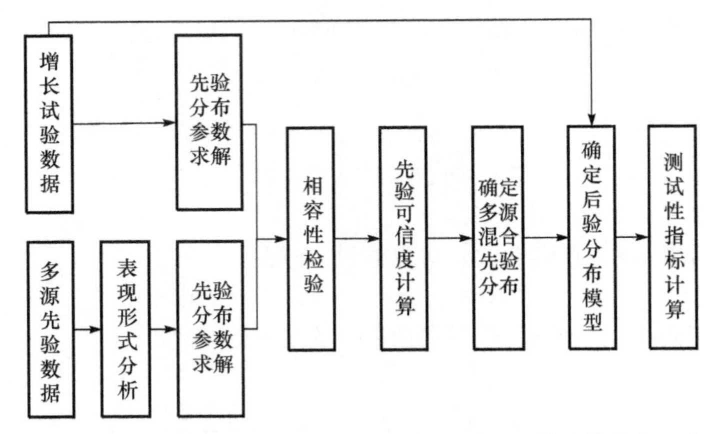

图 7.10 基于多源先验数据的测试性增长试验评估总体技术思路

型，并基于后验分布模型得到该阶段下的测试性指标评估结果。

延缓纠正模式下的测试性评估算法具体可参见第 6 章。

7.5.2 考虑非理想纠正的增长概率模型

虽然基于 Bayes 统计理论的测试性增长指标评估可以跟踪系统的测试性增长过程，但只有建立合适的测试性增长参数模型，才能更好地实现测试性增长预计。对于采用及时纠正策略的增长试验，更是需要利用测试性增长模型来绘制增长跟踪预计曲线，从而减少由于试验随机性带来的跟踪预计误差。测试性增长模型是测试性增长跟踪与预计的有力工具。

需要说明的是，在进行增长试验规划时，为了避免不确定因素的干扰，忽略了系统结构变化导致的故障模式种类以及故障模式故障率的变化，但是在进行增长试验跟踪时，若仍旧忽略这些因素，则有可能导致较大的跟踪误差。因此，在构建测试性增长跟踪预计模型时必须考虑系统新故障模式的引入、已有故障模式的移除、故障模式故障率的变化，以及缺陷排除率非 100%，即非理想测试性设计缺陷纠正过程。

1. 考虑非理想纠正的测试性水平变化

令 $N(k)$ 表示系统从阶段 0 到阶段 k 所经历的所有故障模式的集合，$\overline{d}_i(k)$ 表示故障模式 i 在阶段 k 时的故障不可检测/隔离概率，λ_{ik} 表示故障模式 i 在阶段 k 时的发生概率。若故障模式 i 在阶段 k 被移除，则 $\overline{d}_i(l)=0$，$\lambda_{il}=0(l\geqslant k)$。相反的，若故障模式 i 在阶段 k 被引入，则 $\overline{d}_i(k)=1$，并且随着设计改进的进行而逐渐降低。设 λ_i 表示故障模式 i 的故障率，则状态转移概率参数 $p(k)$ 可以通过式(7.41)计算：

$$p(k)=\frac{\sum_{i=1}^{N(k)}\lambda_{ik}\overline{d}_i(k)}{\sum_{i=1}^{N(k)}\lambda_{ik}} \tag{7.41}$$

定义所有故障模式最初不可检测/隔离概率的加权值为测试性增长需求量，并用 $y(k)$ 表示，则

$$y(k)=\frac{\sum_{i=1}^{N(k)}\lambda_{i\_\text{initial}}\overline{d}_{i\_\text{initial}}}{\sum_{i=1}^{N(k)}\lambda_{i\_\text{initial}}} \tag{7.42}$$

式中，$\overline{d}_{i\_\text{initial}}$ 和 $\lambda_{i\_\text{initial}}$ 分别为故障模式 i 最初所具有的故障不可检测/隔离概率和故障发生概率。只有当新的故障模式被引入系统时，$y(k)$ 的值才会发生变化，并且是试验阶段数 k 的单调不减函数，$y(k)\in(0,1]$。

令 $z(k)$ 表示系统在第 k 次测试性设计更新后测试性指标的实际增长量，那么增长需求值 $y(k)$ 与实际增长值 $z(k)$ 之间的差值，就是系统所具有的故障检测/隔离失败概率，如式(7.43)所示：

$$p(k)=y(k)-z(k),\quad z(0)=0 \tag{7.43}$$

接下来通过一个简单的案例来解释 $y(k)$ 和 $z(k)$ 的变化。假设某系统在试验开始阶段有5个故障模式，分别表示为F1、F2、F3、F4和F5，这些故障模式的相关信息如表7.3所示。假设这些故障模式之间在测试上是相互独立的，每阶段允许的失败数为2。

表 7.3　示例对象参数值

故障模式		F1	F2	F3	F4	F5
$\lambda_i/(10^{-6}/\text{h})$		0.50	0.40	0.30	0.20	0.30
$\overline{d}_i$	阶段0	0.40	0.20	0.50	0.10	0.30
	阶段1	0.32	0.20	0.35	0.10	0.30
	阶段2	0.32	0.12	0.35	0.10	0.25

现在给出如下四种可能的情况。

A：在测试性增长过程中没有引入新的故障模式。

B：故障模式F6在第一次设计更新之后被引入系统中，其故障率为 $0.1\times10^{-6}/\text{h}$。

C：故障模式F3在第二次设计更新之后被移除，并且没有新的故障模式被引入系统。

D：故障模式F3在第二次设计更新之后被移除，同时故障模式F6被引入系统

中，其故障率为 $0.1\times10^{-6}/\mathrm{h}$。

于是对于这四种情况，试验失败概率、要求的测试性增长指标、实际达到的测试性增长指标可以用式(7.41)～式(7.43)分别计算出来，如表 7.4 所示。

表 7.4　不同情况下对象测试性增长过程数据

情况	阶段	$p(k)$	$y(k)$	$z(k)$
A	0	0.32	0.32	0
	1	0.27	0.32	0.05
	2	0.24	0.32	0.08
B	0	0.32	0.32	0
	1	0.31	0.35	0.04
	2	0.28	0.35	0.07
C	0	0.32	0.32	0
	1	0.27	0.32	0.05
	2	0.22	0.32	0.10
D	0	0.32	0.32	0
	1	0.27	0.32	0.05
	2	0.27	0.35	0.08

假设系统最终要实现的测试性增长指标(通常会高于合同要求值)$y(\infty)=c$，并且令 $y(0)=c-a$，其中 a 是由于新故障引入对系统测试性指标增长需求量的累计负影响。如果新引入的故障模式具有较高的初始故障检测率或者没有新的故障模式引入，则 a 的值为 0，其他情况下 $a>0$。基于以上讨论，用一阶离散差分方程重新定义测试性增长指标的表达式如下：

$$y(k+1)=by(k)+c(1-b),\quad y(0)=c-a \tag{7.44}$$

式中，$\{c,a,b\}$的值可以通过试验数据估计得到。虽然上述讨论针对的只是故障检测率，但该思想同样适用于故障隔离率等测试性指标。

在试验的最初阶段，不可检测/隔离的故障模式更容易被发现和解决，故障检测/隔离率会有明显的提高；随着测试性设计更新的进行，测试性指标增长的速度会明显减慢。因此，本书引用软件可靠性增长 GO 模型[18]假设，假设设计缺陷发现和系统设计更新的能力与系统中残留的不可检测/隔离故障的数量成正比，并用 $q(k)$表示。于是，实际的测试性增长指标 $z(k)$变化可用式(7.45)表示：

$$\begin{aligned}&z(k+1)=z(k)+q(k+1)p(k)\\&q(k+1)=\frac{\alpha\beta}{1-(1-\alpha)(1-\alpha\beta)^{k}},\quad 0<\alpha,\beta<1\end{aligned} \tag{7.45}$$

可以注意到，$q(1)=\beta,q(\infty)=\alpha\beta$。

利用式(7.43)～式(7.45)，可得

$$p(k)=c-ab^k-\frac{\alpha\beta}{1-(1-\alpha)(1-\alpha\beta)^{k-1}}\left\{\frac{c}{\alpha\beta}\left[1-(1-\alpha\beta)^k\right]-a\frac{(1-\alpha\beta)^k-b^k}{1-\alpha\beta-b}\right\} \tag{7.46}$$

至此,测试性增长过程中测试性指标的变化过程 $p(k)$ 可由 $\{a,b,c,\alpha,\beta\}$ 五个参数决定,这些参数需要利用测试性试验的成败型结果去估计,相关内容将在后文中介绍。

令 $\{c,a,b,\alpha,\beta\}$ 五个参数分别取值 $\{0.2,0.05,0.3,0.9,0.3\}$,代入式(7.43)～式(7.46),可以得到如图7.11所示的 $y(k)$、$q(k)$、$z(k)$、$p(k)$ 的变化情况。

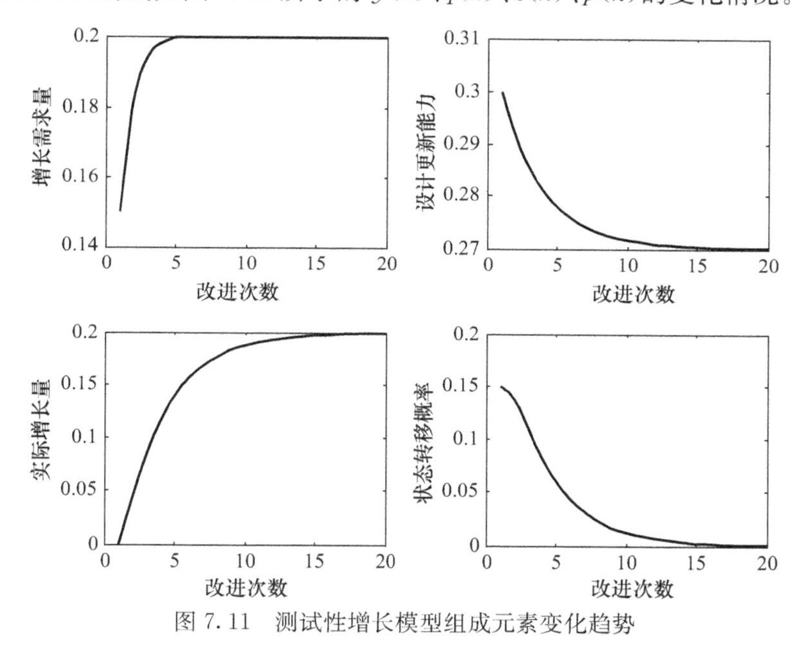

图7.11　测试性增长模型组成元素变化趋势

随着测试性设计更新的推进,系统测试性增长需求量和实际增长量不断增加,当实际增长量逐渐逼近增长需求量时,系统故障不可检测/隔离概率逐渐降低。图7.11中各表征量的变化趋势符合测试性增长试验假设,因此该模型符合测试性增长跟踪预计建模需求。

2. 基于及时纠正策略的 Markov 链

采用及时纠正策略的测试性试验可以看成一系列相互关联的伯努利试验,它们之间的关联体现在下一次试验成功/失败的概率,可以用0-1两状态 Markov 链表示。因此,本书引入描述状态转移的 Markov 链来构造基于及时纠正策略的测试性增长模型[25-28]。利用 Markov 链构造测试性增长模型主要分两步:第一步是定义一个离散时间的 Markov 链,将累计失效次数作为该 Markov 链的状态变量,而累计试验次数则充当时间变量的作用；第二步是以试验失败概率构建 Markov 链的状态转移概率。

在采用及时纠正策略的试验过程中，只有当试验失败次数达到规定试验次数 m 时，试验才会暂停并且进行设计更新。通常情况下，需要若干次测试性更新才能实现增长目标，因此本书提出的 Markov 链模型由一系列相互依存的试验阶段组成，本阶段的试验输出会影响后续阶段的试验输出。

令 $F_n=\sum_{i=1}^{n}X_i$ 表示 n 次故障注入试验之后累计的试验失败次数。若 $F_n=l$，那么在 n 次故障注入试验的过程中，系统将经历 $k=\lfloor l/m \rfloor$ 次测试性设计更新（$\lfloor\ \rfloor$ 为向下取整函数）。在经历了第 $n+1$ 次试验结束之后，F_{n+1} 只能有两种结果：l 或者 $l+1$。F_n 与 F_{n+1} 之间的转移概率与验证试验次数 n 无关，只与经历的试验阶段有关，表示如下：

$$\begin{cases}P_{l,l}(n+1)=1-p(\lfloor l/m \rfloor)\\P_{l,l+1}(n+1)=p(\lfloor l/m \rfloor)\\P_{l,v}(n+1)=0, \quad v\neq l \text{ 或 } l+1\end{cases} \tag{7.47}$$

式中，$p(\lfloor l/m \rfloor)$ 表示在阶段 $\lfloor l/m \rfloor$ 测试性验证试验失败的概率。相应地，F_n 的演化过程可以用如图 7.12 所示的 Markov 链表示。

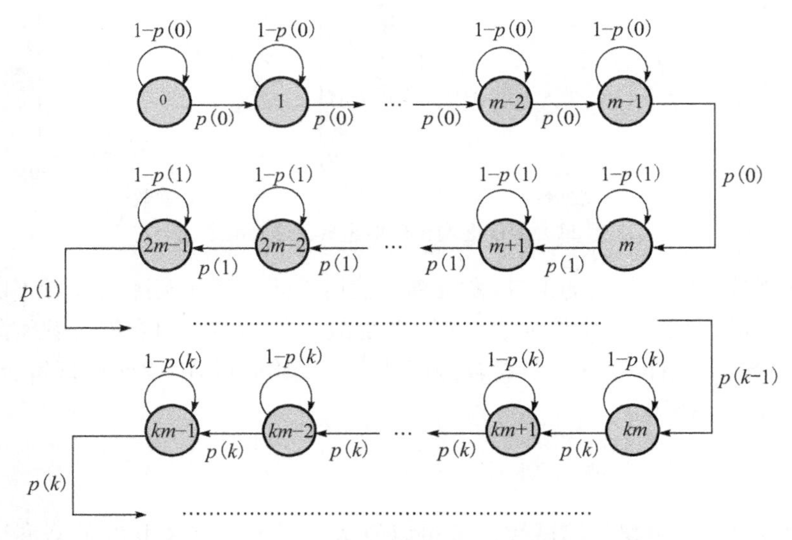

图 7.12　基于及时纠正策略的测试性增长试验过程 Markov 链描述

令 $\pi_l(n)$ 表示系统在 n 次验证试验之后经历 l 次失败的概率，那么 $\pi_l(n)$ 可以用式(7.48)所示的递推公式表示：

$$\begin{aligned}
&\pi_0(n)=(1-p(0))\pi_0(n-1),\quad n=1,2,\cdots\\
&\pi_0(0)=1\\
&\pi_l(n)=p(\lfloor(l-1)/m\rfloor)\pi_{l-1}(n-1)+(1-p(\lfloor l/m\rfloor))\pi_l(n-1),\\
&\qquad\qquad l=1,2,\cdots,n;n=1,2,\cdots\\
&\pi_l(n)=0,\quad l>n
\end{aligned}\tag{7.48}$$

$\pi_0(n)$为前 $n-1$ 次试验输出结果均为成功的条件下第 n 次试验仍然成功的概率，由于前 $n-1$ 次均为成功结果，系统的故障不可检测/隔离概率保持为试验开始时的概率 $p(0)$。$\pi_l(n)$由两部分构成，第一部分表示在前 $n-1$ 次试验中已经累积了 $l-1$ 次失败的输出结果，而第 n 次试验输出结果同样为失败；第二部分表示在前 $n-1$ 次试验中已经累积了 l 次失败的输出结果，而第 n 次试验输出结果为成功。

式(7.48)经过整理可变为

$$\begin{aligned}
&\pi_0(n)=(1-p(0))^n,\quad n=1,2,\cdots\\
&\pi_l(n)=p(\lfloor(l-1)/m\rfloor)\sum_{s=1}^{n-l+1}\left[(1-p(\lfloor l/m\rfloor))^{s-1}\pi_{l-1}(n-s)\right],\\
&\qquad\qquad l=1,2,\cdots,n;n=1,2,\cdots
\end{aligned}\tag{7.49}$$

将测试性水平变化模型作为 Markov 链转移概率 $p(k)$，于是第 n 次测试性验证试验失败的概率为 $E(\mathrm{Pr}_n)$，n 次测试性验证试验后系统累计经历的系统更新次数为 $E(\mathrm{Stage}_n)$，n 次测试性验证试验后系统累计经历的试验失败次数为 $E(\mathrm{Fail}_n)$，从阶段 0 到阶段 k 系统所经历的累计测试性验证试验次数 $E(\mathrm{Trial}_k)$可用式(7.50)～式(7.53)计算：

$$E(\mathrm{Pr}_n)=\sum_{l=0}^{n-1}\pi_l(n-1)p(\lfloor l/m\rfloor),\quad n=1,2,\cdots\tag{7.50}$$

$$E(\mathrm{Stage}_n)=\sum_{l=0}^{n}\lfloor l/m\rfloor\pi_l(n)\tag{7.51}$$

$$E(\mathrm{Fail}_n)=\sum_{l=0}^{n}l\pi_l(n),\quad n=1,2,\cdots\tag{7.52}$$

$$E(\mathrm{Trial}_k)=\sum_{n=1}^{\infty}n\pi_{km+m-1}(n-1)p(k),\quad k=0,1,2,\cdots\tag{7.53}$$

根据式(7.4)，从阶段 0 到阶段 k 系统所经历的累计测试性验证试验次数 $E(\mathrm{Trial}_k)$又可以表示为

$$E(\mathrm{Trial}_k)=\sum_{j=0}^{k}\frac{m}{p(j)},\quad k=0,1,2,\cdots\tag{7.54}$$

式(7.53)与式(7.54)的等价关系可以通过归纳法递推证明。

在增长试验之前，以试验次数 n 为横坐标，$1-E(\mathrm{Pr}_n)$为纵坐标，利用式(7.54)就可以绘制出测试性增长试验的理想规划曲线。该曲线与 7.4 节试验规划曲线的

不同在于,7.4 节试验规划曲线仅能概括地表征每个试验阶段的期望试验次数,以及测试性指标变化趋势,即式(7.51)。而利用本节模型绘制的增长规划曲线为一条平滑曲线,能描述试验过程中任何一次故障注入试验成功的概率期望,更符合理想的测试性增长规划曲线定义;曲线包含试验起始条件、期望的测试性指标增长速率,以及最终期待的增长目标。利用该模型绘制理想测试性增长规划曲线的步骤如下:

(1) 利用 7.4 节研究内容制定测试性增长规划,获取每个阶段故障注入试验失败概率 $p(k)$;

(2) 不考虑试验过程中系统故障模式的变化,令 $a=0,b=1,c=p(0)$;

(3) 选取任意两个阶段计算试验失败概率降低的百分比 $q(i)$、$q(j)$,代入式(7.45)利用参数估计方法得到 α 与 β 的估计值;

(4) 利用 $\{c,\alpha,\beta\}$ 的值绘制理想测试性增长曲线。

假设某系统在测试性增长试验开始之初共有 10 个故障模式,系统初始具有的故障检测失败概率为 0.2,增长试验目标为试验失败概率将为 0.1。系统设计师给出的平均纠正有效性系数为 0.5;试验管理者规定试验过程中每阶段仅允许失败 2 次。

利用 7.4 节研究内容可得测试性增长试验规划:历经 9 个阶段的故障注入试验,8 次设计更新,试验失败概率将为 0.093。绘制期望试验过程曲线如图 7.13 中阶梯曲线所示,根据阶段 0 至阶段 3 测试性指标的变化可计算得到:

$$q(1)=\beta=0.0915$$

$$q(2)=\frac{\beta}{1+\beta-\alpha\beta}=0.0914 \tag{7.55}$$

于是可得 $\{c,\alpha,\beta\}=\{0.20,0.0915,1\}$,代入式(7.46)和式(7.50)绘制测试性增长理想规划曲线如图 7.13 中光滑曲线所示。

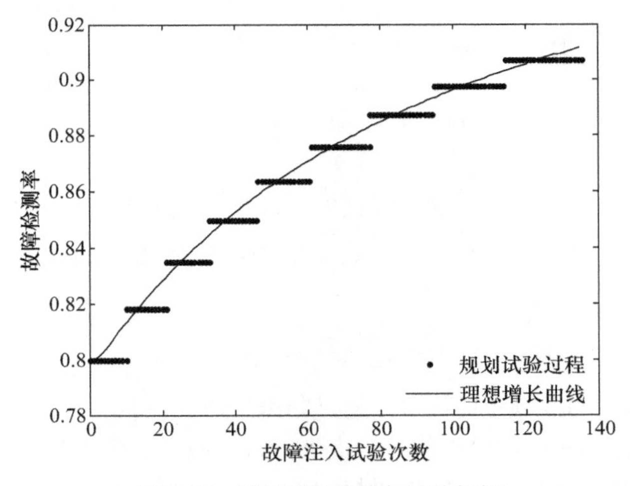

图 7.13　理想增长曲线与试验规划

同样，在利用试验数据获得$\{a,b,c,\alpha,\beta\}$取值之后，可以绘制测试性增长跟踪预计曲线，并可以利用式(7.50)～式(7.53)对后续试验进行预计。

7.5.3　测试性增长跟踪预计曲线绘制

1. 基于混合粒子群-遗传算法的模型参数估计

为了能够绘制测试性增长跟踪预计曲线，必须通过参数估计的方法得到模型中的五个参数。本节采用混合粒子群-遗传算法(PSO-GA)[29]这种人工智能方法来近似估计模型参数。算法流程如图 7.14 所示。

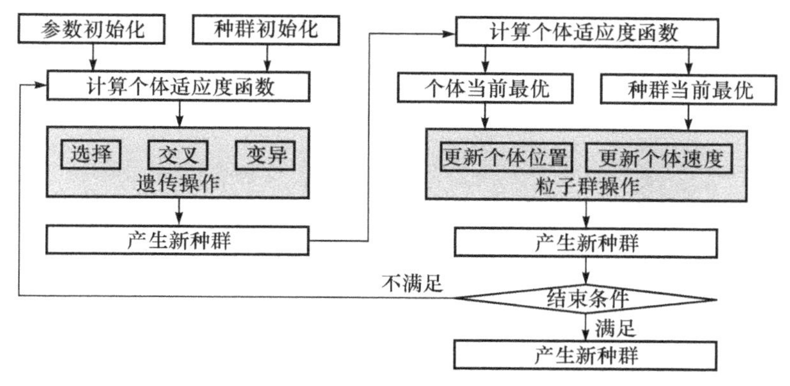

图 7.14　混合粒子群-遗传算法的基本流程

从图 7.14 中可以看出，该算法通过循环使用遗传算法和粒子群优化算法，综合了遗传算法和粒子群算法的优点，既能保证种群个体之间的信息共享机制，使寻优过程具有记忆性，又能在避免陷入局部最优的同时，加快搜索速度，提高寻优成功率。基于混合粒子群-遗传算法的测试性模型参数估计步骤描述如下：

(1) 参数初始化，设置遗传算法中的遗传交叉 Pr_c、变异概率 Pr_m，粒子群算法中的粒子群惯性因子 w_{max}、w_{min}，学习因子 c_1、c_2 以及两者共同的参数种群规模 PopSize，迭代次数 N_{max}。

(2) 种群初始化，随机产生初始种群 $Pop=(x_{ij})_{PopSize\times n}$，该种群中的个体数为 PopSize，且每个个体为 $n\times 1$ 维染色体，其中 n 为小数转化为二进制编码之后的编码长度，n 越大，数值区间越精密。

(3) 将式(7.56)所示的最小二乘函数作为适应度函数，计算 Pop 中所有个体的适应度，从而度量种群中每个个体对生存环境的适应程度，最小二乘函数值越低，个体适应度越大。

$$J=\sum_{j=0}^{k}\left[\hat{p}(j)-\hat{p}(j|\hat{a},\hat{b},\hat{c},\hat{\alpha},\hat{\beta})\right]^2 \tag{7.56}$$

式中，$\hat{p}(j)$为利用试验数据评估得到的系统测试性指标，$\hat{p}(j|\hat{a},\hat{b},\hat{c},\hat{\alpha},\hat{\beta})$为给定参数值时计算得到的系统测试性指标。

（4）采用轮盘赌选择方法挑选出染色体对，生成随机数 Rand，当 Rand$<$$\mathrm{Pr_c}$时，使所选择的一对染色体进行交叉操作，得到新种群 Pop$'$。

（5）每次选择 Pop$'$中的一个个体，并生成随机数 Rand$'$，当 Rand$'$$<$$\mathrm{Pr_m}$ 时对所选个体进行变异操作，使所有染色体二进制编码翻转，得到种群 Pop$''$。

（6）计算 Pop$''$中所有个体的适应度函数，选择当前种群中每个位置的历史最优作为个体最优位置 Pbest，并令 Pbest 中具有最优适应度的个体作为全局最优位置 Gbest。

（7）将种群中的所有个体转化为实数，并利用式(7.57)及式(7.58)对种群速度和位置进行更新，产生下一代种群 Pop：

$$v_j^{k+1}=wv_j^k+c_1r_1^k(\mathrm{Pbest}_j-x_j^k)+c_2r_2^k(\mathrm{Gbest}-x_j^k) \tag{7.57}$$

$$x_j^{k+1}=x_j^k+v_j^{k+1} \tag{7.58}$$

式中，x_j^{k+1} 和 v_j^{k+1} 分别为粒子 j 在第 $k+1$ 次迭代时具有的速度和位置；w 为惯性权重，$w=w_{\max}-N_P(w_{\max}-w_{\min})/N_{\max}$，$N_P$ 为当前迭代次数，$N_{\max}$为最大迭代次数；r_1^k、r_2^k 为随机产生的一个介于(0,1)区间的正实数。

（8）若迭代次数已经达到最大迭代次数 $N_{\max}$，则算法结束，输出全局最优位置 Gbest 作为问题最优；否则转步骤(3)。

2. 算法有效性验证

根据 7.4.1 节的研究成果，某次采用及时纠正策略的测试性增长试验实际开展仿真数据如表 7.5 所示。对比试验规划数据与仿真试验数据可以发现，本次试验基本按照试验规划逐渐推进，最终完成了测试性设计改进目标。

表 7.5　试验规划与真实值对比

阶段	对比项目	规划值	真实值	阶段	对比项目	规划值	真实值
0	累计样本数	16	19	4	累计样本数	128	158
	FDR	0.74	0.75		FDR	0.89	0.90
	失败模式	—	F1,F3,F7		失败模式	—	F1,F3,F5,F7
1	累计样本数	36	40	5	累计样本数	176	197
	FDR	0.79	0.79		FDR	0.91	0.92
	失败模式	—	F1,F6,F7		失败模式	—	F1,F3,F4,F5
2	累计样本数	60	58	6	累计样本数	235	—
	FDR	0.83	0.82		FDR	0.93	0.94
	失败模式	—	F4,F6,F8		失败模式	—	—
3	累计样本数	91	109	7	累计样本数	—	—
	FDR	0.86	0.86		FDR	0.94	—
	失败模式	—	F2,F5,F6,F8		失败模式	—	—

利用仿真数据和基于 Bayes 的指标评估方法计算 0～4 阶段的测试性指标，并利用混合粒子群-遗传算法对测试性增长模型参数进行估计。因为没有新的故障模式引入，所以首先令 $a=0$，$b=1$，最终得到参数估计值为 $\{\hat{c},\hat{a},\hat{b},\hat{\alpha},\hat{\beta}\}=\{0.2617,0,1,0.2734,0.3516\}$。将参数估计值代入式(7.46)，计算得到测试性指标真实值和模型跟踪预测值之间的绝对误差和相对误差如表 7.6 所示。

表 7.6　测试性指标真实值和模型跟踪预测值之间的绝对误差和相对误差

阶段	0	1	2	3	4	5	6
真实值	0.7457	0.7878	0.8203	0.8636	0.8993	0.9238	0.9404
预测值	0.7383	0.8108	0.8595	0.8823	0.9151	0.9310	0.9397
绝对误差	0.0074	−0.0230	−0.0392	−0.0187	−0.0158	−0.0072	0.0007
相对误差	1.0%	2.9%	4.8%	2.2%	1.8%	0.8%	0.0%

比较分析表 7.6 中的数据可以发现，模型跟踪预测值和指标真实值之间的最大绝对误差是在阶段 2 的−0.0392；模型跟踪预测值和指标真实值之间的最小绝对误差是在阶段 6 的 0.0007。误差都在较小的范围之内，证明了本书所提增长模型可以用于指标测试性增长试验中对于增长过程的跟踪与预计工作。

7.6　本章小结

本章首先分析了测试性增长的基本概念、基本原理，指出了装备全寿命周期各阶段实施测试性增长的优缺点，并着重分析了测试性增长试验的基本概念和技术流程。然后对测试性增长试验规划、跟踪及预计问题开展了详细研究。对于采用及时纠正策略的增长试验，建立了系统故障模式数、故障注入试验数量以及设计师改进能力三方面的相互关系模型，并以效费比、增长目标为约束，研究了试验方案优化方法。对于采用延缓纠正策略的测试性增长试验，提出了采用延缓纠正策略时的试验资源优化配置模型，并利用拉格朗日松弛和局部搜索方法解决了资源的优化配置。针对试验过程中故障模式可能发生变化的情况，本章提出了考虑非理想纠正的测试性水平变化规律模型和基于 Markov 链的增长跟踪预计模型，针对及时纠正策略提出了考虑试验规划信息的指标评估方法，针对延缓纠正策略提出了考虑多源信息综合评估的技术框架。最后提出了混合粒子群和遗传算法的模型参数估计方法用于模型参数估计和绘制测试性增长跟踪预计曲线。案例应用表明，本章所提模型可以有效地指导测试性增长试验管理工作的开展。

参考文献

[1]　田仲，石君友. 系统测试性设计分析与验证[M]. 北京：北京航空航天大学出版社，2003.

[2]　国防科学技术工业委员会. GJB 2547—95. 装备测试性大纲[S]. 北京：国防科学技术工业委员会，1995.

[3]　中国人民解放军总装备部. GJB 2547A—2012. 装备测试性工作通用要求. 北京：总装备部军标出版发行部，2014.

[4]　Ellner P M，Broemm W J，Woodworth W J. Tech. Rep. TR-652. Reliability Growth Guide [R]. Aberdeen：Aberdeen Proving Ground，2000.

[5]　US Department of Defense. MIL-HDBK-189A. Reliability Growth Management[S]. Washington：US Department of Defense，2009.

[6]　Hall J B. Methodology for evaluating reliability growth programs of discrete systems[D]. College Park：University of Maryland，2008.

[7]　Wayne M. Methodology for assessing reliability growth using multiple information sources [D]. College Park：University of Maryland，2013.

[8]　国家技术监督局. GB/T 15174—94. 可靠性增长大纲[S]. 北京：中国标准出版社，1995.

[9]　国防科学技术工业委员会. GJB/Z 77—95. 可靠性增长管理手册[S]. 北京：国防科学技术工业委员会，1995.

[10]　国防科学技术工业委员会. GJB 1407—92. 可靠性增长试验[S]. 北京：国防科学技术工业委员会，1992.

[11]　邱静，刘冠军，杨鹏，等. 装备测试性建模与设计技术[M]. 北京：科学出版社，2013.

[12]　杨鹏. 相关性模型的诊断策略优化设计技术[D]. 长沙：国防科学技术大学，2008.

[13]　Zhang S G，Pattipati K R，Hu Z，et al. Optimal selection of imperfect tests for fault detection and isolation[J]. IEEE Transactions on System，Man and Cybernetics：Systems，2013，43(6)：1370-1384.

[14]　王建刚. 可靠性增长、可靠性研制试验和可靠性增长试验及其相互关系分析[J]. 航空标准化与质量，2005，5：34-38.

[15]　李欣欣. 基于 Bayes 变动统计的精度鉴定与可靠性增长评估研究[D]. 长沙：国防科学技术大学，2008.

[16]　Coit D W. Economic allocation of test times for subsystem-level reliability growth testing [J]. IIE Transactions，1998，30(12)：1143-1151.

[17]　Huang C Y，Lo J H. Optimal resource allocation for cost and reliability of modular software systems in the testing phase[J]. The Journal of Systems and Software，2006，79：653-663.

[18]　Misra K B，Sharma U. An efficient algorithm to solve integer-programming problems arising in system-reliability design[J]. IEEE Transactions on Reliability，1991，40(1)：81-91.

[19]　Fisher M L. The Lagrangian relaxation method for solving integer programming problems [J]. Management Science，2004，50(12)：1861-1871.

[20]　Yu F L，Tu F，Tu H Y，et al. A Lagrangian relaxation algorithm for finding the MAP configuration in QMR-DT[J]. IEEE Transactions on System，Man and Cybernetics—Part A：System and Humans，2007，37(5)：746-757.

[21] Marc P. General local search methods[J]. European Journal of Operational Research, 1996,92:493-511.

[22] Smith A F M. A Bayesian note on reliability growth during a developmental testing program[J]. IEEE Transactions on Reliability,1977,R-26(5):346-347.

[23] Fard N S,Dietrich D L. A Bayes reliability growth model for a developmental testing program[J]. IEEE Transactions on Reliability,1987,R-36(5):568-572.

[24] Xing Y Y,Wu X Y,Jiang P,et al. Dynamic Bayesian evaluation method for system reliability growth based on in-time correction[J]. IEEE Transactions on Reliability,2010,59(2):582-604.

[25] Wolman W. Problems in System Reliability Analysis,Statistical Theory of Reliability[M]. Madison:University of Wisconsin Press,1963.

[26] Bresenham J E. Technical Report No. 74. Reliability Growth Models[R]. Palo Alto:Stanford University,1964.

[27] Goseva-Popstojanova K,Trivedi K S. Failure correlation in software reliability model[J]. IEEE Transactions on Reliability,2000,49(1):37-48.

[28] Dai Y S,Xie M,Poh K L. Modeling and analysis of correlated software failures of multiple types[J]. IEEE Transactions on Reliability,2005,54(1):100-106.

[29] 陈希祥.装备测试性方案优化设计技术研究[D].长沙:国防科学技术大学,2011.

第 8 章　测试性虚拟试验技术

8.1　概　　述

虚拟试验是将试验对象的实物样机模型化、数字化，组成计算机能够处理、计算的虚拟样机模型，借助计算机强大的计算能力和可视化技术，仿真并分析样机的各项功能、性能指标，辅助研制人员改进设计，具有低成本、高效率、可重复、过程可控、零风险等优点。

随着计算机技术、建模与仿真技术的发展，虚拟试验技术逐渐发展并成熟起来，在多个领域取得了重要成果。美国“响尾蛇”空空导弹的三个型号，由于采用了虚拟试验技术，靶试的实弹试验数由 129 发减少到 35 发；在“爱国者”、“罗兰特”和“尾刺”地空导弹的研制过程中，虚拟试验的引入使研制经费节省 10%～40%，研制周期缩短 30%～40%[1,2]；美国陆军利用虚拟试验系统对“长弓-海尔法”导弹进行小批量和大批量生产的验收试验，明显减少了传统飞行试验的次数，提高了导弹批次验收试验的可信度；波音公司和西科斯基公司联手设计 RAH-66 直升机时，使用了全任务仿真的方法进行设计和验证，花费了 4590h 的仿真测试时间，节省了 11590h 的飞行测试；波音 777 设计小组在 11 个月的时间里，利用飞机模型完成了 751 个飞行小时的机翼测试，730 个地面小时的飞行性能测试，1088 个飞行小时的推进器性能测试，770 个飞行小时的飞行稳定性测试，830 个地面小时的飞行开发，913 个地面小时的系统验证，共 8384 个测试小时，用最短的时间进行了历史上最长时间的测试，研制周期由通常的 8 年减至 5 年，并减少了大量的研制经费[3]。

借鉴虚拟试验技术在其他领域取得的成功经验，测试性虚拟试验逐渐发展起来。测试性虚拟试验可借助虚拟样机进行故障仿真注入与故障检测/隔离虚拟试验，统计试验结果并验证、评估测试性指标。面向测试性的装备虚拟样机建立后，可以解决测试性试验存在的故障注入受限等问题，可以根据需要进行多次故障模拟、注入与测试，因此测试性虚拟试验具有故障注入限制少、成本低、效率高、可重复、过程可控、样本量大等优点。Haynes 等借助 PSpice 软件，通过故障仿真，自动得到了电路的故障字典和相关性模型，辅助测试性设计人员进行了测试性设计和分析[4,5]；郭德卿建立了电液伺服系统的典型故障模型，并开展了故障模拟及仿真研究[6]；王晓峰将 EDA 技术引入故障诊断和测试性设计领域，借助 PSpice 软件研究了仿真过程中的故障注入问题[7]。

从目前国内外的研究情况来看，虚拟试验技术主要应用于机电产品结构设计、性能优化、数字化制造、模拟训练等方面，虽然部分还应用于维修性工程、故障诊断，但与测试性试验的技术需求相去甚远，不能直接用于测试性试验，而关于测试性虚拟试验的研究报道和文献很少，由于难度较大，目前尚处于概念和探索研究阶段。本书在理清测试性虚拟试验基本流程的基础上，重点阐述测试性虚拟试验中虚拟样机建立和故障注入样本序列生成两个问题，并给出相应案例应用。

8.2　测试性虚拟试验的基本流程

测试性虚拟试验的基本流程如图 8.1 所示。具体流程如下：首先根据装备设计资料、测试性设计资料、故障模式及其影响分析（failure mode and effect analysis，FMEA）资料、可靠性资料等，对系统的功能、结构、行为、测试诊断进行分析和建模，建立带有 BIT 的装备虚拟样机模型和 ATE 等外部测试系统的模型。然后结合故障统计模型和故障物理模型，仿真生成规定时间段内的故障注入样本序列，建立其故障行为模型和故障-环境耦合模型，注入虚拟样机中。装备虚拟样机加载故障模型与试验环境后仿真运行，同时 BIT 和 ATE 模型进行虚拟测试，获得测试数据。最后结合虚拟试验数据和历史数据，对被测对象的测试性设计水平进行评估。

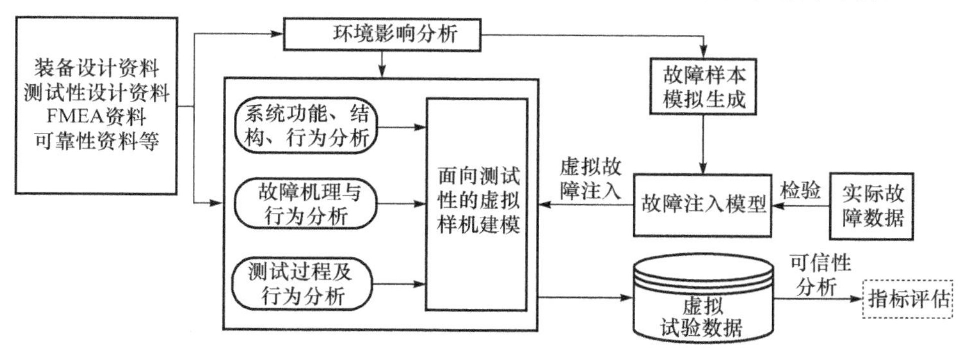

图 8.1　测试性虚拟试验基本流程

8.3　测试性虚拟试验的关键技术

8.3.1　面向测试性的虚拟样机建模技术

目前的测试性模型只是定性描述故障-功能-测试之间的相关性，主要用于测试性预计，不能支持定量的测试性虚拟试验。目前的功能虚拟样机主要用于性能仿真与分析、参数优化设计等，没有考虑故障样本模拟、故障注入与仿真等测试性虚拟试验特有的工作，也不能直接用于测试性虚拟试验。因此，建立满足测试性虚拟试验要求的测试性虚拟样机是解决此问题的基础和关键。针对测试性虚拟试验对模型的特殊要求，本节提出功能-故障-行为-测试-环境一体化模型（function-fault-behavior-test-environment model，FFBTEM）及其建模技术，从模型的构成、定义、构建、检验等四方面进行详细阐述[8]。

1. FFBTEM 构成要素分析

要使测试性虚拟试验逼近实物试验，需要对故障、测试、行为等进行全面、准确的描述。具体地，面向测试性的虚拟样机需要具有以下功能：

(1) 能描述装备功能和行为；

(2) 能描述装备的故障行为和特点，如故障特征、故障发生强度变化等；

(3) 能描述测试行为和特征，如测试对故障的覆盖关系、检测准确性等；

(4) 能描述实际环境对装备故障及测试等行为的影响；

(5) 能描述上述要素（即功能、故障、行为、测试、环境）之间的相互关系。

测试性虚拟试验对测试性模型提出了新要求，测试性模型有必要从模糊的定性描述向精确的定量描述发展，将故障的行为定量化，并将测试对故障行为的响应定量化，同时考虑环境对故障、故障行为和测试的影响。故障行为的定量化应以定量的故障模型、功能模型、行为模型为基础，通过故障仿真获得故障行为；测试响应定量化需要行为模型和测试模型的支撑，通过测试仿真获得测试对故障的响应结果；考虑环境的影响，需要将环境模型化，明确环境与故障、故障行为和测试之间的定量耦合关系，并加载到受环境影响的模型上参与仿真计算。因此，这种新的测试性模型包含五大类要素：功能、故障、行为、测试、环境，本书将其称为功能-故障-行为-测试-环境一体化模型，各要素介绍如下。

(1) 功能。不仅包括功能语义描述、定义，还包括对装备功能的定量数学描述，在一体化模型中以定性的功能语义描述和定量的数学模型联合表示，对于很难建立定量模型的功能单元，其功能模型可用实物样机模型或低分辨率的特征模型代替。

(2) 故障。用于描述故障属性、特点、特征、行为等，包括用于模拟生成故障样本的故障统计模型、故障物理模型，用于故障模拟注入的故障注入模型等。支持故障样本模拟、故障模拟注入、故障仿真和故障传播影响分析等。

(3) 行为。装备状态、输出等的变化过程，如位置变化、输出信号变化等，在模型中体现为参数、变量变化轨迹，主要用于描述装备注入故障后的变化和表现。

(4) 测试。对装备仿真生成的某些信号和特征进行测量和处理，用于描述测试属性、特征并进行测试仿真等。

(5) 环境。包括工作环境和自然环境，环境特征通过参数传递和耦合到其他相关联的模型中参与计算和仿真，有助于使所建模型更准确反映真实情况，可信度更高。

FFBTEM 的组成及其应用流程如图 8.2 所示。首先,环境加载到故障统计模型或故障物理模型中,仿真生成故障样本,模拟故障的随机发生情况。然后,将故障样本中的故障模式注入功能模型中,在环境的影响下进行故障仿真,装备的故障行为表现通过行为模型描述。最后,测试模型在环境的影响下测量装备的行为、输出、物理参数等,通过测试仿真生成测试结论,所有的故障仿真和测试仿真结论综合成测试性虚拟试验数据样本,供装备测试性分析、综合验证与评价使用。

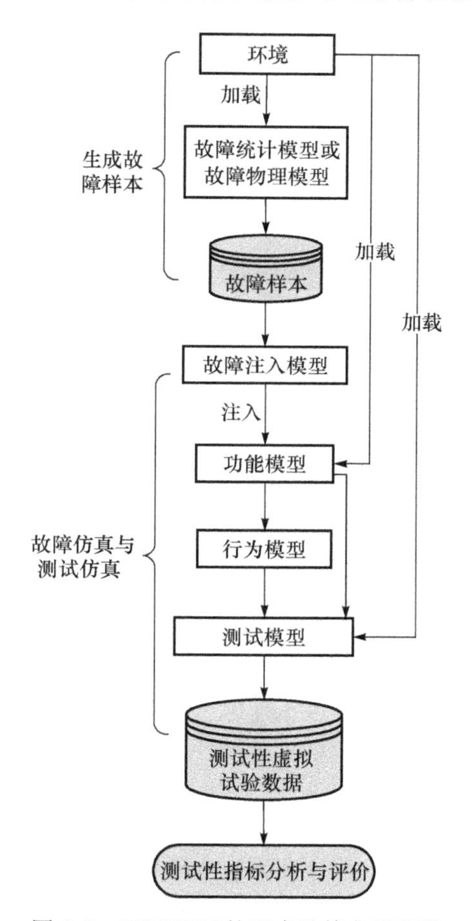

图 8.2　FFBTEM 的组成及其应用流程

2. FFBTEM 的数学定义与描述

FFBTEM 定义为如下多元组:

$$M=(F_u,F_a,B_e,T_e,E^F,\text{Links}) \tag{8.1}$$

式中,F_u 为功能模型;F_a 为故障模型;B_e 为行为模型;T_e 为测试模型;E^F 为环境模型;Links 为各子模型之间的关联关系和数据接口等。

1) 功能模型

功能模型定义为如下多元组:

$$F_u = (U, \theta, X, \rho, Y, F_y) \tag{8.2}$$

式中,U 为输入变量;θ 为物理参数;X 为状态变量;ρ 为状态转移函数;Y 为输出变量;F_y 为输出函数。它们的含义具体描述如下:

(1) 输入变量 U。描述单元的所有输入量,一般定义为 r 维输入向量形式:$U(t)=[u_1(t), u_2(t), \cdots, u_r(t)]^T$。

(2) 物理参数 θ。对系统的物理和数学抽象,如结构尺寸参数、材料性能参数等。定义为 q 维向量形式:$\theta(t)=[\theta_1(t), \theta_2(t), \cdots, \theta_q(t)]^T$。

(3) 状态变量 X。描述动态系统的内部状态和行为,它影响系统现在和将来的输出响应,用 n 维向量表示:$X(t)=[x_1(t), x_2(t), \cdots, x_n(t)]^T$。

(4) 状态转移函数 ρ。描述为映射 $\rho: X(t_i) \times U \times \theta \times t \rightarrow X(t_j)$,它表示若系统在时刻 t_i 处于状态 $X(t_i)$,θ 变化已知,并且施加一段输入 $S: [t_i, t_j] \rightarrow U$,则 $\rho(X(t_i), S, \theta)$ 表示系统在时刻 t_j 的状态。任意时刻的内部状态和从该时刻起的输入段及参数变化唯一地决定了该段终止时刻的状态。

(5) 输出变量 Y。描述系统的输出,作用于外界环境和其他相关联的系统,一般为时变的。系统的所有输出可以定义为 m 维输出向量形式:$Y(t)=[y_1(t), y_2(t), \cdots, y_m(t)]^T$。

(6) 输出函数 F_y。描述为映射 $F_y: X \times U \times \theta \times t \rightarrow Y$,它描述输出与系统物理参数、状态变量、输入变量之间的关系。

2) 故障模型

故障模型 F_a 用多元组表示:

$$F_a = (F_{an}, F_{ty}, F_{lo}, F_{pm}, F_{sm}, F_{im}, F_{ai}) \tag{8.3}$$

式中,F_{an}为故障名称;F_{ty}为故障类型;F_{lo}为故障位置;F_{pm}为故障物理模型;F_{sm}为故障统计模型;F_{im}为故障注入模型;F_{ai}为故障严酷度。

(1) 故障类型。系统故障的发生具有一个过程,这个过程或长或短,按故障发生过程及持续时间长短,故障类型可细分为阶跃型、脉冲型、间歇型和缓变型等,如图 8.3 所示。阶跃型故障、脉冲型故障和间歇型故障都属于突发型故障。其中 λ 为设备状态,$\lambda=0$ 表示正常状态,$\lambda=1$ 表示故障状态,t_e 表示故障开始发生的时间。阶跃型、脉冲型、间歇型和缓变型故障在模型中分别用 γ_j、γ_m、γ_x、γ_h 表示。

(2) 故障物理模型和故障统计模型。故障物理模型 F_{pm} 和故障统计模型 F_{sm} 用于模拟生成故障样本。故障物理模型从物理、化学领域的微观结构和宏观唯象角度出发,研究元件、材料的失效机理,建立应力与故障的定量关系,故障物理模型

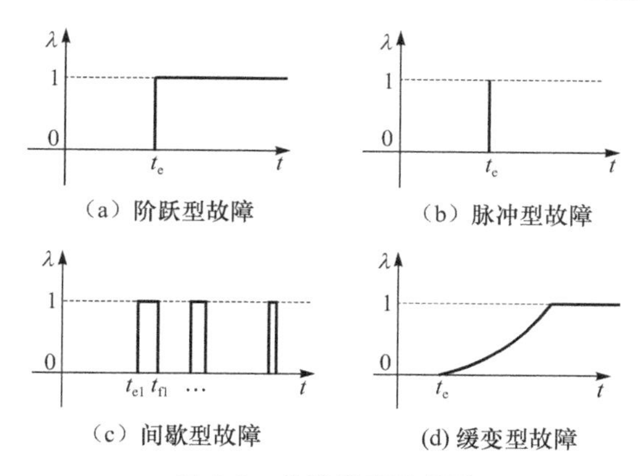

图 8.3　故障类型示意图

可以转化为寿命特征与应力的关系模型。一般地，导致装备产生故障的应力包括任务剖面中的自然环境应力及其工作时产生的工作应力，两种应力统称环境应力。故障物理模型广义描述为

$$L_f = g(S_E) \tag{8.4}$$

式中，L_f 为平均寿命或平均失效前时间，S_E 为环境应力。例如，很多电子器件的失效主要受环境温度应力和工作电应力的影响，这些应力引起元器件物质内部发生平衡状态变化、化学变化、晶体结构变化等，变化累积到一定程度后产生失效。以定量的故障物理模型为基础，可以仿真计算得出故障样本。

准确建立故障物理模型通常很难，往往是建立故障统计模型，该类模型通过经验估计、历史数据和试验数据统计得到，8.3.2 节将重点阐述基于故障统计模型的故障样本模拟生成技术，通过对各组成单元的故障统计模型进行仿真计算，可以得出各组成单元的故障样本。

(3) 故障注入模型。故障的发生在实际装备中往往表现为某些功能的丧失或下降，在功能模型中表现为某些模型参数发生变化(如 U、θ、X 中的部分参数)。阶跃型故障往往由装备某部分突发故障引起，属于突变型故障，故障状态可从 t_e 一直持续到故障单元被修复完成的时刻 t_f。阶跃型故障注入模型描述为

$$\begin{cases} U_{\gamma_j}(t) = U_0(t) + J_U(t) \\ \theta_{\gamma_j}(t) = \theta_0(t) + J_\theta(t) \quad , \quad t_e \leqslant t \leqslant t_f \\ X_{\gamma_j}(t) = X_0(t) + J_X(t) \end{cases} \tag{8.5}$$

式中，$U_{\gamma_j}(t)$、$\theta_{\gamma_j}(t)$和 $X_{\gamma_j}(t)$分别为装备处于阶跃型故障时刻 t 的输入向量、参数向量和状态向量；$U_0(t)$、$\theta_0(t)$和 $X_0(t)$分别为在时刻 t 且装备正常状态下的输入向量、参数向量和状态向量；$J_U(t)$、$J_\theta(t)$和 $J_X(t)$分别为在时刻 t 输入向量、参数向量和状态向量的幅值变化向量，定义为

$$\begin{cases}J_U(t)=[J_{u_1}(t),J_{u_2}(t),\cdots,J_{u_r}(t)]^{\mathrm{T}}\\J_\theta(t)=[J_{\theta_1}(t),J_{\theta_2}(t),\cdots,J_{\theta_q}(t)]^{\mathrm{T}}\\J_X(t)=[J_{x_1}(t),J_{x_2}(t),\cdots,J_{x_n}(t)]^{\mathrm{T}}\end{cases}\tag{8.6}$$

式中，$J_{u_i}(t)$、$J_{\theta_i}(t)$、$J_{x_i}(t)$分别为发生某阶跃型故障后参数 u_i、θ_i 和 x_i 在 t 时刻的变化幅值。

脉冲型故障和间歇型故障一般也是由突变故障引发的，但故障持续某段时间后单元的功能会自动恢复到正常状态。脉冲型故障持续时间更短，具有瞬间发生、瞬间消失的特点，故障持续时间 $t_\varepsilon(t_\varepsilon=t_{\mathrm{f}}-t_{\mathrm{e}})$趋向于 0，$t_\varepsilon$ 虽然小，但非零，其故障注入模型可以表示为式(8.5)的形式。

间歇型故障具有时而发生、时而自动消失的特点，其故障注入模型表示为

$$\begin{cases}U_{\gamma_{\mathrm{x}}}(t)=U_0(t)+J_U^{(1)}(t), & t_{\mathrm{e}1}\leqslant t\leqslant t_{\mathrm{f}1}\\\quad\vdots\\U_{\gamma_{\mathrm{x}}}(t)=U_0(t)+J_U^{(s)}(t), & t_{\mathrm{e}s}\leqslant t\leqslant t_{\mathrm{f}s}\\\theta_{\gamma_{\mathrm{x}}}(t)=\theta_0(t)+J_\theta^{(1)}(t), & t_{\mathrm{e}1}\leqslant t\leqslant t_{\mathrm{f}1}\\\quad\vdots\\\theta_{\gamma_{\mathrm{x}}}(t)=\theta_0(t)+J_\theta^{(s)}(t), & t_{\mathrm{e}s}\leqslant t\leqslant t_{\mathrm{f}s}\\X_{\gamma_{\mathrm{x}}}(t)=X_0(t)+J_X^{(1)}(t), & t_{\mathrm{e}1}\leqslant t\leqslant t_{\mathrm{f}1}\\\quad\vdots\\X_{\gamma_{\mathrm{x}}}(t)=X_0(t)+J_X^{(s)}(t), & t_{\mathrm{e}s}\leqslant t\leqslant t_{\mathrm{f}s}\end{cases}\tag{8.7}$$

式中，$J_U^{(i)}(t)$、$J_\theta^{(i)}(t)$、$J_X^{(i)}(t)$分别为第 i 次发生某间歇型故障时输入向量、参数向量、状态向量的幅值变化向量；s 为间歇型故障发生总次数。

缓变型故障往往是装备某部分的物理性能参数逐渐下降直至引发故障，抽象为 U、θ、X 中部分参数缓慢变化，其故障注入模型描述为

$$\begin{cases}U_{\gamma_{\mathrm{h}}}(t+\Delta t)=U_0(t+\Delta t)+U_\Delta(t)+D_U(t)\\\theta_{\gamma_{\mathrm{h}}}(t+\Delta t)=\theta_0(t+\Delta t)+\theta_\Delta(t)+D_\theta(t)\\X_{\gamma_{\mathrm{h}}}(t+\Delta t)=X_0(t+\Delta t)+X_\Delta(t)+D_X(t)\\U_\Delta(t_{\mathrm{e}})=C_U,\theta_\Delta(t_{\mathrm{e}})=C_\theta,X_\Delta(t_{\mathrm{e}})=C_X\end{cases}\tag{8.8}$$

式中，$U_{\gamma_{\mathrm{h}}}(t+\Delta t)$、$\theta_{\gamma_{\mathrm{h}}}(t+\Delta t)$和 $X_{\gamma_{\mathrm{h}}}(t+\Delta t)$分别为某缓变型故障发生后装备在时刻 $t+\Delta t$ 的输入向量、参数向量和状态向量；Δt 为单位时间，趋于无穷小；$U_\Delta(t)$、$\theta_\Delta(t)$和 $X_\Delta(t)$分别为某缓变型故障发生后装备在时刻 $t+\Delta t$ 的输入向量、参数向量和状态向量的累积漂移量；$D_U(t)$、$D_\theta(t)$和 $D_X(t)$分别为输入向量、参数向量和状态向量在时刻 t 处单位时间 Δt 内的漂移量；C_U、C_θ 和 C_X 分别为输入向量、参数

向量和状态向量的初始漂移量。

将故障情况下的 $U(t)$、$\theta(t)$ 和 $X(t)$ 统一描述为 $U_\gamma(t)$、$\theta_\gamma(t)$ 和 $X_\gamma(t)$，根据不同的故障类型及其故障注入模型，将 $U(t)$、$\theta(t)$ 和 $X(t)$ 替换为故障情况下的 $U_\gamma(t)$、$\theta_\gamma(t)$ 和 $X_\gamma(t)$，通过模型解算，则可以通过仿真，定量模拟故障注入后装备的行为和表现，将故障模型化、故障注入虚拟化、故障行为模型化，辅助实现测试性虚拟试验。

3）行为模型

假设装备在时刻 t_i 处于状态 $X(t_i)$，在 t_i 到 t_j 时间段给装备施加一段输入 $S:[t_i,t_j]\rightarrow U$，则装备状态逐渐变为 $X(t_j)=\rho(X(t_i),S,\theta)$，输出变为 $Y(t_j)=F_y(X(t_i),S,\theta)$，装备的行为模型 B_e 描述为

$$B_e=\{X(t_i)\Rightarrow X(t_j)\}\cup\{Y(t_i)\Rightarrow Y(t_j)\} \tag{8.9}$$

式中，符号“⇒”表示从左边变量到右边变量的变化过程。行为模型 B_e 描述了装备中某些状态变量和输出变量的变化轨迹，通过测试提取行为结果中的某些特征，借助特征的分析与比较就可以判断装备是否正常，借助诊断推理可以定位故障部位，获得测试结论。如图 8.4 所示，将装备模型化、行为模型化，通过正常情况下的仿真和故障情况下的仿真，测试并分析装备的行为结果，可以辅助研制人员衡量各故障的可测试性、可隔离性等，实现装备测试性分析与验证。

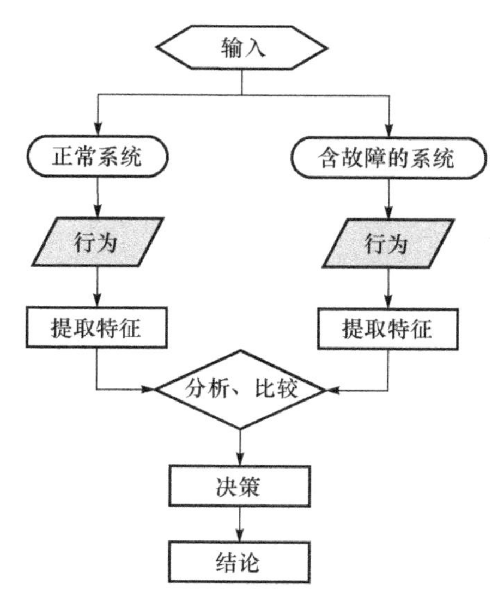

图 8.4　基于行为模型进行故障检测和诊断的一般过程

4）测试模型

测试一般要完成信号采集、信号处理、决策和结果显示等功能，有些测试设备还包括测试激励等步骤，其一般过程如图 8.5 所示。

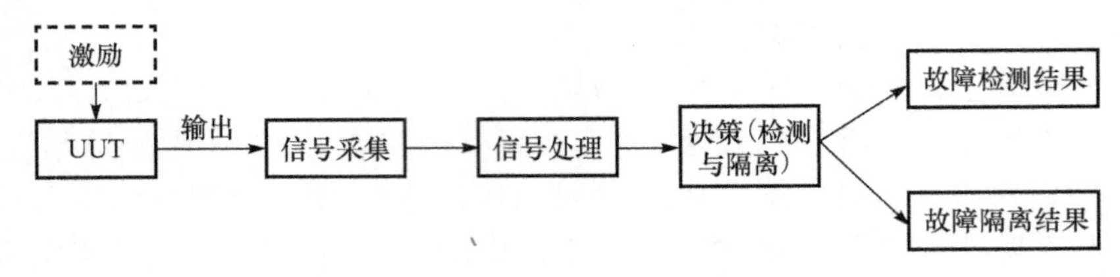

图 8.5　测试的一般过程

测试模型 T_e 由多元组表示为

$$T_e=(M_T,X_T,P_T,D_T,Y_T) \tag{8.10}$$

式中，M_T 为测试的功能描述；X_T 为测试的输入量；P_T 为信号处理算法模型；D_T 为决策模型；Y_T 为测试的输出量。

把测试设备看成装备的组成部分，测试模型建模与装备功能建模方法类似。在测试性虚拟试验中，模型的计算和仿真数据都采用数字化形式，因此测试设备的输入信号一般都是数字量，信号采集的过程就是数据读取的过程，即

$$X_T(t)=\varphi(t)+\varepsilon(t) \tag{8.11}$$

式中，$\varphi(t)$为激励信号、被测信号等；$\varepsilon(t)$为测量时叠加的环境干扰等随机噪声。

信号处理算法本身就是一种严格定义的数学公式和模型，广义描述为

$$X_{Tf}=S_P(X_T) \tag{8.12}$$

式中，X_{Tf}为信号处理算法模型的输出，即经过处理后的信号，如滤波后的信号、幅频特征、故障特征等；S_P 为信号处理算法的数学函数。

决策模型表示为决策函数，分为故障检测和隔离两层，先根据特征判断有无故障，再利用诊断策略、模式识别方法隔离故障。较一般的情况是对被测量信号的特征属于哪类区间进行识别和判断(即阈值判决)，并给出相应的测试结论。例如，测量得到某单元功能信号的特征值处于正常值范围，则给出“××功能正常”的结论。另外有些情况，特征与故障并非单一映射关系，故障隔离时需要用到其他测试项目的输出结果以及测试性方案中的诊断策略；对于某些复杂信号(如机械振动信号)，信号中包含多种特征，对应多故障模式，模式识别方法也较复杂，故障的检测和隔离还带有不确定性，可能产生虚警和漏检的情况。

5) 环境模型

环境和装备的功能、故障、测试等有着紧密的联系，如图 8.6 所示，环境特征参数在很多场合作为功能模型的输入量参与模型计算，大量的故障统计和分析发现，环境应力影响故障的发生强度，进而影响故障样本的组成和结构。环境耦合到模型参数中还会影响故障和测试的行为，导致测试的不确定性。

环境模型用多元组 E^F 表示为

$$E^F=(e_1^F,e_2^F,\cdots,e_i^F,\cdots,e_p^F) \tag{8.13}$$

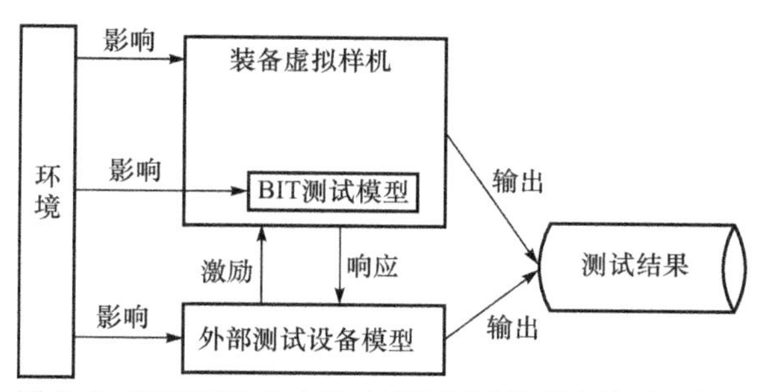

图 8.6　环境对装备功能、故障、测试的影响关系示意图

式中，e_i^F 为第 i 种环境的特征模型；p 为环境种类总数。e_i^F 由多元组表示为

$$e_i^F = (e_i^{F_1}, e_i^{F_2}, \cdots, e_i^{F_j}, \cdots, e_i^{F_{k_i}}) \tag{8.14}$$

式中，$e_i^{F_j}$ 为第 i 种环境的第 j 个特征；k_i 为第 i 种环境的特征种类总数。确定好规定时间历程内各种环境的特征及其量值，就建立了定量的环境模型。

6）各子模型关联关系

FFBTEM 由功能模型、故障模型、行为模型、测试模型和环境模型五类子模型构成，各类子模型在仿真计算时通过变量、参数传递等发生联系，各模型之间的关联关系如图 8.7 所示。

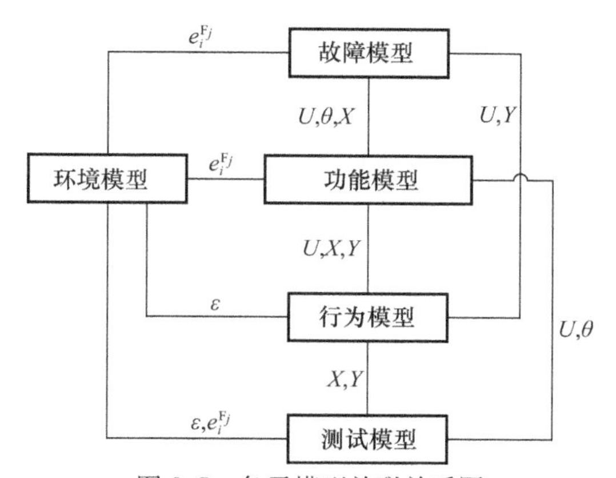

图 8.7　各子模型关联关系图

故障模型以功能模型为基础，将部分相关变量和参数作修改后得到，功能模型与故障模型之间通过输入变量 U、物理参数 θ 和状态变量 X 发生联系。

环境往往作为负载、干扰施加于装备，环境模型与功能模型之间通过环境特征 $e_i^{F_j}$ 产生联系，在建立功能模型时一般把环境特征变量转化为输入变量，从而将两类子模型关联起来。

环境模型与故障模型也是通过环境特征 $e_i^{F_j}$ 相关联的，定量分析环境对故障发生强度的影响，依据环境特征、故障发生强度计算环境-故障关联因子，作为输入加载到故障统计模型，引入环境因素的影响，模拟生成故障注入样本。

行为模型用于描述系统的变化轨迹，它与功能模型之间通过系统的输入变量 U、状态变量 X 和输出变量 Y 发生联系。某些故障的行为不能通过定量的功能仿真、故障仿真获得，则可以借助工作原理分析和故障模式及影响分析，建立故障模型和行为模型之间的关系，它们之间通过输入 U 和输出 Y 联系。装备的行为会受环境噪声的干扰，因而行为模型与环境模型之间通过环境噪声 ε 产生联系。

测试模型用于捕捉系统的行为表现，与行为模型之间通过状态变量 X 和输出变量 Y 发生联系。测试设备可以测量装备的输入输出、状态参数和某些物理参数，测试模型与功能模型之间通过输入变量 U、物理参数 θ 发生联系，与行为模型通过状态变量 X 和输出变量 Y 发生联系。考虑到测试设备参数及输出会受环境影响，测试模型与环境模型之间通过环境特征 $e_i^{F_j}$ 和环境噪声 ε 产生联系。

3. FFBTEM 构建过程及方法

1）循序渐进的 FFBTEM 构建

由于对研究对象的认识是由表及里、由粗到细、由定性到定量的循序渐进的过程，FFBTEM 的构建过程也分为循序渐进的多个阶段。根据不同的研制阶段，分为早期阶段的定性 FFBTEM、中期阶段的半定量 FFBTEM、后期阶段的混合 FFBTEM 或全定量 FFBTEM。如图 8.8 所示，A、B、C 模块表示该模块是定性的

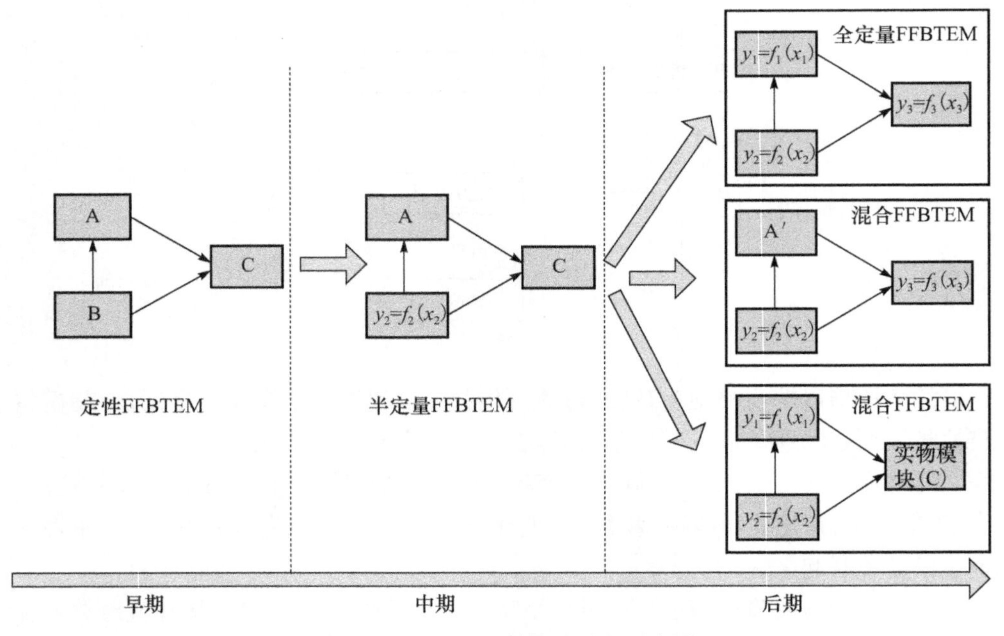

图 8.8 FFBTEM 的构建过程示意图

模块框图，有向箭头表示功能信息流向，含公式的模块表示该模块的定量化模型（其中的公式只是一种示意，表示定量化），A′表示等效模型。

在装备早期设计阶段，支持 FFBTEM 建模的信息不够充分，准确的、定量的 FFBTEM 难以建立。此时，只有一些关于装备的结构组成、功能流向、信息流向等定性知识，故障、测试的相关信息一般是通过 FMEA 得到，且大部分是定性知识。只基于这些定性知识，定量化、精细化的 FFBTEM 很难获得，只能建立较粗糙的、定性的 FFBTEM，设计人员可以借助定性的 FFBTEM 开展测试性预计、测试性优化设计等工作。

随着设计的深入和试验数据的不断丰富，进入中期阶段后，有些模块的 FFBTEM要素、物理参数等定量信息逐渐可信、丰富，但有些模块的定量信息还不够充分，此时构建的 FFBTEM 既含有定量模块，又含有定性模块，是一种混合分辨率模型，本书将其称为半定量 FFBTEM。

进入设计后期阶段后，大部分甚至全部模块的定量信息都可以获得，若所有模块都能建立精细化的定量模型，则集成后得到 FFBTEM，有些专著将其称为全定量 FFBTEM。对于某些“灰箱”系统或模块，基于现有数据，通过数学建模和试验建模相结合的办法，建立输出与输入之间的关系，构建分辨率低一些、能满足试验要求的低分辨率 FFBTEM，将子模块的低分辨率 FFBTEM 集成到整个系统的 FFBTEM 构成混合分辨率 FFBTEM 参与仿真计算。若仍存在一些模块难以建立的模型，则可采用实物代替，构建半实物半虚拟的 FFBTEM，也可用等效模型代替，如通过信号发生器、信号模拟器和实际采集的信号等来模拟，本书将半实物半虚拟的 FFBTEM 和包含等效模型的 FFBTEM 统称为混合 FFBTEM。

因此，随着设计工作和建模工作的逐步推进，定性 FFBTEM 将逐步过渡到半定量再到混合或全定量 FFBTEM，定量信息更加丰富，模型变得更加复杂，功能逐渐强大，经过检验、确认后的模型将能够支持测试性虚拟试验，测试性指标计算将从静态预计过渡到动态验证与评价。

2）基于扩展多信号流图的定性 FFBTEM 构建

（1）定性 FFBTEM 的核心内容。定性 FFBTEM 是用定性的框图代替定量的模型和方程，相当于定量 FFBTEM 的原理框图。定性 FFBTEM 的优点是不需要定量信息，模型可快速建立，为后续的定量 FFBTEM 建立模型框架，它在推理相关性矩阵、预计测试性指标方面效率较高，但只能用于测试性指标初步预计，不能用于测试性虚拟试验。

借助多信号流图建模方法并将其扩展（称为扩展多信号流图建模方法），考虑环境因素，基于扩展多信号流图建模方法来构建定性 FFBTEM。定性 FFBTEM 还是用如式（8.1）所示的多元组表示，不同的是，定量的各子模型用定性的有向图描述代替。

设 $V=\{v_1,v_2,\cdots,v_l\}$是一个非空有限集合，$E=\{e_1,e_2,\cdots,e_k\}$是与 V 不相交的有限集合。有向图 G 是指一个有序三元组$\langle V,E,\Psi\rangle$，其中 Ψ 为关联函数，它使 E 中的每一元素对应于 V 中的有序元素对，通常将 $G=\langle V,E,\Psi\rangle$ 简记为 $G=\langle V,E\rangle$。可以用有向图的节点表示系统的故障、测试，用有向边表示故障-测试关联关系以及故障传播关系，同时指派相关测试性信息到节点和有向边，用于定性 FFBTEM 的构建。

定性 FFBTEM 是有向图的一种，核心内容包括：

① 模块(module)表示系统的功能单元，可以是任何一级的可更换单元，既可以描述环境模块，还可以描述故障模式，模块的最高层级可以是一个子系统，最低层级可以为故障模式。

② 测试节点(test node)表示测量的位置(物理的或逻辑的)。一个测试点可以有多个测试，一般一个测点对应一个测试，所以在扩展多信号流图模型中用测试符号标记测试点。

③ 有向边(directed arc)连接功能模块、测试节点、环境模块等，其方向表示各模块之间影响方向、测试信息的流动方向等。

以上三个部件就可以刻画定性的 FFBTEM，但有时为了进一步刻画一些特殊的地方，引入以下两个部件：

① 与节点(and node)用于描述冗余属性。冗余系统的特性是：当冗余模块都发生了故障，其故障影响才会向后传播到下一个模块，对此引入一个与节点，使其输入端点连接所有冗余模块，输出端连接后续模块，则可描述这种属性。

② 开关节点(switch node)用于改变系统模块的连接方式，主要用于反映系统不同的工作模式。

(2) 建立定性 FFBTEM 的基本步骤。建立定性 FFBTEM 的基本步骤如图 8.9 所示，具体描述如下：

① 分析系统的功能、结构、组成、工作原理，分析功能模块之间关联的信号、行为，用有向边表示信号、行为的传递关系，建立功能流框图。

② 在 FMEA 分析的基础上，确定各模块的故障模式集和故障模式属性，为功能模块添加故障模式。

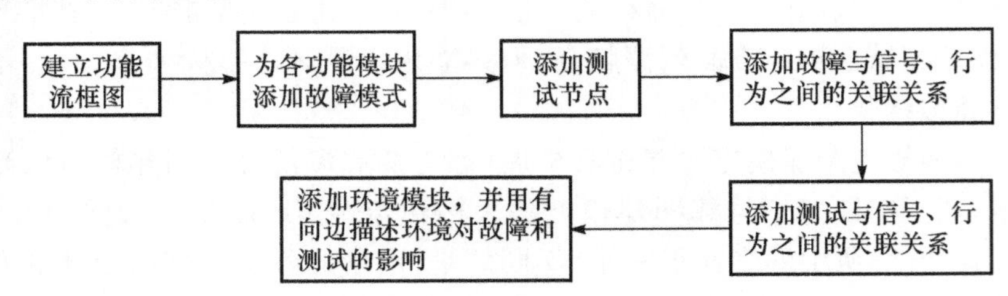

图 8.9　建立定性 FFBTEM 的基本步骤

③ 根据测试性设计方案，确定测试点位置、测试项目和测试属性，添加测试节点。

④ 分析每个功能模块的故障模式及其影响的信号和行为集，通过有向边描述这些影响关系。

⑤ 分析每个测试点上的测试项目以及各测试能观测的信号和行为集，通过有向边描述测试对信号和行为的可观测性关系。

⑥ 定性分析环境对故障发生、故障行为、测试行为的影响，添加环境模块，并通过有向边描述这些定性的影响关系。

3）基于多领域统一建模法的定量 FFBTEM 构建

（1）多领域统一建模法概述。自从计算机发明之后，建模和仿真就成为计算机应用的重要组成部分。最初建模者的主要工作是把模型用普通微分方程（ordinary differential equation，ODE）表示出来，再编写程序代码计算这些数学微分方程从而获得仿真结果。后来，出现了广域积分器，这样，建模者就能够把更多的精力放在数学方程的建立和表达上（即对模型的描述和建立），而不用花太多的精力用于求解数学方程[9]。

基于上述思想，许多计算机辅助建模和仿真软件工具被开发出来，帮助建模者完成仿真模拟。其中一些是通用仿真程序，如 ACSL、EASY5、SystemBuild 和 Simulink，另一些是用在专业的工程领域，如电路领域的 Spice、多刚体动力学领域的 ADAMS、化学过程领域的 ASPEN Plus。每一种建模与仿真软件在各自的领域都有独自的优点和特长，但是这些软件无法胜任多领域系统的建模和仿真。

多领域建模（multi-domain modeling）是将机械、控制、电子、液压、气动等不同学科领域的模型“组装”成为一个更大的模型，以用于仿真运行。在多领域建模技术出现以前，广泛使用的建模仿真技术大多侧重于机械、液压、控制、电子等单个领域。然而，现代装备或产品往往是由不同领域的子系统（机械系统、控制系统、电子系统、软件系统）共同组成的，因此要完整、准确理解装备的正常行为和故障行为等，除侧重各单个领域的建模与仿真，还必须将各领域的子系统构成一个整体进行建模和仿真，即实现多领域统一建模与仿真。

目前的多领域建模方法主要有两种。一种是基于软件接口的多领域建模方法，即在某学科领域商用仿真软件的基础上开发相应的接口，然后利用各个不同领域商用仿真软件之间的接口，实现文件和数据的共享和导入导出，通过不同领域建模人员和多种软件的相互协作来实现多领域建模与仿真。例如，典型的机械动力学建模与仿真软件 ADAMS 提供与控制系统仿真软件 MATLAB/Simulink、MATRIX的接口，通过该接口可以实现机械动力学与控制系统的多领域建模。如果某商用仿真软件没有提供这样的接口，就很难参与多领域建模，而且这样的接口往往为某公司所私有，一般不具有标准性、开放性、可扩充性，实际建模与仿真过程中困难重重，数据格式兼容性等问题常常导致模型出错。测试性建模一般面向多领域系统，基于软件接口的多领域建模方法需要测试性建模人员精通各类软件及接口方式，该方法在工程实践中难以有效实施。

另一种是多领域统一建模方法，它对来自不同领域的系统组件采用统一方式进行描述并建模，彻底实现了不同领域模型之间的无缝集成和数据交换，克服了前一种方法基于软件接口的缺点[10]。但由于该方法出现较晚，其应用的瓶颈即统一建模语言和软件，经过较长一段时间的探索和发展，直至21世纪初才初步成型，支持统一建模方法的相关商业软件还不成熟。因此，目前该方法在实际应用中还不是十分广泛，但近些年该建模方法发展非常迅速，是未来建模与仿真技术发展的方向，随着相关建模仿真软件逐渐成熟，将会有越来越大的市场和应用价值。

2000年1月，欧盟启动了RealSim计划(Real-time Simulation for Design of Multi-Physics Systems)，其主要目标是：①提供开发工具，能够对带有实时约束的复杂、紧密耦合的多领域系统进行建模和仿真；②通过在评估、培训和自动检测中使用设计优化和半实物仿真(hardware-in-the loop simulation)来减少产品开发的费用和时间。工程软件业巨头——法国达索公司在收购了Abaqus公司后，着手开发多领域建模与仿真软件并大规模构建零件库，借助图形化理论算法、符号算法和模型库，建模人员可采用人机交互性更好的图形化、模块化方法建模，从库中选择元件模型、设定参数并按设计要求组装即可构成更大的模型，不需要列写和推导数学方程，极大地简化了建模工作和提高了建模效率。多领域统一建模方法目前已经开始初步应用于电动汽车系统、机-电-液-控混合系统、化学反应过程系统、热动力学系统、汽车动力系统、硬件在环控制、电力电子系统、离散事件系统等系统或过程的建模与仿真[9-11]。

(2) 面向对象和分层的建模策略。要构建多领域系统的模型，必须采用面向对象和分层的建模策略。解决多领域系统的建模不可能一步到位，需要先分解再集成，将整个系统建模问题逐层逐个分解为多个易于处理的子模块建模问题，然后将子模型集成。类似于制造一个装备，一般不能一次成型，而是将装备分解成各种零部件进行设计和制造，最后将所有的零部件集成装配。

面向对象的建模实质上是将物理系统分解为可以用数学形式描述的最小对象，总的系统被拆分成相对简单、易于研究的子系统和对象，因此具有模块化、可重用、可扩充等优点，可减少重复建模并、提高建模效率。面向对象的建模方法便于描述多领域系统的结构和组成，由于采取模块化建模方式，模型的框架结构与系统的硬件组成结构相似，便于模型理解和检验。

测试性建模中的一种重要的理念是采用分层、分块的方式进行建模和分析，模型结构与系统的功能结构类似，这种建模方式便于模型检验、校核、综合集成等。由于采取面向对象的建模方法，在FFBTEM建模前先对系统的层级进行划分，即分系统级、LRU 级、SRU 级、元器件级等，分别建立测试性分析约定层级中各功能模块单元的 FFBTEM，各功能单元通过 FFBTEM 输入输出参数及其相互约束和连接关系集成为上一层级的 FFBTEM，上一层级的 FFBTEM 是对下一层级各功能单元 FFBTEM 的封装。

如图 8.10 所示，某系统由 LRU1 和 LRU2 两个 LRU 单元组成，LRU1 由 3 个 SRU 单元(S1、S2、S3)组成，LRU2 由 2 个 SRU 单元(S4、S5)组成，带箭头的连线表示输入输出流，功能方框表示各单元的 FFBTEM，各框图底层用定量模型表示。建模时采用面向对象的方法，对通用的功能单元构建标准化模型并扩充进模型库，另一个系统建模时调用模型库中的标准化模型，通过修改模型参数、输入输出变量即可实现模型反复使用。

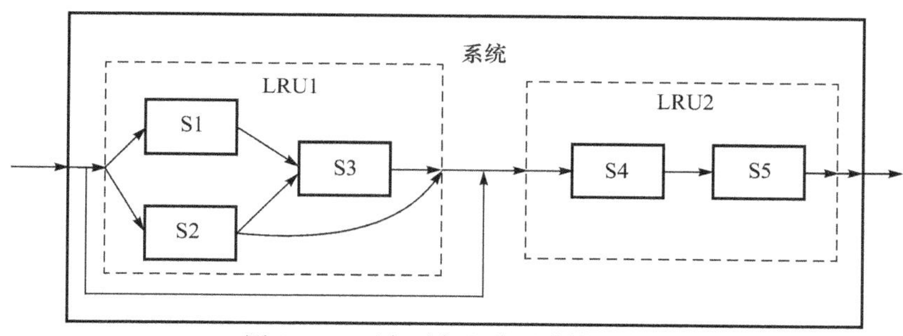

图 8.10　面向对象和分层建模示意图

(3) 基于相似原理的多领域统一建模理论。装备通常可分为机械、电子、液压、气动等子系统。从能量的角度看，这些系统可以理解为一种能量的流动，系统中有的元件产生能量，有的消耗能量，有的使能量从一种形式转化为另一种形式，有的仅仅传递能量。也就是说，从能量角度看，各种系统存在着相似性，都遵循能量守恒定律等。根据这种相似性，很多系统在数学描述上是一致或相似的，多领域统一建模理论正好适用于此类装备，特别是典型的机电系统。

为刻画这种相似关系，引入广义物理量来描述多领域系统的相似性，即广义势变量 e、广义流变量 f、广义动量 p 和广义位移 q。四种广义变量之间的关系如图 8.11 所示。

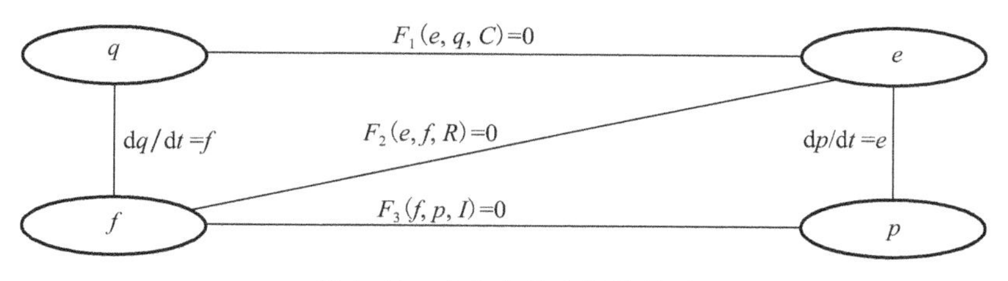

图 8.11　广义变量之间的关系

广义物理量之间共有五种广义方程。其中，物理量 q 和 f 以及 e 和 p 之间的方程由其定义确定。而方程 F_1、F_2 和 F_3 除包含广义物理量，还分别包含描述系统功能特性的广义参数 C、R 和 I。其中，C 是广义容量、R 是广义阻量、I 是广义惯量。

当采用广义变量考察实际物理系统时，必须将广义物理量映射为实际的物理量。表 8.1 给出了电领域变量和广义变量之间的对应关系，表 8.2 给出了机械领域变量和广义变量之间的对应关系，表 8.3 给出了流体领域变量和广义变量之间的对应关系。

表 8.1　电领域变量和广义变量之间的对应关系

广义变量	电领域变量	
	名称	单位
广义势变量 e	电压 u	伏特(V)
广义流变量 f	电流 i	安培(A)
广义动量 p	磁通链 ψ	韦伯(Wb)
广义位移 q	电荷 x	库仑(C)
功率 $P=ef$	$P=ui$	瓦特(W)
能量 $E(p)=\int f\mathrm{d}p$	$E(\psi)=\int i\mathrm{d}\psi$（磁能）	焦耳(J)
能量 $E(q)=\int e\mathrm{d}q$	$E(q)=\int u\,\mathrm{d}q$（电能）	焦耳(J)

表 8.2　机械领域变量和广义变量之间的对应关系

广义变量	机械领域变量	
	名称	单位
广义势变量 e	力 F	牛(N)
	转矩 T	牛·米(N·m)
广义流变量 f	速度 v	米/秒(m/s)
	角速度 ω	弧度/秒(rad/s)
广义动量 p	动量 p	牛·秒(N·s)
	角动量 h	牛·米·秒(N·m·s)
广义位移 q	位移 x	米(m)
	角位移 θ	弧度(rad)
功率 $P=ef$	$P=Fv$ $P=T\omega$	瓦特(W)
能量 $E(p)=\int f\mathrm{d}p$	$\begin{cases}E(p)=\int v\mathrm{d}p\text{(动能)}\\E(h)=\int \omega\mathrm{d}h\text{(动能)}\end{cases}$	焦耳(J)

续表

广义变量	机械领域变量	
	名称	单位
能量 $E(q)=\int e\mathrm{d}q$	$\begin{cases}E(x)=\int F\mathrm{d}x\text{(势能)}\\E(\theta)=\int T\mathrm{d}\theta\text{(势能)}\end{cases}$	焦耳(J)

表 8.3　流体领域变量和广义变量之间的对应关系

广义变量	流体领域变量	
	名称	单位
广义势变量 e	压力 p	牛/平方米(N/m², Pa)
广义流变量 f	流量 Q	立方米/秒(m³/s)
广义动量 p	压力动量 λ	帕·秒(Pa·s)
广义位移 q	体积 V	立方米(m³)
功率 $P=ef$	$P=pQ$	瓦特(W)
能量 $E(p)=\int f\mathrm{d}p$	$E(\lambda)=\int Q\mathrm{d}\lambda$(动能)	焦耳(J)
能量 $E(q)=\int e\mathrm{d}q$	$E(V)=\int p\mathrm{d}V$(势能)	焦耳(J)

根据变量之间的关系，虽然不同领域的系统有不同的物理元件，但这些元件之间有类似的物理性质，这些性质决定了它们具有相似的功能和数学模型。归纳起来，主要包括阻性元件、容性元件、惯性元件、势源、流源、变换器等。

引入广义物理量来描述多领域系统的相似性后，各领域系统的数学模型一般都可以用微分-积分方程通式来描述，即

$$A\frac{\mathrm{d}x}{\mathrm{d}t}+Bx+C\int_{t_0}^{t}x\mathrm{d}t=z \tag{8.15}$$

式(8.15)就是各系统数学模型通用形式方程，具体说明如下：

① 系数 A、B、C 是确定系统静态或动态特性的常系数，如容性系数、阻性系数、惯性系数；

② 变量 x、z 是系统的流变量、势变量或输入输出变量集合等；

③ 根据系统复杂程度的不同，A、B、C、x、z 可以是单变量，也可以是列向量或矩阵。

典型系统的微分-积分方程如下。

机械领域中，直线运动情况下表示为

$$M\frac{\mathrm{d}v}{\mathrm{d}t}+Dv+K\int_{t_0}^{t}v\mathrm{d}t=F \tag{8.16}$$

式中，M 表示质量，v 表示速度(流变量)，D 表示阻尼，K 表示刚度，F 表示力(势

变量)。

旋转运动情况下表示为

$$J\frac{d\omega}{dt}+D\omega+K\int_{t_0}^{t}\omega dt=T \tag{8.17}$$

式中,J 表示转动惯量,ω 表示转动角速度(流变量),D 表示阻尼,K 表示刚度,T 表示转矩(势变量)。

电子领域中的微分-积分方程表示为

$$C\frac{de}{dt}+\frac{e}{R}+\frac{1}{L}\int_{t_0}^{t}e dt=i \tag{8.18}$$

式中,C 表示电容,e 表示电压(势变量),R 表示电阻,L 表示电感,i 表示电流(流变量)。也可以像机械系统那样,写成右边为势变量的形式,即

$$L\frac{di}{dt}+Ri+\frac{1}{C}\int_{t_0}^{t}i dt=e \tag{8.19}$$

流体领域中的微分-积分方程表示为

$$C\frac{dp}{dt}+\frac{p}{R}+\frac{1}{L}\int_{t_0}^{t}p dt=Q \tag{8.20}$$

式中,C 表示流容,p 表示压力(势变量),R 表示流阻,L 表示流感,Q 表示流量(流变量)。

因此,根据统一建模思想和理论,机械、电子、流体等系统领域的模型存在相似性,可以用同一形式的方程描述,具有类似的数学模型,只是方程中参数代表的物理意义不同,可以采用一样的方程求解方法和步骤,指导同类通用对象模块的建立,并可用于指导元件模型库的构建并减轻建模和仿真的工作量。

(4) 建立定量 FFBTEM 的基本步骤。建立定量 FFBTEM 的基本步骤如图 8.12 所示,具体描述如下。

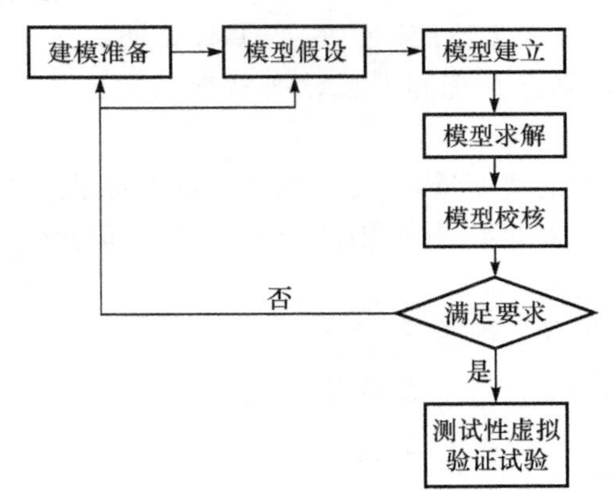

图 8.12　定量 FFBTEM 建模基本步骤

① 建模准备。分析系统功能、工作原理，收集、整理可供建模使用的历史信息和定量信息，若在设计阶段开发了该模块的定量模型，则根据建模需求有选择地使用。若没有现成的定量模型可供使用，则在定性 FFBTEM 的基础上，逐层分析各子功能模块所属领域，收集建模所用信息，包括对象物理参数、假设条件、相关物理定律等。

② 模型假设。根据测试性虚拟试验的特点，分析影响测试性虚拟试验准确性的主要因素和次要因素，尽量简化次要因素，对建模问题进行必要、适当的简化，用精确的数学公式或语言给出假设。

③ 模型建立。确定系统及各子模块的输入变量和输出变量，基于统一建模理论和各领域的基本定律、定理构建描述功能的数学模型。为进行故障仿真和测试仿真，建立故障模型、测试模型和行为模型等。考虑环境因素对故障发生强度、故障行为、测试不确定性等的影响，构建环境模型，并分析环境-故障-测试之间的关联关系。

④ 模型求解。对模型进行数值求解，获得虚拟试验数据。

⑤ 模型校核。所有建立好的模型必须经过校核，满足要求后才能应用于仿真，否则需要修改模型直到满足要求。

4. FFBTEM 校核、验证及确认

1）模型校核、验证及确认的概念

测试性虚拟试验借助的是模型，而并非实物样机，为了使虚拟试验数据能够真实地反映实际情况，就必须要求模型和真实系统相似，或者是以所要求或能接受的程度来近似和模拟真实系统。这是进行测试性虚拟试验的基本要求，也是科学合理地应用测试性虚拟试验数据的基本要求。

缺乏可信性的仿真没有意义。测试性虚拟试验数据的可信性依赖于模型的可信性，如果模型不正确或准确性很低，将得出错误的仿真结果，不仅使系统无法利用仿真信息，还会造成时间上和经济上的损失，甚至决策上的失误。

模型的可信性需通过有计划的校核与验证工作来改进和保证，并通过正式的验收来加以确认，这个过程称为模型的校核、验证及确认（verification, validation and accreditation, VV&A），也有些文献将这个过程笼统地称为模型检验。目前，模型的 VV&A 是评估和保证模型可信度的重要技术手段，下面给出模型校核、验证及确认的概念[12]。

（1）校核。校核是确定模型是否准确地反映了开发者的概念描述和技术规范的过程，主要回答“是否正确地描述和开发了系统”的问题。

（2）验证。验证是从预期应用角度确定模型复现“真实对象”的准确程度的过程，主要回答“开发的系统模型是否准确”的问题。

(3) 确认。确认是有资质的权威机构评估模型和仿真系统的预期应用是否可信、是否可接受的过程。

归纳起来,校核解决建模过程正确性问题,验证解决模型准确性问题,确认则是对模型和仿真系统是否满足目标要求的一种认证。

2) FFBTEM 校核、验证及确认过程

FFBTEM 校核、验证及确认贯穿于整个建模与仿真试验,它是得到可信的 FFBTEM 及测试性虚拟试验数据的有力保证,其过程如图 8.13 所示。

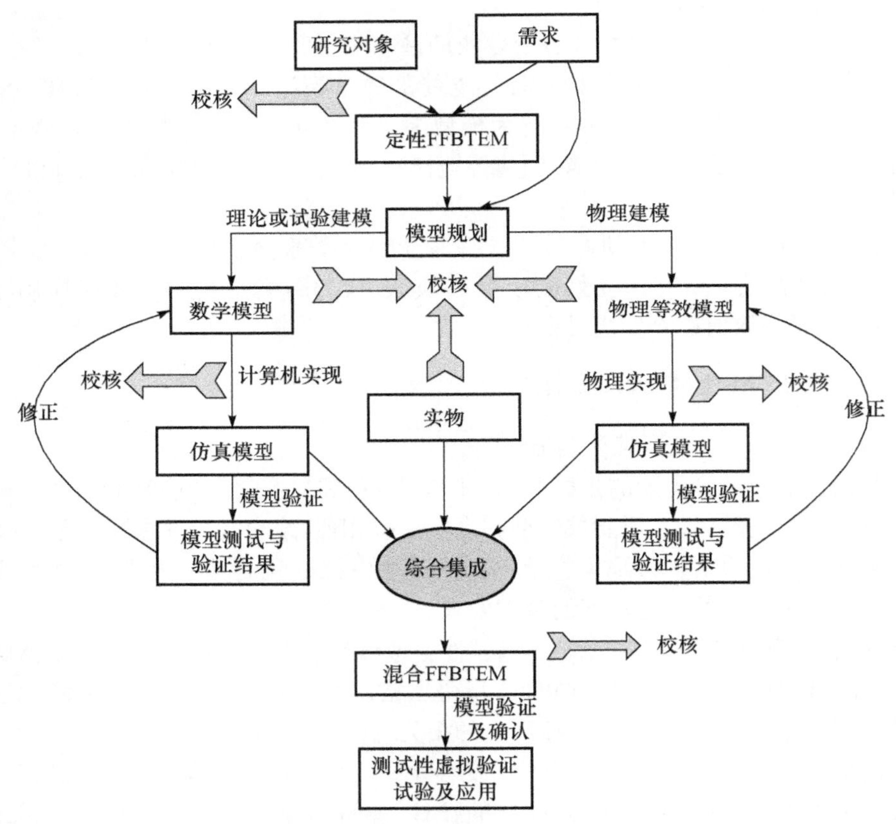

图 8.13 FFBTEM 校核、验证及确认过程

FFBTEM 校核、验证及确认过程描述如下。

(1) 需求校核与定性 FFBTEM 校核。在建模前,首先要分析研究对象特点和测试性试验需求,构建定性的 FFBTEM,在此过程中,需对试验需求和定性模型进行校核。主要包括:校核需求的可行性,保证需求在现有技术、时间、资金等约束条件下的可实现性;校核需求的完整性,保证需求完整地涵盖系统的功能、性能、输入/输出、条件限制、应用范围等各个方面,以使开发人员了解设计和实现仿真系统

所需的必要信息；校核需求的可测试性，保证需求均可通过技术上和经济上可行的手段进行测试。

定性的 FFBTEM 主要以图、文档、表格的形式体现，它是对研究对象的高度抽象，也是后续定量 FFBTEM 的基础和模型框架，对其校核主要以定性的审查为主，考察研究对象所包含的模型要素及相互关系是否在定性的 FFBTEM 中正确体现。

（2）数学模型校核及物理等效模型校核。在第（1）步完成后，根据试验需求、现有建模技术及条件，对整体建模工作进行规划，确定哪些组件采用数学模型、哪些采用物理等效模型、哪些采用实物，然后分别建模。

对数学模型校核的主要内容包括数学模型包含要素是否与定性模型描述一致、建模理论依据是否正确和充分、模型假设是否合理、模型简化是否合理、结构和逻辑关系是否正确、建模所需的试验数据是否可靠、输入/输出变量选取是否合理、模型参数设置是否合理、随机变量设置是否合理、数学公式是否正确、参数取值是否正确、随机变量的分布函数是否正确、输入/输出影响关系是否正确以及模型的行为特征是否合理等。

对物理等效模型校核的主要内容包括模型假设是否合理、模型简化是否合理、输入/输出变量选取是否合理、模型参数设置是否合理、随机变量设置是否合理、特征参量及其变化范围及规律是否合理等。

（3）仿真模型校核与验证。仿真模型包括两类：一类是数学模型的计算机程序实现（称为计算机仿真模型），是纯数字化模型；另一类是物理等效模型的具体实现（称为物理仿真模型），是对实物抽象和简化后得到的，可以模拟实物的部分功能。

在数学模型转化为计算机仿真模型的过程中，涉及算法设计、程序设计、程序代码编写等过程，这些过程都要进行校核，主要包括：流程图校核，主要检查程序流程图是否正确反映了仿真算法和编程过程；程序代码校核，主要检查程序代码是否正确、是否符合编程语言风格以及接口是否符合规范等；接口校核，主要检查仿真软件模型内部或模型与模型之间接口的正确性。

仿真模型的校核任务一般主要由编程开发人员或不参与开发、但熟悉仿真语言和数学模型的相关人员承担，采用的方法主要是数据分析、接口分析、结构分析、代码核查、程序调试等。

仿真模型验证是将仿真模型的测试结果同理论结果、真实试验结果进行比较，检验仿真模型的准确性和有效性。

物理仿真模型的校核主要是对物理仿真模型的正确性和精度进行分析，例如，物理仿真模型是否能正确反映真实物理系统的功能和行为，在物理仿真模型上是否能注入故障并进行故障仿真，模型精度是否符合要求等。物理仿真模型验证可通过理论分析或与真实试验结果进行比较分析，检验物理仿真模型的准确性和有效性。

(4) 混合 FFBTEM 的校核、验证及确认。如果建立的是全定量 FFBTEM,没有物理仿真模型和实物,则不用对实物和物理仿真模型进行校核和验证,只需对仿真模型开展确认工作。完全定量的 FFBTEM 通常难以建立,混合 FFBTEM 在工程实际中相对容易实现,上述两种模型的校核、验证及确认过程类似,在此只阐述混合 FFBTEM 的校核、验证及确认过程。

根据 VV&A 一般性规范,在前面(1)～(3)步的各子模型校核、验证完成且验证通过后,才开始混合 FFBTEM 的校核、验证及确认工作。混合 FFBTEM 的校核主要是检查综合集成时各模型之间的接口是否兼容、相互交换的数据格式是否一致、数据访问及资源调用时是否存在冲突等。

混合 FFBTEM 验证是将混合 FFBTEM 的虚拟试验结果同真实试验结果进行比较,检验混合 FFBTEM 的准确性和有效性。在设计阶段还不能得到真实试验结果时,可以结合类似对象的真实试验数据、研制阶段的历史试验数据以及领域专家的评价开展验证,给出混合 FFBTEM 用于测试性虚拟试验是否合适、是否准确的结论。

混合 FFBTEM 确认是权威决策机构组织领域专家对整个模型及其仿真过程进行可信性评价,并对可信性进行定量化的度量,给出可信度值,从而判定其用于工程的可接受性。

FFBTEM 校核、验证、确认及可信度评估之间的关系简要描述如下:

(1) 校核是验证的前提和基础,校核为验证提供依据,通过校核后的验证才有意义。

(2) 验证中若发现模型有问题要回到校核阶段,对模型进行必要的修正,校核和验证工作有重叠和交叉。

(3) 通过了校核和验证的模型才可进行确认,确认建立在校核和验证的基础上。

(4) 可信度评估是模型校核、验证及确认的重要目标和核心,校核、验证及确认为可信度评估提供依据、数据和方法支持。

FFBTEM 校核主要是定性的准则核查、要求核查,类似于固有测试性核查,方法可以采用专家打分评价方法等。FFBTEM 验证是将仿真数据与理论计算结果、相关实物试验数据作对比,方法可以采用误差分析法、假设检验方法等,在此不再详细阐述。由于可信度评估是模型校核、验证及确认的重要目标和核心,下面主要针对 FFBTEM 确认中的可信度评估开展研究。

3) 基于 AHP-FSE 的可信度评估

(1) 问题描述。装备的功能和结构通常具有多层次特点,FFBTEM 建模时通常先自顶向下将系统分解为一系列子系统,分别建立子系统的 FFBTEM,再将众多子模型集成为一个完整的大模型。整体模型的可信度不可能直接给出，需要将整体模型的可信度评估问题层层分解为若干层、若干子模块的可信度评估问题，然后综合集成为整体的可信度。

在 FFBTEM 可信度评估中，由于模型及建模因素的可信性没有精确定量的评判标准，可信性度量结果反映的是模型使用人员对模型准确性的一种信心指数，其本身就具有主观、模糊和不确定性的特点。目前，关于可信度的定量计算还没有一套公认的方法，因此无法用定量方法精确计算模型的可信度。评价模型的可信性时只能借助领域专家的主观经验知识，而这些主观信息往往具有模糊性的特点，因此在分析与处理来自专家或主观数据源的信息时，通常要借助模糊集理论。

模糊综合评判(fuzzy synthetic evaluation，FSE)法正是基于模糊集理论，在评价对象的优劣程度时用优、良、中、差、较差等模糊概念来表达，是一种主观加客观、定量与定性相结合的方法，用它可以有效地处理一些其他方法无法处理的模糊信息[13,14]。

在对可信度模糊综合评判时，专家一般能较准确地给出底层影响因素或小模块模型的可信度水平，较大系统或模块的模型可信度水平难以直接给出，需要将底层影响因素或小模块模型的可信度水平向上综合集成，进而得出上层系统或模块模型的可信度。影响 FFBTEM 可信性的因素众多，各因素对可信性的影响程度各不相同。如何全面地描述与表示这些因素，并确定各因素对可信性的影响权重，是基于模糊综合评判法计算 FFBTEM 可信度评估时必须解决的问题。

FFBTEM 中所固有的层次性结构特征，导致影响 FFBTEM 可信性的因素也呈现出多层次的特点，层次分析法(analytic hierarchy process，AHP)为 FFBTEM 可信度评估提供了有效手段。层次分析法是美国匹兹堡大学 T. L. Saaty 教授于 20 世纪 70 年代中期提出来的一种处理复杂问题的多目标、多因素评估与决策方法，该方法在对评估与决策问题的本质、影响因素及其内在关系等进行深入分析的基础上，利用较少的定量信息使评估与决策的思维过程数学化，较好地体现了系统工程学定量与定性分析相结合的思想，从而为多因素、多准则的模型可信度评估问题提供一种可行的解决办法。

综上所述，考虑到 FFBTEM 的可信度评估具有多层次、多因素、模糊性等特点，本书引入层次分析法和模糊综合评判法，并将两种方法结合，基于 AHP-FSE 开展 FFBTEM 的可信度评估研究。引入 AHP 的主要目的是计算得到各层级元素对模型总体可信度的影响权重，形成权向量，为模糊综合评判提供权重数据基础；引入模糊综合评判法是为了科学合理地处理主观、模糊的评价信息，并对整体可信度实施综合评估。

(2) 基于 AHP 的权重向量计算。从本质上讲，AHP 是一种思维方式，即分析与综合。具体地，它把复杂问题分解成若干子问题，并将这些子问题分组，形成多层次的递阶结构；然后通过两两比较的方法确定同一层次中各因素的相对重要性；最后层层推理计算，确定被选因素相对重要性的总排序。整个过程体现了人类思维决策中分析与综合的基本特征。AHP 在计划制订、资源分配、方案排序、政策分析、冲突求解、决策预报、系统分析、城市规划、经济管理、科研成果评价等众多领域得到了广泛的应用。

运用 AHP 时，大体上可分为以下五个步骤。

① 建立多层次递阶结构。应用 AHP 分析问题时，首先要把问题条理化、层次化，分析模型中各模块及影响因素之间的关系，构造出一个层次分析的结构模型。在这个结构模型下，整体模型可信度评估问题被分解为各层级可信度评估问题，同一层次的元素作为准则对下一层次的元素起支配作用，同时它又受上一层次元素的支配。这些层次大体可分为三类：最高层、中间层、最低层。

参考定性 FFBTEM 分层的多信号流图，将所有因素按层次结构关系以倒立树的形式描述，自上而下按照最顶层、若干中间层和最底层的形式排列，从而构建多层次递阶结构模型。

② 建立影响因素判断矩阵。通过建立递阶层次关系，可以确定上下层元素之间的隶属关系。在此基础上，需要进一步确定对于某准则层 Z 其各支配元素 $u_1,u_2,\cdots,u_n$ 的权重。当 $u_1,u_2,\cdots,u_n$ 对于准则 Z 的重要性可以定量表示时，它们相应的权重可以直接确定。但是对于大多数问题，如可信度评估问题，元素的权重难以定量获得，这时就需要通过适当的方法推导出它们的权重。AHP 中采用两两比较的方法，即对同一层次的各元素关于上一层次中某一准则的重要性进行两两比较。这样对于准则 Z，n 个被比较元素构成了一个两两比较判断矩阵：

$$Z=(z_{ij})_{n\times n} \tag{8.21}$$

式中，z_{ij} 就是元素 u_i 和 u_j 相对于 Z 的重要性的比例标度。

③ 由判断矩阵计算相对权重向量。已知判断矩阵后，根据元素 $u_1,u_2,\cdots,u_n$ 对于准则 Z 的判断矩阵 Z，求出元素 $u_1,u_2,\cdots,u_n$ 对于准则 Z 的相对权重 p_1，$p_2,\cdots,p_n$。相对权重可写成向量的形式，即 $p=[p_1\ p_2\ \cdots\ p_n]^{\mathrm{T}}$。

在精度要求不高或需笔算时可采用和法和根法，反之可以采用特征根法等。

④ 对相对权重向量进行一致性检验。AHP 中定义了一个数量标准来衡量判断矩阵的不一致程度——一致性比例(consistency ratio，CR)，它定义为一致性指标(consistency index，CI)与平均随机一致性指标(random index，RI)的比值，若 CR 小于 0.1，则称判断矩阵具有满意的一致性，否则就不具有满意的一致性。对判断矩阵进行一致性检验的步骤如下。

(a) 计算一致性指标：

$$\mathrm{CI}=\frac{\lambda_{\max}-n}{n-1} \tag{8.22}$$

式中，n 为判断矩阵的阶数。

(b) 查表得到相应的平均随机一致性指标。

(c) 计算一致性比例：

$$\mathrm{CR}=\frac{\mathrm{CI}}{\mathrm{RI}} \tag{8.23}$$

当 CR<0.1 时，认为判断矩阵的一致性是可以接受的；当 CR≥0.1 时，应对判断矩阵进行适当修正。对于一阶、二阶矩阵总是一致的，此时 CR=0。

⑤ 计算各层元素对总体可信度的合成权向量。合成排序权重的计算要自上而下，将单准则下的权重进行合成，得到合成排序权重。设总目标层为第 1 层，假定已经算出第 $k-1$ 层上 n_{k-1} 个元素相对于总目标的排序权重向量 $\overset{(k-1)}{w}=[\overset{(k-1)}{w_1}\ \ \overset{(k-1)}{w_2}\ \ \cdots\ \ \overset{(k-1)}{w_{n_{k-1}}}]^{\mathrm{T}}$，第 k 层上 n_k 个元素相对于 $k-1$ 层上第 j 个元素的排序相对权重向量设为 $\overset{(k)}{p_j}=[\overset{(k)}{p_{1j}}\ \ \overset{(k)}{p_{2j}}\ \ \cdots\ \ \overset{(k)}{p_{n_kj}}]^{\mathrm{T}}$（其中不受 j 支配的元素的权重为零）。令 $\overset{(k)}{P}=[\overset{(k)}{p_1}\ \ \overset{(k)}{p_2}\ \ \cdots\ \ \overset{(k)}{p_{n_k}}]$，这是 $n_k\times n_{k-1}$ 的矩阵，表示第 k 层上元素对第 $k-1$ 层上元素的排序权重，那么第 k 层上元素对总目标的合成排序向量 $\overset{(k)}{w}$ 由式(8.24)给出：

$$\overset{(k)}{w}=[\overset{(k)}{w_1}\ \ \overset{(k)}{w_2}\ \ \cdots\ \ \overset{(k)}{w_{n_k}}]^{\mathrm{T}}=\overset{(k)}{P}\ \overset{(k-1)}{w} \tag{8.24}$$

$\overset{(k)}{w}$ 中元素 $\overset{(k)}{w_i}$ 的计算公式为

$$\overset{(k)}{w_i}=\sum_{j=1}^{n_{k-1}}\overset{(k)}{p_{ij}}\ \overset{(k-1)}{w_j},\quad i=1,2,\cdots,n \tag{8.25}$$

进一步递推，得

$$\overset{(k)}{w}=\overset{(k)}{P}\ \overset{(k-1)}{P}\cdots\overset{(2)}{w} \tag{8.26}$$

这里，$\overset{(2)}{w}$ 是第二层上元素对总目标的排序相对向量。

(3) 基于 FSE 的可信度评估。由于对可信度的评价往往带有模糊性和主观性，难以直接用具体的数值表示，本节引入模糊评判方法，根据模糊的评价指标对模型的可信度进行模糊综合评估。

模糊综合评估采用的是模糊综合评判模型，模糊综合评判模型定义如下。

给定论域的因素集中有 m 个元素，用 $U=\{u_1,u_2,\cdots,u_m\}$ 表示，对应的权重向量为 $w=[w_1\ \ w_2\ \ \cdots\ w_m]^{\mathrm{T}}$，且满足 $\sum_{i=1}^{m}w_i=1$；评判决策集中有 n 个元素，用 $V=\{v_1,v_2,\cdots,v_n\}$ 表示；模糊评判矩阵为 $m\times n$ 阶矩阵，通过式(8.27)描述：

$$R=\begin{bmatrix} r_{11} & r_{12} & \cdots & r_{1n} \\ r_{21} & r_{22} & \cdots & r_{2n} \\ \vdots & \vdots & & \vdots \\ r_{m1} & r_{m2} & \cdots & r_{mn} \end{bmatrix} \tag{8.27}$$

定义模糊合成算子 $f(\cdot)$，则模糊综合评判结果为

$$B=w^{\mathrm{T}} f(\cdot)R=[b_1\ b_2 \cdots\ b_m] \tag{8.28}$$

且满足 $\sum_{i=1}^{m} b_i=1$，则称六元组$(U,V,w,R,f(\cdot),B)$为模糊综合评判模型。

因素集$U=\{u_1,u_2,\cdots,u_m\}$就是 AHP 中的中间准则层元素或底层影响因素；权重向量$w=[w_1\ w_2\ \ \cdots\ w_m]^{\mathrm{T}}$即用 AHP 计算出来的相对权重向量；评判集$V=\{v_1,v_2,\cdots,v_n\}$是专家对元素可信程度的评价，一般分为多种模糊的级别，如 5 个等级的评价集{很可信，较可信，一般可信，不可信，很不可信}；模糊评判矩阵 R 根据专家评价结果综合计算得到，其中 r_{ij} 表示把第 i 个元素可信度评价为 v_j 的次数占所有评价次数的百分比，因此对于任意的 i，有 $\sum_{j=1}^{n} r_{ij}=1$。

模糊综合评判的基本过程通常分为四个步骤，如图 8.14 所示，主要内容如下。

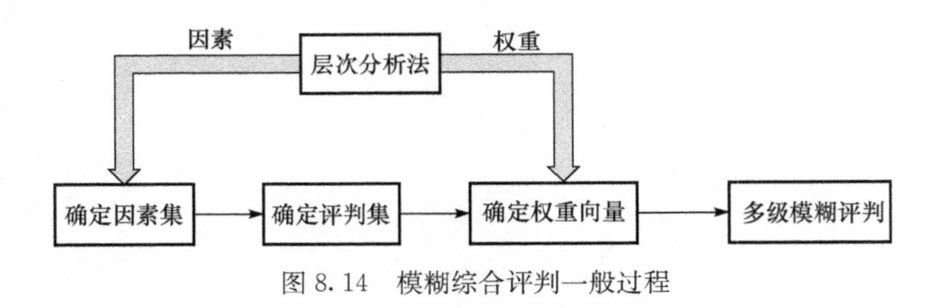

图 8.14　模糊综合评判一般过程

① 确定因素集 U。基于前面的 AHP 分析出来的多层次准则和影响因素来确定因素集 U，并将因素集$U=\{u_1,u_2,\cdots,u_m\}$分成若干组，$U=\{U_1,U_2,\cdots,U_k\}$，使得

$$U=\bigcup_{i=1}^{k} U_i,\quad U_i \bigcap U_j=\varnothing,\quad i \neq j \tag{8.29}$$

称$U=\{U_1,U_2,\cdots,U_k\}$为第一级因素集。

设

$$U_i=\{u_1^{(i)},u_2^{(i)},\cdots,u_{m_i}^{(i)}\},\quad i=1,2,\cdots,k \tag{8.30}$$

其中 $\sum_{i=1}^{k} m_i=m$，称集合$U_i=\{u_1^{(i)},u_2^{(i)},\cdots,u_{m_i}^{(i)}\}(i=1,2,\cdots,k)$为第二级因素集，同样，可以根据需要建立第三级因素集、第四级因素集等。

② 确定评判集 V。根据实际情况给出多个评价等级，即可构成评判集，如 $V=\{v_1,v_2,\cdots,v_n\}=\{v_1,v_2,v_3,v_4,v_5\}=$｛很可信，较可信，一般可信，不可信，很不可信｝。

③ 确定权重向量 w 和 P。根据(2)阐述的 AHP 计算得出 w 和 P。

④ 多级模糊评判。设评判集为 $V=\{v_1,v_2,\cdots,v_n\}$，AHP 共给出 3 个层次，此时要进行多个级别的模糊综合评判。由于假设系统分为三个层次，则采用二级模糊评判。

先对第 i 类因素集 $U_i=\{u_1^{(i)},u_2^{(i)},\cdots,u_{m_i}^{(i)}\}$ 的 m_i 个因素进行单因素评判，即建立模糊映射：

$$\underset{\sim}{f_i}:U_i \rightarrow F(V) \tag{8.31}$$

得到第 i 类单因素评判矩阵：

$$R^{(i)}=\begin{bmatrix} r_{11}^{(i)} & r_{12}^{(i)} & \cdots & r_{1n}^{(i)} \\ r_{21}^{(i)} & r_{22}^{(i)} & \cdots & r_{2n}^{(i)} \\ \vdots & \vdots & & \vdots \\ r_{m_i1}^{(i)} & r_{m_i2}^{(i)} & \cdots & r_{m_in}^{(i)} \end{bmatrix} \tag{8.32}$$

设由层次分析法得到的 $U_i=\{u_1^{(i)},u_2^{(i)},\cdots,u_{m_i}^{(i)}\}$ 权重向量为

$$P^{(i)}=[p_1^{(i)}\ p_2^{(i)}\ \cdots\ p_{m_i}^{(i)}]^{\mathrm{T}} \tag{8.33}$$

则可得到一级模糊评判为

$$\begin{aligned} B^{(i)}&=(P^{(i)})^{\mathrm{T}}f(\cdot)R^{(i)} \\ &=[p_1^{(i)}\ p_2^{(i)}\ \cdots\ p_{m_i}^{(i)}]f(\cdot)\begin{bmatrix} r_{11}^{(i)} & r_{12}^{(i)} & \cdots & r_{1n}^{(i)} \\ r_{21}^{(i)} & r_{22}^{(i)} & \cdots & r_{2n}^{(i)} \\ \vdots & \vdots & & \vdots \\ r_{m_i1}^{(i)} & r_{m_i2}^{(i)} & \cdots & r_{m_in}^{(i)} \end{bmatrix} \\ &=[b_1^{(i)}\ b_2^{(i)}\ \cdots\ b_n^{(i)}] \end{aligned} \tag{8.34}$$

式中，$i=1,2,\cdots,k$。

将每个 U_i 作为一个元素看待，用 $B^{(i)}$ 作为它的单因素评判，则可得到上一层次的单因素评判矩阵为

$$R=[B^{(1)}\ B^{(2)}\ \cdots\ B^{(k)}]^{\mathrm{T}} \tag{8.35}$$

设由层次分析法得到 $U=\{U_1,U_2,\cdots,U_k\}$ 的权重为

$$w=[w_1\ w_2\ \cdots\ w_k]^{\mathrm{T}} \tag{8.36}$$

同样，得到二级模糊评判为

$$B=w^{\mathrm{T}}f(\cdot)R \tag{8.37}$$

推而广之，可将子因素集进一步再划分，于是有三级综合评判或更多级综合评判。

8.3.2 基于模型的故障注入样本序列生成技术

1. 环境-故障耦合建模方法

1）环境应力引发故障的机理、过程及规律

（1）环境应力引发故障的机理。工作环境应力和工作应力广义上统称环境应力或时间应力，各种环境应力因素综合作用和影响，直接导致环境与机电系统故障之间存在复杂的关联关系。设备在生产、运输、存储和使用等过程中，都处于外界复杂环境的影响中，特别是在设备使用过程中其工作环境的复杂多变，使其物理、化学、机械以及电气性能不断发生变化。下面针对典型环境因素，就其诱发故障的机理及表现形式进行分析[15]。

① 温度因素。所有已知物质的物理性能都会受稳态温度、温度梯度以及温度极限的影响而发生改变；温度不均会造成局部应力集中，加速缺陷扩大；高低温交变会使产品交替膨胀和收缩，产生热应力、应变和疲劳应力交变，激发缺陷变大最终导致故障；超高温、超低温超出材料承受极限会导致产品损坏等。

温度因素诱发故障的典型表现形式为：参数漂移；电路板开、短路；密封失效；连线伸张或松脱；有缺陷元件的缺陷逐渐被激发；接触不良；电子器件老化等。

② 振动与冲击因素。振动可使产品产生疲劳损伤，失效机理是材料在经受远低于其抗拉强度的循环应力载荷下产生变形和疲劳断裂。振动时的加速度、速度和相对位移都较大，相应的内部应力变化较大，使设备结合部相对位置发生变化，设备零件内部应力超过极限，进而导致设备失效。

振动与冲击诱发故障的典型表现形式为：组件疲劳断裂；连接件接触不良、松脱；电路板开、短路；组件配合不良；相邻元器件短路；元器件松脱；紧固件松脱等。

③ 湿度因素。湿度对于产品的加速失效起着至关重要的作用，如腐蚀、污染、以聚合物为基本结构单元的产品膨胀等不利影响，很多是由湿度因素导致的。潮湿还可以作为一种媒介，使几种相对惰性的物质发生相互关系。例如，聚氯乙烯（PVC）会释放氯气，受潮后形成盐酸；某些电子产品的离子材料受潮后，其印制电路板中的微量金属或周围的导体之间会发生短路。

湿度诱发故障的典型表现形式为：电气短路、活动元器件卡死、电路板腐蚀、表层损坏、绝缘性能降低等。

④ 电应力因素。电应力是影响电子产品功能或是引起其失效的主要工作应力。例如，过电压能导致电气过应力和过热，造成电子元器件断路、击穿等损伤；过电流会产生电气过应力，使电路器件发热超过一定阈值而导致故障；电应力的高低循环可以引发对电压变化比较敏感的装置（如稳压器件）产生故障。

电应力因素诱发故障的典型表现形式为：器件性能退化、半导体器件击穿、导线搭接、电路误动作、电气短路等。

(2) 环境应力与故障发生速率之间的关系。环境应力严酷度等级是导致故障发生速率不同的主要原因，环境应力的严酷程度与故障发生速率密切相关，严酷度高的服役环境应力一般都会导致较高的故障发生速率。另外，实际使用中维修模式和维修效果的不同也会导致故障发生速率的变化，这一点将在后文中讨论。下面针对典型环境应力因素——温度和振动，分析环境应力因素与故障发生速率之间的关系。

大多数情况下，温度应力参数与故障发生速率符合如图 8.15 所示的一般性规律(高低温作用时间与温变率类似)。

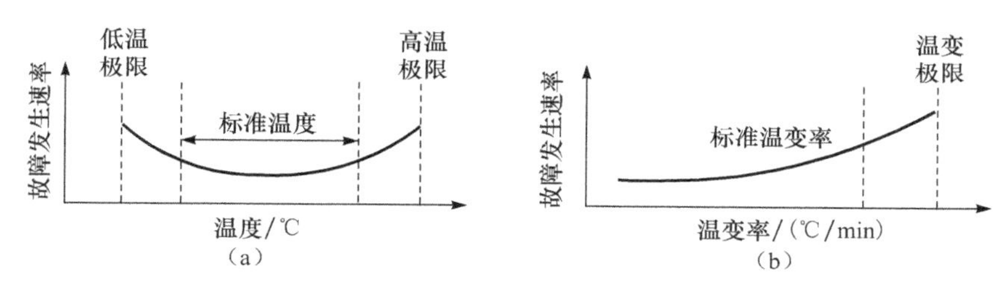

图 8.15　温度应力参数导致故障的一般规律

图 8.15(a)中的横坐标代表温度，纵坐标代表故障发生速率。对其进行分析可得出温度与故障发生速率有如下规律：在标准温度区间内，故障发生速率维持在一个较低的水平；温度越接近系统的温度极限，对系统的影响越大，导致故障发生速率也变大。同理，图 8.15(b)中的横坐标代表温度变化速率(温变率)，在标准温变率区间内，由于其他因素的影响，故障以一定的强度发生；温变率增大，温度因素对系统的影响也增大，导致故障发生速率变大。

振动应力与故障发生速率的关系示意图如图 8.16 所示。图中的横坐标代表振动加速度均值，纵坐标代表故障发生速率。对其进行分析可得出如下规律：在未加振动或振动值很小时，由于其他因素的影响，故障发生速率较小；振动增强后，对系统的影响也增大，导致故障发生速率变大。

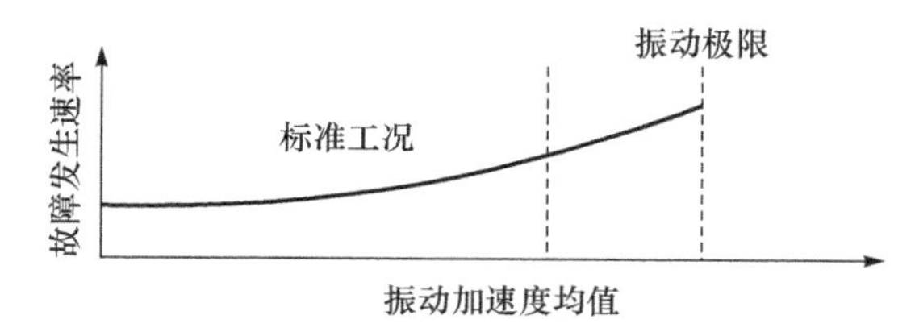

图 8.16　振动应力参数导致故障的一般规律

2）环境-故障定性关联分析

考虑到建模和仿真成本、复杂度以及模型的可实现性等因素，在测试性虚拟试验中不可能对所有环境因素进行建模，环境建模以环境特征为基础，一般只考虑主要的环境因素，并提取其关键特征量来构建环境模型。

可靠性工程领域常用的 FMEA 主要对可能的故障模式及其可能的影响进行分析，故障模式、机理及其影响分析（failure mode，mechanism and effect analysis，FMMEA）比 FMEA 再深入一层，从失效机理的角度分析故障产生原因，如腐蚀、磨损、老化等，但没有对广义环境应力及特征与故障的关联关系进行进一步分析，因此有必要对其进行扩展。为此，本书提出故障模式、机理、环境应力分析（failure mode，mechanism，environmental stress analysis，FMMESA）方法，该方法以 FMMEA 和环境应力因素导致机电系统故障的机理分析为基础，通过定性分析获取导致故障产生的主要环境应力因素。

进行 FMMESA 的关键是理清故障产生的原因和机理，通过故障的表面现象与失效分析掌握故障产生的本质原因，并深入物理本质分析环境应力导致故障的机理。借鉴故障机理知识，建立环境-故障定性关联关系，FMMESA 的基本原理和流程如图 8.17 所示。

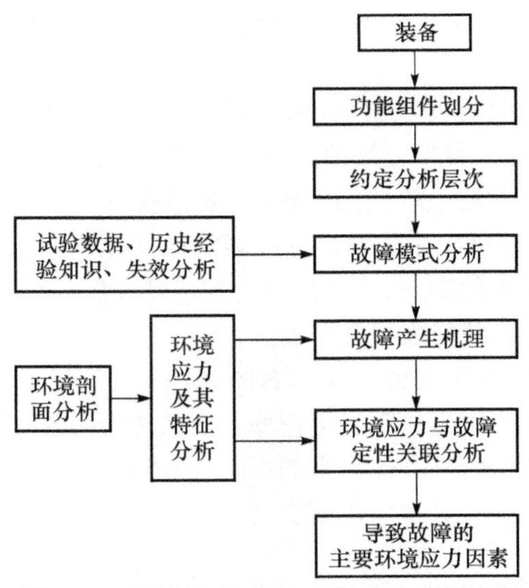

图 8.17　故障模式、机理、环境应力分析流程

首先，分析装备的工作原理和功能组成，按层级、模块等对设备的功能组件进行划分；其次，约定分析层次后，借鉴试验数据、历史经验知识、失效分析结论等对设备各层级、各模块的功能组件进行潜在故障模式分析，确定分析对象的故障模式集和各故障属性；再次，分析确定设备环境剖面，分析设备的环境应力组成，结合各

种试验数据、历史经验知识、失效分析、故障事件调查与原因分析等，分析、总结各故障的产生机理，从而建立环境应力与故障的定性关联关系；最后，得到导致设备各故障的主要环境应力因素，将故障模式、机理、发生相对频率、环境应力分析结果形成 FMMESA 表格。

FMMESA 表格的形式及内容如表 8.4 所示。FMMESA 可以定性地得到故障的产生机理、与故障相关的环境应力因素等，为定量的环境-故障关联关系分析奠定基础，并得到与各部件故障强相关的主要环境应力因素。

表 8.4　FMMESA 表格的形式及内容

部件	故障部位	故障模式	故障原因或机理	主要关联环境
所分析部件的名称	故障所在的具体位置	故障模式名称	通过机理分析，列出故障产生原因或机理	结合故障机理分析，列出导致故障产生的主要环境应力因素

3）环境-故障定量关联分析

失效分析一般停留在定性的失效原因和机理研究上，只有少部分零件/元器件故障有较准确的失效物理模型，由于失效的复杂性和很多理论不完善，绝大多数设备难以准确建立定量的失效物理模型，所以环境应力与故障发生速率的精确定量关系很难获得。

对于新研装备，由于理论知识的不完善，大部分组件是新研制的，设备环境应力与故障发生速率的关系在理论认识上存在不确定性和模糊性，试验数据和使用数据较少，也不能建立准确的定量关系数学模型，其关联关系存在关系灰性、模型灰性和认知灰性等问题，可借助灰色系统理论中的灰色关联分析方法来分析环境与故障的关联关系。

灰色系统理论针对“部分信息已知，部分信息未知”的“贫信息”不确定性系统问题提出。作为灰色系统理论重要基础的灰色关联分析（grey relation analysis，GRA），是灰色系统理论研究和应用的主要内容之一。灰色关联分析能在样本数据相对较少、有相关定性机理知识的情况下给出具有工程应用价值多指标多因素之间的关联关系。它以试验数据序列为基础，通过在点集拓扑空间建立信息测度（即灰色关联度），在点集拓扑空间比较数据序列的相似程度，并计算关联度，得到量化的关联关系。在二维空间上的直观解释是比较多条曲线与参考曲线在变化趋势上的相似程度，度量指标是数据点之间距离、数据点邻域重叠区域组成的一个灰色测度。自 20 世纪 80 年代以来，GRA 理论和方法已广泛地应用于农业、水利、水文、经济、石油、地质、医学等诸多领域。

环境-故障的定量关联分析以环境特征数据、故障发生强度类数据为基础，这些数据的来源包括组件环境适应性试验、可靠性试验、历史数据等。针对可修产品，故障发生强度类数据用平均故障间隔时间（MTBF）描述；针对不可修产品，故障发生强度类数据用平均故障前时间(MTTF)描述。平均故障间隔时间或平均故障前时间越短,该组件在整个系统寿命周期内故障发生次数越多,故障发生强度越大,两者的倒数就是平均故障率,也可用平均故障率来表示故障强度。灰色关联分析中,一般情况是比较序列为因,参考序列为果,本节将环境应力特征设为比较序列,将平均故障间隔时间或平均故障前时间设为参考序列。

设 X_i 为第 i 个环境应力特征序列(即比较序列),$X_i=(x_i(1),x_i(2),\cdots,x_i(n))$,$x_i(k)$表示第 k 组统计数据中第 i 个环境应力特征的值,其中 $i=1,2,\cdots,p$,$k=1,2,\cdots,n$。各比较序列组成矩阵 X,形式如下:

$$X=\begin{bmatrix}X_1\\X_2\\\vdots\\X_p\end{bmatrix}=\begin{bmatrix}x_1(1)&x_1(2)&\cdots&x_1(n)\\x_2(1)&x_2(2)&\cdots&x_2(n)\\\vdots&\vdots&&\vdots\\x_p(1)&x_p(2)&\cdots&x_p(n)\end{bmatrix}\tag{8.38}$$

设 $Y=(y(1),y(2),\cdots,y(n))$,$y(k)$表示第 k 组统计数据中部件的平均故障间隔时间或平均故障前时间,其中 $k=1,2,\cdots,n$,Y 为参考序列。

一般情况下,环境应力越大,平均故障间隔时间或平均故障前时间越短,呈现出负相关关系,引入倒数化算子将两序列的负相关关系转换成正相关关系。引入均值化算子将不同量纲、量级的行为序列值归一化,在灰色空间具有可比较性,设转换后的序列为 X_i'和 Y'。

定义关联系数:

$$\gamma(y'(k),x_i'(k))=\frac{\min\limits_i\min\limits_k D_i(k)+\rho\max\limits_i\max\limits_k D_i(k)}{D_i(k)+\rho\max\limits_i\max\limits_k D_i(k)}\tag{8.39}$$

式中,$D_i(k)$为两点的差异信息,用绝对差值$|y'(k)-x_i'(k)|$表示;ρ 为分辨系数,根据工程经验,一般情况下取 $\rho=0.5$。计算 X_i 序列和 Y 序列的灰色关联度:

$$\gamma(Y,X_i)=\frac{1}{n}\sum_{k=1}^{n}\gamma(y'(k),x_i'(k))\tag{8.40}$$

$\gamma(Y,X_i)$满足规范性、整体性、偶对称性、接近性四个公理,可用它来度量两序列的关联程度。

记 $\gamma_i=\gamma(Y,X_i)$,将 p 个 γ_i 按 $1\sim p$ 的顺序排成 $1\times p$ 的向量 Γ,即 $\Gamma=[\gamma_1\ \ \gamma_2\ \ \cdots\ \ \gamma_p]$,归一化后,变为 $\Gamma'=[\gamma_1'\ \gamma_2'\ \cdots\ \gamma_p']$,称 Γ'为比较序列对参考序列的相对贡献度向量,Γ'中各元素的值表示对应的环境应力对故障发生强度的相对贡献度。

环境-故障关联因子 η 的定义如下:某环境应力等级下平均故障发生速率 τ 与参考基准应力等级下平均故障发生速率 τ_0 之间的比值,即

$$\eta=\frac{\tau}{\tau_0}\tag{8.41}$$

式中，平均故障发生速率 τ 定义为

$$\tau=\frac{N(t_2)-N(t_1)}{t_2-t_1} \tag{8.42}$$

式中，$N(t_1)$、$N(t_2)$ 分别表示在 t_1、t_2 时的故障总数，在此假设 t_1 为初始时刻，$N(t_1)=0$，t_2 为统计终止时刻，该统计时间段一般规定足够长，通常为产品的寿命周期阶段。如果细分故障模式，可以指某种故障模式的发生总数；如果不细分故障模式，可以指所有故障数总和。考察某不可修复产品，τ 与 MTTF 有如下关系：

$$\tau=\frac{N(t_2)}{t_2-t_1}=\frac{1}{\mathrm{MTTF}} \tag{8.43}$$

实际环境一般包括多种环境因素，称为综合环境，影响故障发生速率往往是多种环境应力、多个应力特征综合作用的结果，环境-故障关联因子 η 是这种综合作用的定量体现。在计算 η 时，需将该问题先分解后综合，先计算单个环境因素与故障发生速率之间的关联因子，然后借助贡献度向量 Γ' 加权得到综合环境-故障关联因子。

确定环境应力等级的参考基准时一般以额定的环境应力等级作为参考基准，参考基准环境应力下的环境-故障关联因子 η_0 约定为 1。

在计算单因素关联因子时，如计算温度-故障关联因子，温度应力等级可发生较大变化，其他环境应力特征选为参考基准应力等级，参考基准应力等级下 X_i 的值为 X_{i0}，对应的 MTTF 的值为 MTTF_{i0}，相应的环境应力特征 X_i 与部件的关联因子为 1。

设 X_{i1}，X_{i2}，…，X_{im} 为 m 个应力等级下 X_i 的值，对应的 MTTF 值分别为 MTTF_{i1}、MTTF_{i2}、…、MTTF_{im}，比较 X_i 多种应力等级下的 MTTF，在 X_i 第 g 个应力等级 X_{ig} 下，单因素 X_i 与故障的关联因子为

$$\eta_{ig}=\frac{\mathrm{MTTF}_{i0}}{\mathrm{MTTF}_{ig}} \tag{8.44}$$

式中，$g=1,2,\cdots,m$ 表示应力等级个数，$i=1,2,\cdots,p$ 表示环境应力特征个数。按式(8.44)的计算方法，m 个应力等级 X_{i1}，X_{i2}，…，X_{im} 下相应的 m 个单因素关联因子都可以得到。类似地，可修复产品也有相同的关系。

以 X_i 为横轴，η_i 为纵轴，绘制(η_{ig}，X_{ig})散点关系图。通过分段线性插值，可获得关联因子 η_i 随 X_i 变化的曲线 $\eta_i=S_i(X_i)$。图 8.18 为分段线性插值后的 η_i 与 X_i 的函数关系曲线，用同样的方法可以得到其他故障、其他环境因素与关联因子的关系曲线。

将实际环境下的环境应力特征值代入对应的函数 $S_i(X_i)$($i=1,2,\cdots,p$)，计算得到单因素关联因子向量，即 $\eta=[\eta_1\ \eta_2\ \cdots\ \eta_p]$。

综合环境与部件故障的关联因子计算公式为

$$\eta=\sum_{i=1}^{p}\gamma'_i\eta_i \tag{8.45}$$

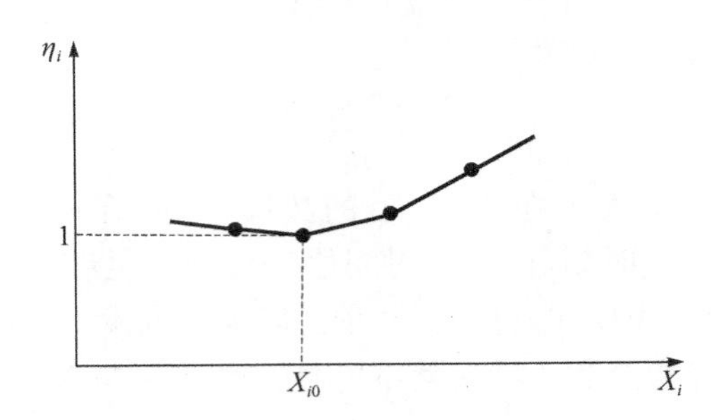

图 8.18　关联因子与 X_i 的函数关系曲线

该因子反映了综合的环境应力对故障发生速率的影响，是综合环境应力等级下平均故障发生速率 τ 与参考环境应力等级下平均故障发生速率 τ_0 之间的比值。

2. 基于齐次泊松过程的故障样本模拟生成技术

1）故障发生的齐次泊松过程模型

（1）齐次泊松过程。

定义 8.1　函数 $f(\cdot)$称为 $o(h)$，如果它满足如下条件：

$$\lim_{h\to 0}\frac{f(h)}{h}=0 \tag{8.46}$$

定义 8.2　计数过程$\{N(t),t\geqslant 0\}$称为齐次泊松过程(homogeneous Poisson process, HPP)，如果它满足：

① $N(0)=0$；

② 过程有平稳增量(stationary increment)和独立增量；

③ 当 $h\to 0$ 时，$\lim\limits_{h\to 0}P(N(t+h)-N(t)=1)=\lambda_0 h+o(h)$；

④ 当 $h\to 0$ 时，$\lim\limits_{h\to 0}P(N(t+h)-N(t)\geqslant 2)=o(h)$。

其中，P 为概率函数。平稳增量是指对于任意的 t_1, t_2，有 $N(t_1+h)-N(t_1)=N(t_2+h)-N(t_2)$，又称$\{N(t),t\geqslant 0\}$为平稳增量过程。

根据泊松过程的定义和性质，如果故障的发生次数具有平稳增量，则故障发生过程$\{N(t),t\geqslant 0\}$是强度或速率为 λ_0 的齐次泊松过程。

（2）故障发生速率。

定义 8.2 中的 λ_0 是指在 t 时刻后单位时间内发生事件的平均个数，λ_0 理解为故障发生速率(rate of occurrence of fault, ROCOF)或故障发生强度，齐次泊松过程的故障发生速率 λ_0 为一待定常量，如图 8.19 所示。

若故障发生速率的值不是常数，而是随时间变化，则故障发生过程具有独立增量而不具有平稳增量，不满足定义 8.2 中的条件②，则该过程称为非平稳泊松过程或非齐次泊松过程(nonhomogeneous Poisson process, NHPP)。如果不确定故障

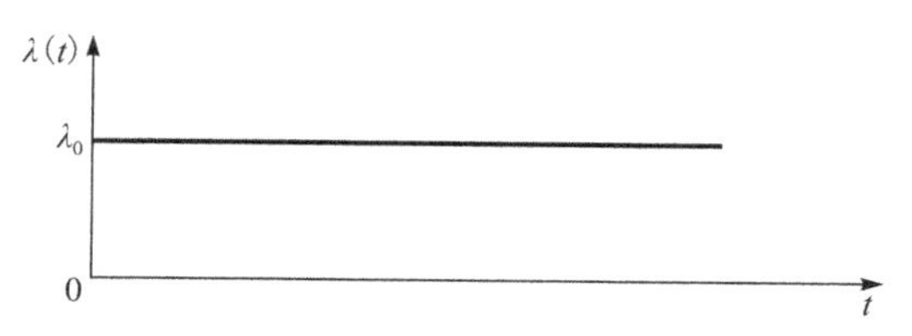

图 8.19　齐次泊松过程的故障发生速率示意图

发生速率的值是否为常数，则该过程可以笼统地称为泊松过程。

故障发生速率与故障率是有区别的。因为故障率 $\lambda^*(t)$ 定义为

$$\lambda^*(t)=\frac{\mathrm{d}r(t)}{N_s(t)\mathrm{d}t} \tag{8.47}$$

式中，$N_s(t)$ 为到 t 时刻尚未故障的产品数，又称残存产品数；$\mathrm{d}r(t)$ 为 $t+\mathrm{d}t$ 时间内发生故障的产品数。

实际工程计算时，按式(8.48)计算：

$$\lambda^*(t)=\frac{r(t+\Delta t)-r(t)}{(N_0-r(t))\Delta t}=\frac{\Delta r(t)}{N_s(t)\Delta t} \tag{8.48}$$

式中，$\Delta r(t)$ 为时间间隔 $(t,t+\Delta t)$ 内故障的产品数；$r(t)$ 为从 0 到 t 时刻的产品累计故障数；$N_s(t)$ 为到 t 时刻尚未故障的产品数；Δt 为所取时间间隔。

而故障发生速率 $\lambda_p(t)$ 的定义为平均故障发生次数的一阶导数，即

$$\lambda_p(t)=W'(t)=\lim_{\Delta t\to 0}\frac{E(N(t+\Delta t)-N(t))}{\Delta t} \tag{8.49}$$

式中，$W(t)=E(N(t))$，$W(t)$ 为时间间隔 $(0,t]$ 内的平均故障数，称为故障发生过程的均值函数(或累积故障强度函数)，即 $W(t)=\int_0^t \lambda_p(u)\mathrm{d}u$。

两者的分母也有所区别，故障率定义式的分母中有尚未故障的产品数量，而故障发生速率没有，从而导致两者的单位有所差别。因此，故障率的单位为“1/h”，表示的物理意义是某时间段内故障发生的概率，内涵是指一种概率或可能性。故障发生速率的单位为“次/h”，表示的物理意义是某时间段内故障发生次数，即故障发生的强度或频度。在随机过程中，事件的统计单位都用某段时间内发生多少次来表示，即单位为“次/时间”，随机过程中的参数用故障发生速率表示，不用故障率表示。

(3) 故障发生的平稳增量条件及性质。

在可靠性、维修性、测试性工程中，一般采取单故障假设，即在很短的时间 h 内 ($h\to 0$) 或同一时刻，发生两次或两次以上故障的可能性非常小。泊松过程中的条件④表示在很短的时间间隔内发生两个或两个以上故障的概率极低，这符合单故障假设情况。

一般来说，在很短的时间内发生故障的概率是很小的，但假如考虑很多个这样

很短的时间的连接,故障的发生将会有一个大致稳定的速率,这就类似于伯努利试验以及二项分布逼近泊松分布的假定,因此大多数故障发生过程可以用泊松过程来近似。

齐次泊松过程还有另外一种描述,可以很好地反映其具有平稳增量的性质。即计数过程$\{N(t),t\geqslant 0\}$是参数为$\lambda_0(\lambda_0>0)$的齐次泊松过程,如果有

(1) $N(0)=0$;

(2) 过程有独立增量;

(3) 在长度为s的任意时间区间中的事件个数服从均值为$\lambda_0 s$的泊松分布,即对任意的$s,t\geqslant 0$,有

$$P(N(t+s)-N(t)=n)=\mathrm{e}^{-\lambda_0 s}\frac{(\lambda_0 s)^n}{n!},\quad n=0,1,2,\cdots \tag{8.50}$$

因此,在时间间隔s内,故障发生次数$N(t+s)-N(t)$的分布不依赖于t,只与λ_0和s有关,该定义蕴含了过程的平稳增量性质。实际应用中一般通过考察故障事件发生间隔时间的统计规律来判断故障发生过程是否为齐次泊松过程。

考虑一个组/元件或系统的故障发生过程,以s_1表示第一个故障发生的时刻,s_1是一个随机变量。对于$n\geqslant 1$,以s_n记第$n-1$个到第n个故障之间的时间间隔,序列$\{s_n,n=1,2,3,\cdots\}$称为故障间隔时间序列。

若故障发生过程是强度为λ_0的齐次泊松过程,相邻两次故障时间间隔S服从参数为λ_0的指数分布,即$F_S(t)=1-\mathrm{e}^{-\lambda_0 t}$。

该性质反过来也成立,$\{N(t),t\geqslant 0\}$是齐次泊松过程的充分必要条件是它的事件发生时间间隔$s_1,s_2,\cdots,s_n,\cdots$相互独立且同指数分布。因此,若$s_1,s_2,\cdots,s_n,\cdots$是相互独立同分布的随机变量,且服从参数为$\lambda_0$的指数分布,令$t_i=\sum_{k=1}^{i}s_i$,则$t_1,t_2,\cdots,t_n,\cdots$是强度为$\lambda_0$的齐次泊松过程$\{N(t),t\geqslant 0\}$各个事件发生的时刻,这为基于齐次泊松过程的故障样本模拟生成提供了理论依据。

相邻两次故障时间间隔服从指数分布时故障发生过程才为齐次泊松过程,满足该条件需要一些假设,包括故障率常值假设(即寿命分布为指数分布)、完美维修假设、事后维修假设、维修时间忽略不计假设等。在实物试验的故障样本选取过程中,将故障样本量按故障率大小进行比例分配,故障率大的多分配,故障率小的少分配,且所有的故障率都为常值,该方法的理论基础就是齐次泊松过程。

若不能确定是否满足上述所有假设条件,可以通过假设检验的方法来判断故障发生过程是否为齐次泊松过程,一般采用χ^2检验方法。

2) 故障样本模拟生成

故障样本模拟生成就是利用计算机统计试验方法模拟产生故障样本,齐次泊松过程的样本轨迹都是跃度为1的递增阶梯函数,如图8.20所示。

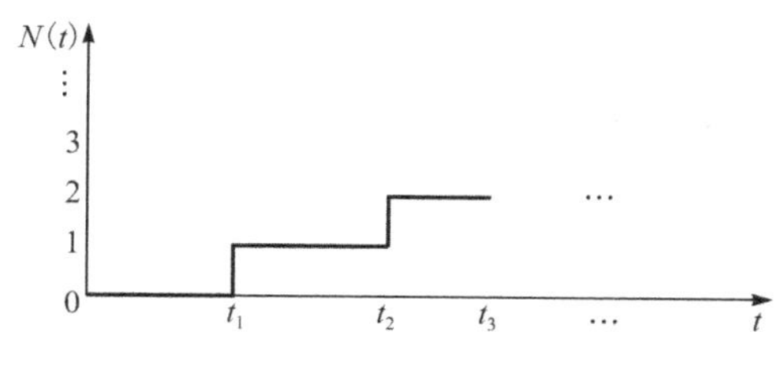

图 8.20　故障样本轨迹的示意图

由齐次泊松过程的性质可知，各事件的相继发生时间间隔 $s_1,s_2,\cdots,s_n,\cdots$ 是相互独立且服从同一参数的指数分布。这一约束条件，一般只有事后维修模式且完美维修假设下的故障发生过程才能满足，才有可能是齐次泊松过程。定期维修模式下的故障发生过程一般不是齐次泊松过程，而是准更新过程或非齐次泊松过程（见 8.3.2 节第三和第四部分），非完美维修下的故障发生过程一般为非齐次泊松过程。

基于齐次泊松过程的故障样本模拟生成基本思想如下：由计算机产生指数分布的随机数并赋给 $s_1,s_2,\cdots,s_n,\cdots$，仿真获得各事件的相继发生时间间隔，得到 s_1，$s_2,\cdots,s_n,\cdots$ 的抽样样本值，即可仿真获得齐次泊松过程的样本轨迹，得到故障样本。

计算机产生指数分布的随机数时需要用到统计仿真试验中常用的逆变换法，由均匀分布的随机数可构造出任一分布的随机数。给定分布 $F(x)$，假定：

$$U=F(x) \tag{8.51}$$

式中，U 为在[0,1]区间均匀分布的随机变量，由 $F(x)$ 的反函数对均匀随机变量进行变换，可得 $X=F^{-1}(U)$。

则 X 的分布函数正好是 $F(x)$。因为：

$$\begin{aligned}F_X(x)&=P(X\leqslant x)=P(F^{-1}(U)\leqslant x)=P(u\leqslant F(x))\\&=\int_{-\infty}^{F(x)}f_U(u)\,\mathrm{d}u=\int_{-\infty}^{F(x)}\mathrm{d}u=F(x)\end{aligned} \tag{8.52}$$

式中，$f_U(u)$ 为均匀随机变量 U 的密度函数。

故障发生的齐次泊松过程中相继发生间隔时间变量的分布函数为 $F_S(t)=1-\mathrm{e}^{-\lambda_0 t}$，$F_S(t)$ 的反函数为

$$S=F^{-1}(U)=-\frac{1}{\lambda_0}\ln(1-U) \tag{8.53}$$

在确定 λ_0 时，假设环境应力只影响故障发生速率，不影响故障发生速率的函数形式，该假设适用于本章所有故障样本模拟生成环节。根据 8.3.2 节第一部分阐述的环境-故障关联分析方法，计算实际环境与故障关联因子 η，设 λ_1 为参考环境应力等级下的故障发生速率，赋值 $\lambda_0=\eta\lambda_1$，这样便将环境-故障关联因子导入。后面基于更新过程和基于非齐次泊松过程的故障样本模拟生成中确定故障发生速

率时，也采用同样的方式引入环境-故障关联因子，本书不再赘述。

对象的寿命分布为指数分布、维修模式为事后维修、维修效果为完美维修时，其故障发生才为齐次泊松过程，该情况下的故障样本模拟生成流程如图 8.21 所示，其基本步骤如下：

(1) 确定故障发生的齐次泊松过程参数 λ_0；

(2) 生成[0,1]区间均匀分布的随机数 u_i；

(3) 根据式(8.53)计算各故障事件的相继发生时间间隔 s_i；

(4) 计算故障事件发生时间 t_i；

(5) 按测试性指标统计规定的时间段设定截止时间 T^*，$t_i > T^*$ 后停止仿真；

(6) 将仿真生成的故障次数按各故障模式发生相对比例进行概率抽样，获得包含各故障模式发生次数的故障样本。

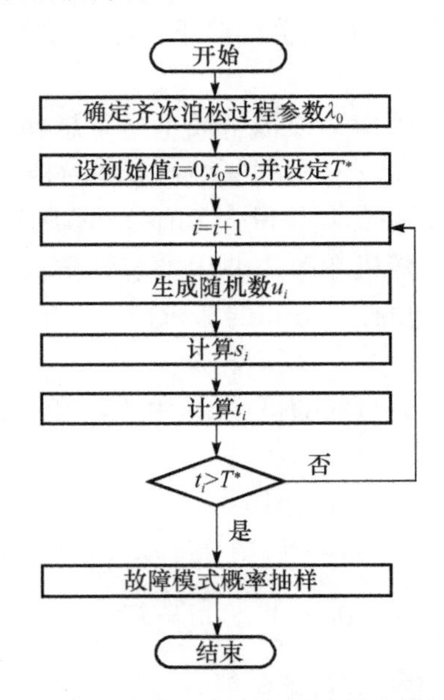

图 8.21　基于齐次泊松过程的故障样本模拟生成流程

3. 基于更新过程的故障样本模拟生成技术

1) 故障发生的更新过程模型

指数分布虽然是寿命分布的常见类型，但其他分布类型也占有较大比重，如正态分布、对数正态分布、韦布尔分布、Gamma 分布等。工程实际中很多零部件寿命不一定服从单参数的指数分布，简单地假设所有类型组件的寿命分布形式为指数分布，将给故障样本模拟生成结果带来较大误差，此种情况下的故障发生过程需要用更新过程来描述。

更新过程(renewal process,RP)的数学定义为:设$\{N(t),t\geqslant 0\}$是一个计数过程,s_n表示第$n-1$次事件和第n次事件之间的时间间隔($n\geqslant 1$),且$\{s_1,s_2,\cdots\}$为一非负、独立、同分布随机变量序列,则称$\{N(t),t\geqslant 0\}$为更新过程。

更新过程是现代随机过程理论的重要分支,在机器维修、计数器、交通流等许多问题的应用中得到发展[16-18]。考察某台设备上的一种零件,采取事后维修方式,当零件发生故障后立刻检修并换上新的(假设完美维修),不考虑关联失效,各零件发生故障一般假设是相互独立的,它们的使用寿命是随机的并有相同的概率分布,则在时间$[0,t]$内该类零件发生故障的总数$N(t)$就构成一个更新过程。因此,假设对象每次都完美维修并采取事后维修模式,则相邻两个故障事件之间的时间间隔是独立同分布的随机变量,该对象的故障发生过程为更新过程。

令$N(t)$的数学期望为$M(t)$,称$M(t)$为更新过程的更新函数,更新过程由更新函数完全确定,且有

$$\begin{aligned}M(t)=E(N(t))&=\sum_{n=1}^{\infty}nP(N(t)=n)\\&=\sum_{n=1}^{\infty}n(P(N(t)\geqslant n)-P(N(t)\geqslant n+1))\\&=\sum_{n=1}^{\infty}n(P(t_n\leqslant t)-P(t_{n+1}\leqslant t))\end{aligned}\tag{8.54}$$

由更新过程的定义可知,$t_1,t_2,\cdots,t_n,\cdots$是若干个相互独立且同分布的随机变量之和,$t_n$的分布$F_n(t)$是$F(t)$的$n$重卷积。于是,式(8.54)可写为

$$M(t)=\sum_{n=1}^{\infty}n(F_n(t)-F_{n+1}(t))=\sum_{n=1}^{\infty}(nF_n(t)-(n-1)F_n(t))=\sum_{n=1}^{\infty}F_n(t)\tag{8.55}$$

由于$F_n(t)$与$F(t)$相互唯一确定,$F_n(t)$又与$M(t)$相互唯一确定,所以若已知$F(t)$或其密度$f(t)$,就可以唯一确定更新过程并依此进行仿真计算。

在完美维修假设下,故障发生的更新过程模型可由累积故障分布函数或故障密度函数唯一确定。通过历史经验数据和可靠性试验数据,并引入环境-故障关联因子,可以估计得到累积故障分布函数$F(t)$或故障密度函数$f(t)$,确定更新过程后则可以通过统计试验模拟生成故障样本。

2) 故障样本模拟生成

如果一个故障事件在时刻z发生,它独立于时刻z前出现的故障事件,设$\{N(t)-N(t-h)=1\}$表示在时刻t发生一故障事件(其中,$h\to 0$),记该事件为A_t,A_t从发生到下一故障事件发生的间隔时间为t_Δ,事件$\{t_\Delta<x\}$等价于在时刻t和$t+x$之间有一故障事件发生,即$\{N(t+x)-N(t)=1\}$,则t时刻后下一个故障事件发生的间隔时间分布$F_t(x)$为

$$F_t(x)=P(t_\Delta < x \mid A_t)=P(N(t+x)-N(t)=1 \mid A_t) \tag{8.56}$$

根据故障发生事件的独立性假设，有

$$F_t(x)=P(N(t+x)-N(t)=1) \tag{8.57}$$

根据更新过程的定义和性质，$F_t(x)$具有相同的分布函数，且同为累积故障分布函数，故障事件发生的间隔时间分布函数即累积故障分布函数。

(1) 完美维修及事后维修下的故障样本模拟生成。假设某对象故障后都完美维修并采取事后维修模式，它的故障发生过程则为更新过程，故障样本模拟生成流程如图 8.22 所示，模拟生成故障样本的基本步骤如下：

① 确定累积故障分布函数 $F(t)$或 $f(t)$；

② 计算累积故障分布函数 $F(t)$的逆函数 $F^{-1}(U)$；

③ 产生[0,1]区间均匀分布的随机数 u_i；

④ 用逆变换法模拟生成故障间隔时间 s_i 和发生时间 t_i；

⑤ 按测试性指标统计规定的时间段设定截止时间 T^*，当 $t_i > T^*$ 后停止仿真；

⑥ 将仿真生成的故障次数按各故障模式发生比例进行概率抽样，获得包含各故障模式发生次数的故障样本。

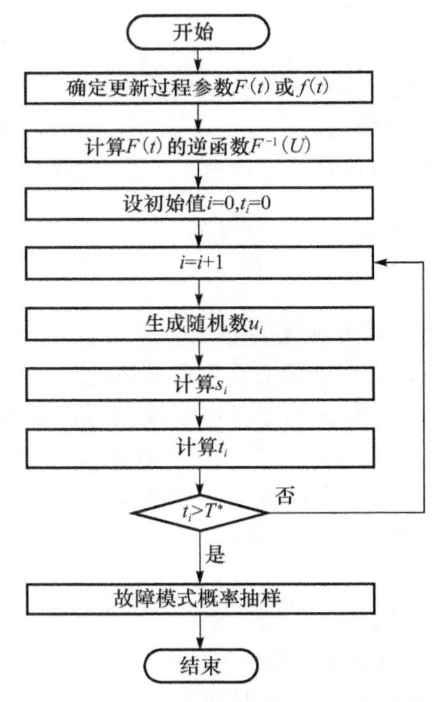

图 8.22　完美维修及事后维修情况下基于 RP 的故障样本模拟生成流程

(2) 完美维修及定期维修下的故障样本模拟生成。另外一种维修方式为定期维修，定期维修有如下特点：在定期维修间隔周期 T_w 前发生的故障，按事后维修处理；在定期维修间隔周期 T_w 前未发生故障的零件，无论其健康状态如何，只要使用时间超过 T_w，在 T_w 时都要进行换件维修，以减少故障发生次数。由于引入定期维修，故障发生间隔时间不一定服从同一分布，不再是严格意义上的更新过程，而是一个周期为 T_w 的周期过程和更新过程的交叉混合，可以认为是混合更新过程。与事后维修模式下的故障样本模拟生成流程有所不同，定期维修模式下故障样本模拟生成流程(图 8.23)在仿真时需要考察元件的仿真寿命是否小于 T_w，若成立，则表示在定期维修前该元件已损坏，采取事后的换件维修；若不成立，则表示在定期维修前未发生故障，该元件在定期维修时强制更换。故障样本模拟生成的基本步骤如下：

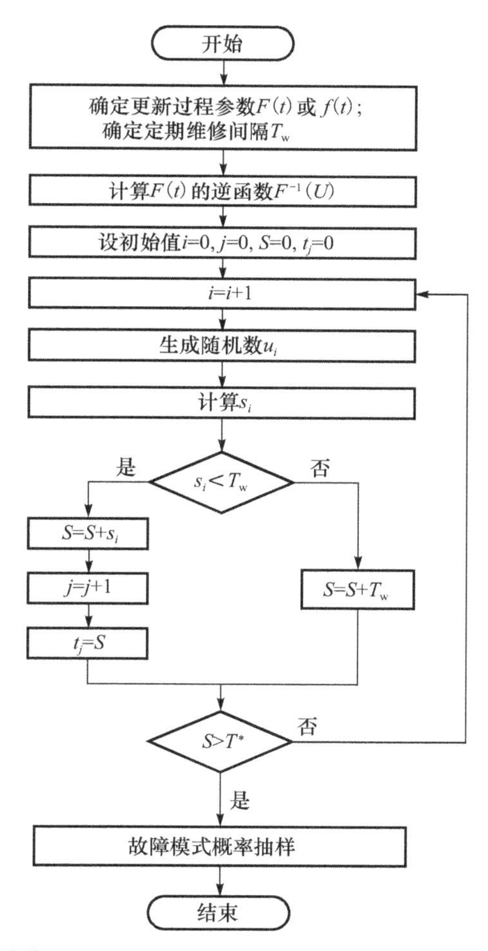

图 8.23　完美维修及定期维修情况下基于混合 RP 的故障样本模拟生成流程

① 确定累积故障分布函数 $F(t)$，确定定期维修间隔周期 T_w。

② 计算累积故障分布函数 $F(t)$ 的逆函数 $F^{-1}(U)$。

③ 产生随机数 u_i。

④ 用逆变换法模拟生成第 i 个新元件的寿命 s_i，并判断 $s_i < T_w$ 是否成立，若成立，则采取事后换件维修，状态更新，累计使用时间 S 用 $S+s_i$ 更新；若不成立，则表示在定期维修前未发生故障，该元件在定期维修时换成新的，状态随之更新，累计使用时间 S 用 $S+T_w$ 更新。只有 $s_i < T_w$ 成立时，才表示该元件发生了故障，故障次数 j 随之增加，t_j 为第 j 次故障发生时刻。

⑤ 按测试性指标统计规定的时间段设定截止时间，到达规定的时间 T^* 后停止仿真。

⑥ 将仿真生成的故障次数按各故障模式发生比例进行概率抽样，获得包含各故障模式发生次数的故障样本。

4. 基于非齐次泊松过程的故障样本模拟生成技术

1）非齐次泊松过程

前面介绍的齐次泊松过程和更新过程都要求采取完美维修假设，部件或元件全新更换时，可假设部件或元件修复如新。工程实际还存在其他情况，某个部件由许多零件组成，部件出现故障是由其中的某个零件发生故障所导致，在维修时只修复或更换该故障零件，对于零件采取完美维修假设还是合理的，但是对于部件，其维修效果为完美维修的假设不再适合，这种情况下用齐次泊松过程和更新过程来描述系统的故障发生过程时会产生较大的误差。在工程实践中，一般认为上述情况下部件的维修效果为最小维修或非完美维修[19]，此种情况下的故障发生过程用齐次泊松过程和更新过程来描述已不再合适，而一般用随机过程理论中的非齐次泊松过程来描述[20,21]。

最小维修是指系统在维修前后的故障发生概率近似相等，故障发生速率(ROCOF)是连续函数，如图 8.24 所示的连续变化情况。最小维修假设是一种对实际维修活动及效果的近似，在维修性工程、可靠性工程领域经常被采用。

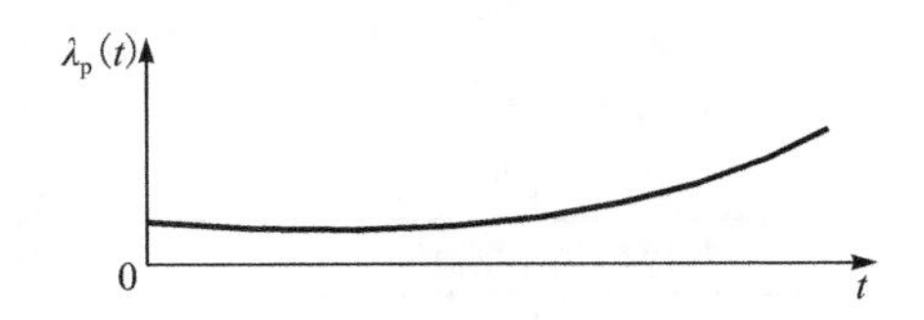

图 8.24 非齐次泊松过程的 ROCOF 示意图

下面给出非齐次泊松过程的定义，计数过程 $\{N(t), t\geqslant 0\}$ 若满足：

(1) $N(0)=0$;

(2) 过程有独立增量;

(3) 当 $h\to 0$ 时,$\lim\limits_{h\to 0}P(N(t+h)-N(t)=1)=\lambda_{\mathrm{p}}(t)h+o(h)$;

(4) 当 $h\to 0$ 时,$\lim\limits_{h\to 0}P(N(t+h)-N(t)\geqslant 2)=o(h)$。

则称计数过程$\{N(t),t\geqslant 0\}$是具有速率为 $\lambda_{\mathrm{p}}(t)$的非齐次泊松过程。与齐次泊松过程不同的是,非齐次泊松过程中故障发生速率的值不一定是常数,可能是随时间变化的变量,则故障发生过程具有独立增量而不具有平稳增量,非齐次泊松过程的故障发生速率 $\lambda_{\mathrm{p}}(t)$示意图如图 8.24 所示。

可见,齐次泊松过程是非齐次泊松过程的一种特例,非齐次泊松过程是齐次泊松过程的推广。由于非齐次泊松过程并不要求相邻两个事件之间的时间间隔是独立同分布的随机变量,所以它也是更新过程的推广。

类似于齐次泊松过程,非齐次泊松过程还有如下等价定义。若计数过程$\{N(t),t\geqslant 0\}$满足:

(1) $N(0)=0$;

(2) 过程有独立增量;

(3) 对任意实数 $s,t\geqslant 0$,$N(t+s)-N(t)$为具有参数为 $W(t+s)-W(t)$的泊松分布,其中

$$W(t+s)-W(t)=\int_{t}^{t+s}\lambda(u)\mathrm{d}u \tag{8.58}$$

(4) 在时间间隔$[0,t]$内,故障发生次数服从泊松分布:

$$P(N(t)=n)=\frac{(W(t))^{n}}{n!}\mathrm{e}^{-W(t)} \tag{8.59}$$

则该计数过程为非齐次泊松过程。式(8.59)为后面的故障样本模拟生成算法提供了理论基础。

前面介绍了完美维修和最小维修,它们是维修效果的两种极端情况。介于完美维修和最小维修之间的维修效果称为非完美维修,例如:①某故障件被换件维修时,备件由于存储了较长时间,可靠性水平有所降低,换件后的健康状态并不是全新的,不能近似为完美维修;②由于维修人员的技术水平,维修效果并不理想;③对于某些累积损伤型故障的修复,维修行为只修复了部分损伤,维修是不完美的。

非完美维修活动结束后,会使系统的故障发生速率或强度有所降低,假设维修时间忽略不计,故障发生速率的值在维修时间点处发生一次跳跃,不再是全连续的函数,只满足右连续条件。非完美维修情况下 ROCOF 示意图如图 8.25 所示,t_1,t_2,…为维修活动时间节点,在各个维修行为处 $\lambda_{\mathrm{p}}(t)$的值下降,这是与完美维修和最小维修的最大区别。

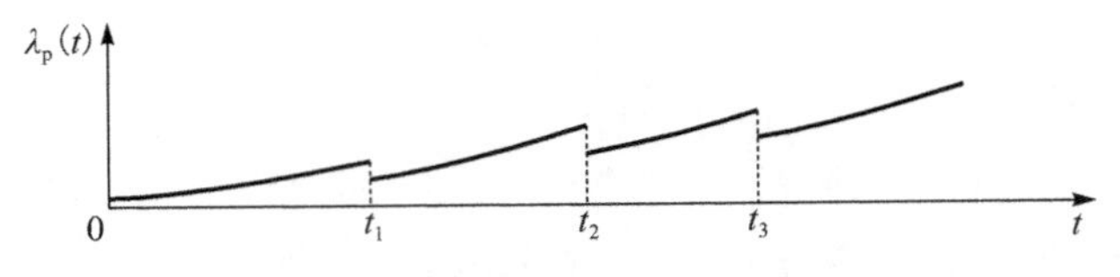

图 8.25　非完美维修情况下系统 ROCOF 示意图

2）故障发生的参数化 NHPP 模型

（1）最小维修情况下的参数化 NHPP 模型。根据前面对故障发生过程的描述，只要确定了故障发生速率 $\lambda_p(t)$ 的形式和相关参数就确定了故障发生过程的数学模型。根据不同类型的 $\lambda_p(t)$ 及其函数形式，描述最小维修下故障发生过程的 NHPP 模型主要分为线性模型、幂律模型和对数线性模型，三类模型都可以表示为如下统一形式：

$$\lambda_p(t)=\lambda_0 g(t;\psi) \tag{8.60}$$

式中，λ_0 为待定系数，$g(t;\psi)$ 决定 $\lambda_p(t)$ 的形状。

① 线性模型。线性模型的 $\lambda_p(t)$ 表示为

$$\lambda_p(t)=\lambda_0(1+\alpha t) \tag{8.61}$$

式中，$\lambda_0>0$，$t\geqslant 0$，且有

$$W(t)=\int_0^t \lambda_p(u)\mathrm{d}u=\int_0^t \lambda_0(1+\alpha u)\mathrm{d}u=\lambda_0\left(t+\frac{\alpha t^2}{2}\right) \tag{8.62}$$

线性模型相对简单，适用于描述 $\lambda_p(t)$ 呈线性增加或减少的一类特殊故障发生过程。

② 幂律模型。幂律模型的 $\lambda_p(t)$ 表示为

$$\lambda_p(t)=\lambda_0\beta t^{\beta-1} \tag{8.63}$$

式中，$\lambda_0>0$，$\beta>0$，$t\geqslant 0$，且有

$$W(t)=\int_0^t \lambda_p(u)\mathrm{d}u=\int_0^t \lambda_0\beta u^{\beta-1}\mathrm{d}u=\lambda_0 t^{\beta}-\lambda_0 \tag{8.64}$$

幂律模型的 $\lambda_p(t)$ 与韦布尔分布的故障率函数具有类似的形式，这类 NHPP 可看成韦布尔过程，一般用于描述机械、液压产品故障发生过程。

③ 对数线性模型。对数线性模型的 $\lambda_p(t)$ 表示为

$$\lambda_p(t)=\lambda_0 \mathrm{e}^{\beta t} \tag{8.65}$$

式中，$\lambda_0>0$，$t\geqslant 0$，且有

$$W(t)=\int_0^t \lambda_p(u)\mathrm{d}u=\int_0^t \lambda_0 \mathrm{e}^{\beta u}\mathrm{d}u=\frac{\lambda_0}{\beta}\mathrm{e}^{\beta t}-\frac{\lambda_0}{\beta} \tag{8.66}$$

对于用对数线性模型建模表示的可修系统故障发生过程，当 $\beta=0$ 时，$\lambda_p(t)=\lambda_0$ 为常数，NHPP 退化为 HPP；当 $\beta<0$ 时，系统逐渐改良；当 $\beta>0$ 时，系统逐渐恶化。该模型适合描述电子产品的故障发生过程。

（2）非完美维修情况下的 NHPP 模型。某对象在 $t=0$ 时刻投入运行，当对象发生故障时，激发一个维修行为，维修行为使该对象回到"如新"状态的概率为 p，维修行为使对象恢复"如旧"状态的最小维修概率为 $1-p$，即维修效果为完美维修的概率为 p，维修效果为最小维修的概率为 $1-p$。在这种维修策略和假设基础上，非完美维修被看成最小维修和完美维修的混合，称该类混合模型为 Brown 模型。当 $p=1$ 时，Brown 模型演变为更新过程模型；当 $p=0$ 时，Brown 模型演变为 NHPP 模型。因此，更新过程和 NHPP 被视为 Brown 模型的两种极端情况。

Brown 模型的物理意义是，若发生 100 次故障并假设 $p=0.05$，表明大概有 95 次故障的维修效果为最小维修，5 次故障的维修效果为完美维修，各单次维修的效果是随机的。Brown 模型中 ROCOF 示意图如图 8.26 所示，其中 t_4 时刻的维修活动效果为完美维修，$\lambda_p(t)$ 回到初始时刻的状态值，其他时刻（t_1, t_2, t_3, t_5, t_6）的维修活动效果为最小维修，$\lambda_p(t)$ 维持不变。

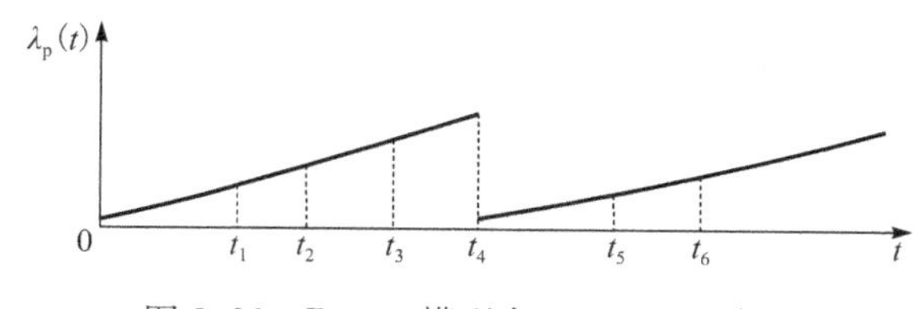

图 8.26　Brown 模型中 ROCOF 示意图

Brown 模型用于描述维修效果不稳定的情况，并将这种不稳定情况用概率表示。出现维修效果不稳定的原因包括维修人员的技术水平、备件的可靠性水平等。

还有学者提出 ROCOF 缩减模型，忽略维修时间，假设在 t_i 时刻出现故障并修复，令 t_{i-} 表示 t_i 时刻前的那一瞬间时刻，t_{i+} 表示 t_i 时刻后的那一瞬间时刻，ROCOF 缩减模型的一般形式为

$$\lambda_p(t_{i+})=\lambda_p(t_{i-})-\varphi(i,t_1,t_2,\cdots,t_i) \tag{8.67}$$

式中，$\varphi(i,t_1,t_2,\cdots,t_i)$ 表示 ROCOF 的缩减量。非完美维修下 ROCOF 缩减模型示意图如图 8.27 所示，$\lambda_c(t)$ 为初始的 ROCOF 函数曲线，经过一次维修行为后，维修效果介于完美维修和最小维修之间，ROCOF 有一定程度的缩减量。

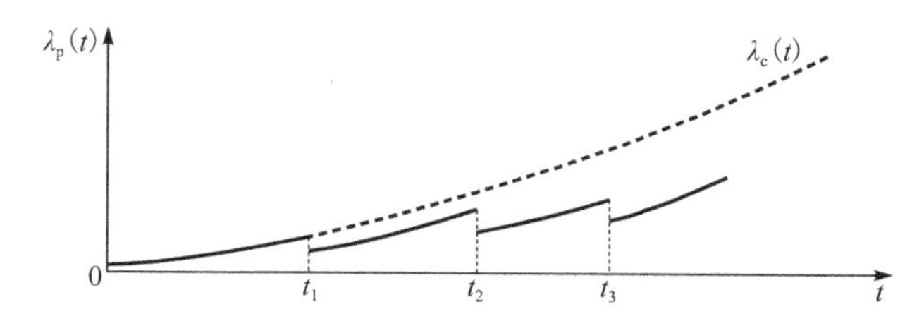

图 8.27　非完美维修下 ROCOF 缩减模型示意图

根据缩减方式的不同，ROCOF 缩减模型分为两种，一种是按固定量缩减，即

$$\lambda_{\mathrm{p}}(t_{i+})=\lambda_{\mathrm{p}}(t_{i-})-\Delta\lambda \tag{8.68}$$

式中，$\Delta\lambda$ 表示某固定常量，在每一次非完美维修后使系统的 ROCOF 减少一个固定的值 $\Delta\lambda$。

另一种是按比例缩减，即

$$\lambda_{\mathrm{p}}(t_{i+})=\lambda_{\mathrm{p}}(t_{i-})(1-\rho),\quad 0\leqslant\rho\leqslant 1 \tag{8.69}$$

式中，ρ 表示缩小比例，在每一次非完美维修后，系统的 ROCOF 值比维修前减少一定的比例 ρ，ρ 是表示维修行为有效性的指标。

ROCOF 缩减模型适用于描述对耗损型故障的维修，物理意义上的解释是：部件经过一段时间的工作，损伤积累到一定程度发生故障，经过一次维修行为后，修复了一部分损伤，部件功能恢复正常，该部件 ROCOF 有所减少，随着时间的增加，损伤继续累积，ROCOF 逐渐增大，直至发生下一次故障和维修行为。

假设第一段时间间隔区间$[0,t_1)$内 ROCOF 为 $\lambda_{\mathrm{c}}(t)$，则在第二段时间间隔区间$[t_1,t_2)$内的 ROCOF 记为 $\lambda_2(t)$，有

$$\lambda_2(t)=\lambda_{\mathrm{c}}(t)-\rho\lambda_{\mathrm{c}}(t_1) \tag{8.70}$$

同样，在第三个时间间隔区间$[t_2,t_3)$内的 ROCOF 为

$$\begin{aligned}\lambda_3(t)&=\lambda_{\mathrm{c}}(t)-\rho\lambda_{\mathrm{c}}(t_1)-\rho(\lambda_{\mathrm{c}}(t_2)-\rho\lambda_{\mathrm{c}}(t_1))\\&=\lambda_{\mathrm{c}}(t)-\rho((1-\rho)^0\lambda_{\mathrm{c}}(t_2)+(1-\rho)^1\lambda_{\mathrm{c}}(t_1))\end{aligned} \tag{8.71}$$

依此类推，ROCOF 与时间的关系式可以表示为

$$\lambda_{\mathrm{p}}(t)=\lambda_{\mathrm{c}}(t)-\rho\sum_{i=0}^{N(t)}(1-\rho)^i\lambda_{\mathrm{c}}(t_{N(t)-i}) \tag{8.72}$$

式(8.72)是式(8.69)的递推形式，这种按比例缩减模型假设一个维修行为使系统以前的全部累积损伤减少一定的比例，有些文献称这种模型为强度无限压缩模型(arithmetic reduction of intensity with infinite memory，ARI_∞)。

另外有一种按比例缩减模型，它假设一个维修行为只能减少一部分累积损伤，并不一定是全部累积损伤。例如，如果假设维修行为只把上一个时间区间内的损伤减少一定的百分数，则有

$$\lambda_{\mathrm{p}}(t)=\lambda_{\mathrm{c}}(t)-\rho\lambda_{\mathrm{c}}(t_{N(t)}) \tag{8.73}$$

这种模型称为强度单次压缩模型(arithmetic reduction of intensity with memory one，ARI_1)。ARI_∞ 和 ARI_1 是两种极端情况，更一般的情况是介于 ARI_∞ 和 ARI_1 之间的一种情况，即

$$\lambda_{\mathrm{p}}(t)=\lambda_{\mathrm{c}}(t)-\rho\sum_{i=0}^{\min\{m-1,N(t)\}}(1-\rho)^i\lambda_{\mathrm{c}}(t_{N(t)-i}) \tag{8.74}$$

称这种模型为强度 m 次压缩模型(arithmetic reduction of intensity with memory m，ARI_m)。

3）故障样本模拟生成

（1）最小维修下故障样本模拟生成。设$\{N(t)-N(t-h)=1\}$表示在时刻 t 发生一次故障事件（其中，$h\to 0$），记该事件为 A_t，从 A_t 发生到下一故障事件发生的时间间隔为 t_Δ，事件$\{t_\Delta < x\}$等价于在时刻 t 和 $t+x$ 之间有一故障事件发生，即$\{N(t+x)-N(t)=1\}$，故障间隔时间分布函数 $F_t(x)$为

$$F_t(x)=P(N(t+x)-N(t)=1)=1-P(N(t+x)-N(t)=0) \tag{8.75}$$

根据式(8.59)，将式(8.75)进一步化简可得

$$\begin{aligned}F_t(x)&=1-P(N(t+x)-N(t)=0)=1-\mathrm{e}^{-(W(t+x)-W(t))}=1-\mathrm{e}^{-\int_t^{t+x}\lambda_{\mathrm{p}}(y)\mathrm{d}y}\\&=1-\mathrm{e}^{-\int_0^x\lambda_{\mathrm{p}}(y+t)\mathrm{d}y}\end{aligned} \tag{8.76}$$

$F_t(x)$的值位于 0 和 1 之间，即 $0<F_t(x)<1$，通过产生$[0,1]$内均匀分布的随机变量 U，经逆变换法可得服从 $F_t(x)$分布的随机样本 X，进而依次求得故障相继发生时间。在故障样本模拟生成时要用到 $F_t(x)$的逆函数，三种参数化 NHPP 模型下 $F_t(x)$的逆函数存在且可求，用故障间隔时间产生法模拟生成故障样本是可行的。

① 线性模型。故障发生速率为 $\lambda_{\mathrm{p}}(t)=\lambda_0(1+\alpha t)$，当 $\alpha=0$ 时，故障发生的 NHPP 退化为齐次泊松过程，可采用基于齐次泊松过程的故障样本模拟生成方法。当 $\alpha\neq 0$ 时，有

$$\begin{aligned}F_t(x)&=1-\mathrm{e}^{-\int_0^x\lambda_{\mathrm{p}}(y+t)\mathrm{d}y}=1-\mathrm{e}^{-\int_0^x\lambda_0(1+\alpha y+\alpha t)\mathrm{d}y}=1-\mathrm{e}^{-\left(\lambda_0 y+\frac{1}{2}\lambda_0\alpha y^2+\lambda_0\alpha t y\right)}\Big|_0^x\\&=1-\mathrm{e}^{-(\lambda_0 x+\frac{1}{2}\lambda_0\alpha x^2+\lambda_0\alpha t x)}\end{aligned} \tag{8.77}$$

令 $U=F_t(x)$，有 $0<U<1$，计算得到 $F_t(x)$的逆函数为

$$F_t^{-1}(U)=-t-\frac{1}{\alpha}+\sqrt{\left(t+\frac{1}{\alpha}\right)^2-\frac{2}{\lambda_0\alpha}\ln(1-U)} \tag{8.78}$$

② 幂律模型。对于幂律模型，NHPP 参数为 $\lambda_{\mathrm{p}}(t)=\lambda_0\beta t^{\beta-1}$ 的形式，当 $\beta=0$ 时，故障发生的 NHPP 退化为齐次泊松过程，可采用基于齐次泊松过程的故障样本模拟生成方法。

当 $\beta\neq 0$ 时，同样，令 $U=F_t(x)$，计算得到 $F_t(x)$的逆函数为

$$F_t^{-1}(U)=-t+\sqrt[\beta]{t^\beta-\ln(1-U)/\lambda_0} \tag{8.79}$$

③ 对数线性模型。对于对数线性模型，故障发生速率为 $\lambda_{\mathrm{p}}(t)=\lambda_0\mathrm{e}^{\beta t}$ 的形式，当 $\beta=0$ 时，故障发生的 NHPP 退化为齐次泊松过程，可采用基于齐次泊松过程的故障样本模拟生成方法。当 $\beta\neq 0$ 时，令 $U=F_t(x)$，计算得到 $F_t(x)$的逆函数为

$$F_t^{-1}(U)=\frac{\ln\left[\mathrm{e}^{\beta t}-\dfrac{\beta}{\lambda_0}\ln(1-z)\right]}{\beta}-t \tag{8.80}$$

只要求得 $F_t(x)$ 的逆函数 $F_t^{-1}(U)$，就可以通过统计仿真获得故障发生的间隔时间，从而仿真生成故障样本。

假设采取事后维修，维修效果为最小维修，故障样本模拟生成流程如图 8.28 所示，模拟生成故障样本的基本步骤为：

① 确定 NHPP 参数和规定的测试性指标统计时间 T^*；

② 设定仿真用参数初始值，包括故障发生次数 i 及第 i 次故障发生时刻 t_i；

③ 赋值 $t=t_i$；

④ 计算故障事件发生的时间间隔分布 $F_t(x)$ 及其逆函数 $F_t^{-1}(U)$；

⑤ 产生[0,1]区间均匀分布的随机数 u_i；

⑥ 用逆变换法模拟生成事件间隔时间 s_i 和事件发生时间 t_i；

⑦ 到达规定的时间 T^* 后停止仿真，否则返回步骤③继续统计仿真试验。

⑧ 将仿真生成的故障次数按故障模式发生比例进行概率抽样，获得包含各故障模式发生次数的故障样本。

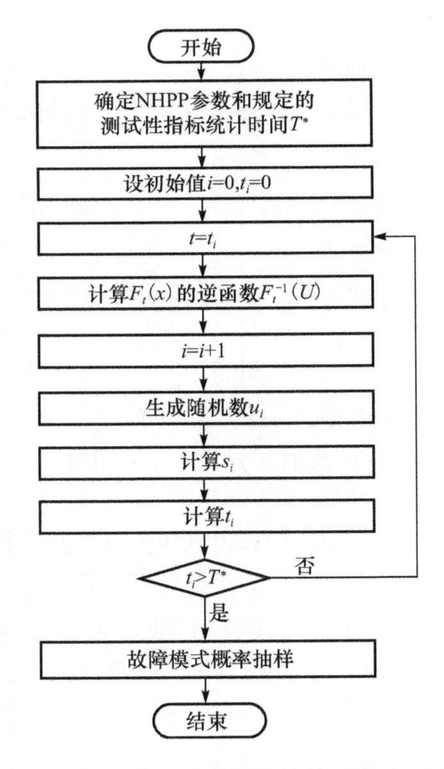

图 8.28　最小维修及事后维修情况下基于 NHPP 的故障样本模拟生成流程

假设实际使用时采取定期维修方式且为最小维修，这种情况下的故障样本模拟生成流程有所不同。定期维修模式下，在定期维修间隔周期 T_w 前发生的故障按事后维修处理；在定期维修窗口到达时，对部件或系统进行检修，修复部件或系统中的部分损伤，减少故障的发生次数。

最小维修和定期维修情况下基于 NHPP 的故障样本模拟流程如图 8.29 所示，在仿真时需要考察系统的故障发生间隔仿真时间 s_i 是否小于 T_w，若 $s_i<T_w$ 成立，则表示系统在定期维修到来之前已经发生故障，采取事后维修方式，维修效果为最小维修，仿真下一次故障事件间隔时间以该故障发生时刻为起始点；若 $s_i<T_w$ 不成立，则表示在定期维修前未发生故障，该系统在定期维修时按规定检修，维修效果也为最小维修，仿真下一次故障事件间隔时间时以该定期维修时刻为起始点。

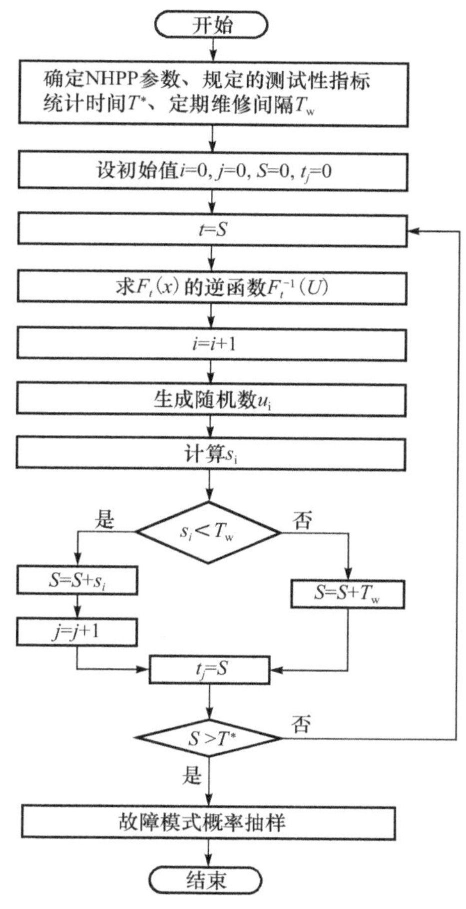

图 8.29　最小维修及定期维修情况下基于 NHPP 的故障样本模拟生成流程

定期维修下基于 NHPP 的故障样本模拟生成的基本步骤为：

① 确定 NHPP 参数、规定的测试性指标统计时间 T^*、定期维修间隔周期 T_w。

② 设置仿真用参数初始值，如随机数个数 i，故障发生次数 j，累计使用时间 S，故障发生时刻 t_j。

③ 赋值 $t=S$。

④ 计算故障事件发生的时间间隔分布 $F_t(x)$ 及其逆函数 $F_t^{-1}(U)$。

⑤ 产生[0,1]区间均匀分布的随机数 u_i。

⑥ 用逆变换法模拟生成第 i 次故障事件发生时间 s_i，并判断 $s_i<T_w$ 是否成立，若成立，采取事后维修，累积使用时间 S 用 $S+s_i$ 更新；若不成立，表示在定期维修前未发生故障，该在定期维修时按规定检修，累积使用时间 S 用 $S+T_w$ 更新。只有 $s_i<T_w$ 成立时，才表示发生了故障，故障次数 j 随之增加，t_j 为第 j 次故障发生时刻。

⑦ 到达规定的时间 T^* 后停止仿真，否则，返回步骤③继续统计仿真试验。

⑧ 将仿真生成的故障次数按故障模式发生比例进行概率抽样，获得包含各故障模式发生次数的故障样本。

(2) 非完美维修下故障样本模拟生成。对于非完美维修情况下的 NHPP 模型，ROCOF 是分段跳跃型函数，各跳跃点是随机的，非完美维修情况下求 $F_t(x)$ 及其逆函数与前面最小维修情况下求 $F_t(x)$ 及其逆函数有所区别。最小维修情况下由于 $\lambda_c(t)$ 左右都连续，$F_t(x)$ 也是左右都连续的函数，$F_t(x)$ 及其逆函数可一次性求得。在非完美维修情况下，由于 $\lambda_c(t)$ 是分段右连续函数，$F_t(x)$ 及其逆函数不能一次性求得，需要分段求解，求解过程变得较复杂，计算机难以自动求解并仿真。

例如，设初始的 ROCOF 为 $\lambda_c(t)$，最小维修下 ROCOF 按式(8.72)缩减，在第 1 段时间间隔区间$[0,t_1)$内，记 ROCOF 为 $\lambda_1(t)$，根据式(8.76)，有

$$F_{(1)t}(x)=1-\mathrm{e}^{-\int_0^x \lambda_p(y+t)\mathrm{d}y}=1-\mathrm{e}^{-\int_0^x \lambda_c(y+t)\mathrm{d}y} \tag{8.81}$$

记第 1 段时间间隔区间内的故障间隔时间分布函数为 $F_{(1)t}(x)$，同样，记第 2 段时间间隔区间内的故障间隔时间分布函数为 $F_{(2)t}(x)$，ROCOF 为 $\lambda_2(t)$，假设第 1 次故障发生时刻为 t_1，在第 2 段时间间隔区间$[t_1,t_2)$内，有 $\lambda_2(t)=\lambda_c(t)-\rho\lambda_c(t_1)$，则

$$\begin{aligned}F_{(2)t}(x)&=1-\mathrm{e}^{-\int_0^x \lambda_p(y+t)\mathrm{d}y}=1-\mathrm{e}^{-\int_0^{t_1}\lambda_c(y+t)\mathrm{d}y-\int_{t_1}^x \lambda_2(y+t)\mathrm{d}y}\\&=1-\mathrm{e}^{-\int_0^{t_1}\lambda_c(y+t)\mathrm{d}y-\int_{t_1}^x (\lambda_c(y+t)-\rho\lambda_c(y+t_1))\mathrm{d}y}\end{aligned} \tag{8.82}$$

记第 i 段时间间隔区间内的故障间隔时间分布函数为 $F_{(i)t}(x)$，ROCOF 为 $\lambda_i(t)$，尽管 $\lambda_c(t)$ 一般用线性模型、幂律模型和对数线性模型表示，但随着 i 的增大，$F_{(i)t}(x)$ 及其逆函数形式变得更加复杂，求解非常困难。因此，故障间隔时间产生法不太适合于非完美维修情况下的故障样本模拟生成。根据非齐次泊松过程的

稀疏定理,可引入稀疏算法来模拟生成非完美维修情况下的故障样本。

稀疏定理描述如下:设 $\lambda_{p}(t) \leqslant \lambda^{*}$,$\lambda^{*}$ 为一常数,$t_1, t_2, \cdots, t_n, \cdots$ 是参数为 λ^{*} 的齐次泊松过程的事件发生的时刻,对于每个 t_i,以概率 $\lambda_{p}(t_i)/\lambda^{*}$ 保留,以概率 $1-\lambda_{p}(t_i)/\lambda^{*}$ 舍弃,由此得到的被保留的新序列 $t'_1, t'_2, \cdots, t'_n, \cdots$ 是 $t_1, t_2, \cdots, t_n, \cdots$ 的稀疏,并且是强度为 $\lambda_{p}(t)$ 的非齐次泊松过程事件发生的时刻。

应用该定理进行故障样本模拟生成之前,要合理地确定 λ^{*} 的大小,若 λ^{*} 过大会显著增加计算量,λ^{*} 过小则可能不满足稀疏算法的条件 $\lambda_{p}(t) \leqslant \lambda^{*}$,生成的样本不符合非齐次泊松过程条件要求。

假设非完美维修情况下故障发生的 NHPP 初始 ROCOF 函数为 $\lambda_{c}(t)$,令计算测试性指标时规定的统计时间区间为$[0, T^{*}]$,式(8.68)、式(8.72)～式(8.74)表示的模型中都有一个共同的特点,即在$[0, T^{*}]$内,一般有 $\lambda_{p}(t) \leqslant \lambda_{c}(t)$。

$\lambda_{c}(t)$与 $\lambda_{p}(t)$的大小关系如图 8.30 所示,分段的实线表示各时间段内的 $\lambda_{p}(t)$,虚线和$[0, t_1)$内的实线一起表示 ROCOF 初始函数 $\lambda_{c}(t)$曲线,非完美维修情况下的 $\lambda_{p}(t)$曲线总是在 $\lambda_{c}(t)$曲线的下方,因此有 $\lambda_{p}(t) \leqslant \lambda_{c}(t)$的结论。

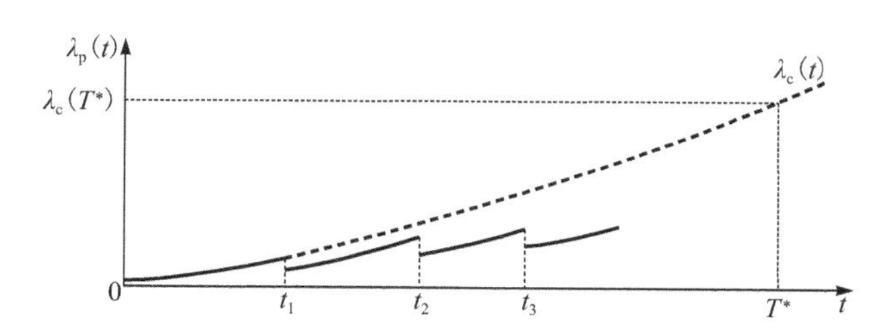

图 8.30　$\lambda_{c}(t)$与 $\lambda_{p}(t)$大小关系示意图

规定统计时间 T^{*} 后,有

$$\lambda_{p}(t) \leqslant \lambda_{c}(t) \leqslant \lambda_{c}(T^{*}) \tag{8.83}$$

令 $\lambda^{*}=\lambda_{c}(T^{*})$,就能满足稀疏算法的条件,可以采用稀疏算法进行故障样本模拟生成,其基本思想是先模拟生成故障发生强度为 $\lambda^{*}=\lambda_{c}(T^{*})$的齐次泊松过程,根据稀疏定理将齐次泊松过程稀疏得到 NHPP 的仿真实现。

非完美维修及事后维修情况下故障样本模拟生成流程如图 8.31 所示,基本步骤说明如下:

① 确定初始函数 $\lambda_{c}(t)$、规定的测试性指标统计时间 T^{*}、故障发生强度阈值 $\lambda^{*}=\lambda_{c}(T^{*})$,确定非完美维修下的 NHPP 模型类型及参数;

② 设定仿真用参数初始值,包括齐次泊松过程的故障事件个数 i、故障间隔时间 s_i、故障发生时间 t_i、稀疏后得到的非完美维修和事后维修下的故障发生次数 k 等;

③ 产生$[0,1]$区间内均匀分布的随机数 u_i,生成故障发生强度为 λ^{*} 的齐次泊松过程,得到齐次泊松过程下的故障发生时间 $t_1, t_2, \cdots, t_i$;

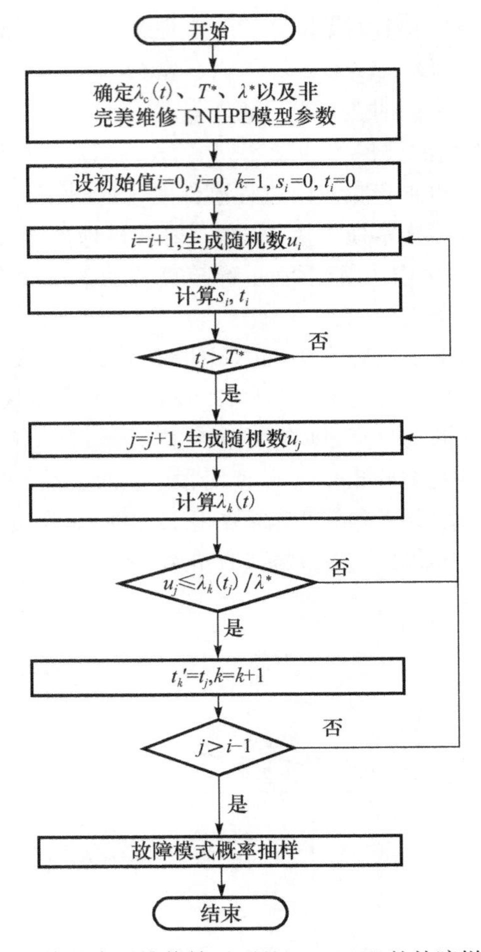

图 8.31　非完美维修及事后维修情况下基于 NHPP 的故障样本模拟生成流程

④ 判断是否到达规定的统计时间 T^*,若达到,则停止齐次泊松过程的仿真,转入步骤⑤,否则继续生成齐次泊松过程的故障发生时间;

⑤ 产生[0,1]区间均匀分布的随机数 u_j;

⑥ 计算第 k 个时间段的 ROCOF 函数 $\lambda_k(t)$,第 1 个时间段内的 $\lambda_1(t)$ 即 $\lambda_c(t)$,以故障发生时间节点 t_k' 为分界点,后续的 $\lambda_k(t)$ 按前面所述的递推方法求取;

⑦ 判断条件 $u_j\leq\lambda_k(t_j)/\lambda^*$ 是否成立,若成立,则保留并记录 t_j,并赋值给 t_k',t_k' 表示非完美维修下第 k 次故障的发生时刻,表明符合非完美维修下 NHPP 的故障发生了一次,若不成立,则舍弃 t_j,转入步骤⑤,得到序列 $t_1',t_2',\cdots,t_k'$,即非完美维修下 NHPP 的一个实现;

⑧ 判断所有的 $t_1,t_2,\cdots,t_i$ 是否已经稀疏完成,完成后则转入步骤⑨,若未完

成转入步骤⑤；

⑨ 将仿真生成的故障次数按故障模式发生比例进行概率抽样，获得包含各故障模式发生次数的故障样本。

假设实际使用时采取定期维修方式，这种情况下的故障样本模拟生成流程有所不同。非完美维修及定期维修模式下的故障样本模拟生成流程如图 8.32 所示，在仿真时需要考察系统的故障发生间隔时间是否小于 T_w，若成立，则表示系统在

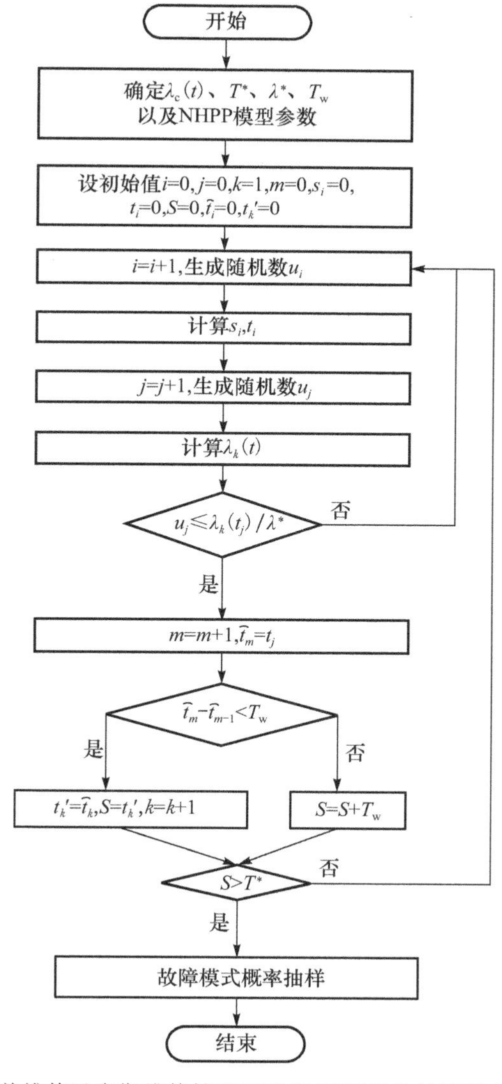

图 8.32　非完美维修及定期维修情况下基于 NHPP 的故障样本模拟生成流程

定期维修到来之前已经发生故障，采取事后维修方式，维修效果为非完美维修，ROCOF 函数在维修节点处更新；若不成立，则表示在定期维修前未发生故障，该系统在定期维修时按规定检修，维修效果也为非完美维修，以该定期维修时间节点为分界点，计算下一阶段的 ROCOF。

非完美维修及定期维修情况下故障样本模拟生成基本步骤说明如下：

① 确定初始函数 $\lambda_c(t)$、规定的测试性指标统计时间 T^*、故障发生强度阈值 $\lambda^*=\lambda_c(T^*)$、定期维修时间间隔 T_w，确定非完美维修下的 NHPP 模型类型及参数。

② 设定仿真用参数初始值，包括齐次泊松过程的故障事件个数 i、故障间隔时间 s_i、故障发生时间 t_i、稀疏出来的故障发生个数 m、稀疏出来的故障发生时间 $\hat{t}_i$、非完美维修和定期维修下的故障发生次数 k 及故障发生时间 t'_k、累积工作时间 S 等。

③ 产生[0,1]区间均匀分布的随机数 u_i。

④ 计算齐次泊松过程的故障间隔时间 s_i 和故障发生时间 t_i。

⑤ 产生[0,1]区间均匀分布的随机数 u_j。

⑥ 计算第 k 个时间段的 ROCOF 函数 $\lambda_k(t)$，第 1 个时间段内的 $\lambda_1(t)$ 即 $\lambda_c(t)$，以故障发生时间节点 t'_k 或定期维修节点为分界点划分时间段，后续的 $\lambda_k(t)$ 按前面所述递推方法求取。

⑦ 判断条件 $u_j\leqslant\lambda_k(t_j)/\lambda^*$ 是否成立，若成立，保留并记录 t_j，并赋值给 $\hat{t}_m$，$\hat{t}_m$ 为稀疏出来的非完美维修情况下的故障发生时间；若不成立，返回步骤③。

⑧ 判断两次相邻故障事件的时间间隔是否小于定期维修时间间隔，即 $\hat{t}_m-\hat{t}_{m-1}<T_w$，若成立，则表示零/部件在定期维修前发生故障，采取事后维修，记录故障发生一次，第 k 次故障发生时间记为 t'_k，累积使用时间用 t'_k 更新；若不成立，表示零/部件在定期维修前未发生故障，该零件/部件在定期维修时按规定检修，累积使用时间 S 用 $S+T_w$ 更新。

⑨ 判断所有的 $t_1,t_2,\cdots,t_i$ 是否已经稀疏完成，完成后转入步骤⑨，未完成转入步骤⑤；判断是否到达规定的统计时间 T^*，若达到，停止齐次泊松过程的仿真，转入步骤⑤，否则继续生成齐次泊松过程的故障发生时间。

⑩ 到达规定的时间 T^* 后停止仿真，否则返回步骤③。

⑪ 将仿真生成的故障次数概率抽样，获得包含各故障模式发生次数的故障样本。

8.4　测试性虚拟试验案例

由于建模软件的限制，目前没有任何一款商业软件能够完全满足测试性虚拟试验的建模仿真需求。本节分别以 MATLAB 和 Multisim 为例，通过相关实例具体介绍各种软件在应用时的优缺点,并验证本书提出的测试性虚拟试验关键技术研究成果。

8.4.1 导弹控制系统

1. 某型导弹控制系统简介

某型弹道导弹飞行过程为:先垂直起飞,然后朝目标方向快速转弯,转弯完成后开始较长一段的巡航飞行,当导弹达到预定的速度和位置时,发动机关机,弹头与弹体分离,弹头飞抵至规定目标。导弹控制系统是导弹武器系统的重要组成部分,主要功能是使导弹飞行稳定并按预定弹道飞行,引导导弹准确飞向目标。

弹道导弹做飞行运动时具有六个运动自由度,包括导弹质心平移运动的三个线自由度及导弹绕质心运动的三个角自由度。导弹控制系统的基本任务是:接收制导系统的导引指令,改变舵偏角和控制发动机关机,控制导弹质心运动和绕质心运动,使导弹按规定弹道飞行。

导弹控制系统功能结构如图 8.33 所示,工作原理为:惯性测量组合感知并测量导弹的运动加速度和姿态角速度,以惯性测量组合全量脉冲的信号形式传递到弹上计算机,经过弹上计算机解算得到导弹的位置、速度和姿态,经过导航计算,弹上计算机给出导引控制指令。综合控制器将导引控制指令进行放大等处理,转换为转角控制脉冲信号、发动机关机信号等,指引舵面按规定速度和偏角动作、控制发动机关机等。由于舵面的动作改变了导弹的运动中的空气动力和空气阻力,发动机关机使导弹失去推力,导弹运动加速度、速度及姿态等会发生变化,这些变化又通过惯性测量组合感知,从而形成一个闭环控制系统,控制导弹的飞行轨迹。测控计算机用于发送测试指令、接收并显示导弹控制系统的技术状态。发控台主要

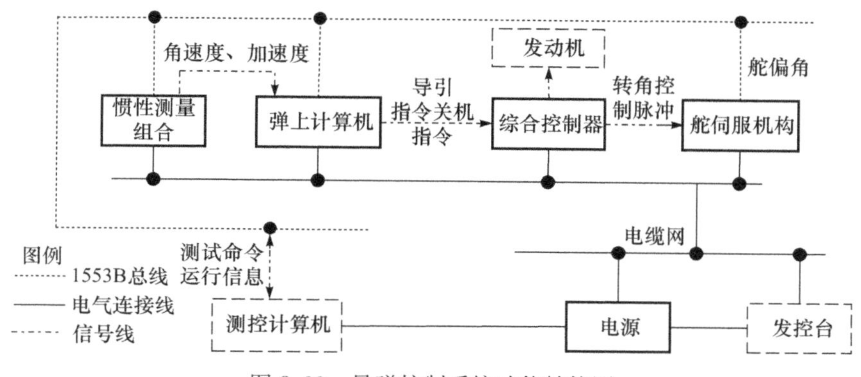

图 8.33 导弹控制系统功能结构图

用于各设备的供电控制。发动机、测控计算机和发控台不属于导弹控制系统的功能部件，用虚框表示。

研制部门为该导弹控制系统设计了测试系统，合同规定导弹控制系统的故障检测率最低可接收值为90%，故障隔离率最低可接收值为85%（隔离到1个LRU）。该型导弹控制系统造价较高，基于故障注入的测试性实物试验具有一定的破坏性，若全数实施故障注入试验，则试验风险、成本等难以承受。由于研制经费、研制周期等约束，以及某些故障注入受到限制，采取小子样试验和虚拟试验相结合的测试性综合试验方案可以解决上述问题。本节介绍测试性虚拟试验技术在该型导弹控制系统上的应用，并验证本书所提方法的有效性。

2. 导弹控制系统的混合FFBTEM构建

1）定性FFBTEM构建

导弹控制系统的故障模式见表8.5，其中温度环境、湿度环境、振动环境、电应力环境、冲击环境、电磁辐射环境、沙尘环境、盐雾环境分别用代号E1、E2、E3、E4、E5、E6、E7、E8表示。研制部门对该导弹控制系统进行了测试性设计，并为之设计了良好的测试系统，用于感知导弹控制系统的技术状态。在惯性测量组合、弹上计算机、综合控制器等单机上都设计了硬件BIT电路，可检测导弹控制系统各单机的技术状态。发控台控制各单机上电、下电、导弹起竖和发射，测控计算机与各单机通过1553B总线连接，测控计算机给各单机发送测试命令，并可监控导弹控制系统的运行信息及测试结果等。

表8.5　导弹控制系统故障模式列表

部件	故障部位	故障模式	故障原因或机理	主要关联环境
电源	电源、惯性测量组合供电电缆	惯性测量组合无供电	老化、连线断裂等	E1,E2,E3,E5
	电源、弹上计算机供电电缆	弹上计算机无供电	老化、连线断裂等	E1,E2,E3,E5
	电源、综合控制器供电电缆	综合控制器无供电	老化、连线断裂等	E1,E2,E3,E5
	电源、舵伺服机构供电电缆	舵伺服机构无供电	老化、连线断裂等	E1,E2,E3,E5
总线网络	弹上计算机总线、接口	弹上计算机总线通信故障	总线断裂，插头断裂、松动等	E2,E3,E4,E5,E6
	惯性测量组合总线、接口	惯性测量组合总线通信故障	总线断裂，插头断裂、松动等	E2,E3,E4,E5,E6
	综合控制器总线、接口	综合控制器总线通信故障	总线断裂，插头断裂、松动等	E2,E3,E4,E5,E6
	舵伺服机构总线、接口	舵伺服机构总线通信故障	总线断裂，插头断裂、松动等	E2,E3,E4,E5,E6
弹上计算机	弹上计算机	无输出	电路断路等	E1,E2,E3,E4,E5
	弹上计算机	指令输出错误	内部软硬件故障等	E1,E2,E3,E4,E5,E6

续表

部件	故障部位	故障模式	故障原因或机理	主要关联环境
惯性测量组合	X 轴陀螺光学器件及信号处理电路	X 轴陀螺输出线性故障	内部元件、电路故障等	E1,E3,E4,E5
	X 轴陀螺光学器件及信号处理电路	X 轴陀螺零偏异常	元件超差、温漂等	E1,E2,E3,E4,E5
	Y 轴陀螺光学器件及信号处理电路	Y 轴陀螺输出线性故障	内部元件、电路故障等	E1,E3,E4,E5
	Y 轴陀螺光学器件及信号处理电路	Y 轴陀螺零偏异常	元件超差、温漂等	E1,E2,E3,E4,E5
	Z 轴陀螺光学器件及信号处理电路	Z 轴陀螺输出线性故障	内部元件、电路故障等	E1,E3,E4,E5
	Z 轴陀螺光学器件及信号处理电路	Z 轴陀螺零偏异常	元件超差、温漂等	E1,E2,E3,E4,E5
	X 轴加速度计及信号处理电路	X 轴加速度计输出线性故障	内部元件、电路故障等	E1,E3,E4,E5
	X 轴加速度计及信号处理电路	X 轴加速度计零偏异常	温漂、电路故障等	E1,E2,E3,E4,E5
	Y 轴加速度计及信号处理电路	Y 轴加速度计输出线性故障	内部元件、电路故障等	E1,E3,E4,E5
	Y 轴加速度计及信号处理电路	Y 轴加速度计零偏异常	温漂、电路故障等	E1,E2,E3,E4,E5
	Z 轴加速度计及信号处理电路	Z 轴加速度计输出线性故障	内部元件、电路故障等	E1,E3,E4,E5
舵伺服机构	舵 1 伺服机构	舵 1 卡死	腐蚀、解锁失效等	E2,E3,E4,E5,E7,E8
	舵 1 伺服机构	舵 1 极性反向	控制电路故障等	E1,E2,E3,E4,E5
	舵 2 伺服机构	舵 2 卡死	腐蚀、解锁失效等	E2,E3,E4,E5,E7,E8
	舵 2 伺服机构	舵 2 极性反向	控制电路故障等	E1,E2,E3,E4,E5
	舵 3 伺服机构	舵 3 卡死	腐蚀、解锁失效等	E2,E3,E4,E5,E7,E8
	舵 3 伺服机构	舵 3 极性反向	控制电路故障等	E1,E2,E3,E4,E5
	舵 4 伺服机构	舵 4 卡死	腐蚀、解锁失效等	E2,E3,E4,E5,E7,E8
	舵 4 伺服机构	舵 4 极性反向	控制电路故障等	E1,E2,E3,E4,E5
综合控制器	综合控制器	无输出	内部电路断路等	E1,E2,E3,E4,E5
	综合控制器	输出脉冲错误	内部软硬件故障等	E1,E2,E3,E4,E5,E6

定性分析故障、测试、环境的关联关系以及信号流向后，基于扩展多信号流图构建的导弹控制系统定性 FFBTEM 如图 8.34 所示，t_1 为各单元电源供电测试，t_2 为总线数据流监控，t_3 为惯性测量组合单机测试，t_4 为弹上计算机单机测试，t_5 为综合控制器单机测试，t_6 为舵偏角测试。

2）整体建模方案

在定性 FFBTEM 的基础上，规划整体建模方案，逐步细化建模工作。根据建

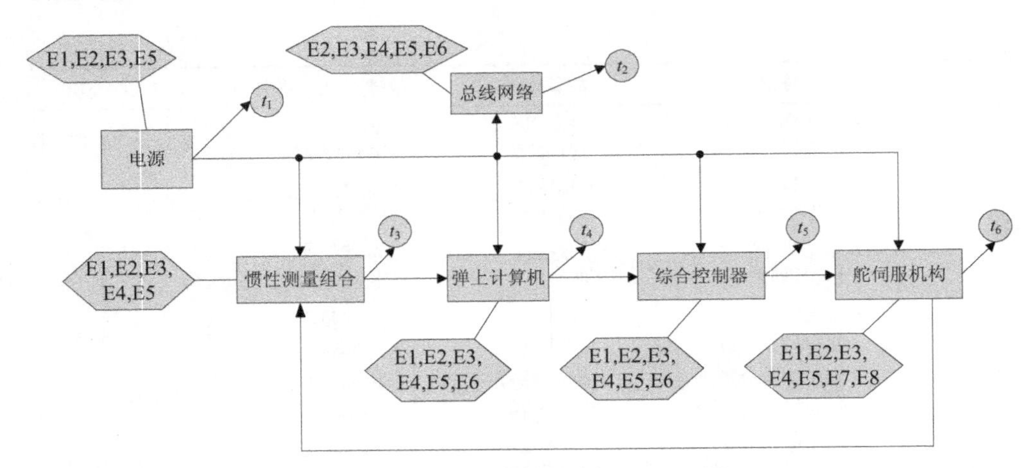

图 8.34　导弹控制系统定性 FFBTEM

模需求、建模难易程度等，确定哪些模块需要建立数学模型，哪些模块采用等效模型，哪些模块采用实物等，确定各模块之间的结构关系和输入输出关系。

该导弹控制系统中惯性测量组合属于高精度、高成本设备，不适合拆卸，故障注入受限，在测试性虚拟试验方案中选择将惯性测量组合及其测试模型化、故障注入模型化。导弹飞行试验成本高、风险大，在测试性虚拟试验方案中用模拟飞行试验代替真实飞行试验，来考察飞行过程中故障的行为、可测试性，因此需将弹体运动、发动机推力、大气环境、地球引力等模型化。受封装限制，舵系统故障难以有效注入，在分系统测试时，舵要反复动作，试验花费较大，因此在测试性虚拟试验方案中采用等效舵系统代替。弹上计算机、综合控制器及其测试电路较复杂，建模较困难，在测试性虚拟试验中采用实物模型。以上数学模型和实物模型一起构成导弹控制系统的混合 FFBTEM，用于测试性虚拟试验。

在整体建模方案的指导下，构建虚实结合的导弹控制系统测试性虚拟试验平台，该平台的功能结构及连接关系如图 8.35 所示。该平台主要由弹上计算机、综合控制器、等效舵系统、弹体、测控计算机、发控台等硬件，以及惯性测量组合、弹体运动、发动机推力、大气环境、地球引力等数学模型组成。惯性测量组合是导弹控制系统的关键组件，为准确建立惯性测量组合的模型并衡量惯性测量组合模型的可信度，该平台还包含惯性测量组合实物和三轴仿真转台，支持两种仿真模式，一种是惯性测量组合硬件在环仿真，另一种是惯性测量组合模型在环仿真，惯性测量组合硬件在环仿真可以用于校核、检验惯性测量组合模型的准确性等。弹上计算机、综合控制器、等效舵系统等安装于弹体内，惯性测量组合安装于三轴仿真转台内，用于惯性测量组合硬件在环情况下分系统测试和模拟飞行测试。

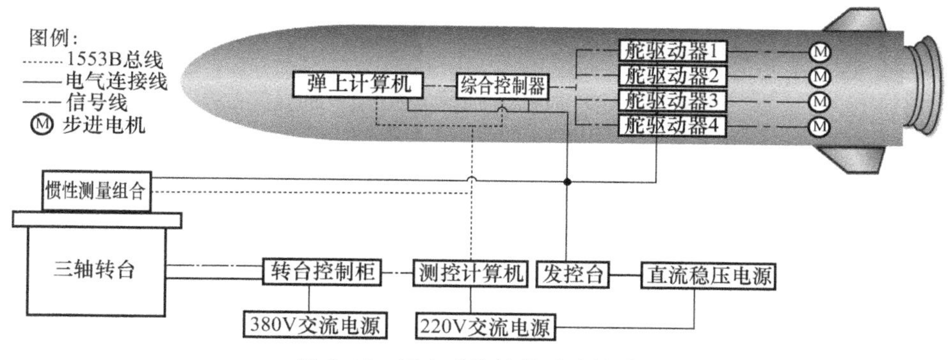

图 8.35　平台功能结构及连接关系

3）部分建模案例

（1）惯性测量组合建模。

① 功能模型。

该导弹控制系统上采用的是光纤惯性测量组合，其结构和机理较复杂，难以建立其精确的功能数学模型，本案例通过建立惯性测量组合的输入输出关系式来建立惯性测量组合的功能模型，该模型虽然精细化程度不高、分辨率较低，但能满足测试性虚拟试验的要求。

惯性测量组合的主要功能是测量弹体的运动加速度和转动角速率，因此其输入是弹体的运动加速度和转动角速率，输出是它们的测量值。理想的惯性测量组合功能模型表示为

$$\begin{cases}\omega_{gx}=\omega_x, \omega_{gy}=\omega_y, \omega_{gz}=\omega_z \\ a_{ax}=a_x, a_{ay}=a_y, a_{az}=a_z\end{cases} \tag{8.84}$$

式中，ω_{gx}、ω_{gy}、ω_{gz} 分别为惯性测量组合 X、Y、Z 轴向的输出角速率；ω_x、ω_y、ω_z 分别为惯性测量组合 X、Y、Z 轴向的输入角速率；a_{ax}、a_{ay}、a_{az} 分别为惯性测量组合 X、Y、Z 轴向的输出加速度，a_x、a_y、a_z 分别为惯性测量组合 X、Y、Z 轴向的输入加速度。

为增强功能模型准确性和试验结论的可信度，在理想的惯性测量组合功能模型上考虑环境因素及噪声带来的不确定性影响，建立更符合实际的惯性测量组合功能模型。

(a) 陀螺功能模型。分析影响陀螺输出不确定性产生的原因和机理，主要原因包括材料特性、制造工艺、装配精度等引起的误差，还有温度因素导致的误差。其中，制造、装配、材料因素主要引起常值偏差，温度因素会同时引起惯性测量组合的有规律漂移和随机漂移，温漂是导致陀螺输出不确定性的重要因素。

在建立光纤陀螺功能模型时，将制造、装配、材料因素引起的常值偏差用 φ_0 表示。温度效应受内外界绝对温度、温度梯度等影响，温度梯度与惯性测量组合内外

温差近似为线性关系，在建模时用温度差代替。考虑环境温度及噪声的影响，光纤陀螺的功能模型表示为

$$\omega_g = \omega + \psi_0 + \sum_{i=1}^{k} a_i T_{out}^i + \sum_{i=1}^{l} b_i (T - T_0)^i + \sum_{i=1}^{m} c_i (T_{out} - T)^i + \sum_{i=1}^{p} d_i \left(\frac{dT}{dt}\right)^i + \sum_{i=1}^{q} e_i \left(\frac{d^2 T}{dt^2}\right)^i + \sum_{i=1}^{h} f_i \left(\frac{d(T_{out} - T)}{dt}\right)^i + \varepsilon \tag{8.85}$$

式中，ω_g 为陀螺的输出角速率值，ω 为输入角速率值，ψ_0 为常值漂移，T 为陀螺温度，T_0 为陀螺启动时温度初值，T_{out}为外界环境温度，$\frac{dT}{dt}$为陀螺温度变化率，$\frac{d^2T}{dt^2}$为陀螺温度二次变化率，$\frac{d(T_{out}-T)}{dt}$为温度梯度变化率，a_i、b_i、c_i、d_i、e_i、f_i 为多项式系数，k、l、m、p、q、h 为各多项式的最高次幂，ε 为噪声。

式(8.85)所示的模型待定参数太多，难以准确辨识。对导弹控制系统进行测试时，单机自检阶段不测试陀螺的性能参数，只关心硬件有无输入输出，分系统测试阶段陀螺一般要预热一段时间，待光纤惯性测量组合达到热平衡后再实施测试。热平衡阶段温度变化率几乎为零，陀螺功能模型可以忽略高阶项进行简化，含温度变化率的多项式系数为零，在式(8.85)的基础上化简后，得到热平衡阶段的陀螺功能模型为

$$\omega_g = \omega + \psi_0 + aT_{out} + b(T - T_0) + c(T_{out} - T) + \varepsilon \tag{8.86}$$

导弹控制系统长期存储在温度相对恒定的环境中，陀螺启动时温度初值 T_0 近似为外界环境温度 T_{out}，式(8.86)中 $b(T-T_0)$项与 $c(T_{out}-T)$项可合并，进一步简化为

$$\omega_g = \omega + \psi_0 + aT_{out} + c'(T_{out} - T) + \varepsilon \tag{8.87}$$

T 的变化过程与 T_{out}有关，其关系式用二次多项式描述为

$$T = z + rT_{out} + sT_{out}^2 \tag{8.88}$$

代入式(8.87)，得到 ω_g 与 ω、T_{out}的关系式为

$$\omega_g = \omega + \psi_1 + \alpha T_{out} + \beta T_{out}^2 + \varepsilon \tag{8.89}$$

式(8.89)即考虑实际温度和噪声等因素的陀螺功能模型，为确定式(8.89)中的未知参数，需利用厂家提供的惯性测量组合性能参数和一些温度效应试验数据。

当$\frac{dT}{dt} \leqslant 0.03$℃/min 时，陀螺进入热平衡阶段，热平衡阶段陀螺的输出角速率值趋于稳定，截取热平衡阶段的陀螺角速率输出数据，拟合得到的 X 轴陀螺实际输出偏差与外界环境温度的关系，其模型参数为 $\psi_1 = 0.0564$，$\alpha = 0.0021$，$\beta = 8.18 \times 10^{-5}$，分析得噪声 ε_x 服从分布 $N(0, 0.00093)$。因此，考虑不确定性影响后，特别是环境温度和噪声的影响后，X 轴陀螺的功能模型为

$$\omega_{gx} = \omega_x + 0.0564 + 0.0021T_{out} + 8.18 \times 10^{-5} T_{out}^2 + \varepsilon_x \tag{8.90}$$

按同样的方法，计算得到 Y 轴陀螺和 Z 轴陀螺的功能模型分别为

$$\omega_{gy}=\omega_y+0.0378+0.0019T_{out}+7.31\times10^{-5}T_{out}^2+\varepsilon_y \tag{8.91}$$

$$\omega_{gz}=\omega_z+0.0453+0.0024T_{out}+8.56\times10^{-5}T_{out}^2+\varepsilon_z \tag{8.92}$$

(b) 加速度计功能模型。与陀螺功能建模类似，理想的加速度计模型输出与输入相等，但受各种因素的影响，其输入输出存在非线性关系。一般地，综合考虑自身参数偏差和各种因素影响后，加速度计功能模型表示为

$$a=K_0+K_1a_b+K_2a_b^2+K_3a_b^3+K_ca_c+K_{bc}a_ba_c+\varepsilon \tag{8.93}$$

式中，a 为加速度计输出的加速度值，a_b 为平行于输入基准轴的外加加速度，a_c 为垂直于输入基准轴的外加加速度，K_0 为零偏值，K_1 为一阶系数，K_2 为二阶非线性系数，K_3 为三阶非线性系数，K_c 为交叉轴灵敏度，K_{bc} 为交叉耦合系数，ε 为随机噪声，加速度的单位都为 g。

该型导弹控制系统上安装的惯性测量组合属于军工级产品，加速度计交叉耦合误差不显著，受环境因素影响较小，主要是参数自身不确定导致的非线性及误差，为简化建模工作，忽略高阶项和耦合项，将式(8.93)简化为

$$a=K_0+K_1a_b+K_2a_b^2+\varepsilon \tag{8.94}$$

与陀螺功能建模类似，依据厂家提供的加速度计性能数据和少量的加速度计标定试验，采用最小二乘法对多项式进行拟合，计算得到该惯性测量组合中加速度计的功能模型为

$$\begin{cases}a_x=0.00024+1.0034a_{bx}+1.3\times10^{-5}a_{bx}^2+\varepsilon_x\\a_y=0.00017+0.99987a_{by}+1.7\times10^{-5}a_{by}^2+\varepsilon_y\\a_z=-0.00028+0.9989a_{bz}+1.1\times10^{-4}a_{bz}^2+\varepsilon_z\end{cases} \tag{8.95}$$

② 故障模型。

(a) 故障注入模型。在式(8.90)～式(8.92)和式(8.95)所示模型的基础上，结合惯性测量组合的故障模式，建立各故障模式的故障注入模型。针对陀螺各轴输出线性故障，引入输出线性故障参数 K_ω，针对陀螺各轴输出零偏超差故障，引入零偏故障参数 ψ_ω，则得到陀螺故障注入模型：

$$\omega_g=K_\omega\omega+\psi_1+\psi_\omega+\alpha T_{out}+\beta T_{out}^2+\varepsilon \tag{8.96}$$

通过改变模型中的参数 K_ω，可实现陀螺输出线性故障的模拟和注入，各轴的输出线性故障都可以按该方法注入。陀螺无输出故障是特殊的线性故障，将 K_ω 和其他参数都设置为0，可模拟陀螺无输出故障。通过改变模型中的参数 ψ_ω，可实现陀螺零偏超差故障的模拟和注入。

同理，在加速度计模型中引入输出线性故障参数 K_a 和零偏故障参数 a_0，得到加速度计故障注入模型：

$$a=K_0+a_0+K_aK_1a_b+K_2a_b^2+\varepsilon \tag{8.97}$$

通过修改模型中的参数 K_a 和 a_0，可实现加速度计输出线性故障和零偏超差

故障的模拟与注入。

例如，在测试性虚拟试验时，设定 $K_{\omega}=2$ 可以模拟陀螺输出线性放大 2 倍的故障，设定 $a_0=0.1g$，可模拟加速度计零偏为 $0.1g$ 的故障(零偏超差故障)。

(b) 故障统计模型。为了模拟生成待注入的惯性测量组合故障样本，还需建立其故障统计模型或故障物理模型。该惯性测量组合故障物理模型难以建立，考虑建立其故障统计模型。例如，在导弹存储阶段，惯性测量组合采取定期检测、换件维修，换件维修后状态修复如新(即维修效果为完美维修)。依据同型号历史故障统计数据和可靠性试验数据统计得出，惯性测试组合存储寿命服从韦布尔分布，根据 8.3.2 节第三部分的阐述，其故障发生过程为更新过程，存储环境下环境应力等级为额定环境应力，环境-故障关联因子为 1，建立存储阶段的故障统计模型，由于更新过程由累积故障分布函数唯一确定，故障统计模型用累积故障分布函数表示为

$$F(t)=1-\exp\left(-\frac{t^{2.4}}{350}\right) \tag{8.98}$$

采用 8.3.2 第三部分所述的方法模拟生成故障样本，故障样本生成结果见 8.4.1 节第三部分。

③ 行为模型。

由于惯性测量组合功能模型只包含输入、输出、环境温度以及噪声等变量，无物理参数、状态变量，行为模型表示为惯性测量组合输出的变化过程。惯性测量组合发生故障时，其输出相对于正常输出值会发生较大变化。例如，在 t_i 时刻惯性测量组合 X 轴加速度计发生输出线性放大 4 倍的故障，输出角速率从 t_{i-} 时刻的 $1.5°/\mathrm{s}$ 很快变为 t_{i+} 时刻的 $6°/\mathrm{s}$，该故障的行为模型可表示为

$$\{\omega_{gx}(t_{i-})=1.5°/\mathrm{s}\Rightarrow\omega_{gx}(t_{i+})=6°/\mathrm{s}\}$$

④ 测试模型。

惯性测量组合测试基本过程为：为惯性测量组合输入某角速度/加速度作为激励，BIT 比较输入量与输出量之间的差值，通过阈值判决方式来判断惯性测量组合功能状态是否正常。

惯性测量组合测试模型描述如下：测试功能 M_{T} 可描述为惯性测量组合测试；测试激励描述为给惯性测量组合模型设定角速度/加速度输入值，记为 X_0；测试输入量 X_{T} 为惯性测量组合对角速度和加速度的测量输出值，即 $X_{\mathrm{T}}=[\omega_{gx}\ \omega_{gy}\ \omega_{gz}\ a_x\ a_y\ a_z]$；信号采集在模型和仿真中就是数据读取过程，即 $X_{\mathrm{Tf}}=X_{\mathrm{T}}$；信号处理过程是计算输入输出的相对偏差，即 $\delta_i=\left|\frac{X_{\mathrm{Tf}}(i)-X_0(i)}{X_0(i)}\right|(i=1,2,\cdots,6)$；决策模型表示为

$$D_{\mathrm{T}}=\begin{cases}1, & \exists\,\delta_i>0.02,i=1,2,\cdots,6\\0, & \text{其他}\end{cases} \tag{8.99}$$

其物理意义为：ω_{gx}、ω_{gy}、ω_{gz}、a_x、a_y、a_z 输出与输入之间的相对偏差都小于 2%，才能判断惯性测量组合功能正常；否则，有 1 个或更多的角速度/加速度相对偏差大于 2%，决策为惯性测量组合存在故障。

测试的结果表示为

$$Y_{\mathrm{T}}=\begin{cases}\text{惯组正常}, & D_{\mathrm{T}}=0\\ \text{惯组故障}, & D_{\mathrm{T}}=1\end{cases}$$

在测控计算机中"惯组"一栏用绿灯表示惯性测量组合正常，用红灯表示惯性测量组合故障。

⑤ 环境模型。

该型导弹属于长期存储、一次使用的装备，存储环境条件良好，环境参数几乎恒定不变，振动应力、检测时导致的工作应力忽略不计，只受温湿度作用及自身老化等因素影响，由于温度 T_z 和湿度 R_{H} 为常数，导弹存储环境模型可表示为

$$\begin{cases}T_z=C_{\mathrm{T}}\\ R_{\mathrm{H}}=C_{\mathrm{R}}\end{cases} \tag{8.100}$$

式中，C_{T} 和 C_{R} 分别为存储环境温度值和湿度值。

另外，在导弹模拟飞行测试时，其模拟飞行的高度约为 40km，大气压强、温度、密度、地球引力都随高度发生变化，这些环境参数作为变量耦合到其他功能模型中参与计算，需要建立这些环境参数的数学模型。

本书采用国际公认的标准大气模型 USSA76，在低层部分（0～86km），空气中的分子量为常数，大气处于静平衡状态，静平衡方程为

$$\mathrm{d}p=-\rho g\,\mathrm{d}h \tag{8.101}$$

式中，p 为大气压强，ρ 为大气密度，g 为重力加速度。

在 0～86km 高度范围内，大气划分为 7 层，导弹飞行轨迹穿越其中的 0～3 层，0～4 层的大气环境参数如表 8.6 所示。

表 8.6　0～4 层大气的环境参数

i	$h_{\mathrm{p}i}$/m	h_i/m	T_i/K	τ_i/(K/m)	p_i/Pa
0	0	0	288.15	−0.0065	1.01325×10^5
1	11000	11019	216.65	0.0000	2.26321×10^4
2	20000	20063	216.65	0.0010	5474.88
3	32000	32192	228.65	0.0028	868.018
4	47000	47350	270.65	0.0000	110.906

在 $h_{\mathrm{p}i}$ 和 $h_{\mathrm{p}(i+1)}$ 之间的层称为第 i 层，其中温度 T 是 h_{p} 的线性函数，温度变化率 τ_i 为

$$\tau_i=\frac{T-T_i}{h_{\mathrm{p}}-h_{\mathrm{p}i}} \tag{8.102}$$

大气压强模型为

$$\begin{cases} p = p_i \exp\left[-\dfrac{g_0}{RT_i}(h_p - h_{pi})\right], & \tau_i = 0 \\ p = p_i \left[1 + \dfrac{\tau_i}{T_i}(h_p - h_{pi})\right]^{-g_0/(R\tau_i)}, & \tau_i \neq 0 \end{cases} \tag{8.103}$$

式中，$g_0 = 9.80665\text{m/s}^2$ 为标准重力加速度。

利用气体状态方程进一步计算得到大气密度模型为

$$\begin{cases} \rho = \dfrac{p_i}{RT_i} \exp\left[-\dfrac{g_0}{RT_i}(h_p - h_{pi})\right], & \tau_i = 0 \\ \rho = \dfrac{p_i}{RT_i}\left[1 + \dfrac{\tau_i}{T_i}(h_p - h_{pi})\right]^{-[1+g_0/(R\tau_i)]}, & \tau_i \neq 0 \end{cases} \tag{8.104}$$

以上大气压强、温度、密度、地球引力等环境参数作为变量耦合到动力学模型中参与计算。

(2) 模拟飞行功能建模。

模拟飞行功能模型是导弹控制系统进行模拟飞行测试的基础，是导弹控制系统重要的功能模型之一。

导弹采用二级飞行模式，其中一级为固体发动机助推工作段，导弹垂直上升，工作时间约××s 后一级分离，二级发动机工作，工作时间约××s 后二级发动机关机，导弹在最高约××km 高度的大气层滑翔飞行，至目标水平距离约××km 时，开始下压飞行，直至命中目标，导弹射程约××km。

根据 8.3.1 节多领域统一建模理论中的通用方程式(8.15)，建立导弹的直线运动动力学模型形式为

$$m\frac{\mathrm{d}V}{\mathrm{d}t} + DV + K\int_{t_0}^{t} V\mathrm{d}t = F \tag{8.105}$$

式中，m 表示导弹质量；V 表示导弹线速度(流变量)；D 表示飞行阻尼，用于计算飞行阻力；K 表示刚度；F 表示作用力。不考虑弹性振动，即式(8.105)中第三项为 0，将第二项飞行阻力移到等式右边，与作用力一起构成合力。于是，一级阶段动力学模型为

$$m\dot{V} + R = P \tag{8.106}$$

式中，R 为气动合力，P 为发动机推力。

一级发动机秒耗量为

$$\dot{m} = \begin{cases} -136\text{kg/s} & 0 < t < \times\times\ \text{s} \\ 0, & t \geqslant \times\times\ \text{s} \end{cases} \tag{8.107}$$

因此，在一级阶段，导弹质量随时间变化的关系式为

$$m = m_1 - 136t, \quad 0 < t < \times\times\ \text{s} \tag{8.108}$$

式中，m_1 为一级阶段导弹初始质量。

一级发动机推力为

$$P_1=\begin{cases}400000\text{N}, & 0<t<\times\times \text{ s}\\ 0, & t\geqslant\times\times \text{ s}\end{cases}\tag{8.109}$$

R 沿弹体坐标系三轴的气动力分量——阻力 Q_{x1}、升力 Q_{y1}、侧向力 Q_{z1} 分别为

$$R=\begin{bmatrix}Q_{1x1}\\ Q_{1y1}\\ Q_{1z1}\end{bmatrix}=\begin{bmatrix}-C_{x0}qS_1\\ C_y^{\alpha}\alpha qS_1\\ -C_z^{\beta}\beta qS_1\end{bmatrix}\tag{8.110}$$

式中，C_{x0} 为弹体的阻力系数；C_y^{α} 为升力系数导数；C_z^{β} 为侧向力系数导数；α 为攻角；β 为侧滑角；S_1 为一级阶段弹体的特征横截面积；q 为动压(或速度头)，$q=\frac{1}{2}\rho\widetilde{V}^2$，$\rho$ 为大气密度，$\widetilde{V}$ 为相对气流速度。

将各子项代入模型通式(8.106)，得到在弹体坐标系下一级阶段导弹质心动力学模型为

$$(m_1-156t)\dot{V}+\begin{bmatrix}-C_{x0}qS_1\\ C_y^{\alpha}\alpha qS_1\\ -C_z^{\beta}\beta qS_1\end{bmatrix}=\begin{bmatrix}P_1\\ 0\\ 0\end{bmatrix}\tag{8.111}$$

同样，根据统一建模理论的通用建模公式，不考虑导弹的弹性振动，导弹旋转运动动力学模型形式表示为

$$J\frac{\mathrm{d}\omega}{\mathrm{d}t}+D\omega=T\tag{8.112}$$

式中，J 表示导弹转动惯量，ω 表示转动角速度(流变量)，D 表示转动阻尼，$D\omega$ 为阻尼力矩，T 表示转矩。

一级阶段气动力矩 M_{q1} 为

$$M_{q1}=\begin{bmatrix}M_{q1x1}\\ M_{q1y1}\\ M_{q1z1}\end{bmatrix}=\begin{bmatrix}0\\ Q_{1z1}(l_{q1}-l_{z1})\\ -Q_{1y1}(l_{q1}-l_{z1})\end{bmatrix}\tag{8.113}$$

式中，M_{q1x1}、M_{q1y1}、M_{q1z1} 分别为 M_{q1} 沿弹体坐标系 x_1、y_1、z_1 轴方向上的分量，l_{q1} 为一级压心，l_{z1} 为一级质心。

一级阶段阻尼力矩 M_{d1} 为

$$M_{d1}=\begin{bmatrix}M_{d1x1}\\ M_{d1y1}\\ M_{d1z1}\end{bmatrix}=\begin{bmatrix}-D_{x11}qS_1l_{k1}^2\omega_{x1}/\widetilde{V}\\ -D_{y11}qS_1l_{k1}^2\omega_{y1}/\widetilde{V}\\ -D_{z11}qS_1l_{k1}^2\omega_{z1}/\widetilde{V}\end{bmatrix}\tag{8.114}$$

式中，M_{d1x1}、M_{d1y1}、M_{d1z1} 分别为 M_{d1} 沿弹体坐标系 x_1、y_1、z_1 轴方向上的分量，D_{x11}、D_{y11}、D_{z11} 为阻尼系数，l_{k1} 为导弹一级参考长度，ω_{x1}、ω_{y1}、ω_{z1} 为导弹沿弹体坐标系的

转动角速度分量，$\widetilde{V}$ 为相对气流速度。

将各子项代入模型通式(8.112)，在弹体坐标系下，一级阶段导弹绕质心动力学模型为

$$\begin{bmatrix} J_x\dot{\omega}_{x1} \\ J_y\dot{\omega}_{y1} \\ J_z\dot{\omega}_{z1} \end{bmatrix} + \begin{bmatrix} -D_{x11}qS_1 l_{k1}^2 \omega_{x1}/\widetilde{V} \\ -D_{y11}qS_1 l_{k1}^2 \omega_{y1}/\widetilde{V} \\ -D_{z11}qS_1 l_{k1}^2 \omega_{z1}/\widetilde{V} \end{bmatrix} = \begin{bmatrix} 0 \\ C_z^{\beta}\beta qS_1(l_{q1}-l_{z1}) \\ -C_y^{\alpha}\alpha qS_1(l_{q1}-l_{z1}) \end{bmatrix} \tag{8.115}$$

部分参数为：$C_{x0}=0.8$，$C_y^{\alpha}=C_z^{\beta}=\times\times$，$l_{q1}=7.8\text{m}$，$l_{z1}=6.5\text{m}$，$J_x=140\text{kg}\cdot\text{m}^2$，$D_{x1}=0.32$，$D_{y1}=D_{z1}=8$，$l_{k1}=13.5\text{m}$(此为参数示例，并非真实值)。

同样地，用 δ_{φ}、δ_{ψ}、δ_{γ} 分别表示俯仰、偏航、滚动三个通道的合成等效舵偏角，得到二级阶段在弹体坐标系下导弹质心动力学模型为

$$m\dot{V} + \begin{bmatrix} -C_{x0}qS_2 \\ C_y^{\alpha}\alpha qS_2 \\ -C_z^{\beta}\beta qS_2 \end{bmatrix} = \begin{bmatrix} P_2 \\ \sqrt{2}C_y^{\delta}\delta_{\varphi}qS_2 \\ -\sqrt{2}C_y^{\delta}\delta_{\psi}qS_2 \end{bmatrix} \tag{8.116}$$

式中，C_y^{δ} 为等效舵偏角系数，S_2 为二级阶段弹体的特征横截面积。

二级阶段在弹体坐标系下导弹绕质心动力学模型为

$$\begin{bmatrix} J_x\dot{\omega}_{x1} \\ J_y\dot{\omega}_{y1} \\ J_z\dot{\omega}_{z1} \end{bmatrix} + \begin{bmatrix} -D_{x12}qS_2 l_{k2}^2 \omega_{x1}/\widetilde{V} \\ -D_{y12}qS_2 l_{k2}^2 \omega_{y1}/\widetilde{V} \\ -D_{z12}qS_2 l_{k2}^2 \omega_{z1}/\widetilde{V} \end{bmatrix}$$

$$= \begin{bmatrix} 0 \\ -C_z^{\beta}\beta qS_2(l_{q2}-l_{z2}) \\ -C_y^{\alpha}\alpha qS_2(l_{q2}-l_{z2}) \end{bmatrix} + \begin{bmatrix} 2C_y^{\delta}\delta_{\gamma}qS_2X_{\text{r}} \\ -\sqrt{2}C_y^{\delta}\delta_{\psi}qS_2(X_{\text{dcp}}-l_{z2}) \\ -\sqrt{2}C_y^{\delta}\delta_{\varphi}qS_2(X_{\text{dcp}}-l_{z2}) \end{bmatrix} \tag{8.117}$$

式中，l_{q2} 为二级压心，l_{z2} 为二级质心，D_{x12}、D_{y12}、D_{z12} 为阻尼系数，l_{k2} 为导弹二级参考长度，X_{r} 为控制力到导弹轴心的距离，$X_{\text{dcp}}-l_{z2}$ 为控制力到导弹质心的距离。

二级阶段动力学模型中部分参数为：$C_y^{\alpha}=C_z^{\beta}=0.3\times67.3$，$D_{x12}=0.2$，$l_{k2}=9.8$，$S_2=0.29625\text{m}^2$，$J_x=30\text{kg}\cdot\text{m}^2$，$X_{\text{dcp}}=7.5\text{m}$，$l_{q2}=5.3\text{m}$(此为参数示例，并非真实值)。

式(8.111)和式(8.115)～式(8.117)构成了模拟飞行测试时的模拟飞行功能模型。

4) 模型校核、验证及确认

在构建模型的过程中，为增强模型的可信度、提高模型准确性，有必要对所建模型进行校核、验证及确认，基本步骤是先对各子模型进行校核、验证，准确性满足要求后再对系统的 FFBTEM 进行校核、验证及确认。

该型导弹控制系统的FFBTEM中的数学模型主要包括飞行动力学和运动学模型、惯性测量组合数学模型、大气环境模型、地球引力模型、发动机推力模型、导弹质量变化模型等。

飞行动力学和运动学模型基于经典的动力学理论、牛顿定律等,同类模型已经应用于弹道导弹的标准弹道仿真、弹道优化设计以及导弹控制系统仿真等。惯性测量组合数学模型受到IEEE广泛认可,大气环境模型采用国际公认的标准大气模型USSA76,发动机推力模型、导弹质量变化模型通过试验得到。以上数学模型经过中国航天科技集团公司第一研究院的领域专家和设计人员反复校核、改进后,一致认为理论依据充分、采取的假设合理、模型参数设置合理、数学公式正确。

物理等效模型主要包括等效舵系统,经过校核,等效舵系统简化合理、硬件配置正确、模型参数设置合理、舵偏变化规律符合要求,正常情况下分系统测试时的舵偏曲线模拟结果如图8.36所示,与真实舵偏角基本一致。

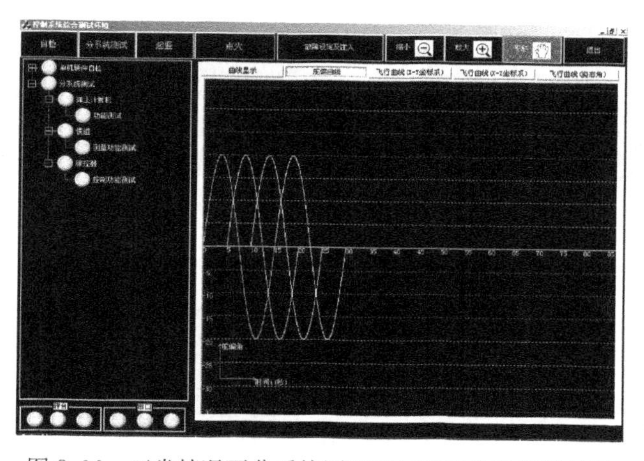

图8.36　正常情况下分系统测试时的舵偏曲线模拟结果

仿真模型包括各数学模型的计算机程序实现,在算法设计、程序设计、程序代码编写等过程中,通过数据分析、接口分析、结构分析、代码核查、程序调试等方法对程序流程图、程序代码、软件接口都严格进行了校核。将仿真模型的计算结果同理论结果进行比较,验证了仿真模型的准确性和有效性。例如,通过比较闭环模拟飞行中惯性测量组合硬件输出结果和开环模拟飞行中惯性测量组合模型输出结果来验证惯性测量组合模型的正确性,部分试验结果截图如图8.37~图8.39所示。

图8.37为闭环模拟飞行软件界面,可以观测舵偏角、姿态角、导弹飞行轨迹等,多次分析仿真结果,并与理论结果对比,误差很小,都在允许的范围之内,表明所建立的模型准确且满足要求。图8.38为某次正常闭环模拟飞行时惯性测量组

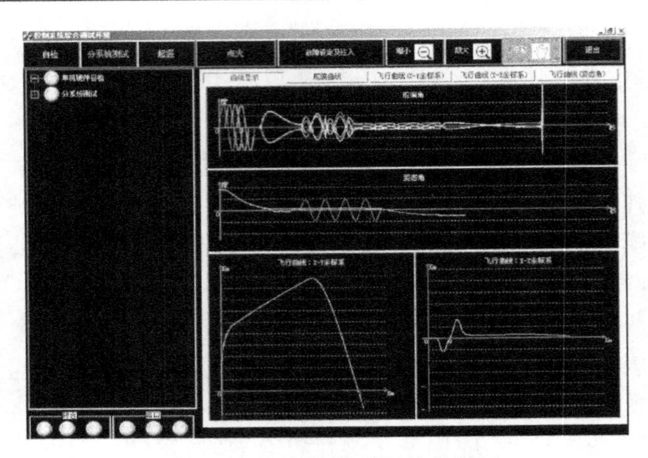

图 8.37　闭环模拟飞行软件界面

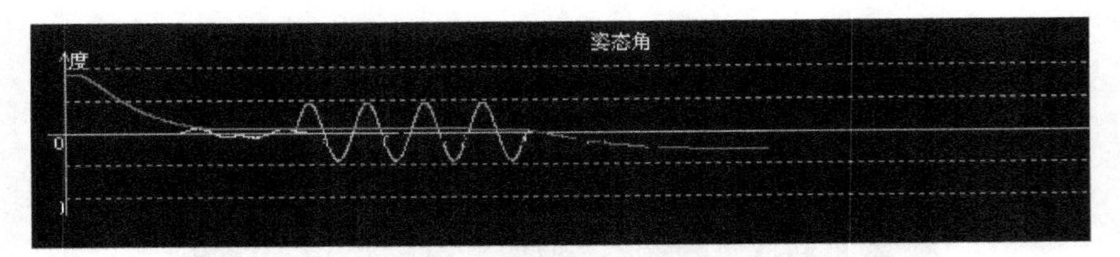

图 8.38　闭环模拟飞行中惯性测量组合硬件输出结果

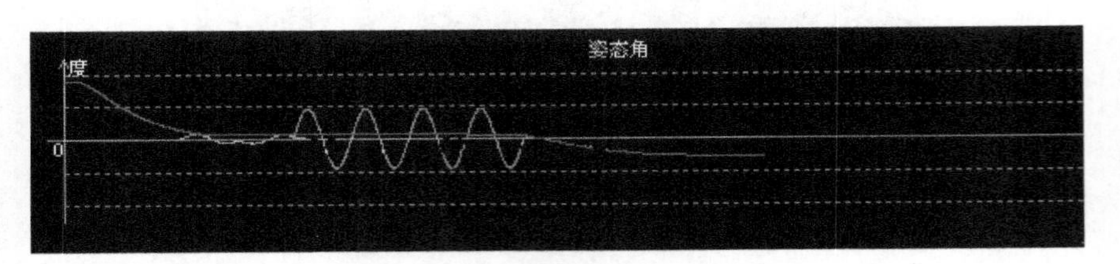

图 8.39　开环模拟飞行中惯性测量组合模型输出结果

合硬件的输出曲线。图 8.39 为某次正常开环模拟飞行时惯性测量组合模型的输出曲线。经过多次正常、故障情况下的闭环、开环测试，比较惯性测量组合硬件的实际输出和惯性测量组合模型的仿真输出，两者偏差非常小，验证结果表明所建惯性测量组合模型也是准确且满足要求的。

根据 VV&A 一般性规范，各子模型校核、验证完成且验证通过后，开始导弹控制系统混合 FFBTEM 的校核、验证及确认工作：检查综合集成时各模型之间接口的兼容性、相互交换数据格式的一致性、数据访问及资源调用的合理性等。

在以上工作完成后，组织领域专家对所建立的导弹控制系统 FFBTEM 及其仿真过程进行可信性评价，判定其用于工程的可接受性。建立导弹控制系统的多层次递阶结构模型如图 8.40 所示。

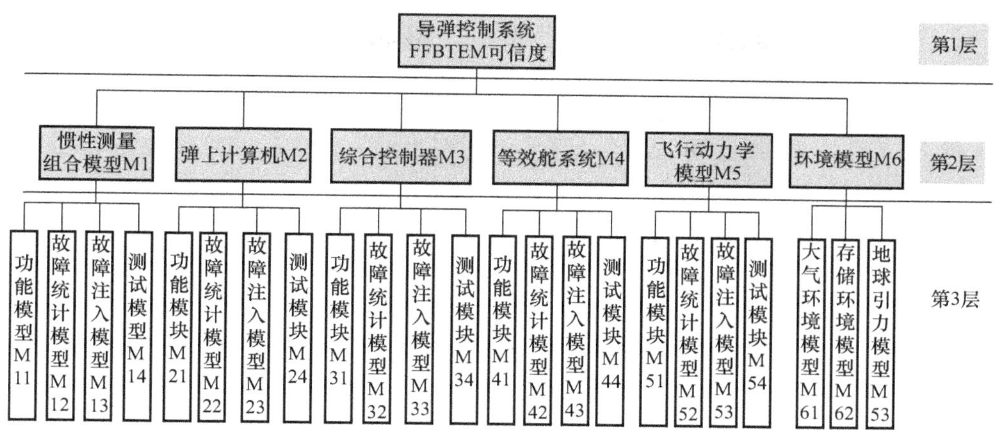

图 8.40　多层次递阶结构模型

利用 8.3.1 节第四部分阐述的层次分析法，计算得到各权重向量为

$$w=[0.19\ 0.17\ 0.18\ 0.13\ 0.21\ 0.12]^{\mathrm{T}},\quad P^{(1)}=[0.43\ 0.24\ 0.17\ 0.16]^{\mathrm{T}}$$

$$P^{(2)}=[0.46\ 0.20\ 0.21\ 0.13]^{\mathrm{T}},\quad P^{(3)}=[0.46\ 0.20\ 0.21\ 0.13]^{\mathrm{T}}$$

$$P^{(4)}=[0.33\ 0.22\ 0.25\ 0.27]^{\mathrm{T}},\quad P^{(5)}=[0.53\ 0.26\ 0.12\ 0.09]^{\mathrm{T}}$$

$$P^{(6)}=[0.47\ 0.26\ 0.27]^{\mathrm{T}}$$

建立评判集 $V=\{v_1,v_2,v_3,v_4,v_5\}=\{$很可信，较可信，一般可信，不可信，很不可信$\}$，将可信度归一化为 0 和 1 之间的无量纲系数，为评判集划分区间范围，定义很不可信、不可信、一般可信、较可信、很可信对应的可信度范围分别为(0,0.3]、(0.3,0.5]、(0.5,0.7]、(0.7,0.9]、(0.9,1)。系统分为三个层次，则采用二级模糊综合评判，应用模糊算子 •（•，∨），其中“•”为普通实数乘法，基于模糊综合评判法计算得到 v_1、v_2、v_3、v_4、v_5 的隶属度值分别为 0.386、0.102、0.035、0.011、0，根据模糊数学理论的最大隶属度原则，整体可信度水平判断为 v_1，即很可信，可信度位于区间(0.9,1)内。要得到可信度具体的值，需要将虚拟试验数据和真实试验数据进行对比、检验，定量计算可信度指标值。由于该型导弹控制系统的实物试验数据很少，不足以支持定量可信度指标计算，目前只能给出可信度指标的区间范围。

3. 测试性虚拟试验实施

1）导弹控制系统的测试流程

该型导弹控制系统的测试流程分三个阶段，即单机自检、分系统测试和模拟飞行测试。单机自检采用各单机自己的硬件 BIT 进行，通过总线发出测试指令即可在线获得各单机的自检测数据；分系统测试通过运行分系统测试程序，向各单机施加标准激励，采集单机的响应数据作为测试与诊断数据；模拟飞行测试通过运行模拟飞行程序，测试与诊断系统通过在线实时采集模拟飞行过程的中间数据作为测试与诊断数据。

运行单机硬件自检时，测控计算机通过 1553B 总线发送自检测命令到弹上计算机，弹上计算机接收到该命令后，首先进行弹上计算机自身的检测，然后转发自检测命令到其他单机，命令其他单机完成自检测，并接收自检测结果，各单机自检测结果通过总线传到测控计算机显示，自检测结果能够基本表明一个单机基本功能的完好情况。

分系统测试主要进行惯性测量组合静止状态下测量精度检查和综合控制器舵控制功能检查，以进一步检测系统各单机的基本功能与性能是否正常。运行分系统测试时，测控计算机通过 1553B 总线发送分系统测试命令到弹上计算机，弹上计算机接收到该命令后，接收惯性测量组合或惯性测量组合模型的输出，计算当地的地球自转角速度和重力加速度，初步检验惯性测量组合的静态测量精度。同时，弹上计算机向综合控制器发送测试激励，即四个舵偏转指令，由综合控制器控制四个舵驱动器并驱动舵面转动。测控计算机通过 1553B 总线接收舵偏信号，并绘制各舵偏曲线，通过与指定的舵偏曲线进行比较，判断综合控制器是否工作正常。

模拟飞行测试分为两种，一种是惯性测量组合硬件在环时的闭环模拟飞行，另一种是惯性测量组合模型在环时的开环模拟飞行。地面测控计算机通过 1553B 总线接收 4 个空气舵的偏转信号，进行导弹的动力学模型和运动学模型实时计算，包括导弹气动特性计算、大气模型计算、地球模型计算、导弹运动学特性计算、动力学计算、微分方程计算及其他辅助参数计算，根据计算得出的弹体姿态信息驱动三轴转台转动，同时将仿真计算的加速度信息转化为脉冲数后通过 1553B 总线发送到弹上计算机。惯性测量组合硬件或模型敏感导弹的角速度信息，转化为脉冲数后通过 1553B 总线发送到弹上计算机。弹上计算机根据接收到的角速度及加速度脉冲信息，完成导弹的实时导航解算，得出舵偏控制信号，通过 1553B 总线发送到综合控制器，由综合控制器控制四个舵驱动器，驱动步进电机，带动 4 个空气舵转动，控制导弹按预定弹道稳定飞行。模拟飞行时，地面测控计算机一方面对飞行过程中的重要参数进行存储，另一方面将速度、位置、姿态等信息进行实时曲线显示。通过监视总线数据流获得导弹控制系统运行的状态参量信息，通过比较判别、状态识别对信息进行处理后，可对控制系统进行进一步的故障诊断与定位。

2）故障注入、检测与隔离

将 32 种故障模式依次各注入 1 次，检验这些故障能否被测试覆盖，试验结果表明，32 种故障都能被测试手段覆盖到，故障覆盖率为 100%。

由于建立的是虚实结合的混合 FFBTEM，故障注入、检测与隔离在半实物仿真平台上进行，所以故障注入采取硬件故障注入和软件故障注入相结合的方法，各个故障的注入手段如表 8.7 所示。

表 8.7　故障注入、检测与隔离列表

设备名称	故障名称	故障注入次数	正确检测次数	正确隔离次数	故障注入方式
惯性测量组合	X 轴陀螺输出线性故障	4	4	4	修改陀螺模型 X 轴输出线性故障参数
	X 轴陀螺零偏异常	9	8	8	修改陀螺模型 X 轴零偏参数
	Y 轴陀螺输出线性故障	5	4	4	修改陀螺模型 Y 轴输出线性故障参数
	Y 轴陀螺零偏异常	8	7	7	修改陀螺模型 Y 轴零偏参数
	Z 轴陀螺输出线性故障	4	4	4	修改陀螺模型 Z 轴输出线性故障参数
	Z 轴陀螺零偏异常	8	8	8	修改陀螺模型 Z 轴零偏参数
	X 轴加速度计输出线性故障	5	5	5	修改 X 轴加速度计模型输出线性故障参数
	X 轴加速度计零偏异常	6	5	5	修改 X 轴加速度计模型参数
	Y 轴加速度计输出线性故障	3	3	3	修改 Y 轴加速度计模型输出线性故障参数
	Y 轴加速度计零偏异常	7	7	7	修改 Y 轴加速度计模型参数
	Z 轴加速度计输出线性故障	2	2	2	修改 Z 轴加速度计模型输出线性故障参数
	Z 轴加速度计零偏异常	6	6	6	修改 Z 轴加速度计模型参数
舵伺服机构	舵 1 卡死	3	3	3	通过转接盒断开综合控制器至舵 1 的信号线
	舵 1 极性反向	2	2	2	通过转接盒错接综合控制器至舵 1 的信号线
	舵 2 卡死	2	2	2	通过转接盒断开综合控制器至舵 2 的信号线
	舵 2 极性反向	2	2	2	通过转接盒错接综合控制器至舵 2 的信号线
	舵 3 卡死	2	2	2	通过转接盒断开综合控制器至舵 3 的信号线
	舵 3 极性反向	2	2	2	通过转接盒错接综合控制器至舵 3 的信号线
	舵 4 卡死	2	2	2	通过转接盒断开综合控制器至舵 4 的信号线
	舵 4 极性反向	1	1	1	通过转接盒错接综合控制器至舵 4 的信号线
综合控制器	无输出	5	5	5	断开综合控制器输出数据线
	输出脉冲错误	4	4	0	软件修改输出脉冲数
电源	惯性测量组合无供电	3	3	3	切断惯性测量组合供电电源
	弹上计算机无供电	2	2	2	切断弹上计算机供电电源
	综合控制器无供电	2	2	2	切断综合控制器供电电源
	舵伺服机构无供电	2	2	2	切断舵伺服机构供电电源
总线网络	弹上计算机总线通信故障	3	3	3	断开弹上计算机总线插头
	惯性测量组合总线通信故障	2	2	2	断开惯性测量组合总线插头
	综合控制器总线通信故障	2	2	2	断开综合控制器总线插头
	舵伺服机构通信故障	3	3	3	断开舵信号线插头
弹上计算机	无输出	3	3	3	断开输出数据线
	指令输出错误	6	6	0	软件修改指令

硬件故障注入方式包括：手动断开设备供电开关模拟断电故障；手动断开单机的 1553B 总线模拟总线通信故障；改变接线顺序模拟舵极性反向故障等。软件故障注入以故障注入模型为基础，开发相应的故障注入软件模块，集成到测控计算机

中，通过设置故障模式和相关参数，经 1553B 总线注入控制系统中。故障注入软件模块界面如图 8.41 所示。

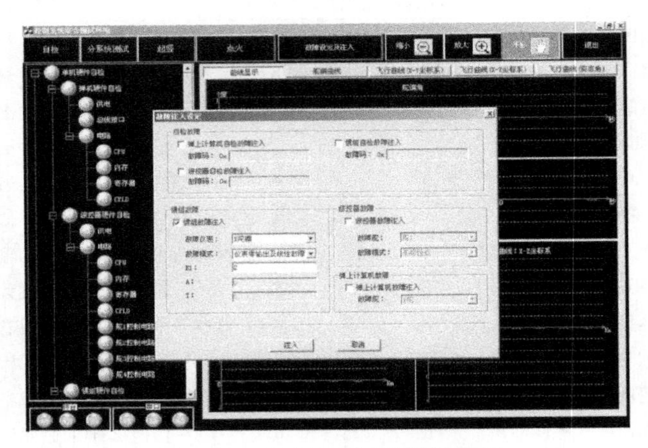

图 8.41　故障注入软件模块界面

由于该导弹控制系统的可靠性较高，单套系统发生故障次数较少，故障样本模拟生成试验时以多套系统为对象(考虑实际部署情况，本次试验将数量定为 50)，模拟生成这批系统的故障样本，经过对故障统计模型进行仿真，模拟生成共计 120 个故障样本，如表 8.7 所示。得到故障样本后，下一步是将故障样本逐个注入导弹控制系统 FFBTEM 中，检验这些故障的可检测性和可隔离性，检测和隔离结果如表 8.7 所示，表中正确隔离次数是指正确隔离到 1 个 LRU 的次数。部分故障注入及测试结果如下。

(1) 状态正常情况。状态正常情况下，单机自检结果、分系统测试结果、模拟飞行测试结果分别如图 8.42～图 8.44 所示，各单机及分系统功能状态绿灯常亮，表示状态正常，模拟飞行测试数据、舵偏数据、姿态角数据正常，未检测到任何故障。

(2) 综合控制器无供电故障情况。综合控制器无供电故障采取硬件模拟故障注入方式，切断综合控制器供电电源，电源供电指示灯灭，单机自检时综合控制器无信号反馈，上电 BIT 自检指示灯全为红色，供电指示灯也为红色，表示综合控制器无供电、没有工作，如图 8.45 所示。因此，测试系统可检测到该故障，且能诊断出综合控制器无供电。该故障注入 2 次，2 次都能成功检测到该故障，并隔离到电源 LRU 模块。

(3) X 轴陀螺输出线性放大 2 倍故障情况。通过软件故障注入方式，修改 X 轴陀螺故障注入模型，将 X 轴陀螺输出线性参数 $K_{\omega x}$ 由 1 改为 2，单机自检时检测结果为正常，未发现故障，但分系统测试时，检测到 X 轴陀螺故障，并用红灯突出指示。该故障注入 4 次，$K_{\omega x}$ 分别设为 0、1、2、3，都被正确检测到，并将故障隔离到

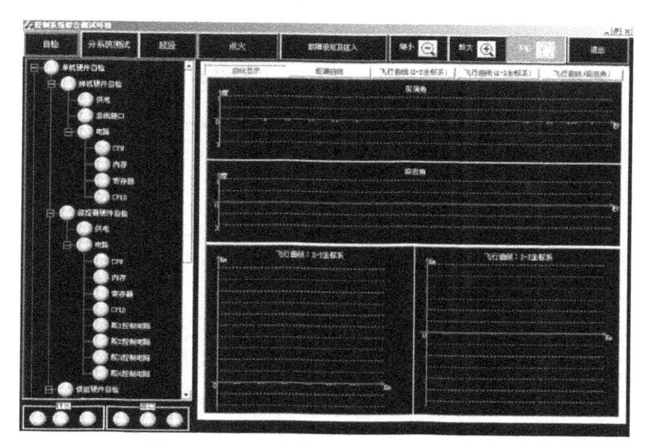

图 8.42　正常情况下单机自检结果

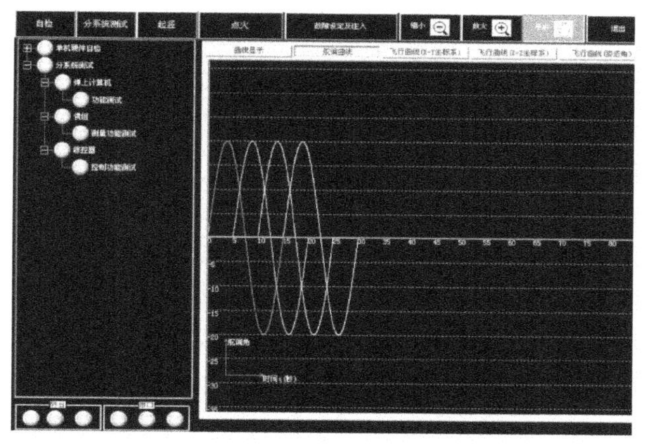

图 8.43　正常情况下分系统测试结果

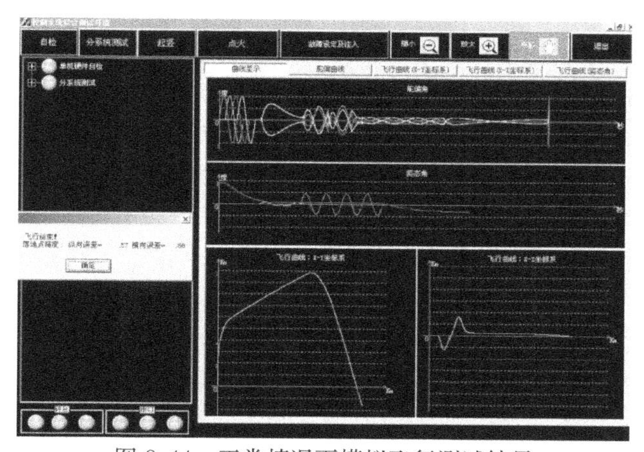

图 8.44　正常情况下模拟飞行测试结果

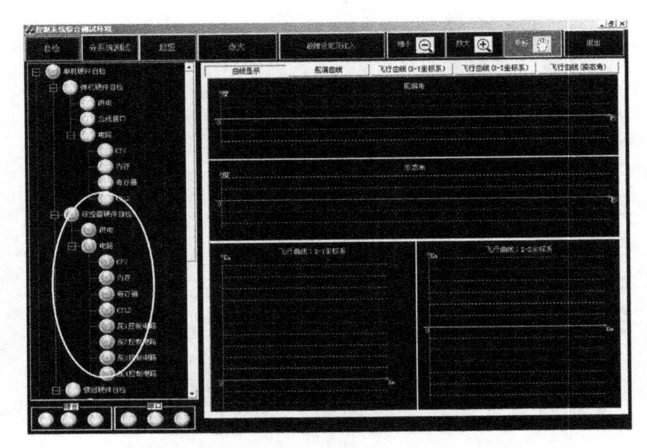

图 8.45　综合控制器无供电故障情况下的单机检测和隔离结果

惯性测量组合 LRU 单元。

所有 120 次故障注入试验均未损坏重要组件，不存在试验破坏性风险，故障注入后的组件能及时恢复正常状态，试验成本较低，测试性虚拟试验主要工作集中在前期的建模、验模阶段，故障注入等试验实施阶段耗时短、效率高，整个试验周期与实物试验相比大为缩短。如果在实物上人为制造故障并注入，如在惯性测量组合实物上制造 X 轴陀螺输出线性故障，需要拆解惯性测量组合、修改电路，既耗时间，又会严重降低惯性测量组合的精度，甚至导致惯性测量组合报废，试验花费将非常大，模拟飞行试验更是花费巨大且可能带来更大破坏性和风险。

故障注入总数为 120 次，成功检测故障 116 次。导弹控制系统分为 6 个 LRU，分别是电源、总线网络、弹上计算机、惯性测量组合、舵伺服机构和综合控制器，正确隔离到 1 个 LRU 的故障数是 106 次。未正确检测出的故障主要是惯性测量组合故障，主要原因是惯性测量组合受环境因素影响会产生温漂，以及自身标度因数不稳定性，惯性测量组合的正常行为和故障行为都会存在不确定性，并且会有模糊的重叠区域，故障检测时采取阈值判据，当被测量落在两者重叠区域时，可能产生漏检。弹上计算机指令输出错误和综合控制器输出脉冲错误最终导致舵偏转异常，都是通过舵偏角测试来检测这两个故障是否发生，但无法区分是弹上计算机故障还是综合控制器故障，形成了一个模糊组。

基于表 8.7 所示的测试性虚拟试验成败型数据，采取点估计和置信区间估计的方法评估该系统的测试性指标。计算得到故障检测率的点估计值为 96.67%，正确隔离到 1 个 LRU 的故障隔离率点估计值为 91.38%。

规定置信度水平为 0.9，故障检测率的置信下限为 93.45%，隔离到 1 个 LRU 的故障隔离率置信下限为 87.06%。合同规定的故障检测率最低可接收值为 90%，故障隔离率最低可接收值为 85%(隔离到 1 个 LRU)。通过测试性虚拟试验及指标评估，以 0.9 的置信度认为导弹控制系统的故障检测率、故障隔离率满足合同规定的指标要求，可以给出接受的结论。

该型导弹控制系统为新研装备的一部分，正式的测试性验证试验还没有进行，通过收集研制阶段的测试性试验数据、专家经验信息，以及少量的故障注入试验数据，利用第 6 章所述的基于多源先验数据的测试性指标评估计算测试性指标，得到置信度水平为 0.9 时故障检测率的置信下限为 92.32%，隔离到 1 个 LRU 的故障隔离率置信下限为 88.25%。评估结论为：以 0.9 的置信度认为导弹控制系统的故障检测率、故障隔离率满足合同规定的指标要求。考虑目前该型导弹控制系统还没有非常客观准确的测试性验证试验数据和结论，而测试性综合评估方法的科学性、有效性也经过了实践的检验，计算得到的指标比较客观准确，采用该方法的计算结果与测试性虚拟试验结果进行对比，来检验测试性虚拟试验理论和技术的正确性和合理性。通过对比可以看出，两种方法得到的指标下限值基本接近，验证结论也都为“接受”，表明测试性虚拟试验理论和技术科学合理、正确可行。而且测试性虚拟试验故障受限少、风险小、成本低、效率高，具有很好的工程应用价值。

8.4.2　航向姿态系统

1. 某航向姿态系统简介

某航向姿态系统如图 8.46 所示，其航向姿态系统结构框图如图 8.47 所示。该系统主要包括 28V 直流电源、26V 交流电源、静态变流器、陀螺电机、快速扶正机构、修正机构、同步发送器等硬件设备。地平仪的基本功能为：利用陀螺仪的定轴性和摆式修正机构对地垂线的选择性，在飞机上建立一个精确而稳定的水平基准，根据直升机与该基准的相对姿态变化，输出直升机的俯仰和倾斜姿态角。

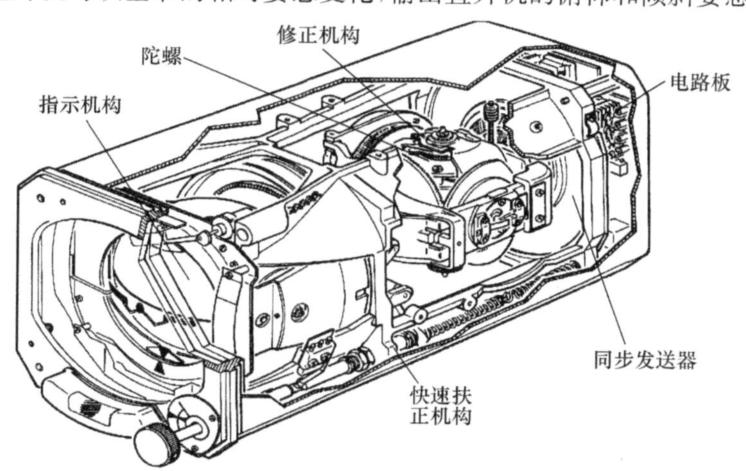

图 8.46　航向姿态系统结构

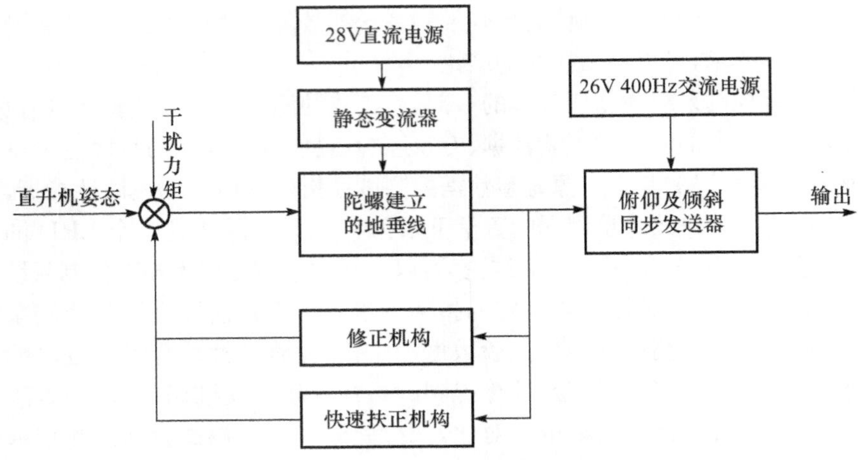

图 8.47 航向姿态系统功能结构框图

为实时监控其工作状态，有效检测并隔离故障，有关部门专门设计了 BIT 系统对 28V 直流电源、26V 400Hz 交流电源、静态变流器、陀螺电机、修正机构、快速扶正机构、俯仰及倾斜同步发送器进行检测，并通过数码管输出相应的故障代码。BIT 系统结构功能结构框图如图 8.48 所示。

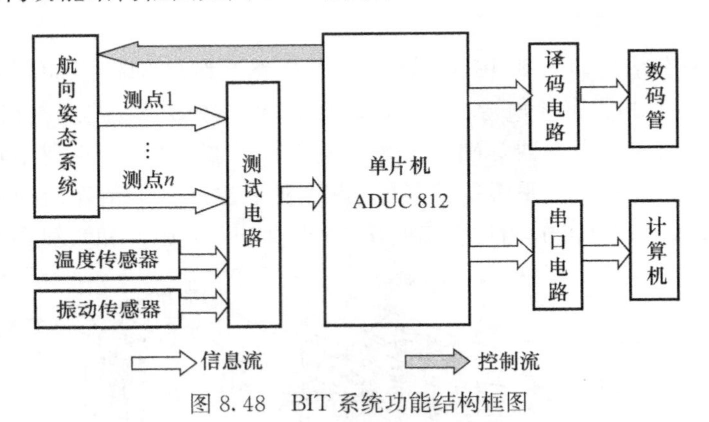

图 8.48 BIT 系统功能结构框图

2. 航向姿态系统测试性虚拟样机构建

Multisim10 是美国 NI 公司推出的以 Spice 为核心的计算机仿真设计软件，该软件具有较详细的电路分析功能，提供了大量高级仿真工具、庞大的元件库和仿真测试仪器仪表，不仅可以仿真正常电路工作状态，还可以对被仿真电路中的元器件设置各种故障，如开路、短路和不同程度的漏电等，从而观察不同故障情况下的电路工作状况。在具有详细设计图纸的情况下，下文将利用 Multisim10 软件建立航向姿态 BIT 系统的测试性虚拟样机。

根据航向姿态系统及其 BIT 的组成元件以及 Multisim10 软件，建立了各模块模型并综合成了测试性虚拟样机，如图 8.49 所示。

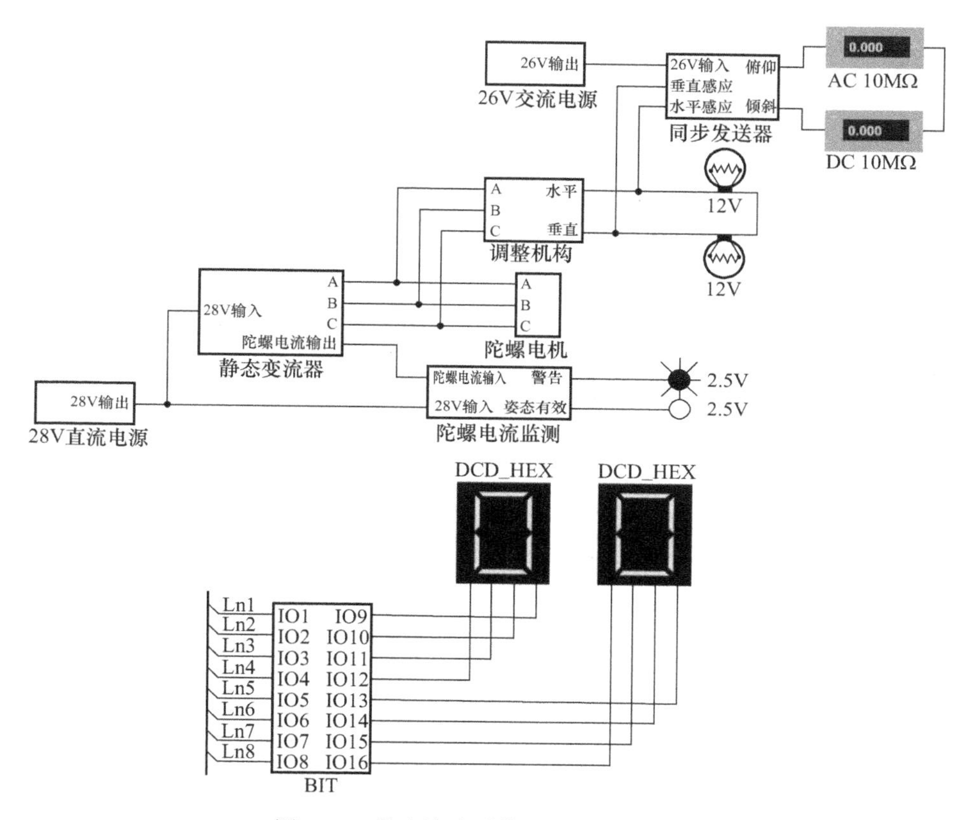

图 8.49　航向姿态系统测试性虚拟样机

该虚拟样机主要包括 28V 直流电源、26V 交流电源、静态变流器(包括 16V 开关电源、方波发生器两部分)、陀螺电机、快速扶正机构、修正机构、同步发送器、测试模块(包括陀螺电流监测、警告电路、监控分压、数据存储、BIT 等)等八大部分组成。下面将针对主要模块展开叙述其组成及仿真原理。

1) 电源

28V 直流电源是地平仪的工作电源，其输出是否正常直接影响地平仪的工作状态。26V 400Hz 交流电源为同步发送器提供电力支持。当其电压或频率误差大于 10%时，将会导致同步器输出不正常。

2) 静态变流器

静态变流器是地平仪的关键部件，它为陀螺电机提供三相 16V 450Hz 电压，主要包括 16V 开关电源和方波发生器等两部分。利用 Multisim 软件建立的模型如图 8.50 和图 8.51 所示。图 8.50 为 16V 开关电源模型，图 8.51 为三相方波发生器中 A 相方波产生电路模型。

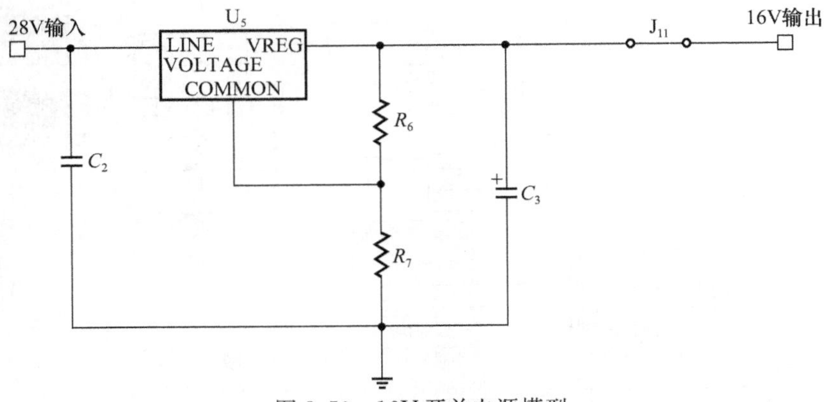

图 8.50　16V 开关电源模型

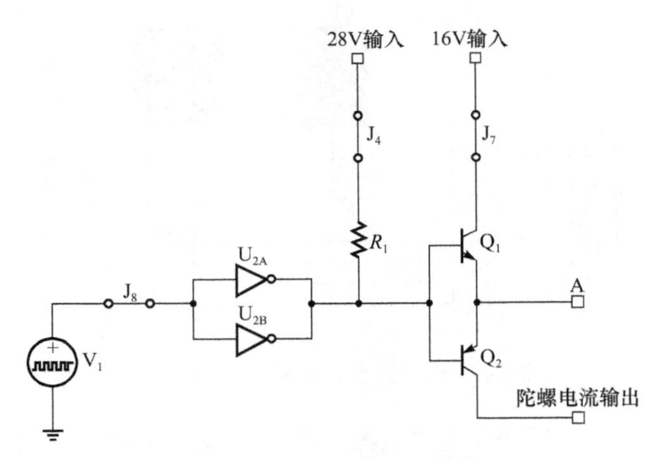

图 8.51　A 相方波产生电路模型

图 8.50 中，U_5 为输出可调开关电源，其输出电压由 R_6 和 R_7 调节。输出电压满足式(8.118)所述关系：

$$V_{\text{out}}=1.25\left(1+\frac{R_7}{R_6}\right)+I_{\text{ADJ}}R_7 \tag{8.118}$$

式中，$I_{\text{ADJ}}=100\mu\text{A}$。

图 8.51 中，V_1 为 5V 方波电源，相位角为 0°；U_2 为集电极开路与非门；R_1 为上拉电阻；Q_1 为 NPN 三极管，Q_2 为 PNP 三极管，Q_1 与 Q_2 组成推挽电路。仿真开始后，V_1 输出 5V、450Hz 方波，通过 U_{2A} 和 U_{2B} 的反相升压变化之后变为 16V、450Hz 方波，当方波处于高电平时，NPN 三极管导通，PNP 三极管截止，高电平通

过 A 端输入陀螺电机 A 极；当方波变为低电平时，NPN 三极管截止，PNP 三极管导通，陀螺电机电流通过陀螺电流输出端被后续电流监控电路采集。

3）同步发送器

同步发送器的主要功能是将直升机俯仰、倾斜姿态变化转化为电量输出，主要由环形同位器、电压-转角转换模块以及显示机构组成。建立的模型如图 8.52 所示，分为倾斜同步发送器和俯仰同步发送器，两者工作原理相同，下面以倾斜同步发送器为例介绍模型组成。

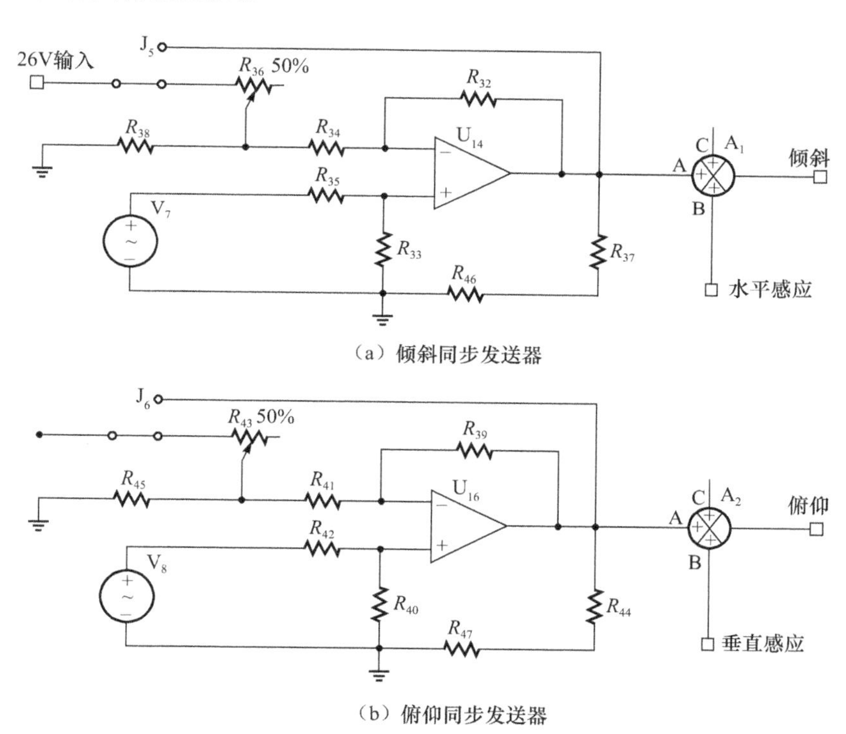

图 8.52　同步发送器模型

同步发送器感应到的转角 α 和输出电压 V 满足：

$$V = K_1\alpha \tag{8.119}$$

可以将同步发送器简化为同相比例放大器。图 8.52 中，U_{14} 为比较器，V_7 为交流电源，R_{32}、R_{33}、R_{34}、R_{35}、R_{37}、R_{38}、R_{46} 为电阻器，R_{36} 为电位计。V_7 的相位和频率与 26V 交流电源一致；R_{36}、R_{38} 模拟环形同位器的转子和定子；R_{32}、R_{34} 和 U_{14} 模拟转角-电压感应装置。根据比较器"虚短"和"虚断"的特性，$V_{U14-}=\frac{R_{38}}{R_{38}+R_{36}}V_{in}$，$V_{U14+}=\frac{R_{33}}{R_{35}+R_{33}}V_{V7}$。当直升机倾斜角为 0 时，$V_{U14-}=V_{U14+}$，比较器输出 $V_{out}=$

0.076mV(0.076mV 为正常零漂)。当直升机发生左侧倾斜时,倾斜角 α 为正,在模型仿真过程中表现为 R_{36} 阻值变大,此时 V_{U14-} 降低,$V_{U14-}<V_{U14+}$,比较器输出 $V_{out}=K_1\alpha=\left(1+\frac{R_{32}}{R_{34}}\right)(V_{U14+}-V_{U14-})>0$;当直升机发生右侧倾斜时,倾斜角应为负值,在模型中,R_{36} 阻值变小,V_{U14-} 升高,$V_{U14-}>V_{U14+}$,比较器输出 $V_{out}<0$。

4) 陀螺电机

地平仪的转子采用陀螺电动机驱动时,陀螺仪的转子实际上就是电动机的转子,其转速与陀螺电流密切相关。电机的主要参数为:定子电阻 $R_1=6\Omega$,定子电感 $L_1=3\text{mH}$,转子电阻 $R_2=5.3\Omega$,转子电感 $L_2=3.2\text{mH}$,互感系数 $M=3.4\text{mH}$。

Multisim 软件提供了三相电机模型,可以根据用户需要对电机的连线方式及主要参数进行调整,模拟电机的工作特性,因此在本书中直接应用该模块作为陀螺电机模型。

5) 修正机构

修正机构的功能是修正陀螺轴相对地垂线的偏移,主要由力矩电机、五轴液体开关组成。修正机构模型如图 8.53 所示。

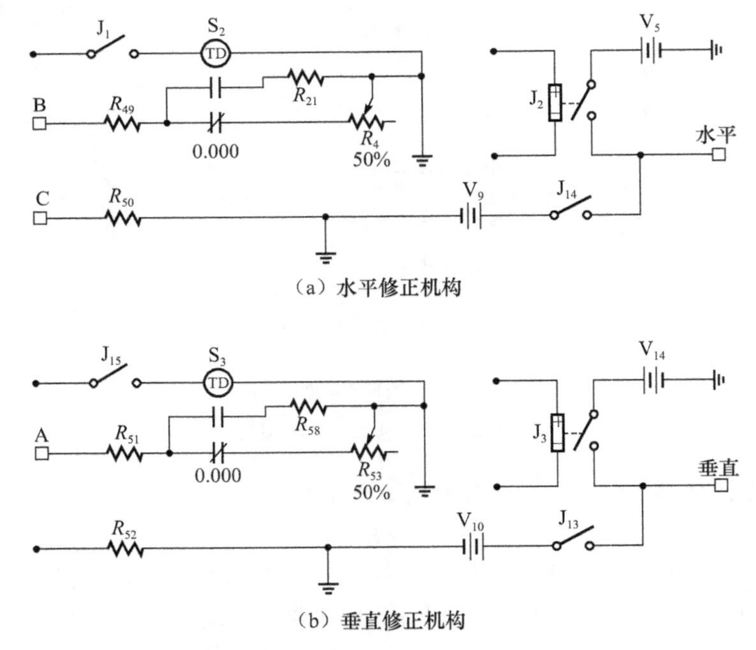

图 8.53　修正机构模型

修正机构分为水平修正机构和垂直修正机构,两者结构相同,下面以水平调整装置为例介绍其模型组成。用 R_{49} 与 R_{50} 模拟五轴液体开关中相应的两个电极,J_2 为电压控制开关,模拟液体开关的气泡;R_4 为电位计,通过 R_4 的阻值变化模拟陀螺主轴偏转；S_2 为延时开关，控制电机修正速度。延时开关的工作原理为：首先设定延时时间，当 TD 两端导通时，开关计时开始，电容器保持常态，即 1 断开、2 闭合；计时结束时，电容器工作状态发生偏转，同时计时器恢复初始值，等待下一次计时。当直升机未受到外界振动干扰或者干扰较小时，修正机构暂停工作，延时开关处于常态，R_4 接入电路，而 R_{21} 未接入电路，$R_{49}+R_4=R_{50}$，J_2 两端电压小于闭合电压，修正电机不工作。当直升机受到外界振动干扰较大，陀螺电机主轴发生偏转时，R_4 的阻值相应的增大或者减小，$R_{49}+R_{4'}\neq R_{50}$，J_2 两端的电压差增大，J_2 闭合，修正电机启动；同时 S_2 开始计时。S_2 计时时间到，R_4 从电路中断开，而 R_{21} 接入电路，由于 $R_{49}+R_{21}=R_{50}$，J_2 断开，修正电机停止工作，修正过程结束。

6）快速扶正机构

在地平仪启动时，快速扶正机构使陀螺主轴迅速达到垂直位置。利用 Multisim 软件建立的快扶机构模型主要由若干分布在静态变流器、同步发送器、修正机构的若干开关组合而成，具体位置见各模块模型中的开关。

7）陀螺电流监测模块

电流检测模块有两个功能：一是监测与陀螺电机转速密切相关的电流，从而指示陀螺电机工作是否正常；二是在地平仪启动之后给 BIT 模块发送启动指令。在地平仪启动之初，当陀螺电机电流到达正常值时，警告电路输出高电平，给 BIT 模块以启动信号，使 BIT 模块开始工作；在地平仪正常启动之后，电流检测模块的主要作用是监测陀螺电流是否在正常范围之内。

根据原有的电路设计图，建立的模型如图 8.54 所示。

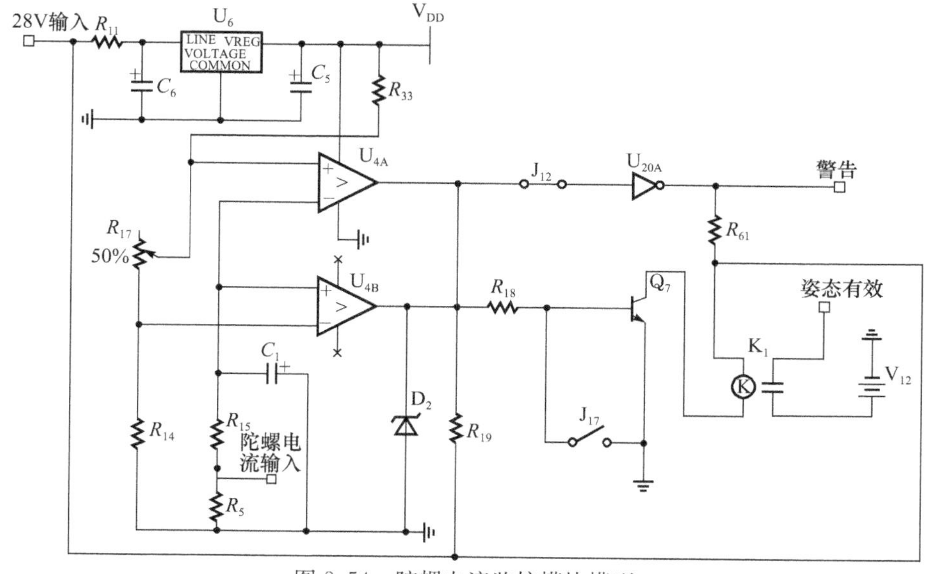

图 8.54　陀螺电流监控模块模型

该模块由两部分组成,即监控电路和指示机构。陀螺电流经陀螺电流输入端接入电流监控模块,R_5 为采样电阻,低通滤波之后,接在比较器 U_{4A} 的"-"端和 U_{4B} 的"+"端。来自 U_6 的电压经 R_{33}、R_{17} 以及 R_{14} 分压后成为门限电压,高门限值接在 U_{4A} 的"+"端,低门限值接在 U_{4B} 的"-"端。

$$
\begin{cases}
V_{U4A-} = V_{U4B+} = I_{in}R_5 \\
V_{U4A+} = \dfrac{R_{17}+R_{14}}{R_{17}+R_{14}+R_{33}}V_{VDD} \\
V_{U4B-} = \dfrac{R_{14}}{R_{17}+R_{14}+R_{33}}V_{VDD}
\end{cases}
\tag{8.120}
$$

当 $V_{U4A+} < V_{U4A-} = V_{U4B+} < V_{U4B-}$ 时,比较器输出高电平,否则比较器输出低电平。相应地,在指示机构中,当正常输入端接收到监控电路发出的高电平时,姿态有效灯亮起,表明陀螺工作正常;当警告输入端接收到监控电路发出的低电平时,警告旗摆动,表明陀螺姿态无效。

8) BIT 模块

BIT 模块主要选取 28V 直流电源、静态变流器、陀螺姿态有效信号、26V 400Hz 交流电源、同步发送器、快速扶正机构检测、修正机构检测、陀螺电流监测等八个测点进行机内测试。BIT 内部结构中,包含多路选择开关、A/D 转换器、8051 单片机。各监控量由 I/O 线路引入 BIT 模块,分压后分别接入数据记录模块和电压隔离模块。当 BIT 模块接收到陀螺电流监测模块发出的启动指令之后,单片机向多路开关发出通道选择信号,由被选择通道接入的监测模拟信号经 A/D 转换之后变为 8 位数字信号传输给单片机 I/O 接口,单片机按照预先设定的程序判断接收到的信号是否正常,并将判断结果由 I/O 接口输出显示。

3. 故障模拟与注入

1) 故障样本注入序列模拟生成

根据航向姿态系统的实际使用维护资料和 FMEA 分析结果,确定 16 类 SRU 级故障模式,如表 8.8 所示。

表 8.8 SRU 级故障模式及故障注入方式

代码	故障模式	故障注入方式
1	快速扶正机构凸轮磨损	调整机构内联开关短路(等效故障)
2	快速扶正机构拉杆卡死	所有扶正开关与常态相反(等效故障)
3	快速扶正机构开关失效	陀螺电流监测模块开关失效
4	陀螺电机线圈短路	陀螺电机对应线圈短路
5	陀螺电机转速低	同步发送器引入随机干扰(等效故障)
6	陀螺电机动平衡差	引入干扰信号(等效故障)

续表

代码	故障模式	故障注入方式
7	静态变流器开关电源故障	开关电源调节电阻阻值改变
8	静态变流器三相电源故障	改变三相电源输出频率
9	静态变流器故障	三极管或 NAND 管故障
10	26V 交流电源输出不正常	改变 26V 交流电源输出幅值、频率
11	28V 直流电源输出电压不正常	改变输出电压
12	28V 直流电源功率不足	利用功率恒定的开关电源代替
13	同步发送器感应线圈短路	改变放大器调节电阻阻值
14	同步发送器零漂过大	同步发送器引入常值干扰
15	修正机构感应开关故障	修正机构感应开关故障
16	修正电机故障	调整机构计时器开路，同时引入缓慢增长干扰信号(等效故障)

规定测试性指标统计时间段为 10 年工作期(每年 50 周，平均每周飞行 20h)，故障隔离到 SRU 级且模糊度为 1。模拟在 80 台样机上抽样，抽样结果形成故障注入样本，每个故障模式都在虚拟样机上注入并仿真试验。假设寿命分布函数及其统计特征已知，采用基于蒙特卡罗仿真的方法模拟产生每个虚拟样机在规定时间段内的故障样本，生成如表 8.9 所示的故障样本序列。

表 8.9　虚拟试验故障样本序列列表

样机序号	故障代码	故障时间/h	故障代码	故障时间/h	故障代码	故障时间/h
1	1	5214				
2	9	4557				
3	4	8971				
4	16	6021				
5	2	1875				
6	3	1324	6	6857	2	9686
7	8	356	7	1406	5	3800
8	6	8813	5	9832		
9	16	9508				
10	10	5562				
⋮						
74	8	1483	15	3475	2	3577
75	11	1273				
76	9	5114	12	5134		
77	11	2145				
78	7	1615	2	5186		
79	3	5921	1	5929		
80	13	5870				

图 8.55 给出了故障样本量累计值随时间变化的统计结果。从图中可以看出，总体上每个时间间隔内，故障发生次数保持稳态，不随时间的增加而增多。

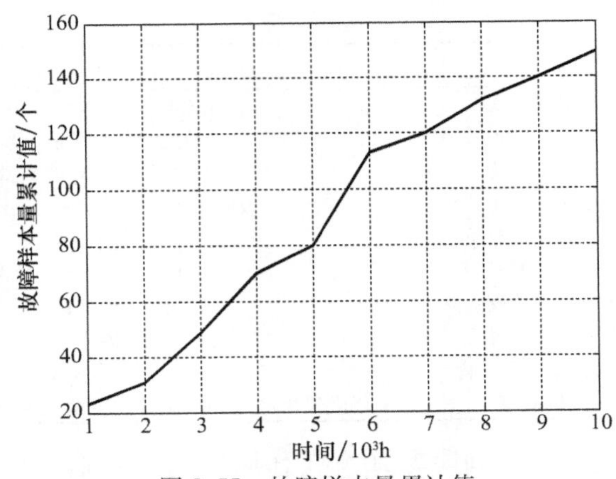

图 8.55　故障样本量累计值

图 8.56 给出了所有故障样本故障位置的统计结果。图中故障位置序号 1～7 分别表示 28V 直流电源、26V 交流电源、陀螺电机、快速扶正机构、修正机构、静态变流器及同步发送器。从图中可以看出，电子部件的故障发生次数明显低于机械部件，其原因主要是机械部件的故障率比电子部件高。

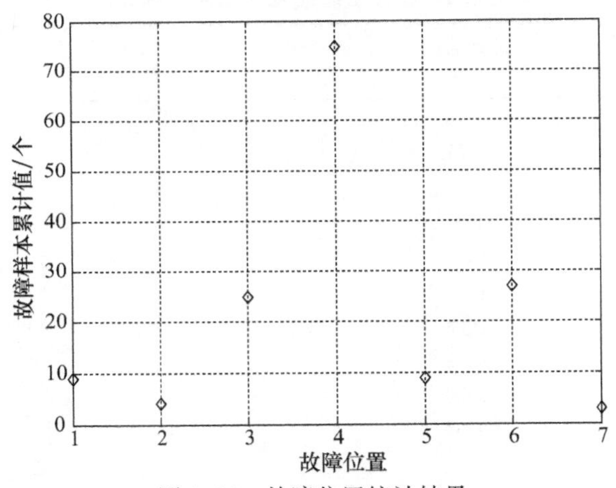

图 8.56　故障位置统计结果

2）故障注入

(1) 快速扶正机构开关失效。正常情况下，快速扶正机构开关应处于闭合状态，当陀螺电机转速达到规定转速时，向单片机输出高电平，启动 BIT。当开关接触不良，甚至开路时，高电平将无法输送给单片机，使 BIT 无法启动工作。模拟该故障时，在快速扶正机构开关的前方插入故障注入器，设置可编程电源的输出电压，使压控开关在规定时间点断开。仿真到达设定时间时，故障注入器中的压控开关断开，快速扶正机构开关失效。

(2) 静态变流器开关电源故障。正常情况下，静态变流器开关电源输出16V直流电流，发生故障时，输出电压将发生变化，这里假设输出电压升高。开关电源输出电压随 R_7 阻值的升高而升高，所以可以通过升高 R_7 的阻值模拟开关电源故障。如图8.57所示，R_7 前端插入了延时开关，设定闭合时间和断开时间。开关断开时，R_7 接入电路，R_{70} 未被接入电路，开关电源输出正常；到达设定的闭合时间时，开关闭合，R_7 从电路中断开，R_{70} 接入电路，开关电源输出升高。

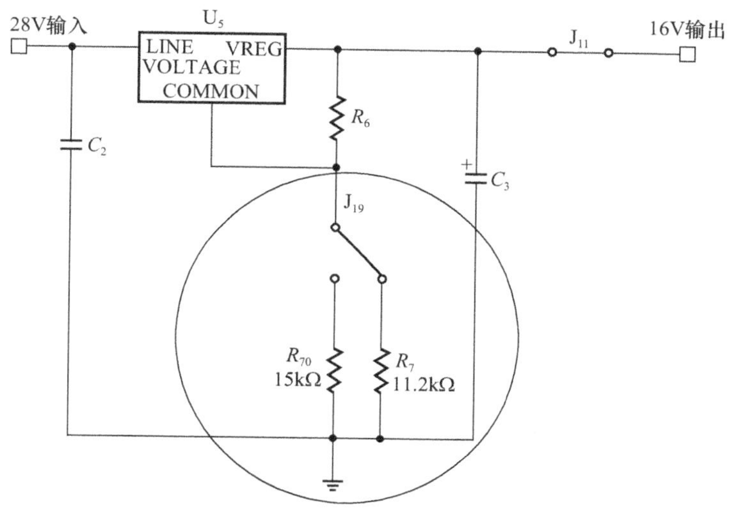

图8.57　静态变流器开关电源故障模型

(3) 陀螺电机转速低。正常情况下，陀螺电机转速应大于18000r/min，当转速降低时，陀螺地垂线不稳定，发生偏转，同步发送器感应到的机体偏转角度将会存在随机偏差。由于无法直接模拟陀螺电机转速对地垂线的影响，所以应用等效故障，即在同步发送器电压输出端插入幅值较大的随机噪声信号，人为模拟同步发送器的随机偏差。

(4) 28V直流电源功率不足。在EDA软件中，直流电源的功率被认为无限大，可以满足任何电路的需要；而对于某些开关电源，其模型则根据实际情况建立，最大功率恒定。所以，可以用功率恒定的开关电源代替直流电源，模拟直流电源功率不足故障，开关电源输出电压可调，最大功率为2W。设定延时开关的闭合和断开时间即可实现功率不足故障模型仿真过程中的自动注入。

4. 试验结果分析

按照上述故障建模与注入方法，将生成的故障样本序列注入对应的虚拟样机，进行航向姿态系统故障仿真与BIT虚拟测试，统计仿真结果即可得到该系统的测试性指标。这里以编号为7的航向姿态系统BIT虚拟样机为例说明仿真过程。表8.10列出了7号虚拟样机在仿真过程中需要注入的故障样本序列。

表 8.10　7 号虚拟样机故障样本序列

故障序号	故障模式	故障时间/h
1	快速扶正机构开关失效	356
2	静态变流器开关电源故障	1406
3	陀螺电机转速低	3800

从表 8.10 中可以看出，7 号虚拟样机在 10000h 的统计时间段内，共发生 3 次故障，故障分别发生在快速扶正机构、静态变流器以及陀螺电机三个位置，根据表 8.8 中列出的故障注入方式，仿照 8.4.2 节第三部分介绍的方法建立故障注入模型。设定各开关属性，即可进行故障仿真与 BIT 虚拟测试。

表 8.11 列出了故障模型中需要修改的参数。

表 8.11　故障模型中需要修改的参数(仿真时间总长 1s)

故障序号	故障模型	模型参数
1	在快速扶正机构开关前插入故障注入器	压控开关断开时间 35.6ms
2	在静态变流器开关电源中插入延时开关和 R_{70}	延时开关断开时间 140.6ms，断开时间 1s；R_{70}阻值设为 15kΩ
3	在同步发送器输出端接入随机噪声信号	V_{15}在 0～380ms 无输出，在 380ms～1s 输出±200mV 的随机噪声信号

图 8.58～图 8.60 列出了 7 号虚拟样机的故障仿真结果。

从图 8.58 可以看出，正常情况下，陀螺电流在 37ms 左右由低电平突变为高电平；当快速扶正机构开关开路时，陀螺电流信号一直为低电平。因此，BIT 能够正确检测到该故障发生造成的结果，但由于陀螺电机线圈开路时同样会导致陀螺信号一直为低，所以 BIT 不能正确隔离该故障。

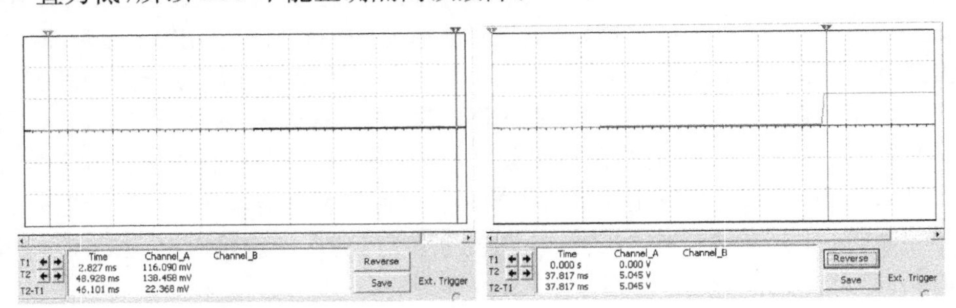

（a）快速扶正机构开关开路　　（b）正常情况

图 8.58　陀螺电流监控波形

从图 8.59 可以看出，正常情况下，静态变流器开关电源输出为 16V 直流，A 相方波幅值为 12.9V；当静态变流器开关电源输出升高至 21V 时，A 相方波幅值相应地升高至 23.5V。因此，BIT 能够通过监控方波幅值变化正确检测并隔离静态变流器开关电源输出异常故障。

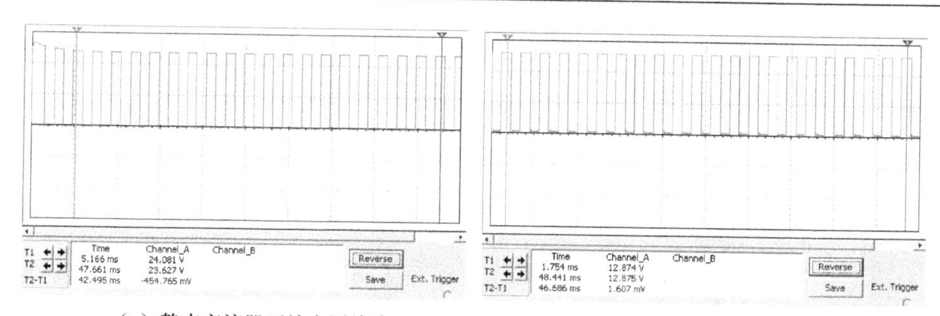

（a）静态变流器开关电源故障　　（b）正常情况

图 8.59　A 相方波监控波形

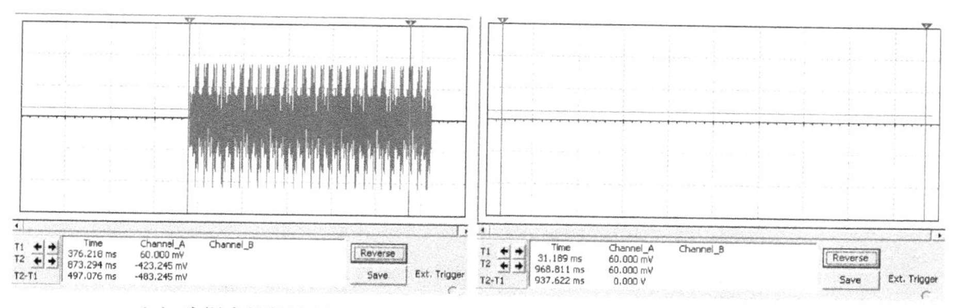

（a）陀螺电机转速低　　（b）正常情况

图 8.60　同步发送器输出波形

从图 8.60 可以看出，陀螺转速正常时，若机体未发生偏转，同步发送器输出零位电压为 60mV；陀螺转速降低，地垂线不稳定，造成同步发送器零位电压发生随机波动，同时陀螺电机工作电流也会相应降低。因此，可以通过观测同步发送器的零位输出和陀螺电流两个检测点正确检测和隔离出陀螺转速降低故障。部分试验结果如表 8.12 所示，检测或隔离成功用“√”表示，检测或隔离失败用“×”表示，其中隔离成功是指隔离到单个 SRU。

表 8.12　测试性虚拟试验结果

样机编号	故障代码	检测成功	隔离成功	故障代码	检测成功	隔离成功	故障代码	检测成功	隔离成功
1	1	√	√						
2	9	√	√						
3	4	√	√						
4	16	√	√						
5	2								
6	3	√	×	6	√	√	2	√	√
7	8	√	√	7	√	√	5	√	√
8	6	√	√	5	√	√			
9	16	√	×						
10	10	×	×						

续表

样机编号	故障代码	检测成功	隔离成功	故障代码	检测成功	隔离成功	故障代码	检测成功	隔离成功
⋮									
74	8	√	√	15	√	√	2	√	√
75	11	√	√						
76	9	√	√	12					
77	11	√	√						
78	7	√	√	2	√	×			
79	3	√		1	√	√			
80	13	√	√						

最终,测试性虚拟试验注入的故障样本总数为146个,正确检测到的故障样本数为140个,正确隔离的故障样本数为136个。利用GJB 2072—94规定的方法分别对该系统的故障检测率和故障隔离率进行点估计和区间估计。FDR点估计值为95.89%,FIR点估计值为97.14%;在0.95的置信度下,FDR区间估计为[0.9375,0.9820],FIR区间估计为[0.9358,0.9902]。

8.5 基于实物试验与虚拟试验相结合的测试性试验技术

基于故障注入的测试性试验不可避免地存在以下问题:一是故障注入试验通常是有损性甚至破坏性试验,受试验费用限制,在装备上注入大量故障是不现实的;二是受试验周期限制,在较短的时间内不允许进行大量的故障注入试验;三是一些故障由于危害性很大,很可能导致重大安全事故发生,因此不允许注入;四是由于封装等造成的物理位置限制,故障不能被有效注入。以上问题一方面导致装备测试性试验的故障注入样本量少;另一方面由于一些关键故障模式不能被有效注入,造成测试性试验故障注入样本结构不合理。现行的测试性试验与评价方法主要是基于经典统计理论,是以大子样试验为前提的。在仅有少量故障注入试验样本的情况下,利用经典统计理论无法给出可信度高的验证和评估结论[22-24]。因此,必须研究新的解决途径。

从长远来看,测试性虚拟试验相对实物试验具有无可比拟的优越性。首先,理论上采用虚拟试验技术可以模拟任何一种故障模式,而且可以反复试验,因此可以保证充足的样本;其次,可以模拟各种环境,未来装备服役环境是复杂多样的,如外太空、深海等环境在实验室中往往无法模拟或者成本太高,而采用虚拟试验技术将可能解决该问题;再次,由于虚拟样机可以复制和重用,试验过程可在多个计算机上并行开展,从而大大缩短试验周期。但是,虚拟试验技术面临的最大问题就在于如何确保虚拟样机的准确性。要推广测试性虚拟试验技术,必须在测试性虚拟样机方面取得较大的突破。目前的测试性虚拟样机技术还远不能满足测试性虚拟试验的要求。

GJB 2547A—2012 在工作项目 403 中指出：对于难以实施测试性验证试验的产品，经订购方同意，可用测试性预计、测试性仿真或虚拟样机分析等分析评价方法替代测试性验证试验。基于此，本书提出以小子样实物试验为主、虚拟试验为辅的测试性综合试验与评价框架。将小子样统计理论与测试性虚拟试验技术有机结合，整体上采用小子样试验，可能建立虚拟样机的局部采用虚拟试验，利用两者的技术优势来弥补对方的技术瓶颈，是现阶段提高测试性试验与评价结果置信度的一条可行途径。其技术方案如图 8.61 所示。

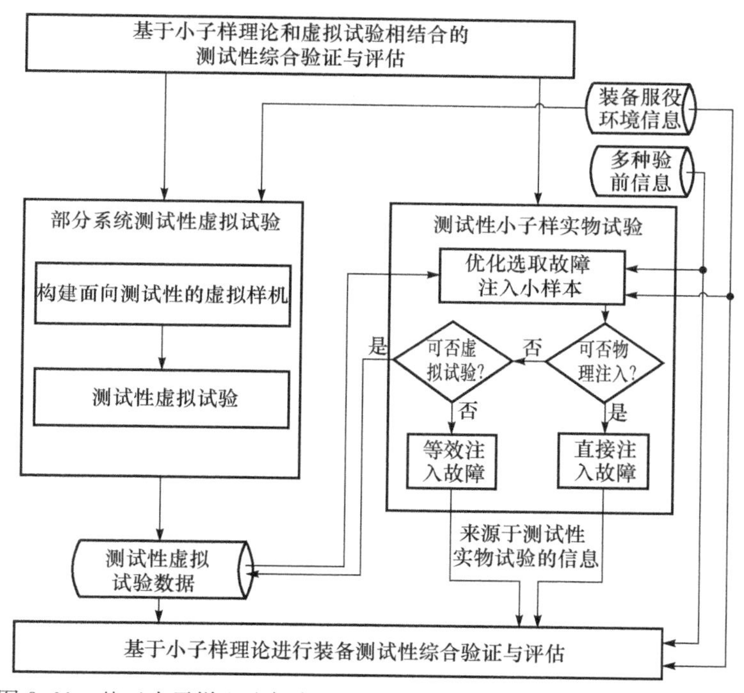

图 8.61 基于小子样理论与虚拟试验的测试性综合试验与评价技术方案

首先通过分析与规划，确定以小子样实物试验为主、基于虚拟样机的虚拟试验为辅的测试性综合试验与评价技术方案。然后对装备中可能建立虚拟样机的部分系统构建面向测试性的虚拟样机，基于虚拟样机进行测试性虚拟试验，对虚拟试验信息进行可信度分析，获得测试性虚拟试验信息库；以测试性虚拟试验为主要先验信息来源，综合装备服役环境信息以及测试性增长试验信息、专家知识等其他各种先验信息，优化确定故障注入小样本，根据已确定的故障注入小样本的具体情况分别采取物理注入、虚拟样机注入、等效注入等方式注入故障，进行测试并收集试验结果。最后综合测试性实物试验信息、测试性虚拟试验信息、外场试验与使用数据、装备服役环境信息，基于小子样理论评估出装备测试性指标。

综上所述，未来测试性试验技术可按如下两个步骤开展相关工作：

一是测试性试验技术长远发展的奠基阶段，实现以实物试验为主、虚拟试验为辅的技术。在此期间，进一步完善小子样试验技术，对装备的部分单元(数字、模拟电路的基本器件和模块)构建虚拟样机，进行测试性虚拟试验，并结合实物试验结果校核虚拟样机，修正建模方法，建立较低层级的测试性模型库。

二是测试性技术长远发展的目标实现阶段，实现以虚拟试验为主、实物试验为辅的技术构想。具体地，进一步拓展虚拟试验技术的应用面，通过虚拟样机的集成，将测试性虚拟试验从较低层级产品扩展到较高层级产品，然后通过相对成熟的少量实物试验对扩展应用结果进行校验和修正。进一步推广应用测试性虚拟试验技术，建立普适的测试性虚拟试验模型库和软件开发平台，同装备零部件供货商建立数据共享机制，实现设计多领域共享的虚拟样机。

8.6 本章小结

本章将虚拟试验技术引入测试性试验领域，首先详细阐述了测试性虚拟试验的基本流程，然后深入研究了测试性虚拟试验中的关键技术问题。针对测试性虚拟试验对测试性模型提出的新要求，提出了一种功能-故障-行为-测试-环境一体化模型及其循序渐进构建策略和方法，为解决 FFBTEM 确认中的可信度评估问题，提出了基于 AHP-FSE 的 FFBTEM 可信度综合评估方法。为使测试性虚拟试验中的故障样本尽量逼近实际故障发生样本，全面考虑装备实际服役、维修及环境，针对三种典型情况提出了基于故障统计模型的故障样本模拟生成技术。最后，以某型导弹控制系统及其测试系统、某航向姿态系统为对象开展技术应用与验证研究。另外，综合小子样理论和虚拟试验的技术优势，采取虚实结合的总体技术思路，提出并设计了基于小子样理论和虚拟试验相结合的测试性综合试验与评价总体方案，重点阐述了其中的测试性虚拟试验方案的技术思路和基本流程。结果表明，本章所提出的测试性虚拟试验理论与技术正确可行、科学合理，具有风险小、成本低、效率高、故障注入受限少、试验结论较准确等优点，有较好的工程应用价值。

参考文献

[1] 黄柯棣，张金槐，李剑川，等. 系统仿真技术[M]. 长沙：国防科技大学出版社，1998.

[2] Office of the Under Secretary of Defense. Mandatory procedures for major defense acquisition programs (MDAPS) and major automated information system (MAIS) acquisition programs[J/OL]. http://www.acq.osd.mil[2010-10-11].

[3] 中国国防科技信息中心. 国防采办辞典[M]. 北京：国防工业出版社，2001.

[4] Haynes L，Kelley B，Chujen L，et al. Automatic dependency model generator for mixed-signal circuits[C]. Proceeding of the IEEE International Automatic Testing Conference，1998：

91-96.

[5] Haynes L, Levy R, Chujen L, et al. Automatic generation of dependency models using autonomous intelligent agents[C]. Proceeding of the IEEE International Automatic Testing Conference, 1996: 303-308.

[6] 郭德卿. 电液伺服系统故障仿真研究[D]. 天津:河北工业大学,2001.

[7] 王晓峰. 基于 EDA 技术的电子线路故障诊断和测试性研究[D]. 北京:北京航空航天大学,2001.

[8] 张勇. 装备测试性虚拟验证试验关键技术研究[D]. 长沙:国防科学技术大学,2012.

[9] 于涛. 面向对象的多领域复杂机电系统键合图建模和仿真的研究[D]. 北京:机械科学研究院,2006.

[10] Peter F, Peter B. Modelica—A general object-oriented language for continuous and discrete-event system modeling and simulation[C]. Proceedings of the 35th Annual Simulation Symposium, 2002: 235-240.

[11] Gao M, Hu N Q, Qin G J. Modeling and fault simulation of propellant filling system based on Modelica/Dymola[C]. Proceedings of the 2nd International Symposium on Systems and Control in Aeronautics and Astronautics, 2008: 1-5.

[12] 焦鹏. 导弹制导仿真系统 VV&A 理论和方法研究[D]. 长沙:国防科学技术大学,2010.

[13] 梁保松,曹殿立. 模糊数学及其应用[M]. 北京:科学出版社,2007.

[14] 张静敏. 模糊综合评估系统核心算法的设计与实现[D]. 沈阳:东北大学,2007.

[15] 吕克洪. 基于时间应力分析的 BIT 降虚警与故障预测技术研究[D]. 长沙:国防科学技术大学,2008.

[16] Mattes A, Zhao W. Modeling and analysis of repairable systems with general repair[C]. Proceedings of the Annual Reliability and Maintainability Symposium, 2005: 176-182.

[17] Veber B, Nagode M, Fajdiga M. Generalized renewal process for repairable systems based on finite Weibull mixture[J]. Reliability Engineering and System Safety, 2007, 93(10): 1461-1472.

[18] Zhang Y, Qiu J, Liu G J, et al. A fault sample simulation approach for virtual testability demonstration test[J]. Chinese Journal of Aeronautics, 2012, 25(4): 598-604.

[19] Brown M, Proschan F. Imperfect repair[J]. Journal of Applied Probability, 1983, 20(4): 851-859.

[20] Zhang Y. Fault sample generation for virtual testability demonstration test subject to minimal maintenance and scheduled replacement[J]. Mathematic Problems in Engineering, 2015, (4): 1-8.

[21] Krivtsov V V. Practical extensions to NHPP application in repairable system reliability analysis[J]. Reliability Engineering and System Safety, 2007, 92(5): 560-562.

[22] 田仲,石君友. 系统测试性设计分析与验证[M]. 北京:北京航空航天大学出版社,2003.

[23] 田仲,石君友. 现有测试性验证方法分析与建议[J]. 质量与可靠性,2006,15(2):25-30.

[24] 田仲. 测试性验证方法研究[J]. 航空学报,1995,16(2):121-125.

附录A　标准正态分布表

表 A.1　$\Phi(x)=\int_{-\infty}^{x}\frac{1}{\sqrt{2\pi}}e^{-\frac{t^2}{2}}dt$

x	0.00	0.01	0.02	0.03	0.04	0.05	0.06	0.07	0.08	0.09
0.0	0.5000	0.5040	0.5080	0.5120	0.5160	0.5199	0.5239	0.5279	0.5319	0.5359
0.1	0.5398	0.5438	0.5478	0.5517	0.5557	0.5596	0.5636	0.5675	0.5714	0.5753
0.2	0.5793	0.5832	0.5871	0.5910	0.5948	0.5987	0.6026	0.6064	0.6103	0.6141
0.3	0.6179	0.6217	0.6255	0.6293	0.6331	0.6368	0.6406	0.6443	0.6480	0.6517
0.4	0.6554	0.6591	0.6628	0.6664	0.6700	0.6736	0.6772	0.6808	0.6844	0.6879
0.5	0.6915	0.6950	0.6985	0.7019	0.7054	0.7088	0.7123	0.7157	0.7190	0.7224
0.6	0.7257	0.7291	0.7324	0.7357	0.7389	0.7422	0.7454	0.7486	0.7517	0.7549
0.7	0.7580	0.7611	0.7642	0.7673	0.7703	0.7734	0.7764	0.7794	0.7823	0.7852
0.8	0.7881	0.7910	0.7939	0.7967	0.7995	0.8023	0.8051	0.8078	0.8106	0.8133
0.9	0.8159	0.8186	0.8212	0.8238	0.8264	0.8289	0.8315	0.8340	0.8365	0.8389
1.0	0.8413	0.8438	0.8461	0.8485	0.8508	0.8531	0.8554	0.8577	0.8599	0.8621
1.1	0.8643	0.8665	0.8686	0.8708	0.8729	0.8749	0.8770	0.8790	0.8810	0.8830
1.2	0.8849	0.8869	0.8888	0.8907	0.8925	0.8944	0.8962	0.8980	0.8997	0.9015
1.3	0.9032	0.9049	0.9066	0.9082	0.9099	0.9115	0.9131	0.9147	0.9162	0.9177
1.4	0.9192	0.9207	0.9222	0.9236	0.9251	0.9265	0.9278	0.9292	0.9306	0.9319
1.5	0.9332	0.9345	0.9357	0.9370	0.9382	0.9394	0.9406	0.9418	0.9430	0.9441
1.6	0.9452	0.9463	0.9474	0.9484	0.9495	0.9505	0.9515	0.9525	0.9535	0.9545
1.7	0.9554	0.9564	0.9573	0.9582	0.9591	0.9599	0.9608	0.9616	0.9625	0.9633
1.8	0.9641	0.9648	0.9656	0.9664	0.9671	0.9678	0.9686	0.9693	0.9700	0.9706
1.9	0.9713	0.9719	0.9726	0.9732	0.9738	0.9744	0.9750	0.9756	0.9762	0.9767
2.0	0.9772	0.9778	0.9783	0.9788	0.9793	0.9798	0.9803	0.9808	0.9812	0.9817
2.1	0.9821	0.9826	0.9830	0.9834	0.9838	0.9842	0.9846	0.9850	0.9854	0.9857
2.2	0.9861	0.9864	0.9868	0.9871	0.9874	0.9878	0.9881	0.9884	0.9887	0.9890
2.3	0.9893	0.9896	0.9898	0.9901	0.9904	0.9906	0.9909	0.9911	0.9913	0.9916
2.4	0.9918	0.9920	0.9922	0.9925	0.9927	0.9929	0.9931	0.9932	0.9934	0.9936
2.5	0.9938	0.9940	0.9941	0.9943	0.9945	0.9946	0.9948	0.9949	0.9951	0.9952
2.6	0.9953	0.9955	0.9956	0.9957	0.9959	0.9960	0.9961	0.9962	0.9963	0.9964
2.7	0.9965	0.9966	0.9967	0.9968	0.9969	0.9970	0.9971	0.9972	0.9973	0.9974
2.8	0.9974	0.9975	0.9976	0.9977	0.9977	0.9978	0.9979	0.9979	0.9980	0.9981
2.9	0.9981	0.9982	0.9982	0.9983	0.9984	0.9984	0.9985	0.9985	0.9986	0.9986
3.0	0.9987	0.9990	0.9993	0.9995	0.9997	0.9998	0.9998	0.9999	0.9999	1.0000

注：表中最后一行自左至右依次是 $\Phi(3.0)$、…、$\Phi(3.9)$的值。

附录B　t 分布表

表 B.1　$P\{\chi^2(n)>\chi_\alpha^2(n)\}=\alpha$

n \ α	0.995	0.99	0.975	0.95	0.90	0.75
1	0.0000	0.0002	0.0010	0.0039	0.0158	0.1015
2	0.0100	0.0201	0.0506	0.1026	0.2107	0.5754
3	0.0717	0.1148	0.2158	0.3518	0.5844	1.2125
4	0.2070	0.2971	0.4844	0.7107	1.0636	1.9226
5	0.4118	0.5543	0.8312	1.1455	1.6103	2.6746
6	0.6757	0.8721	1.2373	1.6354	2.2041	3.4546
7	0.9893	1.2390	1.6899	2.1673	2.8331	4.2549
8	1.3444	1.6465	2.1797	2.7326	3.4895	5.0706
9	1.7349	2.0879	2.7004	3.3251	4.1682	5.8988
10	2.1558	2.5582	3.2470	3.9403	4.8652	6.7372
11	2.6032	3.0535	3.8157	4.5748	5.5778	7.5841
12	3.0738	3.5706	4.4038	5.2260	6.3038	8.4384
13	3.5650	4.1069	5.0087	5.8919	7.0415	9.2991
14	4.0747	4.6604	5.6287	6.5706	7.7895	10.1653
15	4.6009	5.2294	6.2621	7.2609	8.5468	11.0365
16	5.1422	5.8122	6.9077	7.9616	9.3122	11.9122
17	5.6973	6.4077	7.5642	8.6718	10.0852	12.7919
18	6.2648	7.0149	8.2307	9.3904	10.8649	13.6753
19	6.8439	7.6327	8.9065	10.1170	11.6509	14.5620
20	7.4338	8.2604	9.5908	10.8508	12.4426	15.4518
21	8.0336	8.8972	10.2829	11.5913	13.2396	16.3444
22	8.6427	9.5425	10.9823	12.3380	14.0415	17.2396
23	9.2604	10.1957	11.6885	13.0905	14.8480	18.1373
24	9.8862	10.8563	12.4011	13.8484	15.6587	19.0373
25	10.5196	11.5240	13.1197	14.6114	16.4734	19.9393
26	11.1602	12.1982	13.8439	15.3792	17.2919	20.8434
27	11.8077	12.8785	14.5734	16.1514	18.1139	21.7494
28	12.4613	13.5647	15.3079	16.9279	18.9392	22.6572

续表

α / n	0.995	0.99	0.975	0.95	0.90	0.75
29	13.1211	14.2564	16.0471	17.7084	19.7677	23.5666
30	13.7867	14.9535	16.7908	18.4927	20.5992	24.4776
31	14.4577	15.6555	17.5387	19.2806	21.4336	25.3901
32	15.1340	16.3622	18.2908	20.0719	22.2706	26.3041
33	15.8152	17.0735	19.0467	20.8665	23.1102	27.2194
34	16.5013	17.7891	19.8062	21.6643	23.9522	28.1361
35	17.1917	18.5089	20.5694	22.4650	24.7966	29.0540
36	17.8868	19.2326	21.3359	23.2686	25.6433	29.9730
37	18.5859	19.9603	22.1056	24.0749	26.4921	30.8933
38	19.2888	20.6914	22.8785	24.8839	27.3430	31.8146
39	19.9958	21.4261	23.6543	25.6954	28.1958	32.7369
40	20.7066	22.1642	24.4331	26.5093	29.0505	33.6603
41	21.4208	22.9056	25.2145	27.3256	29.9071	34.5846
42	22.1384	23.6501	25.9987	28.1440	30.7654	35.5099
43	22.8596	24.3976	26.7854	28.9647	31.6255	36.4361
44	23.5836	25.1480	27.5745	29.7875	32.4871	37.3631
45	24.3110	25.9012	28.3662	30.6123	33.3504	38.2910

α / n	0.25	0.1	0.05	0.025	0.01	0.005
1	1.3233	2.7055	3.8415	5.0239	6.6349	7.8794
2	2.7726	4.6052	5.9915	7.3778	9.2104	10.5965
3	4.1083	6.2514	7.8147	9.3484	11.3449	12.8381
4	5.3853	7.7794	9.4877	11.1433	13.2767	14.8602
5	6.6257	9.2363	11.0705	12.8325	15.0863	16.7496
6	7.8408	10.6446	12.5916	14.4494	16.8119	18.5475
7	9.0371	12.0170	14.0671	16.0128	18.4753	20.2777
8	10.2189	13.3616	15.5073	17.5345	20.0902	21.9549
9	11.3887	14.6837	16.9190	19.0228	21.6660	23.5893
10	12.5489	15.9872	18.3070	20.4832	23.2093	25.1881
11	13.7007	17.2750	19.6752	21.9200	24.7250	26.7569
12	14.8454	18.5493	21.0261	23.3367	26.2170	28.2997
13	15.9839	19.8119	22.3620	24.7356	27.6882	29.8193
14	17.1169	21.0641	23.6848	26.1189	29.1412	31.3194
15	18.2451	22.3071	24.9958	27.4884	30.5780	32.8015
16	19.3689	23.5418	26.2962	28.8453	31.9999	34.2671
17	20.4887	24.7690	27.5871	30.1910	33.4087	35.7184
18	21.6049	25.9894	28.8693	31.5264	34.8052	37.1564

续表

n \ α	0.25	0.1	0.05	0.025	0.01	0.005
19	22.7178	27.2036	30.1435	32.8523	36.1908	38.5821
20	23.8277	28.4120	31.4104	34.1696	37.5663	39.9969
21	24.9348	29.6151	32.6706	35.4789	38.9322	41.4009
22	26.0393	30.8133	33.9245	36.7807	40.2894	42.7957
23	27.1413	32.0069	35.1725	38.0756	41.6383	44.1814
24	28.2412	33.1962	36.4150	39.3641	42.9798	45.5584
25	29.3388	34.3816	37.6525	40.6465	44.3140	46.9280
26	30.4346	35.5632	38.8851	41.9231	45.6416	48.2898
27	31.5284	36.7412	40.1133	43.1945	46.9628	49.6450
28	32.6205	37.9159	41.3372	44.4608	48.2782	50.9936
29	33.7109	39.0875	42.5569	45.7223	49.5878	52.3355
30	34.7997	40.2560	43.7730	46.9792	50.8922	53.6719
31	35.8871	41.4217	44.9853	48.2319	52.1914	55.0025
32	36.9730	42.5847	46.1942	49.4804	53.4857	56.3280
33	38.0575	43.7452	47.3999	50.7251	54.7754	57.6483
34	39.1408	44.9032	48.6024	51.9660	56.0609	58.9637
35	40.2228	46.0588	49.8018	53.2033	57.3420	60.2746
36	41.3036	47.2122	50.9985	54.4373	58.6192	61.5811
37	42.3833	48.3634	52.1923	55.6680	59.8926	62.8832
38	43.4619	49.5126	53.3835	56.8955	61.1620	64.1812
39	44.5395	50.6598	54.5722	58.1201	62.4281	65.4753
40	45.6160	51.8050	55.7585	59.3417	63.6908	66.7660
41	46.6916	52.9485	56.9424	60.5606	64.9500	68.0526
42	47.7662	54.0902	58.1240	61.7767	66.2063	69.3360
43	48.8400	55.2302	59.3035	62.9903	67.4593	70.6157
44	49.9129	56.3685	60.4809	64.2014	68.7096	71.8923
45	50.9849	57.5053	61.6562	65.4101	69.9569	73.1660

附录C　F分布表

表C.1　$\alpha=0.25$

n_2 \ n_1	1	2	3	4	5	6	7	8	9	10	12	15	20	24	30	40	60	120	∞
1	5.83	7.50	8.20	8.58	8.82	8.98	9.10	9.19	9.26	9.32	9.41	9.49	9.58	9.63	9.67	9.71	9.76	9.80	9.85
2	2.57	3.00	3.15	3.23	3.28	3.31	3.34	3.35	3.37	3.38	3.39	3.41	3.43	3.43	3.44	3.45	3.46	3.47	3.48
3	2.02	2.28	2.36	2.39	2.41	2.42	2.43	2.44	2.44	2.44	2.45	2.46	2.46	2.46	2.47	2.47	2.47	2.47	2.47
4	1.81	2.00	2.05	2.06	2.07	2.08	2.08	2.08	2.08	2.08	2.08	2.08	2.08	2.08	2.08	2.08	2.08	2.08	2.08
5	1.69	1.85	1.88	1.89	1.89	1.89	1.89	1.89	1.89	1.89	1.89	1.89	1.88	1.88	1.88	1.88	1.87	1.87	1.87
6	1.62	1.76	1.78	1.79	1.79	1.78	1.78	1.78	1.77	1.77	1.77	1.76	1.76	1.75	1.75	1.75	1.74	1.74	1.74
7	1.57	1.70	1.72	1.72	1.71	1.71	1.70	1.70	1.69	1.69	1.68	1.68	1.67	1.67	1.66	1.66	1.65	1.65	1.65
8	1.54	1.66	1.67	1.66	1.66	1.65	1.64	1.64	1.63	1.63	1.62	1.62	1.61	1.60	1.60	1.59	1.59	1.58	1.58
9	1.51	1.62	1.63	1.63	1.62	1.61	1.60	1.60	1.59	1.59	1.58	1.57	1.56	1.56	1.55	1.54	1.54	1.53	1.53
10	1.49	1.60	1.60	1.59	1.59	1.58	1.57	1.56	1.56	1.55	1.54	1.53	1.52	1.52	1.51	1.51	1.50	1.49	1.48
11	1.47	1.58	1.58	1.57	1.56	1.55	1.54	1.53	1.53	1.52	1.51	1.50	1.49	1.49	1.48	1.47	1.47	1.46	1.45
12	1.46	1.56	1.56	1.55	1.54	1.53	1.52	1.51	1.51	1.50	1.49	1.48	1.47	1.46	1.45	1.45	1.44	1.43	1.42
13	1.45	1.55	1.55	1.53	1.52	1.51	1.50	1.49	1.49	1.48	1.47	1.46	1.45	1.44	1.43	1.42	1.42	1.41	1.40
14	1.44	1.53	1.53	1.52	1.51	1.50	1.49	1.48	1.47	1.46	1.45	1.44	1.43	1.42	1.41	1.41	1.40	1.39	1.38
15	1.43	1.52	1.52	1.51	1.49	1.48	1.47	1.46	1.46	1.45	1.44	1.43	1.41	1.41	1.40	1.39	1.38	1.37	1.36
16	1.42	1.51	1.51	1.50	1.48	1.47	1.46	1.45	1.44	1.44	1.43	1.41	1.40	1.39	1.38	1.37	1.36	1.35	1.34
17	1.42	1.51	1.50	1.49	1.47	1.46	1.45	1.44	1.43	1.43	1.41	1.40	1.39	1.38	1.37	1.36	1.35	1.34	1.33

续表

n_2 \ n_1	1	2	3	4	5	6	7	8	9	10	12	15	20	24	30	40	60	120	∞
18	1.41	1.50	1.49	1.48	1.46	1.45	1.44	1.43	1.42	1.42	1.40	1.39	1.38	1.37	1.36	1.35	1.34	1.33	1.32
19	1.41	1.49	1.49	1.47	1.46	1.44	1.43	1.42	1.41	1.41	1.40	1.38	1.37	1.36	1.35	1.34	1.33	1.32	1.30
20	1.40	1.49	1.48	1.47	1.45	1.44	1.43	1.42	1.41	1.40	1.39	1.37	1.36	1.35	1.34	1.33	1.32	1.31	1.29
21	1.40	1.48	1.48	1.46	1.44	1.43	1.42	1.41	1.40	1.39	1.38	1.37	1.35	1.34	1.33	1.32	1.31	1.30	1.28
22	1.40	1.48	1.47	1.45	1.44	1.42	1.41	1.40	1.39	1.39	1.37	1.36	1.34	1.33	1.32	1.31	1.30	1.29	1.28
23	1.39	1.47	1.47	1.45	1.43	1.42	1.41	1.40	1.39	1.38	1.37	1.35	1.34	1.33	1.32	1.31	1.30	1.28	1.27
24	1.39	1.47	1.46	1.44	1.43	1.41	1.40	1.39	1.38	1.38	1.36	1.35	1.33	1.32	1.31	1.30	1.29	1.28	1.26
25	1.39	1.47	1.46	1.44	1.42	1.41	1.40	1.39	1.38	1.37	1.36	1.34	1.33	1.32	1.31	1.29	1.28	1.27	1.25
26	1.38	1.46	1.45	1.44	1.42	1.41	1.39	1.38	1.37	1.37	1.35	1.34	1.32	1.31	1.30	1.29	1.28	1.26	1.25
27	1.38	1.46	1.45	1.43	1.42	1.40	1.39	1.38	1.37	1.36	1.35	1.33	1.32	1.31	1.30	1.28	1.27	1.26	1.24
28	1.38	1.46	1.45	1.43	1.41	1.40	1.39	1.38	1.37	1.36	1.34	1.33	1.31	1.30	1.29	1.28	1.27	1.25	1.24
29	1.38	1.45	1.45	1.43	1.41	1.40	1.38	1.37	1.36	1.35	1.34	1.32	1.31	1.30	1.29	1.27	1.26	1.25	1.23
30	1.38	1.45	1.44	1.42	1.41	1.39	1.38	1.37	1.36	1.35	1.34	1.32	1.30	1.29	1.28	1.27	1.26	1.24	1.23
35	1.37	1.44	1.43	1.41	1.40	1.38	1.37	1.36	1.35	1.34	1.32	1.31	1.29	1.28	1.27	1.25	1.24	1.22	1.20
40	1.36	1.44	1.42	1.40	1.39	1.37	1.36	1.35	1.34	1.33	1.31	1.30	1.28	1.26	1.25	1.24	1.22	1.21	1.19
50	1.35	1.43	1.41	1.39	1.37	1.36	1.34	1.33	1.32	1.31	1.30	1.28	1.26	1.25	1.23	1.22	1.20	1.19	1.16
60	1.35	1.42	1.41	1.38	1.37	1.35	1.33	1.32	1.31	1.30	1.29	1.27	1.25	1.24	1.22	1.21	1.19	1.17	1.15
80	1.34	1.41	1.40	1.38	1.36	1.34	1.32	1.31	1.30	1.29	1.27	1.26	1.23	1.22	1.21	1.19	1.17	1.15	1.12
120	1.34	1.40	1.39	1.37	1.35	1.33	1.31	1.30	1.29	1.28	1.26	1.24	1.22	1.21	1.19	1.18	1.16	1.13	1.10
∞	1.32	1.39	1.37	1.35	1.33	1.31	1.29	1.28	1.27	1.25	1.24	1.22	1.19	1.18	1.16	1.14	1.12	1.08	1.00

表 C.2　$\alpha=0.10$

n_2 \ n_1	1	2	3	4	5	6	7	8	9	10	12	15	20	24	30	40	60	120	∞
1	39.86	49.50	53.59	55.83	57.24	58.20	58.91	59.44	59.86	60.19	60.71	61.22	61.74	62.00	62.26	62.53	62.79	63.06	63.33
2	8.53	9.00	9.16	9.24	9.29	9.33	9.35	9.37	9.38	9.39	9.41	9.42	9.44	9.45	9.46	9.47	9.47	9.48	9.49
3	5.54	5.46	5.39	5.34	5.31	5.28	5.27	5.25	5.24	5.23	5.22	5.20	5.18	5.18	5.17	5.16	5.15	5.14	5.13
4	4.54	4.32	4.19	4.11	4.05	4.01	3.98	3.95	3.94	3.92	3.90	3.87	3.84	3.83	3.82	3.80	3.79	3.78	3.76
5	4.06	3.78	3.62	3.52	3.45	3.40	3.37	3.34	3.32	3.30	3.27	3.24	3.21	3.19	3.17	3.16	3.14	3.12	3.10
6	3.78	3.46	3.29	3.18	3.11	3.05	3.01	2.98	2.96	2.94	2.90	2.87	2.84	2.82	2.80	2.78	2.76	2.74	2.72
7	3.59	3.26	3.07	2.96	2.88	2.83	2.78	2.75	2.72	2.70	2.67	2.63	2.59	2.58	2.56	2.54	2.51	2.49	2.47
8	3.46	3.11	2.92	2.81	2.73	2.67	2.62	2.59	2.56	2.54	2.50	2.46	2.42	2.40	2.38	2.36	2.34	2.32	2.29
9	3.36	3.01	2.81	2.69	2.61	2.55	2.51	2.47	2.44	2.42	2.38	2.34	2.30	2.28	2.25	2.23	2.21	2.18	2.16
10	3.29	2.92	2.73	2.61	2.52	2.46	2.41	2.38	2.35	2.32	2.28	2.24	2.20	2.18	2.16	2.13	2.11	2.08	2.06
11	3.23	2.86	2.66	2.54	2.45	2.39	2.34	2.30	2.27	2.25	2.21	2.17	2.12	2.10	2.08	2.05	2.03	2.00	1.97
12	3.18	2.81	2.61	2.48	2.39	2.33	2.28	2.24	2.21	2.19	2.15	2.10	2.06	2.04	2.01	1.99	1.96	1.93	1.90
13	3.14	2.76	2.56	2.43	2.35	2.28	2.23	2.20	2.16	2.14	2.10	2.05	2.01	1.98	1.96	1.93	1.90	1.88	1.85
14	3.10	2.73	2.52	2.39	2.31	2.24	2.19	2.15	2.12	2.10	2.05	2.01	1.96	1.94	1.91	1.89	1.86	1.83	1.80
15	3.07	2.70	2.49	2.36	2.27	2.21	2.16	2.12	2.09	2.06	2.02	1.97	1.92	1.90	1.87	1.85	1.82	1.79	1.76
16	3.05	2.67	2.46	2.33	2.24	2.18	2.13	2.09	2.06	2.03	1.99	1.94	1.89	1.87	1.84	1.81	1.78	1.75	1.72
17	3.03	2.64	2.44	2.31	2.22	2.15	2.10	2.06	2.03	2.00	1.96	1.91	1.86	1.84	1.81	1.78	1.75	1.72	1.69
18	3.01	2.62	2.42	2.29	2.20	2.13	2.08	2.04	2.00	1.98	1.93	1.89	1.84	1.81	1.78	1.75	1.72	1.69	1.66
19	2.99	2.61	2.40	2.27	2.18	2.11	2.06	2.02	1.98	1.96	1.91	1.86	1.81	1.79	1.76	1.73	1.70	1.67	1.63
20	2.97	2.59	2.38	2.25	2.16	2.09	2.04	2.00	1.96	1.94	1.89	1.84	1.79	1.77	1.74	1.71	1.68	1.64	1.61

续表

n_2 \ n_1	1	2	3	4	5	6	7	8	9	10	12	15	20	24	30	40	60	120	∞
21	2.96	2.57	2.36	2.23	2.14	2.08	2.02	1.98	1.95	1.92	1.87	1.83	1.78	1.75	1.72	1.69	1.66	1.62	1.59
22	2.95	2.56	2.35	2.22	2.13	2.06	2.01	1.97	1.93	1.90	1.86	1.81	1.76	1.73	1.70	1.67	1.64	1.60	1.57
23	2.94	2.55	2.34	2.21	2.11	2.05	1.99	1.95	1.92	1.89	1.84	1.80	1.74	1.72	1.69	1.66	1.62	1.59	1.55
24	2.93	2.54	2.33	2.19	2.10	2.04	1.98	1.94	1.91	1.88	1.83	1.78	1.73	1.70	1.67	1.64	1.61	1.57	1.53
25	2.92	2.53	2.32	2.18	2.09	2.02	1.97	1.93	1.89	1.87	1.82	1.77	1.72	1.69	1.66	1.63	1.59	1.56	1.52
26	2.91	2.52	2.31	2.17	2.08	2.01	1.96	1.92	1.88	1.86	1.81	1.76	1.71	1.68	1.65	1.61	1.58	1.54	1.50
27	2.90	2.51	2.30	2.17	2.07	2.00	1.95	1.91	1.87	1.85	1.80	1.75	1.70	1.67	1.64	1.60	1.57	1.53	1.49
28	2.89	2.50	2.29	2.16	2.06	2.00	1.94	1.90	1.87	1.84	1.79	1.74	1.69	1.66	1.63	1.59	1.56	1.52	1.48
29	2.89	2.50	2.28	2.15	2.06	1.99	1.93	1.89	1.86	1.83	1.78	1.73	1.68	1.65	1.62	1.58	1.55	1.51	1.47
30	2.88	2.49	2.28	2.14	2.05	1.98	1.93	1.88	1.85	1.82	1.77	1.72	1.67	1.64	1.61	1.57	1.54	1.50	1.46
35	2.85	2.46	2.25	2.11	2.02	1.95	1.90	1.85	1.82	1.79	1.74	1.69	1.63	1.60	1.57	1.53	1.50	1.46	1.41
40	2.84	2.44	2.23	2.09	2.00	1.93	1.87	1.83	1.79	1.76	1.71	1.66	1.61	1.57	1.54	1.51	1.47	1.42	1.38
50	2.81	2.41	2.20	2.06	1.97	1.90	1.84	1.80	1.76	1.73	1.68	1.63	1.57	1.54	1.50	1.46	1.42	1.38	1.33
60	2.79	2.39	2.18	2.04	1.95	1.87	1.82	1.77	1.74	1.71	1.66	1.60	1.54	1.51	1.48	1.44	1.40	1.35	1.29
80	2.77	2.37	2.15	2.02	1.92	1.85	1.79	1.75	1.71	1.68	1.63	1.57	1.51	1.48	1.44	1.40	1.36	1.31	1.24
120	2.75	2.35	2.13	1.99	1.90	1.82	1.77	1.72	1.68	1.65	1.60	1.55	1.48	1.45	1.41	1.37	1.32	1.26	1.19
∞	2.71	2.30	2.08	1.94	1.85	1.77	1.72	1.67	1.63	1.60	1.55	1.49	1.42	1.38	1.34	1.30	1.24	1.17	1.00

表 C.3　$\alpha=0.05$

n_2 \ n_1	1	2	3	4	5	6	7	8	9	10	12	15	20	24	30	40	60	120	∞
1	161.45	199.50	215.71	224.58	230.16	233.99	236.77	238.88	240.54	241.88	243.90	245.95	248.02	249.05	250.10	251.14	252.20	253.25	254.31
2	18.51	19.00	19.16	19.25	19.30	19.33	19.35	19.37	19.38	19.40	19.41	19.43	19.45	19.45	19.46	19.47	19.48	19.49	19.50
3	10.13	9.55	9.28	9.12	9.01	8.94	8.89	8.85	8.81	8.79	8.74	8.70	8.66	8.64	8.62	8.59	8.57	8.55	8.53
4	7.71	6.94	6.59	6.39	6.26	6.16	6.09	6.04	6.00	5.96	5.91	5.86	5.80	5.77	5.75	5.72	5.69	5.66	5.63
5	6.61	5.79	5.41	5.19	5.05	4.95	4.88	4.82	4.77	4.74	4.68	4.62	4.56	4.53	4.50	4.46	4.43	4.40	4.36
6	5.99	5.14	4.76	4.53	4.39	4.28	4.21	4.15	4.10	4.06	4.00	3.94	3.87	3.84	3.81	3.77	3.74	3.70	3.67
7	5.59	4.74	4.35	4.12	3.97	3.87	3.79	3.73	3.68	3.64	3.57	3.51	3.44	3.41	3.38	3.34	3.30	3.27	3.23
8	5.32	4.46	4.07	3.84	3.69	3.58	3.50	3.44	3.39	3.35	3.28	3.22	3.15	3.12	3.08	3.04	3.01	2.97	2.93
9	5.12	4.26	3.86	3.63	3.48	3.37	3.29	3.23	3.18	3.14	3.07	3.01	2.94	2.90	2.86	2.83	2.79	2.75	2.71
10	4.96	4.10	3.71	3.48	3.33	3.22	3.14	3.07	3.02	2.98	2.91	2.85	2.77	2.74	2.70	2.66	2.62	2.58	2.54
11	4.84	3.98	3.59	3.36	3.20	3.09	3.01	2.95	2.90	2.85	2.79	2.72	2.65	2.61	2.57	2.53	2.49	2.45	2.40
12	4.75	3.89	3.49	3.26	3.11	3.00	2.91	2.85	2.80	2.75	2.69	2.62	2.54	2.51	2.47	2.43	2.38	2.34	2.30
13	4.67	3.81	3.41	3.18	3.03	2.92	2.83	2.77	2.71	2.67	2.60	2.53	2.46	2.42	2.38	2.34	2.30	2.25	2.21
14	4.60	3.74	3.34	3.11	2.96	2.85	2.76	2.70	2.65	2.60	2.53	2.46	2.39	2.35	2.31	2.27	2.22	2.18	2.13
15	4.54	3.68	3.29	3.06	2.90	2.79	2.71	2.64	2.59	2.54	2.48	2.40	2.33	2.29	2.25	2.20	2.16	2.11	2.07
16	4.49	3.63	3.24	3.01	2.85	2.74	2.66	2.59	2.54	2.49	2.42	2.35	2.28	2.24	2.19	2.15	2.11	2.06	2.01
17	4.45	3.59	3.20	2.96	2.81	2.70	2.61	2.55	2.49	2.45	2.38	2.31	2.23	2.19	2.15	2.10	2.06	2.01	1.96
18	4.41	3.55	3.16	2.93	2.77	2.66	2.58	2.51	2.46	2.41	2.34	2.27	2.19	2.15	2.11	2.06	2.02	1.97	1.92
19	4.38	3.52	3.13	2.90	2.74	2.63	2.54	2.48	2.42	2.38	2.31	2.23	2.16	2.11	2.07	2.03	1.98	1.93	1.88
20	4.35	3.49	3.10	2.87	2.71	2.60	2.51	2.45	2.39	2.35	2.28	2.20	2.12	2.08	2.04	1.99	1.95	1.90	1.84

续表

n_2 \ n_1	1	2	3	4	5	6	7	8	9	10	12	15	20	24	30	40	60	120	∞
21	4.32	3.47	3.07	2.84	2.68	2.57	2.49	2.42	2.37	2.32	2.25	2.18	2.10	2.05	2.01	1.96	1.92	1.87	1.81
22	4.30	3.44	3.05	2.82	2.66	2.55	2.46	2.40	2.34	2.30	2.23	2.15	2.07	2.03	1.98	1.94	1.89	1.84	1.78
23	4.28	3.42	3.03	2.80	2.64	2.53	2.44	2.37	2.32	2.27	2.20	2.13	2.05	2.01	1.96	1.91	1.86	1.81	1.76
24	4.26	3.40	3.01	2.78	2.62	2.51	2.42	2.36	2.30	2.25	2.18	2.11	2.03	1.98	1.94	1.89	1.84	1.79	1.73
25	4.24	3.39	2.99	2.76	2.60	2.49	2.40	2.34	2.28	2.24	2.16	2.09	2.01	1.96	1.92	1.87	1.82	1.77	1.71
26	4.23	3.37	2.98	2.74	2.59	2.47	2.39	2.32	2.27	2.22	2.15	2.07	1.99	1.95	1.90	1.85	1.80	1.75	1.69
27	4.21	3.35	2.96	2.73	2.57	2.46	2.37	2.31	2.25	2.20	2.13	2.06	1.97	1.93	1.88	1.84	1.79	1.73	1.67
28	4.20	3.34	2.95	2.71	2.56	2.45	2.36	2.29	2.24	2.19	2.12	2.04	1.96	1.91	1.87	1.82	1.77	1.71	1.65
29	4.18	3.33	2.93	2.70	2.55	2.43	2.35	2.28	2.22	2.18	2.10	2.03	1.94	1.90	1.85	1.81	1.75	1.70	1.64
30	4.17	3.32	2.92	2.69	2.53	2.42	2.33	2.27	2.21	2.16	2.09	2.01	1.93	1.89	1.84	1.79	1.74	1.68	1.62
35	4.12	3.27	2.87	2.64	2.49	2.37	2.29	2.22	2.16	2.11	2.04	1.96	1.88	1.83	1.79	1.74	1.68	1.62	1.56
40	4.08	3.23	2.84	2.61	2.45	2.34	2.25	2.18	2.12	2.08	2.00	1.92	1.84	1.79	1.74	1.69	1.64	1.58	1.51
50	4.03	3.18	2.79	2.56	2.40	2.29	2.20	2.13	2.07	2.03	1.95	1.87	1.78	1.74	1.69	1.63	1.58	1.51	1.44
60	4.00	3.15	2.76	2.53	2.37	2.25	2.17	2.10	2.04	1.99	1.92	1.84	1.75	1.70	1.65	1.59	1.53	1.47	1.39
80	3.96	3.11	2.72	2.49	2.33	2.21	2.13	2.06	2.00	1.95	1.88	1.79	1.70	1.65	1.60	1.54	1.48	1.41	1.32
120	3.92	3.07	2.68	2.45	2.29	2.18	2.09	2.02	1.96	1.91	1.83	1.75	1.66	1.61	1.55	1.50	1.43	1.35	1.25
∞	3.84	3.00	2.60	2.37	2.21	2.10	2.01	1.94	1.88	1.83	1.75	1.67	1.57	1.52	1.46	1.39	1.32	1.22	1.00

表 C.4 $\alpha=0.025$

n_2 \ n_1	1	2	3	4	5	6	7	8	9	10	12	15	20	24	30	40	60	120	∞
1	647.79	799.48	864.15	899.60	921.83	937.11	948.20	956.64	963.28	968.63	976.72	984.87	993.08	997.27	1001.4	1005.6	1009.8	1014.0	1018.3
2	38.51	39.00	39.17	39.25	39.30	39.33	39.36	39.37	39.39	39.40	39.41	39.43	39.45	39.46	39.46	39.47	39.48	39.49	39.50
3	17.44	16.04	15.44	15.10	14.88	14.73	14.62	14.54	14.47	14.42	14.34	14.25	14.17	14.12	14.08	14.04	13.99	13.95	13.90
4	12.22	10.65	9.98	9.60	9.36	9.20	9.07	8.98	8.90	8.84	8.75	8.66	8.56	8.51	8.46	8.41	8.36	8.31	8.26
5	10.01	8.43	7.76	7.39	7.15	6.98	6.85	6.76	6.68	6.62	6.52	6.43	6.33	6.28	6.23	6.18	6.12	6.07	6.02
6	8.81	7.26	6.60	6.23	5.99	5.82	5.70	5.60	5.52	5.46	5.37	5.27	5.17	5.12	5.07	5.01	4.96	4.90	4.85
7	8.07	6.54	5.89	5.52	5.29	5.12	4.99	4.90	4.82	4.76	4.67	4.57	4.47	4.41	4.36	4.31	4.25	4.20	4.14
8	7.57	6.06	5.42	5.05	4.82	4.65	4.53	4.43	4.36	4.30	4.20	4.10	4.00	3.95	3.89	3.84	3.78	3.73	3.67
9	7.21	5.71	5.08	4.72	4.48	4.32	4.20	4.10	4.03	3.96	3.87	3.77	3.67	3.61	3.56	3.51	3.45	3.39	3.33
10	6.94	5.46	4.83	4.47	4.24	4.07	3.95	3.85	3.78	3.72	3.62	3.52	3.42	3.37	3.31	3.26	3.20	3.14	3.08
11	6.72	5.26	4.63	4.28	4.04	3.88	3.76	3.66	3.59	3.53	3.43	3.33	3.23	3.17	3.12	3.06	3.00	2.94	2.88
12	6.55	5.10	4.47	4.12	3.89	3.73	3.61	3.51	3.44	3.37	3.28	3.18	3.07	3.02	2.96	2.91	2.85	2.79	2.72
13	6.41	4.97	4.35	4.00	3.77	3.60	3.48	3.39	3.31	3.25	3.15	3.05	2.95	2.89	2.84	2.78	2.72	2.66	2.60
14	6.30	4.86	4.24	3.89	3.66	3.50	3.38	3.29	3.21	3.15	3.05	2.95	2.84	2.79	2.73	2.67	2.61	2.55	2.49
15	6.20	4.77	4.15	3.80	3.58	3.41	3.29	3.20	3.12	3.06	2.96	2.86	2.76	2.70	2.64	2.59	2.52	2.46	2.40
16	6.12	4.69	4.08	3.73	3.50	3.34	3.22	3.12	3.05	2.99	2.89	2.79	2.68	2.63	2.57	2.51	2.45	2.38	2.32
17	6.04	4.62	4.01	3.66	3.44	3.28	3.16	3.06	2.98	2.92	2.82	2.72	2.62	2.56	2.50	2.44	2.38	2.32	2.25
18	5.98	4.56	3.95	3.61	3.38	3.22	3.10	3.01	2.93	2.87	2.77	2.67	2.56	2.50	2.44	2.38	2.32	2.26	2.19

续表

n_2 \ n_1	1	2	3	4	5	6	7	8	9	10	12	15	20	24	30	40	60	120	∞
19	5.92	4.51	3.90	3.56	3.33	3.17	3.05	2.96	2.88	2.82	2.72	2.62	2.51	2.45	2.39	2.33	2.27	2.20	2.13
20	5.87	4.46	3.86	3.51	3.29	3.13	3.01	2.91	2.84	2.77	2.68	2.57	2.46	2.41	2.35	2.29	2.22	2.16	2.09
21	5.83	4.42	3.82	3.48	3.25	3.09	2.97	2.87	2.80	2.73	2.64	2.53	2.42	2.37	2.31	2.25	2.18	2.11	2.04
22	5.79	4.38	3.78	3.44	3.22	3.05	2.93	2.84	2.76	2.70	2.60	2.50	2.39	2.33	2.27	2.21	2.14	2.08	2.00
23	5.75	4.35	3.75	3.41	3.18	3.02	2.90	2.81	2.73	2.67	2.57	2.47	2.36	2.30	2.24	2.18	2.11	2.04	1.97
24	5.72	4.32	3.72	3.38	3.15	2.99	2.87	2.78	2.70	2.64	2.54	2.44	2.33	2.27	2.21	2.15	2.08	2.01	1.94
25	5.69	4.29	3.69	3.35	3.13	2.97	2.85	2.75	2.68	2.61	2.51	2.41	2.30	2.24	2.18	2.12	2.05	1.98	1.91
26	5.66	4.27	3.67	3.33	3.10	2.94	2.82	2.73	2.65	2.59	2.49	2.39	2.28	2.22	2.16	2.09	2.03	1.95	1.88
27	5.63	4.24	3.65	3.31	3.08	2.92	2.80	2.71	2.63	2.57	2.47	2.36	2.25	2.19	2.13	2.07	2.00	1.93	1.85
28	5.61	4.22	3.63	3.29	3.06	2.90	2.78	2.69	2.61	2.55	2.45	2.34	2.23	2.17	2.11	2.05	1.98	1.91	1.83
29	5.59	4.20	3.61	3.27	3.04	2.88	2.76	2.67	2.59	2.53	2.43	2.32	2.21	2.15	2.09	2.03	1.96	1.89	1.81
30	5.57	4.18	3.59	3.25	3.03	2.87	2.75	2.65	2.57	2.51	2.41	2.31	2.20	2.14	2.07	2.01	1.94	1.87	1.79
35	5.48	4.11	3.52	3.18	2.96	2.80	2.68	2.58	2.50	2.44	2.34	2.23	2.12	2.06	2.00	1.93	1.86	1.79	1.70
40	5.42	4.05	3.46	3.13	2.90	2.74	2.62	2.53	2.45	2.39	2.29	2.18	2.07	2.01	1.94	1.88	1.80	1.72	1.64
50	5.34	3.97	3.39	3.05	2.83	2.67	2.55	2.46	2.38	2.32	2.22	2.11	1.99	1.93	1.87	1.80	1.72	1.64	1.55
60	5.29	3.93	3.34	3.01	2.79	2.63	2.51	2.41	2.33	2.27	2.17	2.06	1.94	1.88	1.82	1.74	1.67	1.58	1.48
80	5.22	3.86	3.28	2.95	2.73	2.57	2.45	2.35	2.28	2.21	2.11	2.00	1.88	1.82	1.75	1.68	1.60	1.51	1.40
120	5.15	3.80	3.23	2.89	2.67	2.52	2.39	2.30	2.22	2.16	2.05	1.94	1.82	1.76	1.69	1.61	1.53	1.43	1.31
∞	5.02	3.69	3.12	2.79	2.57	2.41	2.29	2.19	2.11	2.05	1.94	1.83	1.71	1.64	1.57	1.48	1.39	1.27	1.00

表 C.5　$\alpha=0.01$

n_2 \ n_1	1	2	3	4	5	6	7	8	9	10	12	15	20	24	30	40	60	120	∞
1	4052.2	4999.3	5403.5	5624.3	5764.0	5859.0	5928.3	5981.0	6022.4	6055.9	6106.7	6157.0	6208.7	6234.3	6260.4	6286.4	6313.0	6339.5	6365.6
2	98.50	99.00	99.16	99.25	99.30	99.33	99.36	99.38	99.39	99.40	99.42	99.43	99.45	99.46	99.47	99.48	99.48	99.49	99.50
3	34.12	30.82	29.46	28.71	28.24	27.91	27.67	27.49	27.34	27.23	27.05	26.87	26.69	26.60	26.50	26.41	26.32	26.22	26.13
4	21.20	18.00	16.69	15.98	15.52	15.21	14.98	14.80	14.66	14.55	14.37	14.20	14.02	13.93	13.84	13.75	13.65	13.56	13.46
5	16.26	13.27	12.06	11.39	10.97	10.67	10.46	10.29	10.16	10.05	9.89	9.72	9.55	9.47	9.38	9.29	9.20	9.11	9.02
6	13.75	10.92	9.78	9.15	8.75	8.47	8.26	8.10	7.98	7.87	7.72	7.56	7.40	7.31	7.23	7.14	7.06	6.97	6.88
7	12.25	9.55	8.45	7.85	7.46	7.19	6.99	6.84	6.72	6.62	6.47	6.31	6.16	6.07	5.99	5.91	5.82	5.74	5.65
8	11.26	8.65	7.59	7.01	6.63	6.37	6.18	6.03	5.91	5.81	5.67	5.52	5.36	5.28	5.20	5.12	5.03	4.95	4.86
9	10.56	8.02	6.99	6.42	6.06	5.80	5.61	5.47	5.35	5.26	5.11	4.96	4.81	4.73	4.65	4.57	4.48	4.40	4.31
10	10.04	7.56	6.55	5.99	5.64	5.39	5.20	5.06	4.94	4.85	4.71	4.56	4.41	4.33	4.25	4.17	4.08	4.00	3.91
11	9.65	7.21	6.22	5.67	5.32	5.07	4.89	4.74	4.63	4.54	4.40	4.25	4.10	4.02	3.94	3.86	3.78	3.69	3.60
12	9.33	6.93	5.95	5.41	5.06	4.82	4.64	4.50	4.39	4.30	4.16	4.01	3.86	3.78	3.70	3.62	3.54	3.45	3.36
13	9.07	6.70	5.74	5.21	4.86	4.62	4.44	4.30	4.19	4.10	3.96	3.82	3.66	3.59	3.51	3.43	3.34	3.25	3.17
14	8.86	6.51	5.56	5.04	4.69	4.46	4.28	4.14	4.03	3.94	3.80	3.66	3.51	3.43	3.35	3.27	3.18	3.09	3.00
15	8.68	6.36	5.42	4.89	4.56	4.32	4.14	4.00	3.89	3.80	3.67	3.52	3.37	3.29	3.21	3.13	3.05	2.96	2.87
16	8.53	6.23	5.29	4.77	4.44	4.20	4.03	3.89	3.78	3.69	3.55	3.41	3.26	3.18	3.10	3.02	2.93	2.84	2.75
17	8.40	6.11	5.19	4.67	4.34	4.10	3.93	3.79	3.68	3.59	3.46	3.31	3.16	3.08	3.00	2.92	2.83	2.75	2.65
18	8.29	6.01	5.09	4.58	4.25	4.01	3.84	3.71	3.60	3.51	3.37	3.23	3.08	3.00	2.92	2.84	2.75	2.66	2.57

续表

n_2 \ n_1	1	2	3	4	5	6	7	8	9	10	12	15	20	24	30	40	60	120	∞
19	8.18	5.93	5.01	4.50	4.17	3.94	3.77	3.63	3.52	3.43	3.30	3.15	3.00	2.92	2.84	2.76	2.67	2.58	2.49
20	8.10	5.85	4.94	4.43	4.10	3.87	3.70	3.56	3.46	3.37	3.23	3.09	2.94	2.86	2.78	2.69	2.61	2.52	2.42
21	8.02	5.78	4.87	4.37	4.04	3.81	3.64	3.51	3.40	3.31	3.17	3.03	2.88	2.80	2.72	2.64	2.55	2.46	2.36
22	7.95	5.72	4.82	4.31	3.99	3.76	3.59	3.45	3.35	3.26	3.12	2.98	2.83	2.75	2.67	2.58	2.50	2.40	2.31
23	7.88	5.66	4.76	4.26	3.94	3.71	3.54	3.41	3.30	3.21	3.07	2.93	2.78	2.70	2.62	2.54	2.45	2.35	2.26
24	7.82	5.61	4.72	4.22	3.90	3.67	3.50	3.36	3.26	3.17	3.03	2.89	2.74	2.66	2.58	2.49	2.40	2.31	2.21
25	7.77	5.57	4.68	4.18	3.85	3.63	3.46	3.32	3.22	3.13	2.99	2.85	2.70	2.62	2.54	2.45	2.36	2.27	2.17
26	7.72	5.53	4.64	4.14	3.82	3.59	3.42	3.29	3.18	3.09	2.96	2.81	2.66	2.58	2.50	2.42	2.33	2.23	2.13
27	7.68	5.49	4.60	4.11	3.78	3.56	3.39	3.26	3.15	3.06	2.93	2.78	2.63	2.55	2.47	2.38	2.29	2.20	2.10
28	7.64	5.45	4.57	4.07	3.75	3.53	3.36	3.23	3.12	3.03	2.90	2.75	2.60	2.52	2.44	2.35	2.26	2.17	2.06
29	7.60	5.42	4.54	4.04	3.73	3.50	3.33	3.20	3.09	3.00	2.87	2.73	2.57	2.49	2.41	2.33	2.23	2.14	2.03
30	7.56	5.39	4.51	4.02	3.70	3.47	3.30	3.17	3.07	2.98	2.84	2.70	2.55	2.47	2.39	2.30	2.21	2.11	2.01
35	7.42	5.27	4.40	3.91	3.59	3.37	3.20	3.07	2.96	2.88	2.74	2.60	2.44	2.36	2.28	2.19	2.10	2.00	1.89
40	7.31	5.18	4.31	3.83	3.51	3.29	3.12	2.99	2.89	2.80	2.66	2.52	2.37	2.29	2.20	2.11	2.02	1.92	1.80
50	7.17	5.06	4.20	3.72	3.41	3.19	3.02	2.89	2.78	2.70	2.56	2.42	2.27	2.18	2.10	2.01	1.91	1.80	1.68
60	7.08	4.98	4.13	3.65	3.34	3.12	2.95	2.82	2.72	2.63	2.50	2.35	2.20	2.12	2.03	1.94	1.84	1.73	1.60
80	6.96	4.88	4.04	3.56	3.26	3.04	2.87	2.74	2.64	2.55	2.42	2.27	2.12	2.03	1.94	1.85	1.75	1.63	1.49
120	6.85	4.79	3.95	3.48	3.17	2.96	2.79	2.66	2.56	2.47	2.34	2.19	2.03	1.95	1.86	1.76	1.66	1.53	1.38
∞	6.63	4.61	3.78	3.32	3.02	2.80	2.64	2.51	2.41	2.32	2.18	2.04	1.88	1.79	1.70	1.59	1.47	1.32	1.00

表 C.6　$\alpha=0.005$

n_2 \ n_1	1	2	3	4	5	6	7	8	9	10	12	15	20	24	30	40	60	120	∞
1	16212	19997	21614	22501	23056	23440	23715	23924	24091	24222	24427	24632	24837	24937	25041	25146	25254	25358	25466
2	198.5	199.0	199.2	199.2	199.3	199.3	199.4	199.4	199.4	199.4	199.4	199.4	199.4	199.4	199.5	199.5	199.5	199.5	199.5
3	55.55	49.80	47.47	46.20	45.39	44.84	44.43	44.13	43.88	43.68	43.39	43.08	42.78	42.62	42.47	42.31	42.15	41.99	41.83
4	31.33	26.28	24.26	23.15	22.46	21.98	21.62	21.35	21.14	20.97	20.70	20.44	20.17	20.03	19.89	19.75	19.61	19.47	19.32
5	22.78	18.31	16.53	15.56	14.94	14.51	14.20	13.96	13.77	13.62	13.38	13.15	12.90	12.78	12.66	12.53	12.40	12.27	12.14
6	18.63	14.54	12.92	12.03	11.46	11.07	10.79	10.57	10.39	10.25	10.03	9.81	9.59	9.47	9.36	9.24	9.12	9.00	8.88
7	16.24	12.40	10.88	10.05	9.52	9.16	8.89	8.68	8.51	8.38	8.18	7.97	7.75	7.64	7.53	7.42	7.31	7.19	7.08
8	14.69	11.04	9.60	8.81	8.30	7.95	7.69	7.50	7.34	7.21	7.01	6.81	6.61	6.50	6.40	6.29	6.18	6.06	5.95
9	13.61	10.11	8.72	7.96	7.47	7.13	6.88	6.69	6.54	6.42	6.23	6.03	5.83	5.73	5.62	5.52	5.41	5.30	5.19
10	12.83	9.43	8.08	7.34	6.87	6.54	6.30	6.12	5.97	5.85	5.66	5.47	5.27	5.17	5.07	4.97	4.86	4.75	4.64
11	12.23	8.91	7.60	6.88	6.42	6.10	5.86	5.68	5.54	5.42	5.24	5.05	4.86	4.76	4.65	4.55	4.45	4.34	4.23
12	11.75	8.51	7.23	6.52	6.07	5.76	5.52	5.35	5.20	5.09	4.91	4.72	4.53	4.43	4.33	4.23	4.12	4.01	3.90
13	11.37	8.19	6.93	6.23	5.79	5.48	5.25	5.08	4.94	4.82	4.64	4.46	4.27	4.17	4.07	3.97	3.87	3.76	3.65
14	11.06	7.92	6.68	6.00	5.56	5.26	5.03	4.86	4.72	4.60	4.43	4.25	4.06	3.96	3.86	3.76	3.66	3.55	3.44
15	10.80	7.70	6.48	5.80	5.37	5.07	4.85	4.67	4.54	4.42	4.25	4.07	3.88	3.79	3.69	3.59	3.48	3.37	3.26
16	10.58	7.51	6.30	5.64	5.21	4.91	4.69	4.52	4.38	4.27	4.10	3.92	3.73	3.64	3.54	3.44	3.33	3.22	3.11
17	10.38	7.35	6.16	5.50	5.07	4.78	4.56	4.39	4.25	4.14	3.97	3.79	3.61	3.51	3.41	3.31	3.21	3.10	2.98
18	10.22	7.21	6.03	5.37	4.96	4.66	4.44	4.28	4.14	4.03	3.86	3.68	3.50	3.40	3.30	3.20	3.10	2.99	2.87

续表

n_2 \ n_1	1	2	3	4	5	6	7	8	9	10	12	15	20	24	30	40	60	120	∞
19	10.07	7.09	5.92	5.27	4.85	4.56	4.34	4.18	4.04	3.93	3.76	3.59	3.40	3.31	3.21	3.11	3.00	2.89	2.78
20	9.94	6.99	5.82	5.17	4.76	4.47	4.26	4.09	3.96	3.85	3.68	3.50	3.32	3.22	3.12	3.02	2.92	2.81	2.69
21	9.83	6.89	5.73	5.09	4.68	4.39	4.18	4.01	3.88	3.77	3.60	3.43	3.24	3.15	3.05	2.95	2.84	2.73	2.61
22	9.73	6.81	5.65	5.02	4.61	4.32	4.11	3.94	3.81	3.70	3.54	3.36	3.18	3.08	2.98	2.88	2.77	2.66	2.55
23	9.63	6.73	5.58	4.95	4.54	4.26	4.05	3.88	3.75	3.64	3.47	3.30	3.12	3.02	2.92	2.82	2.71	2.60	2.48
24	9.55	6.66	5.52	4.89	4.49	4.20	3.99	3.83	3.69	3.59	3.42	3.25	3.06	2.97	2.43	2.87	2.77	2.66	2.55
25	9.48	6.60	5.46	4.84	4.43	4.15	3.94	3.78	3.64	3.54	3.37	3.20	3.01	2.92	2.38	2.82	2.72	2.61	2.50
26	9.41	6.54	5.41	4.79	4.38	4.10	3.89	3.73	3.60	3.49	3.33	3.15	2.97	2.87	2.33	2.77	2.67	2.56	2.45
27	9.34	6.49	5.36	4.74	4.34	4.06	3.85	3.69	3.56	3.45	3.28	3.11	2.93	2.83	2.29	2.73	2.63	2.52	2.41
28	9.28	6.44	5.32	4.70	4.30	4.02	3.81	3.65	3.52	3.41	3.25	3.07	2.89	2.79	2.25	2.69	2.59	2.48	2.37
29	9.23	6.40	5.28	4.66	4.26	3.98	3.77	3.61	3.48	3.38	3.21	3.04	2.86	2.76	2.21	2.66	2.56	2.45	2.33
30	9.18	6.35	5.24	4.62	4.23	3.95	3.74	3.58	3.45	3.34	3.18	3.01	2.82	2.73	2.18	2.63	2.52	2.42	2.30
35	8.98	6.19	5.09	4.48	4.09	3.81	3.61	3.45	3.32	3.21	3.05	2.88	2.69	2.60	2.04	2.50	2.39	2.28	2.16
40	8.83	6.07	4.98	4.37	3.99	3.71	3.51	3.35	3.22	3.12	2.95	2.78	2.60	2.50	1.93	2.40	2.30	2.18	2.06
50	8.63	5.90	4.83	4.23	3.85	3.58	3.38	3.22	3.09	2.99	2.82	2.65	2.47	2.37	1.79	2.27	2.16	2.05	1.93
60	8.49	5.79	4.73	4.14	3.76	3.49	3.29	3.13	3.01	2.90	2.74	2.57	2.39	2.29	1.69	2.19	2.08	1.96	1.83
80	8.33	5.67	4.61	4.03	3.65	3.39	3.19	3.03	2.91	2.80	2.64	2.47	2.29	2.19	1.56	2.08	1.97	1.85	1.72
120	8.18	5.54	4.50	3.92	3.55	3.28	3.09	2.93	2.81	2.71	2.54	2.37	2.19	2.09	1.43	1.98	1.87	1.75	1.61
∞	7.88	5.30	4.28	3.72	3.35	3.09	2.90	2.74	2.62	2.52	2.36	2.19	2.00	1.90	1.00	1.79	1.67	1.53	1.36

附录 D　二项分布单侧置信下限

N	F										
	0	1	2	3	4	5	6	7	8	9	10
0	0.0000										
1	0.1000	0.0000									
2	0.3162	0.0513	0.0000								
3	0.4642	0.1958	0.0345	0.0000							
4	0.5623	0.3205	0.1426	0.0260	0.0000						
5	0.6310	0.4161	0.2466	0.1122	0.0209	0.0000					
6	0.6813	0.4897	0.3332	0.2009	0.0926	0.0174	0.0000				
7	0.7197	0.5474	0.4038	0.2786	0.1696	0.0788	0.0149	0.0000			
8	0.7499	0.5938	0.4618	0.3446	0.2397	0.1469	0.0686	0.0131	0.0000		
9	0.7743	0.6316	0.5099	0.4006	0.3010	0.2104	0.1295	0.0608	0.0116	0.0000	
10	0.7943	0.6632	0.5504	0.4483	0.3542	0.2673	0.1876	0.1158	0.0545	0.0105	0.0000
11	0.8111	0.6898	0.5848	0.4892	0.4005	0.3177	0.2405	0.1692	0.1048	0.0495	0.0095
12	0.8254	0.7125	0.6145	0.5247	0.4410	0.3623	0.2882	0.2187	0.1542	0.0957	0.0452
13	0.8377	0.7322	0.6402	0.5557	0.4766	0.4018	0.3309	0.2637	0.2005	0.1416	0.0880
14	0.8483	0.7493	0.6628	0.5830	0.5080	0.4369	0.3691	0.3046	0.2432	0.1851	0.1309
15	0.8577	0.7644	0.6827	0.6072	0.5360	0.4683	0.4035	0.3415	0.2822	0.2256	0.1720

续表

N	F										
	0	1	2	3	4	5	6	7	8	9	10
16	0.8660	0.7778	0.7004	0.6288	0.5611	0.4965	0.4346	0.3750	0.3178	0.2629	0.2104
17	0.8733	0.7898	0.7163	0.6481	0.5836	0.5219	0.4626	0.4055	0.3504	0.2973	0.2461
18	0.8799	0.8005	0.7306	0.6656	0.6040	0.5450	0.4882	0.4333	0.3802	0.3288	0.2792
19	0.8859	0.8102	0.7435	0.6814	0.6225	0.5660	0.5114	0.4587	0.4075	0.3579	0.3098
20	0.8913	0.8190	0.7552	0.6958	0.6393	0.5851	0.5327	0.4820	0.4327	0.3848	0.3382
21	0.8962	0.8271	0.7660	0.7090	0.6548	0.6027	0.5523	0.5034	0.4558	0.4095	0.3644
22	0.9006	0.8344	0.7758	0.7211	0.6690	0.6188	0.5703	0.5232	0.4773	0.4325	0.3888
23	0.9047	0.8412	0.7848	0.7322	0.6820	0.6337	0.5869	0.5414	0.4971	0.4538	0.4115
24	0.9085	0.8474	0.7931	0.7425	0.6941	0.6475	0.6024	0.5584	0.5155	0.4736	0.4326
25	0.9120	0.8531	0.8009	0.7520	0.7053	0.6603	0.6167	0.5742	0.5327	0.4921	0.4523
26	0.9152	0.8585	0.8080	0.7608	0.7158	0.6723	0.6300	0.5689	0.5487	0.5093	0.4707
27	0.9183	0.8634	0.8147	0.7691	0.7255	0.6834	0.6425	0.6026	0.5636	0.5254	0.4880
28	0.9211	0.8681	0.8209	0.7768	0.7345	0.6938	0.6541	0.6155	0.5776	0.5406	0.5042
29	0.9237	0.8724	0.8267	0.7840	0.7430	0.7035	0.6651	0.6275	0.5908	0.5548	0.5194
30	0.9261	0.8764	0.8322	0.7907	0.7510	0.7126	0.6753	0.6389	0.6032	0.5681	0.5337
31	0.9284	0.8802	0.8373	0.7970	0.7585	0.7212	0.6850	0.6495	0.6148	0.5807	0.5472
32	0.9306	0.8839	0.8421	0.8030	0.7656	0.7293	0.6941	0.6596	0.6258	0.5926	0.5600
33	0.9326	0.8872	0.8467	0.8086	0.7722	0.7370	0.7027	0.6691	0.6362	0.6039	0.5721
34	0.9345	0.8903	0.8510	0.8140	0.7785	0.7442	0.7108	0.6781	0.6460	0.6145	0.5835
35	0.9363	0.8934	0.8550	0.8190	0.7845	0.7510	0.7185	0.6866	0.6554	0.6246	0.5944
36	0.9380	0.8962	0.8589	0.8238	0.7901	0.7575	0.7258	0.6947	0.6642	0.6342	0.6047

续表

N	F										
	0	1	2	3	4	5	6	7	8	9	10
37	0.9397	0.8989	0.8625	0.8283	0.7955	0.7637	0.7327	0.7024	0.6726	0.6433	0.6145
38	0.9412	0.9015	0.8659	0.8326	0.8006	0.7695	0.7393	0.7097	0.6806	0.6520	0.6239
39	0.9427	0.9039	0.8692	0.8367	0.8054	0.7751	0.7456	0.7166	0.6882	0.6603	0.6327
40	0.9441	0.9062	0.8724	0.8406	0.8100	0.7804	0.7515	0.7233	0.6955	0.6682	0.6412
41	0.9454	0.9084	0.8754	0.8443	0.8144	0.7855	0.7573	0.7296	0.7024	0.6757	0.6493
42	0.9467	0.9105	0.8782	0.8478	0.8186	0.7903	0.7627	0.7357	0.7091	0.6829	0.6571
43	0.9479	0.9125	0.8809	0.8512	0.8226	0.7949	0.7679	0.7414	0.7154	0.6898	0.6645
44	0.9490	0.9145	0.8835	0.8544	0.8265	0.7994	0.7729	0.7470	0.7215	0.6964	0.6716
45	0.9501	0.9163	0.8860	0.8575	0.8302	0.8036	0.7777	0.7523	0.7273	0.7027	0.6784
46	0.9612	0.9181	0.8884	0.8605	0.8337	0.8077	0.7823	0.7574	0.7329	0.7088	0.6850
47	0.9522	0.9197	0.8907	0.8634	0.8371	0.8116	0.7867	0.7623	0.7383	0.7146	0.6913
48	0.9532	0.9214	0.8929	0.8661	0.8403	0.8153	0.7909	0.7670	0.7434	0.7202	0.6973
49	0.9541	0.9229	0.8950	0.8687	0.8434	0.8189	0.7950	0.7715	0.7484	0.7256	0.7031
50	0.9550	0.9244	0.8970	0.8712	0.8465	0.8224	0.7989	0.7758	0.7531	0.7308	0.7087
51	0.9559	0.9259	0.899	0.8737	0.8493	0.8257	0.8026	0.7800	0.7577	0.7358	0.7141
52	0.9567	0.9272	0.9009	0.8760	0.8521	0.8289	0.8063	0.7840	0.7621	0.7406	0.7193
53	0.9575	0.9286	0.9027	0.8738	0.8548	0.8320	0.8097	0.7879	0.7864	0.7452	0.7243
54	0.9583	0.9299	0.9044	0.8805	0.8574	0.8350	0.8131	0.7916	0.7705	0.7497	0.7291
55	0.9590	0.9311	0.9061	0.8826	0.8599	0.8379	0.8164	0.7953	0.7745	0.7540	0.7338
56	0.9597	0.9323	0.9077	0.8846	0.8623	0.8407	0.8195	0.7988	0.7783	0.7582	0.7383
57	0.9604	0.9335	0.9093	0.8865	0.8646	0.8434	0.8225	0.8021	0.7820	0.7622	0.7426

续表

N	F										
	0	1	2	3	4	5	6	7	8	9	10
58	0.9611	0.9346	0.9108	0.8884	0.8669	0.8459	0.8255	0.8054	0.7856	0.7661	0.7469
59	0.9617	0.9357	0.9123	0.8903	0.8691	0.8485	0.8283	0.8086	0.7891	0.7699	0.7509
60	0.9624	0.9367	0.9137	0.8920	0.8712	0.8509	0.8311	0.8116	0.7925	0.7736	0.7549
61	0.9630	0.9377	0.9151	0.8938	0.8732	0.8533	0.8337	0.8146	0.7957	0.7771	0.7587
62	0.9635	0.9387	0.9164	0.8954	0.8752	0.8555	0.8363	0.8174	0.7989	0.7805	0.7624
63	0.9641	0.9397	0.9177	0.8970	0.8771	0.8577	0.8388	0.8202	0.8019	0.7839	0.7660
64	0.9647	0.9406	0.9190	0.8986	0.8790	0.8599	0.8412	0.8229	0.8049	0.7871	0.7695
65	0.9652	0.9415	0.9202	0.9001	0.8808	0.8620	0.8436	0.8256	0.8078	0.7902	0.7729
66	0.9657	0.9423	0.9214	0.9016	0.8825	0.8640	0.8459	0.8281	0.8106	0.7933	0.7762
67	0.9662	0.9432	0.9225	0.9030	0.8842	0.8660	0.8481	0.8306	0.8133	0.7962	0.7794
68	0.9667	0.9440	0.9236	0.9044	0.8859	0.8677	0.8503	0.8330	0.8159	0.7991	0.7825
69	0.9672	0.9448	0.9247	0.9057	0.8875	0.8697	0.8524	0.8353	0.8185	0.8019	0.7855
70	0.9676	0.9456	0.9258	0.9070	0.8890	0.8715	0.8544	0.8376	0.8210	0.8046	0.7885
71	0.9681	0.9463	0.9268	0.9083	0.8906	0.8733	0.8564	0.8398	0.8234	0.8073	0.7913
72	0.9685	0.9470	0.9278	0.9096	0.8920	0.8758	0.8583	0.8419	0.8258	0.8099	0.7941
73	0.9690	0.9478	0.9287	0.9108	0.8935	0.8767	0.8602	0.8440	0.8281	0.8124	0.7968
74	0.9694	0.9485	0.9297	0.9119	0.8949	0.8783	0.8620	0.8461	0.8303	0.8148	0.7995
75	0.9698	0.9491	0.9306	0.9131	0.8962	0.8798	0.8638	0.8480	0.8325	0.8172	0.8020
76	0.9702	0.9498	0.9315	0.9142	0.8976	0.8814	0.8655	0.8500	0.8346	0.8195	0.8045
77	0.9705	0.9504	0.9324	0.9153	0.8989	0.8829	0.8672	0.8519	0.8367	0.8218	0.8070
78	0.9709	0.9510	0.9332	0.9164	0.9001	0.8843	0.8689	0.8537	0.8387	0.8240	0.8094
79	0.9713	0.9517	0.9340	0.9174	0.9014	0.8858	0.8705	0.8555	0.8407	0.8261	0.8117

附录 E　二项分布单侧置信上限

N	F										
	0	1	2	3	4	5	6	7	8	9	10
0	1.0000										
1	1.0000	0.9000									
2	1.0000	0.9487	0.6838								
3	1.0000	0.9655	0.8042	0.5358							
4	1.0000	0.9740	0.8574	0.6795	0.4377						
5	1.0000	0.9791	0.8878	0.5340	0.3839	0.3690					
6	1.0000	0.9826	0.9074	0.7991	0.6668	0.5103	0.3187				
7	1.0000	0.9851	0.9212	0.8304	0.7214	0.5962	0.4526	0.2803			
8	1.0000	0.9869	0.9314	0.8531	0.7603	0.6554	0.5382	0.4062	0.2501		
9	1.0000	0.9884	0.9392	0.8705	0.7896	0.6990	0.5994	0.4901	0.3684	0.2257	
10	1.0000	0.9895	0.9455	0.8842	0.8124	0.7327	0.6458	0.5517	0.4496	0.3368	0.2057
11	1.0000	0.9905	0.9505	0.8952	0.8308	0.7595	0.6823	0.5995	0.5108	0.4152	0.3102
12	1.0000	0.9913	0.9548	0.9043	0.8458	0.7813	0.7118	0.6377	0.5590	0.4753	0.3855
13	1.0000	0.9919	0.9583	0.9120	0.8584	0.7995	0.7363	0.6691	0.5982	0.5234	0.4443
14	1.0000	0.9925	0.9613	0.9185	0.8491	0.8149	0.7568	0.6954	0.6309	0.5631	0.4920
15	1.0000	0.9930	0.9640	0.9241	0.8782	0.8280	0.7744	0.7178	0.6586	0.5963	0.5317

续表

N	F										
	0	1	2	3	4	5	6	7	8	9	10
16	1.0000	0.9934	0.9663	0.9290	0.8862	0.8394	0.7896	0.7371	0.6822	0.6250	0.5654
17	1.0000	0.9938	0.9683	0.9333	0.8932	0.8494	0.8028	0.7539	0.7027	0.6496	0.5945
18	1.0000	0.9942	0.9701	0.9371	0.8994	0.8582	0.8145	0.7686	0.7208	0.6712	0.6198
19	1.0000	0.9945	0.9717	0.9405	0.9049	0.8661	0.8249	0.7818	0.7367	0.6902	0.6421
20	1.0000	0.9947	0.9731	0.9436	0.9098	0.8731	0.8341	0.7933	0.7509	0.7071	0.4418
21	1.0000	0.9950	0.9744	0.9463	0.9148	0.8794	0.8425	0.8038	0.7637	0.7222	0.6795
22	1.0000	0.9952	0.9756	0.9468	0.9203	0.8851	0.8500	0.8133	0.7752	0.7358	0.6954
23	1.0000	0.9954	0.9768	0.9511	0.9219	0.8903	0.8568	0.8218	0.7856	0.7482	0.7097
24	1.0000	0.9956	0.9776	0.9532	0.9253	0.8950	0.8631	0.8297	0.7951	0.7594	0.7228
25	1.0000	0.9958	0.9785	0.9551	0.9283	0.8994	0.8688	0.8368	0.8038	0.7697	0.7347
26	1.0000	0.9960	0.9794	0.9568	0.9312	0.9034	0.8740	0.8434	0.8117	0.7791	0.7456
27	1.0000	0.9961	0.9801	0.9585	0.9338	0.9071	0.8789	0.8495	0.8191	0.7878	0.7557
28	1.0000	0.9962	0.9808	0.9608	0.9362	0.9105	0.8834	0.8551	0.8259	0.7958	0.7450
29	1.0000	0.9964	0.9815	0.9616	0.9365	0.9137	0.8875	0.8603	0.8322	0.8032	0.7736
30	1.0000	0.9965	0.9821	0.9627	0.9406	0.9166	0.8914	0.8652	0.8380	0.8101	0.7816
31	1.0000	0.9966	0.9827	0.9639	0.9425	0.9194	0.8950	0.8697	0.8435	0.8166	0.7890
32	1.0000	0.9967	0.9833	0.9651	0.9444	0.9220	0.8984	0.8739	0.8486	0.8226	0.7960
33	1.0000	0.9968	0.9838	0.9661	0.9461	0.9244	0.9016	0.8779	0.8534	0.8282	0.8025
34	1.0000	0.9969	0.9842	0.9671	0.9477	0.9267	0.9446	0.8816	0.8579	0.8335	0.8086
35	1.0000	0.9970	0.9847	0.9681	0.9492	0.9288	0.9074	0.8851	0.8621	0.8285	0.8143
36	1.0000	0.9971	0.9851	0.9690	0.9507	0.9309	0.9100	0.8884	0.8661	0.8431	0.8097

续表

N	F										
	0	1	2	3	4	5	6	7	8	9	10
37	1.0000	0.9972	0.9855	0.9698	0.9529	0.9328	0.9125	0.8915	0.8698	0.8476	0.8248
38	1.0000	0.9973	0.9859	0.9706	0.9535	0.9346	0.9149	0.8944	0.8734	0.8517	0.8296
39	1.0000	0.9974	0.9863	0.9714	0.9545	0.9363	0.9171	0.8972	0.8767	0.8557	0.8342
40	1.0000	0.9974	0.9866	0.9721	0.9557	0.9379	0.9193	0.8939	0.8799	0.8594	0.8385
41	1.0000	0.9974	0.9870	0.9728	0.9568	0.9395	0.9213	0.9024	0.8829	0.8630	0.8426
42	1.0000	0.9975	0.9873	0.9735	0.9578	0.9409	0.9232	0.9048	0.8858	0.8663	0.8465
43	1.0000	0.9976	0.9876	0.9741	0.9588	0.9423	0.9250	0.9071	0.8885	0.8686	0.8502
44	1.0000	0.9976	0.9878	0.9747	0.9598	0.9437	0.9268	0.9092	0.8911	0.8726	0.8537
45	1.0000	0.9977	0.9881	0.9753	0.9407	0.9450	0.9284	0.9113	0.8933	0.8755	0.8571
46	1.0000	0.9977	0.9884	0.9758	0.9615	0.9462	0.9300	0.9133	0.8960	0.8783	0.8603
47	1.0000	0.9978	0.9886	0.9763	0.9624	0.9473	0.9315	0.9152	0.8983	0.8810	0.8634
48	1.0000	0.9978	0.9889	0.9768	0.9632	0.9485	0.9330	0.9170	0.9005	0.8836	0.8663
49	1.0000	0.9979	0.9891	0.9773	0.9639	0.9495	0.9344	0.9187	0.9026	0.8860	0.8691
50	1.0000	0.9979	0.9893	0.9778	0.9647	0.9506	0.9357	0.9214	0.9046	0.8884	0.8718
51	1.0000	0.9979	0.9895	0.9792	0.9635	0.9515	0.9370	0.9230	0.9065	0.8906	0.8744
52	1.0000	0.9980	0.9897	0.9786	0.9660	0.9523	0.9368	0.9236	0.9085	0.8926	0.8769
53	1.0000	0.9980	0.9899	0.9790	0.9667	0.9534	0.9394	0.9250	0.9101	0.8948	0.8793
54	1.0000	0.9981	0.9901	0.9794	0.9673	0.9543	0.9406	0.9264	0.9110	0.8968	0.8816
55	1.0000	0.9981	0.9903	0.9798	0.9679	0.9551	0.9417	0.9278	0.9134	0.8988	0.8838
56	1.0000	0.9981	0.9905	0.9802	0.9685	0.9559	0.9427	0.9291	0.9150	0.9006	0.8859
57	1.0000	0.9982	0.9906	0.9805	0.9690	0.9567	0.9438	0.9303	0.9165	0.9024	0.8880

续表

N	F										
	0	1	2	3	4	5	6	7	8	9	10
58	1.0000	0.9982	0.9908	0.9808	0.9696	0.9575	0.9448	0.9316	0.9180	0.9041	0.8900
59	1.0000	0.9982	0.9910	0.9812	0.9701	0.9582	0.9457	0.9328	0.9194	0.9058	0.8919
60	1.0000	0.9982	0.9911	0.9815	0.9706	0.9589	0.9466	0.9339	0.9206	0.9074	0.8937
61	1.0000	0.9983	0.9912	0.9818	0.9711	0.9596	0.9475	0.9350	0.9221	0.9090	0.8955
62	1.0000	0.9983	0.9914	0.9821	0.9716	0.9603	0.9484	0.9361	0.9234	0.9108	0.8973
63	1.0000	0.9983	0.9915	0.9824	0.9720	0.9609	0.9492	0.9371	0.9246	0.9119	0.8989
64	1.0000	0.9984	0.9917	0.9827	0.9725	0.9615	0.9500	0.9381	0.9253	0.9133	0.9005
65	1.0000	0.9984	0.9918	0.9829	0.9729	0.9621	0.9508	0.9391	0.9270	0.9147	0.9021
66	1.0000	0.9984	0.9918	0.9832	0.9733	0.9627	0.9516	0.9400	0.9281	0.9160	0.9036
67	1.0000	0.9984	0.9920	0.9834	0.9737	0.9633	0.9523	0.9409	0.9292	0.9173	0.9051
68	1.0000	0.9985	0.9922	0.9837	0.9741	0.9638	0.9530	0.9418	0.9303	0.9185	0.9065
69	1.0000	0.9985	0.9923	0.9839	0.9745	0.9643	0.9537	0.9427	0.9313	0.9197	0.9079
70	1.0000	0.9985	0.9924	0.9842	0.9748	0.9648	0.9544	0.9135	0.9323	0.9209	0.9093
71	1.0000	0.9985	0.9925	0.9844	0.9752	0.9653	0.9550	0.9443	0.9333	0.9220	0.9106
72	1.0000	0.9985	0.9926	0.9846	0.9756	0.9658	0.9556	0.9451	0.9342	0.9231	0.9118
73	1.0000	0.9986	0.9927	0.9848	0.9759	0.9663	0.9563	0.9458	0.9351	0.9242	0.9131
74	1.0000	0.9986	0.9928	0.9850	0.9762	0.9668	0.9569	0.9466	0.9360	0.9253	0.9143
75	1.0000	0.9986	0.9929	0.9852	0.9765	0.9672	0.9574	0.9475	0.9369	0.9265	0.9154
76	1.0000	0.9986	0.9930	0.9854	0.9768	0.9677	0.9580	0.9480	0.9378	0.9275	0.9166
77	1.0000	0.9986	0.9931	0.9856	0.9772	0.9681	0.9586	0.9487	0.9386	0.9282	0.9177
78	1.0000	0.9987	0.9932	0.9858	0.9774	0.9685	0.9591	0.9494	0.9394	0.9292	0.9187
79	1.0000	0.9987	0.9932	0.9860	0.9777	0.9689	0.9596	0.9500	0.9402	0.9301	0.9198